電力電子學綜論(第二版)

EPARC　著

全華圖書股份有限公司　印行

國立中正大學

精緻電能應用研究中心

EPARC

(Elegant Power Application Research Center)

研究團隊教授

吳財福	陳耀銘	陳裕愷
吳永駿	陳建志	吳毓恩
沈志隆	李坤彥	

序

大自然的法則、定律在日常生活中如影隨形，緊密不可分，而且無所不在，只是表現出來的形式或現象有所差異而已。電能是眾多能量形式的一種，它伴隨著磁能，形影不離、交互動作，編織成一個多采多姿的電磁世界。或有雷鳴閃電，霹靂萬鈞；或有霓紅撩人，溫柔婉約；或有大鵬展翅，翱翔天際；或有磁浮列車，馳騁大地；或有影像顯示，五光十色；或有電腦控制，變化萬千；或有…。這些都需要電、磁能量的輔助和處理。「電力電子學」正是要來探討電、磁能量處理的課題，將電、磁能量轉換成所要的電源形式，以供給各式的負載。

拜電晶體發明之賜，電力電子的發展濫觴於 1970 年代初期，緊接著一連串的高頻磁性材料、控制 IC 和電力轉換器結構的開發，讓電力電子更蓬勃發展。而今，已有超過 50 %的電源都先經過處理再供給負載使用，大大的提昇用電效益、改善供電品質和增強系統性能；此外，配合新器件的發明，更豐富了用電形式和電器產品功能。因此，電力電子學所扮演的角色也愈形吃重，幾乎在國內所有大專院校裡的電機系均開授此門課程；這不僅是國內的情形，國外各大學也大致如此。這是趨使 EPARC 團隊著手撰寫本書的動機，也希望有機會能改寫成英文版本。

電力電子學涵蓋小訊號、大功率、數位、類比、硬體、軟體等處理的學問，學習者必須先打好電、磁學基礎，接著要認識功率元件之電氣特性，更進一步要瞭解電力轉換器結構，以及要熟悉控制學理和控制 IC 的應用。本書乃依循這個順序，逐章逐節來分析、探討、說明元件特性、轉換器結構及控制學理。EPARC(前身為 PEARL：Power Electronics Applied Research Laboratory)團隊教授本著多年的教學、研究經驗，並且也累積許多設計、製作實務知識，將之融入書中的各章節，成為本書的一大特色。對於有電力電子實務經驗的讀者，每一單元可以分開閱讀；不過若是初學者，則建議要精讀每一章節，相信均能獲益良多。

在書中的第一單元，我們整理、分析電力轉換器常使用的被動元件(包括線材、電阻、電容及電感)和開關元件(包括二極體、電晶體及閘流體)，這些知識的建立有助於電力轉換器製作時之實務考量，降低零件燒毀的可能性。第二單元介紹常用硬、軟切式轉換器的結構，分析轉換器的動作原理和推導設計方程式，以及介紹轉換器的衍生原理。這讓讀者不再困惑轉換器的結構是如何畫出來的，甚至可以很容易產生新的轉換器結構。第三單元則針對開關元件之驅動器做分析和探討，我們整理出各式的開關驅動電路，包括隔離型、非隔離型、橋式及單顆的，適合各種轉換器結構之應用。此外，我們也介紹常用的 PWM IC，讓開關驅動更能得心應手。第四單元爲控制器之分析、設計介紹，並且包括電力轉換器之建模，使得整體轉換器系統的動態分析能一氣呵成。這四個單元不但提供設計、製作電力轉換系統的基礎知識，也說明電力轉換器的發展哲理和指出發人深省的未來走向，相信對於學生和工程師會有長遠的助益和影響。

一部完整的電能處理系統還包括散熱、電磁相容、機構組裝及符合規範…等課題，EPARC 團隊努力的空間還很大。在此也僅能盡綿薄心力，將多年來的各項心得、經驗，整理、彙集成冊，希望對電力電子領域的教學研究及相關產業界有所貢獻；不過，疏漏在所難免，尚且期待各界不吝指教。在撰稿、打字、排版、付梓的過程中，承蒙 EPARC 團隊的師生及兩位助理程雅芬和廖文瑄小姐的鼎力協助，在此也一併致謝。

EPARC　主任

吳財福　教授　謹誌於

國立中正大學電機系

編輯部序

「系統編輯」是我們的編輯方針，我們所提供給您的，絕不只是一本書，而是關於這門學問的所有知識，它們由淺入深，循序漸進。

本書著者依多年的教學、研究經驗，並累積許多設計、製作實務知識，從原理、分析及設計各方面，由淺入深、循序漸進地介紹。內文著重在電能處理系統的主要組成元素之分析探討，不但提供基礎的知識，更指出未來的發展方向。內容包括：功率元件(包括被動元件、開關元件)、轉換器(轉換器分類、硬切式轉換器、軟切式轉換器、轉換器分析與設計、轉換器衍生原理) 、 開關驅動電路與 PWM IC(驅動電路放大器、驅動電路、PWM IC)及控制器(控制系統介紹、控制系統分析、電力轉換器建模、控制器設計)。適用於大學、科大電機系『電力電子學』課程。

同時，爲了使您能有系統且循序漸進研習相關方面的叢書，我們以流程圖方式，列出各有關圖書的閱讀順序，以減少您研習此門學問的摸索時間，並能對這門學問有完整的知識。若您在這方面有任何問題，歡迎來函連繫，我們將竭誠爲您服務。

相關叢書介紹

書號：05129
書名：電腦輔助電子電路設計－使用 Spice 與 OrCAD PSpice
編著：鄭群星

書號：06159
書名：電路設計模擬－應用 PSpice 中文版(附中文版試用版及範例光碟)
編著：盧勤庸

書號：03238
書名：控制系統設計與模擬－使用 MATLAB/SIMULINK (附範例光碟)
編著：李宜達

書號：06029
書名：綠色能源
編著：黃鎮江

書號：06210
書名：再生能源發電
編著：洪志明.歐庭嘉

書號：06341
書名：乙級太陽光電設置學科解析暨術科指導
編著：黃彥楷

書號：06416
書名：乙級太陽光電設置術科實作與學科解析(附多媒體光碟)
編著：蔡桂蓉.宓哲民

書號：03797
書名：電工法規(附參考資料光碟)
編著：黃文良.楊源誠.蕭盈璋

流程圖

書號：02066
書名：工業電子學
編著：歐文雄.歐家駿

書號：06300/06301
書名：電子學(基礎理論/進階應用)
英譯：楊棧雲.洪國永.張耀鴻

書號：03013
書名：自動控制
編著：劉柄麟.蔡春益

書號：03126
書名：電力電子學(附範例光碟片)
英譯：江炫樟

書號：0596601
書名：電力電子學綜論(第二版)
編著：EPARC

書號：02466
書名：交換式電源供給器之理論與實務設計
編著：梁適安

書號：03142
書名：工業配電
編著：羅欽煌

書號：10520
書名：電力系統
編著：卓胡誼

目　錄

第一章 簡介 1-1

1.1 電力電子學 1-2

1.1.1 發展歷史 1-2

1.1.2 範疇 1-5

1.2 電能處理系統組成元素 1-7

1.2.1 功率元件 1-9

1.2.2 電力轉換器 1-10

1.2.3 開關驅動器 1-11

1.2.4 控制器 1-12

1.3 電能處理系統的應用 1-13

1.4 本書大綱 1-14

1.5 習題 1-17

1.6 參考文獻 1-18

第一單元 功率元件 2-1

第二章 被動元件 2-2

2.1 線材 2-2

2.1.1 電力線 2-2

2.1.2 訊號線 2-3

2.1.3 線材規格 2-4

2.1.4 漆包線 2-7

2.1.5 絞合漆包線 2-8
2.2 電阻器 2-8
2.3 電容器 2-12
2.3.1 電容器種類 2-14
2.3.2 電容器特性 2-16
2.3.3 電容器等效電路模型 2-18
2.4 電感器 2-20
2.4.1 磁性元件特性 2-20
2.4.2 電感器特性 2-22
2.4.3 電感器等效電路模型 2-26
2.4.4 耦合電感 2-27
2.5 變壓器 2-30
2.5.1 理想變壓器 2-30
2.5.2 實際變壓器 2-32
2.6 重點整理 2-35
2.7 習題 2-36

第三章 開關元件 3-1

3.1 半導體 3-1
3.2 二極體 3-3
3.2.1 二極體之導通與截止暫態 3-6
3.2.2 基納二極體(Zener Diode) 3-9
3.2.3 蕭特基二極體(Schottky Diode) 3-11
3.2.4 變容二極體(Varactro Diode) 3-12
3.2.5 發光二極體(Light Emitting Diode：LED) 3-13
3.2.6 感光二極體(Photodiode) 3-14

3.2.7 閘流體(Thyristor) 3-14
3.2.8 閘極關斷閘流體
(Gate Turn-Off Thyristor：GTO) 3-17
3.2.9 雙向閘流體(TRIAC) 3-18
3.2.10 蕭克萊二極體(Shockley Diode) 3-19
3.2.11 DIAC 3-19
3.3 電晶體 3-20
3.3.1 BJT 之工作原理 3-21
3.4 場效電晶體 3-26
3.4.1 MOSFET 之工作原理 3-28
3.5 IGBT 3-35
3.6 雙向開關 3-38
3.7 開關串並聯 3-39
3.7.1 開關並聯 3-39
3.7.2 開關串聯 3-41
3.8 重點整理 3-43
3.9 習題 3-44
第一單元　參考文獻 3-45
第二單元 轉換器 4-1
第四章 轉換器分類 4-2
4.1 直流 / 直流轉換器 4-3
4.1.1 非隔離型轉換器 4-3

4.1.2 隔離型轉換器 4-5
4.2 直流 / 交流轉換器 4-8
4.2.1 非隔離型換流器 4-9
4.2.2 隔離型換流器 4-10
4.3 交流 / 直流轉換器 4-12
4.4 交流 / 交流轉換器 4-13
4.5 重點整理 4-15
4.6 習題 4-16

第五章 硬切式轉換器 5-1

5.1 硬切換特性 5-1
5.2 PWM 轉換器 5-3
5.2.1 Buck 轉換器 5-4
5.2.2 Boost 轉換器 5-11
5.2.3 Buck-Boost 轉換器 5-17
5.2.4 'Cuk 轉換器 5-21
5.2.5 Sepic 轉換器 5-24
5.2.6 Zeta 轉換器 5-28
5.3 Flyback(返馳式)轉換器 5-30
5.4 Forward(順向)轉換器 5-37
5.5 Push-Pull 轉換器 5-43
5.6 Half-Bridge 轉換器 5-49
5.7 重點整理 5-53
5.8 習題 5-55

第六章 軟切式轉換器 6-1

6.1 軟切換特性 6-1
6.2 諧振轉換器 6-4
6.3 緩衝器(Snubber) 6-11
6.4 組合型軟切式轉換器 6-15
6.4.1 Buck 轉換器 ＋ 緩衝器 6-15
6.4.2 Flyback 轉換器 ＋ 緩衝器 6-23
6.4.3 Push-Pull 轉換器 ＋ 緩衝器 6-27
6.4.4 Half-Bridge 轉換器 6-29
6.5 重點整理 6-31
6.6 習題 6-32

第七章 轉換器分析與設計 7-1

7.1 Buck 轉換器 7-1
7.1.1 電感值之決定 7-1
7.1.2 電容值之決定 7-3
7.1.3 功率開關之決定 7-5
7.2 Boost 轉換器 7-6
7.2.1 電感值之決定 7-6
7.2.2 電容值之決定 7-8
7.2.3 功率開關之決定 7-9
7.3 Flyback 轉換器 7-12
7.3.1 激磁電感值之決定 7-12
7.3.2 電容值之決定 7-13
7.3.3 功率開關之決定 7-14

7.4 Push-Pull 轉換器 7-15
7.4.1 電感值之決定 7-15
7.4.2 電容值之決定 7-16
7.4.3 功率開關之決定 7-18
7.5 Half-Bridge 轉換器 7-18
7.5.1 電感值之決定 7-18
7.5.2 電容值之決定 7-20
7.5.3 功率開關之決定 7-20
7.6 重點整理 7-21
7.7 習題 7-22

第八章 轉換器衍生原理 8-1

8.1 接枝法 8-1
8.1.1 基本轉換器 8-2
8.1.2 同步開關原理 8-4
8.1.3 Buck-Boost 轉換器推演 8-7
8.1.4 'Cuk (Boost-Buck)轉換器推演 8-9
8.1.5 Zeta (Buck-Boost-Buck)轉換器推演 8-11
8.1.6 Sepic (Boost-Buck-Boost)轉換器推演 8-13
8.1.7 Boost + Half-Bridge 單級轉換器推演 8-14
8.2 壓條法 8-15
8.2.1 Buck 家族轉換器 8-16
8.2.2 Boost 家族轉換器 8-17
8.2.3 Buck 與 Boost 家族之通用結構 8-20
8.3 直流準位偏移法 8-22
8.3.1 Buck 準諧振轉換器 8-22

8.3.2 Boost 準諧振轉換器 8-23
8.3.3 Flyback＋主動箝位轉換器 8-24
8.4 直流變壓器植入法 8-25
8.4.1 Buck 衍生之轉換器 8-26
8.4.2 Boost 衍生之轉換器 8-28
8.5 重點整理 8-30
8.6 習題 8-31

第二單元 參考文獻 8-32

第三單元 開關驅動電路與 PWM IC 9-1

第九章 驅動電路放大器 9-2

9.1 開關元件特性 9-2
9.1.1 寄生元件與等效電路 9-2
9.1.2 切換機制 9-3
9.2 電流放大電路 9-6
9.2.1 B 類電流放大器 9-6
9.2.2 D 類電流放大器 9-7
9.2.3 準位提昇電路 9-8
9.3 重點整理 9-9
9.4 習題 9-10

第十章 驅動電路 10-1

10.1 R-D-C 電路 10-2

10.2 脈衝變壓器電路 10-3
10.3 光耦合電路 10-8
10.4 浮動電壓變換電路 10-9
10.5 靴帶電路 10-9
10.6 充放電電路 10-10
10.7 自激電路 10-12
10.8 重點整理 10-12
10.9 習題 10-13

第十一章 PWM IC 11-1

11.1 TL494-電壓型 11-1
11.1.1 腳位介紹 11-1
11.1.2 應用設計 11-4
11.2 UC3525 11-5
11.2.1 腳位介紹 11-5
11.2.2 應用設計 11-8
11.3 UC384x 11-9
11.3.1 腳位介紹 11-9
11.3.2 應用設計 11-12
11.4 TL431 & TL432 11-13
11.4.1 腳位介紹 11-13
11.4.2 應用設計 11-14
11.5 IR2111 & IR2117 11-15
11.5.1 腳位介紹 11-15
11.5.2 應用設計 11-18
11.6 IR2153 11-19

11.6.1 腳位介紹 11-19
11.6.2 應用設計 11-20
11.7 重點整理 11-21
11.8 習題 11-21

第三單元　參考文獻 11-22

第四單元 控制器 12-1

第十二章 控制系統介紹 12-2

12.1 控制系統簡介 12-2
12.2 閉迴路控制系統架構 12-4
12.3 切換式電源轉換器之閉迴路控制 12-5
12.4 重點整理 12-11
12.5 習題 12-12

第十三章 控制系統分析 13-1

13.1 領域分析 13-1
13.2 時域分析 13-9
13.3 重點整理 13-15
13.4 習題 13-16

第十四章 電力轉換器建模 14-1

14.1 電力轉換器之建模 14-3
14.2 昇壓型轉換器(Boost Converter) 14-10

14.3 閉迴路控制之建模 14-14
14.4 重點整理 14-24
14.5 習題 14-25

第十五章 控制器設計 15-1

15.1 前言 15-1
15.2 K-因子控制器設計法則 15-1
15.3 比例-積分-微分(PID)控制器與相位領先(phase-lead)、相位落後(phase-lag)控制器 15-6
15.4 相位超前(phase-lead)或相位落後(phase-lag)控制器 15-11
15.5 模糊控制法則 15-14
15.6 線性控制與模糊控制器之比較 15-16
15.7 控制器設計實例 15-17
15.8 重點整理 15-31
15.9 習題 15-33

第四單元 參考文獻 15-35

第一章　簡　介

「電力電子學」不能自外於其它學門，更進一步說，學問都是相通的。在資料處理上採用壓縮技術以減少資料的傳輸量而達到高效率；同樣地，把電壓升高再輸送也是要減少線損而提升傳輸效率。在通訊方面常用的 PWM，也是用來做爲電力電子轉換器的調控;另外，通訊技術有 TDMA (Time Division Multiple Access)，在電力電子則有分時的交錯式(Interleaving)電力轉換操作；通訊技術有 FDMA (Frequency Division Multiple Access)，在電力電子則有高於諧振頻率和低於諧振頻率的分頻諧振網路共用於一個換流器中；通訊技術目前最廣爲使用的 CDMA (Code Division Multiple Access)，在電力電子中也有對應的分碼技術，例如多組輸出的轉換器，利用不同的繞線圈數比來達到不同電壓準位的輸出。又如血液循環有單循環(水中動物，例如魚類)、1.5 循環(水陸兩棲動物，例如青蛙)和雙循環(陸生動物，例如人類)，在電力轉換器中也有類似的結構，讓電力潮流可以單、1.5 及雙循環，以達到特殊效果或性能。學問是相通的例子俯拾可摭、不勝枚舉。簡而言之，電力電子學是一門綜合性且跨領域的學問。

雙接面電晶體於 1948 年由 Schockley 所領導的團隊成功製作出來，從此電子系統的發展由眞空管時代進入電晶體時代。當在 1950 年代後期矽控整流器(Silicon Controlled Rectifier : SCR)或稱閘流體(Thyristor)開發出來後，由於它可以快速切換，逐漸取代電機開關元件，因此開啓了電力電子學這一領域的教學和研究。迄今近五十年，電力電子的應用系統無所不在，投入的教學與研究人力和物力與日俱增，眞可謂方興未艾。電力電子是一跨領域的學門，舉凡功率元件特性、訊號處理技術、電路拓樸結構和控制理論，均溶於電力電子系統中，因此往往需要有經驗的專家才能製作完成一部電力電子應用系統。本書試著要把專家的經驗記錄下來，並有系統的傳達給讀者。以下先就電力電子學的發展歷史和應用範疇來做介紹。

1.1 電力電子學

「電力電子學」是由英文“Power Electronics”的表面字意翻譯而來的，其實“Power”在此不應翻譯成如電力系統的「電力」，而應等同於 Powerful 的意思，也就是說應翻譯成「高功率電子學」較恰當；然而大家已沿用約二十年了，所以本書仍用「電力電子學」這個名稱。在早期爲了與訊號處理(Signal Processing)做對應或類比，電力電子學也稱做電能處理(Power Processing)。顧名思義，電力電子是一門要探討高功率電子系統的學問，因此也需要包含功率元件開發、訊號處理、電路結構、控制理論、電磁學...等多元的學問，電力電子學的發展歷史當然跟這些項目的發展也就息息相關。

1.1.1 發展歷史

要瞭解電力電子學的梗概，必須先來回顧其發展歷史。圖 1.1 所示爲電力電子學的主要發展年代流程。在 1970 年代前，其進展較緩慢，主要的元件爲閘流體，一般用來取代電機開關如繼電器，可以較快速的切換；另外也用來做換流器開關或者調控輸入功率。當時序進入 1970 年代，高功率 BJT 的製造技術較成熟，開始取代部分的閘流體做爲更快速的開關元件，同時也發展出相關的驅動技術；特別值得一提的是，電力電子專家會議(Power Electronics Specialists Conference : PESC)正式起始於 1970 年，當初的英文名稱爲“Power Conditioning Specialists Conference”。在 1970 年代，以 BJT 或閘流體做爲開關元件來製作電源供應器，主要是軍事或太空用途，例如美國 TRW 公司和美國國家航太總署 NASA 就投入這方面的發展，同時也找來加州理工學院的教授 Middle Brook 來協助分析和設計的工作，Slobodan 'Cuk 也因此以電力電子相關的博士論文畢業於 1976 年。另外，値得一提的是，尖峰電流控制也是在 1970 年代末期開始使用，並有多篇文章探討其動態特性。

到了 1980 年代，投入電力電子學的研究人員大量增加，相關的應用產品已逐漸從軍事用途轉爲商業用途，尤其是個人電腦所用的交換式電源供應器更是一大應用例子。由於有了需求，產業界、學術界甚至政府都投入人力和物力做研究，這時功率元件如 MOSFET、IGBT、GTO 等越趨成熟，磁性元件的開發也有很大的進展，操作頻率大大的提昇，而鐵心損耗卻能夠大大的降低；在轉換器拓樸結構如′Cuk、QRC、PRC、SRC...等等轉換器陸續被提出及深入探討其動作原理和轉換特性。在控制方面，仍以簡單的 PWM IC 為主；平均電流控制在 80 年代末期提出來，用以改善尖峰電流易受雜訊干擾和與平均電流有較大差距的問題；在電力級的動態分析，直流 / 直流 PWM 轉換器以狀態空間平均法為主，而在諧振轉換器則以狀態平面圖為主。

到了 1990 年代，電力電子學的發展如日中天，美國以外的國家也投入了許多人力從事相關的研究工作，這可由來自世界各國的專家、學者參與研討會如 PESC 和應用電力電子研討會 Applied Power Electronics Conference：(APEC)的盛況可見一斑，當然電力電子應用的範疇也更加廣闊，遍及家電產品和電力系統，也因此更加帶動了零組件、電路結構、分析工具以及控制 IC 的蓬勃發展。在零組件方面，除了原有開關元件特性之改良外，Cool MOSFET 開關元件，Metal Glass 磁性元件，快速光耦合器等都相繼開發出來，而且也大大的改善之前的元件性能，讓電源供應器朝向更高功率密度發展。在轉換器電路結構方面，主要朝向 PWM 控制的軟切換轉換器發展，各式新型的軟切式換轉換器陸續被提出；另有一分支為結合功因校正的單級轉換器也在 90 年代蓬勃發展，有許多的新結構產生，大多應用於 100W 以下的電子系統，尤其是在電子安定器的應用更是廣被討論。另外，直流 / 直流轉換器逐漸隨著 PC 之 CPU 的發展，朝向低電壓大電流的方向發展，而且採用多模組交錯式操作來應付快速大電流的需求。在分析工具方面，如 Matlab , PSpice , Mathematica 等分析軟體在 PC Window 的支援下，讓轉換器的分析和設計更簡便，縮短許多摸索時間；當然也有其它繪圖軟體協助資料的顯現和描繪，對於電力電子學的研究結果展現也貢獻顯著。在控制 IC 方面，由於多家 IC 設計公司跨入 mixed mode 的 IC 設計，因此各式控制 IC，如 PFC、Current-Mode Control、One-Cycle Control、變頻式控制、交錯式控制...等都有各種不同的實現方式；甚至單晶片微處理器也加入，開始探討數位控制的可行性。

當時序進入到二十一世紀，電力電子的廠商和專家不斷找尋新的應用產品，學者們也在找尋新的研究題目，電力電子學也由於再生能源的發電需求和能源危機的警訊再度出現，一切電器產品講求高效率，因此逐漸變成一門顯學，全世界投入的人力可說是盛況空前。在功率開關元件方面，朝向整合功率元件、驅動電路和保護電路的模組發展，使得與數位訊號的介面變得更簡化，也更方便使用。在轉換器方面，分爲兩個主軸，一個爲朝低壓高功率密度之點負載型(Point of Load)的轉換發展，強調高穩壓率和快速響應；另一個則結合微處理器朝向多機一體的電能處理系統發展，可以節省零件成本，提高使用率，把資源做最有效運用，這些系統也是以模組化來發展。在控制方面，則結合數位處理器與 PWM 控制於一 IC 內，使得能在線式調整回授控制器，以因應輸入電壓和負載變化，甚至零件老化的影響，可以讓轉換器隨時都操作在最佳狀態，不必像以往只以最壞的情況來設計，造成在大多情況下，轉換器都無法在最佳情況下操作。此外，整合多重功能於一 IC 的 Power IC 設計也方興未艾，投入的人力也逐年增加；有些較低瓦特數的直流 / 直流轉換器，除了電感和電解電容外都已經積體化了。在電力電子的應用系統方面，除了一般的電源供應器外，再生能源的發電用轉換器、混合式電動車的儲能和驅動器、燃料電池的能量轉換器、LCD 面板之背光燈驅動器、電動手工具機之電源供應器...等等都是拜電力電子學發展迅速之賜，而產生的新應用。

未來，再溶合奈米科技與生物科技，將會有無限可能。不過地球上的資源越來越少，必須讓東西能再運用或是要耐用，因此電能處理系統必須也包含養生、預防、診斷等電路，能夠延長系統的使用壽命，萬一有故障也不會造成全面性的毀壞，能夠容易診斷出故障點，而加以修理，並且恢復正常使用。

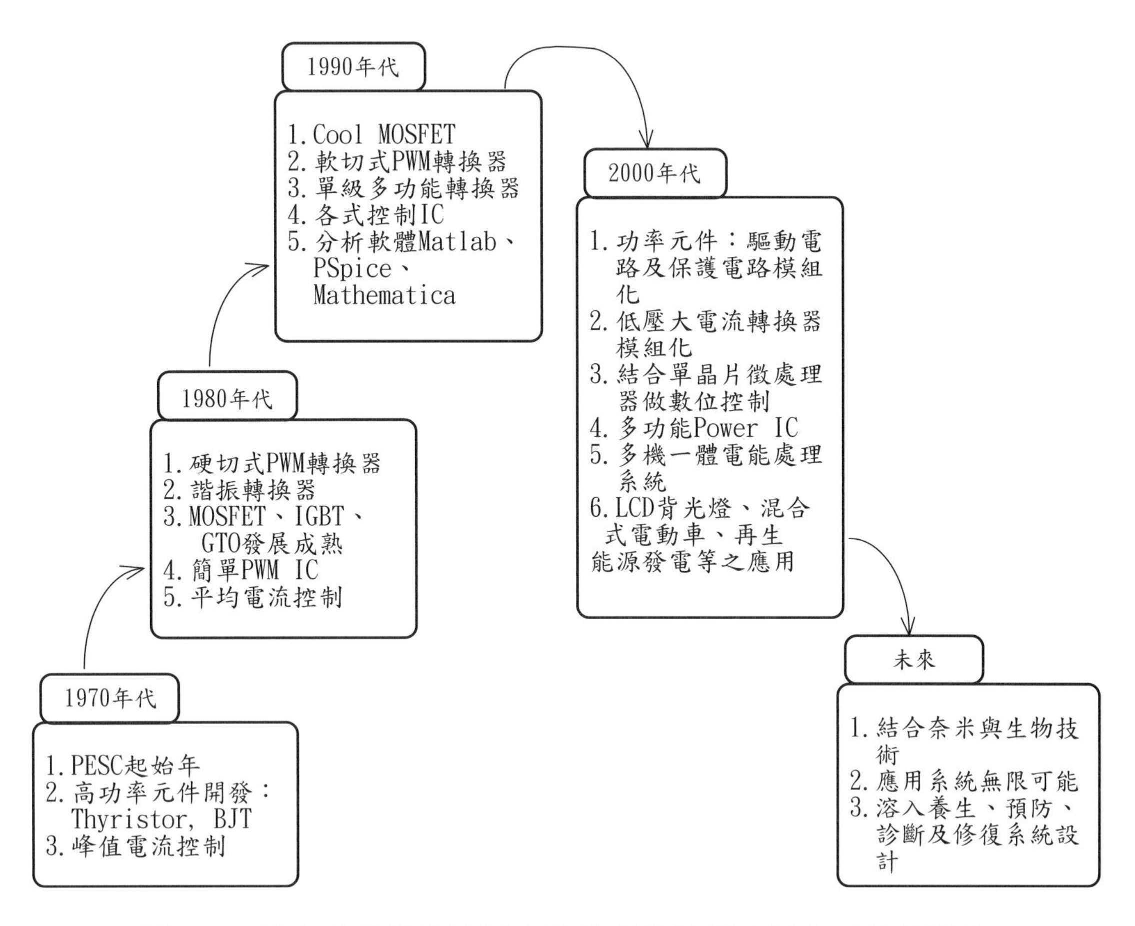

圖 1.1　電力電子學發展歷史及其關鍵技術發展和零組件開發

1.1.2 範疇

電力電子學是一函蓋多元訓練的學門，初學者必須先有電磁學、電子學、電路學及控制理論等基礎知識，才容易瞭解一個電力電子應用系統的動作原理和轉換特性；接著對於材料科學、分析方法和工具、電路製作技術及電磁相容與安全規範均要有所認識，才能完成一個有用的系統。電力電子學與這些學門的連結關係和所需之背景知識如圖 1.2 所示。

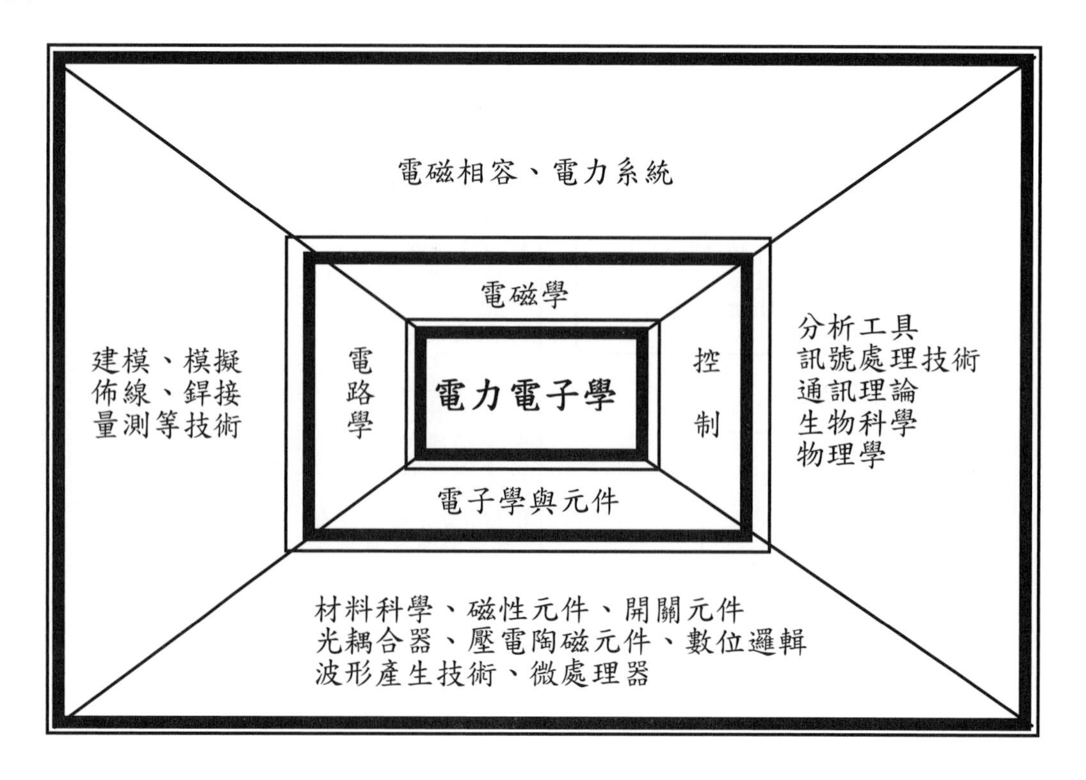

圖 1.2　電力電子學之相關學習連結與所需之背景知識

以下列出電力電子學相關核心學門所需函蓋的主要技術、理論和定律：

A. 電磁學

- 法拉第定律
- 安培定律
- Maxwell 方程式
- 傳輸線理論
- 平面波理論
- 傳導性電磁干擾分析
- 輻射性電磁干擾分析

B. 電路學

- KCL , KVL
- RLC 步階響應
- RC , RL , RLC 濾波器
- 功率計算
- 功因定義
- 傅利葉系列理論
- 雙埠網路理論

C. 一般控制

- PID 控制
- Robust 控制
- Fuzzy 控制
- Sliding-Mode 控制
- Adaptive 控制

D. 轉換器專用控制

- 單電壓迴路控制
- 尖峰電流控制
- 平均電流控制
- 電荷模式控制
- 單週期式控制

E. 電子學與元件

- 數位邏輯電路
- 運算放大器
- 比較器
- 波形產生器
- 半導體物理
- 小訊號模型分析
- 電容
- 電感和變壓器
- 半導體開關
- 壓電陶磁片
- 熱敏電阻
- 光耦合器

1.2 電能處理系統組成元素

一個典型電能處理系統的組成功能方塊及其連結如圖 1.3 所示，其中主要的三個功能方塊為電力轉換器、開關驅動器及控制器，在電力轉換器中又包含了電感、電容及半導體元件。電能處理系統的動作原理可簡短說明如下：首先輸入電源將電能送入電力轉換器，由它將輸入電源轉成輸出所要求的電源形式，如交流或直流、高頻或低頻、定電壓或變電壓；接著藉由迴授電路與控制器來因應輸入電壓和負載的變動，以達到穩定輸出的功能；此外，往往控制器的輸出訊號不足以直接驅動半導體功率元件，因此常須加上驅動器，此驅動器能提供足夠大的電流來快速驅動開關元件，並且有時也提供所需的電氣隔離。

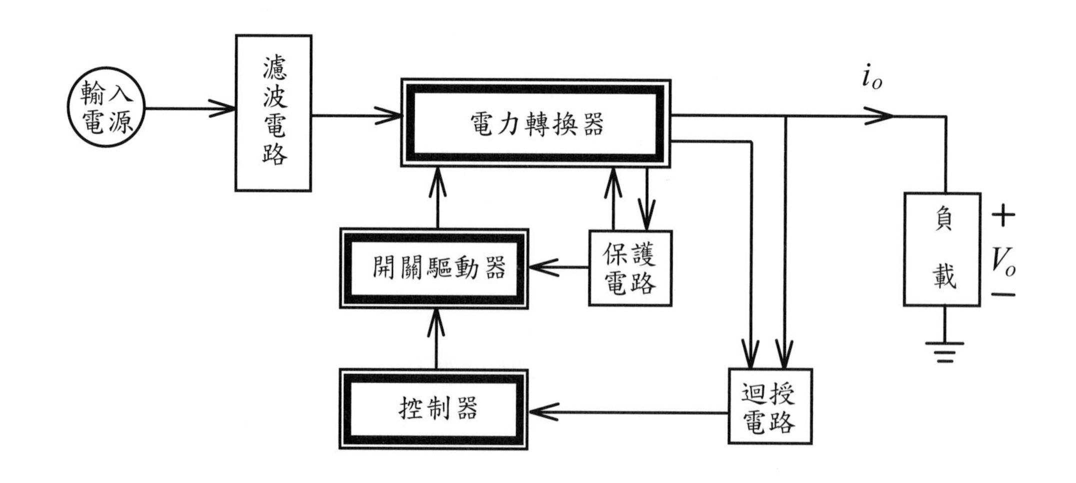

圖 1.3　電能處理系統組成功能方塊與其連結

傳統上實現圖 1.3 的功能方塊之電路示意如圖 1.4 所示，其中半導體功率元件 Q_N 操作在線性區，可等效成一個可變電阻，用來調節輸入電壓 V_i 與輸出電壓 V_o 的差值，使 V_o 不會因負載變化而仍能穩在一固定值。這就是所稱的線性穩壓器，其主要的優點包括：1.低輸出電壓漣波、2.低雜訊干擾；然而其具有許多缺點：1.輸入變壓器 T_s 操作在低頻，體積大又笨重、2.功率元件 Q_N 在線性區操作，損耗大，因而造成整體效率偏低、3.由於效率低，需要散熱片和風扇把熱帶走，造成無謂的能源損耗、材料浪費和環境溫升，相對於切換式穩壓器而言成本也增加了許多。

切換式穩壓系統的開發就是爲了改善線性穩壓器的缺點，其電路示意如圖 1.5 所示，在電路中不需要低頻變壓器，而改由開關元件 M_1 來做升降壓的工作和由高頻變壓器來做電氣隔離，更重要的是半導體功率元件不再是操作在線性區，而是操作在截止或飽和區，所以具有以下優點：1.功率密度高、體積小、重量輕，2.效率提昇許多，因而節省許多零件和成本；不過不可避免的它仍存在一些缺點：1.產生高頻雜訊、2.增加電路設計的複雜度。雖然切換式穩壓器存在了一些缺點，但是目前大多的電力電子產品均是以類似的技術來設計，因此在探討電能處理系統的組成元素時，我們將以切換式轉換系統爲主軸。

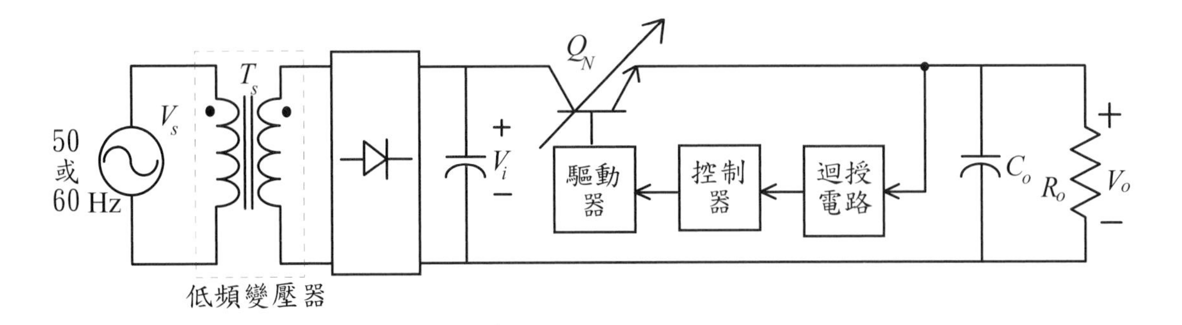

圖 1.4　線性穩壓系統示意

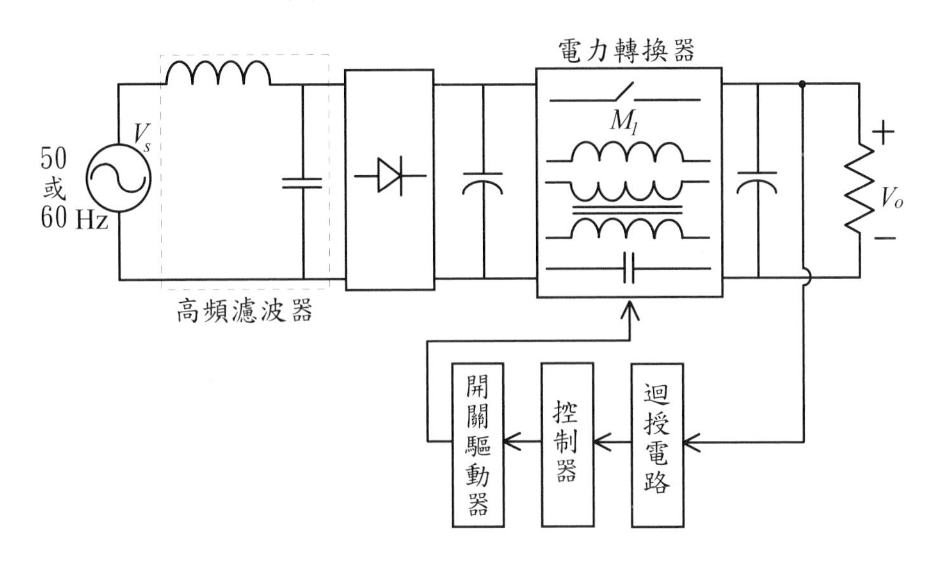

圖 1.5　切換式穩壓系統示意

1.2.1 功率元件

不同於訊號處理時能使用各式的電子零件，在電能處理方面則元件較受限制。組成電力轉換器的主要功率元件包括電容、電感、變壓器和半導體開關元件，電容和電感扮演儲能和濾波的角色，而半導體開關元件負責電力潮流的調控。目前常用的開關元件如圖 1.6 所示，其中雙接面電晶體(BJT)、金氧半場效電晶體(MOSFET)、絕緣閘極雙接面電晶體(IGBT)和可關閉閘流體(GTO)爲導通和截止均可控的全可控開關元件；閘流體(Thyristor)僅爲導通可控之半可控開關元件；而二極體(Diode)則爲全不可控之開關元件。雖然(a) ~ (d)均爲全可控開關，但由於它們的耐壓、耐流和操作頻率各有差異，因此必須依設計規格選擇適當元件。其它半導體開關元件同樣都有它們的操作限制，這些都會在往後的章節裡做說明和探討。

電容、電感、變壓器等功率元件也有其耐壓、耐流、耐溫及工作頻率的限制，尤其在電容方面，電解電容的壽命問題更是要特別留心。在一正常操作的電能處理系統，電解電容的壽命大致上就是系統的壽命，因此必須慎選電解電容以確保系統的可靠度。在上述的功率元件中，唯一保留較大彈性空間，讓設計者較能發揮的，就屬磁性元件－電感和變壓器。從鐵心材質、線材粗細、一直到繞線方法的選擇，都在會影響磁性元件的特性；而磁學又是一般讀者較不熟悉，較難感受和觀察的一個學門，所以要製作一合適的磁性元件，必須親自動手，勤加練習。

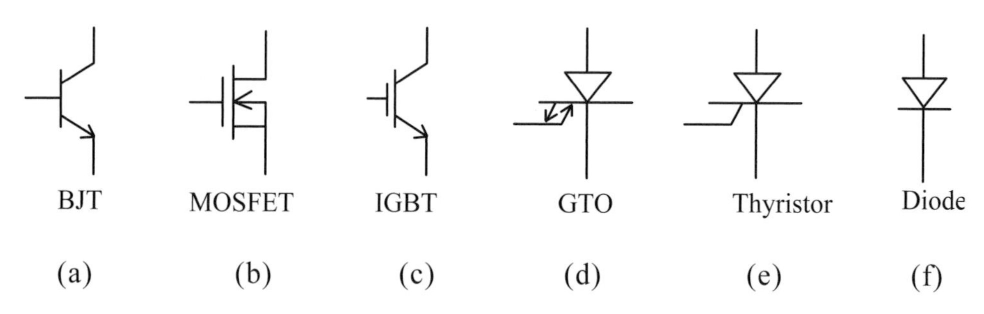

圖 1.6　半導體開關元件：(a) ~ (d)導通與截止均可控，(e) 導通可控，(f) 導通與截止均不可控，純屬被動開關元件。

1.2.2 電力轉換器

一個電力轉換器必須至少包含一個全可控開關，做爲調節電力潮流；另外再結合一些緩衝器或兼濾波器如電感和電容，以避免開關在切換時產生無窮大電壓或大電流而燒燬元件。電力轉換器之示意圖如圖 1.7 所示，好像把數個功率元件組合起來就成爲一個電力轉換器，一語帶過說來簡單；然而要如何連結這些元件，使之可以昇壓、降壓、昇 / 降壓、直流輸出、交流輸出、PWM 控制、變頻控制...等等，這可不是一件容易的事。同樣是昇 / 降壓轉換器，卻有不同的結構、不同的動態特性和不同的元件應力。因應負載的需求和輸入電源的不同，一般把轉換器分成四大類：直流 / 直流轉換器、直流 / 交流換流器、交流 / 直流整流器、及交流 / 交流週期轉換器。另外，從開關元件切換的特性來分類，則有硬切式轉換器和軟切式轉換器。若從電氣隔離的角度來看，則轉換器可分成隔離型和非隔離型。

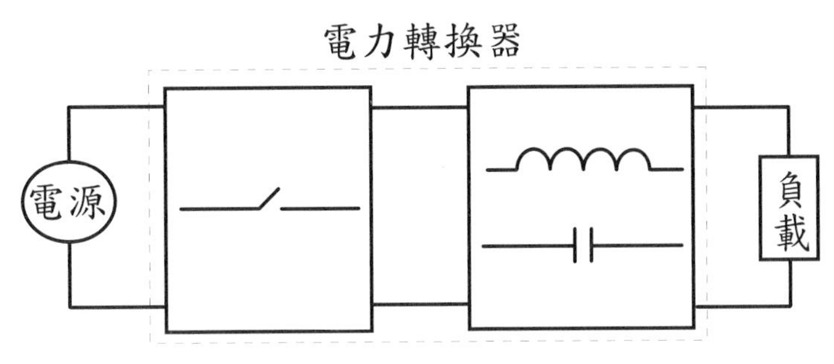

圖 1.7　電力轉換器組成示意

爲了提高昇 / 降壓比率或者達成多重功能，轉換器也常串聯使用；另外爲了提高電源供給量，轉換器也會並聯操作。這些串 / 並聯結構增加分析、設計、製作和控制的困難度，也因此衍生一些交互作用，需要深入研究解決。

如前所述，轉換器結構是如何產生出來的，很難有系統化的方法告訴我們。不過我們將試著找出轉換器的基本結構，並利用一些法則如接枝法、壓條法、準位變換法以及直流變壓器植入法，從基本結構來衍生出轉換器。相信這是本書非常獨特的一點，值得拭目以待。

1.2.3 開關驅動器

在一個電力轉換器裡，唯一可控制電力潮流的就只有開關元件，其對轉換器性能具有舉足輕重的地位；然而由於功率開關之輸入電容和 Miller 電容效應，並不是一般小訊號就能直接驅動，另外還由於其擺放的位置及與其它元件連結的點因轉換器不同而有異，因此需要開關驅動器，如圖 1.8 所示。一個驅動器主要包含兩大部分：電流放大電路與驅動電路；一般常用的電流放大電路爲 B 類和 D 類放大電路，而驅動電路的架構則相當多樣，可以簡單分爲隔離型和非隔離型。開關驅動器在一個電能處理系統中，屬於中功率級電路，它介於高功率級的轉換器和低功率級的控制器之間，其驅動能力和反應速度對轉換器之切換損失影響很顯著，另外對電磁干擾也會有影響。

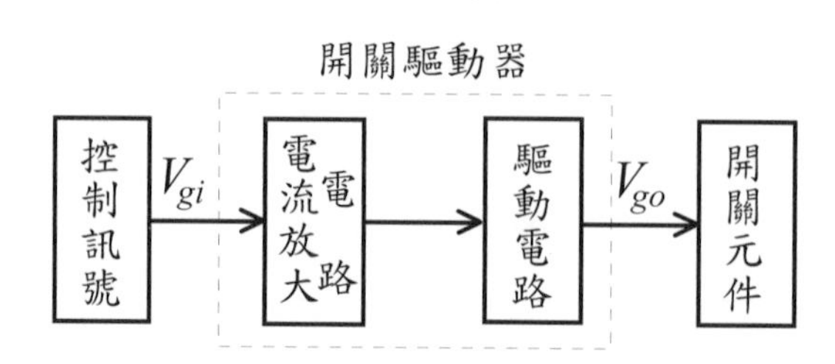

圖 1.8　開關驅動器示意與其連結

開關驅動電路之設計，雖可能使用相同的架構，但也會因轉換器之結構或操作不同而選用不同的零件值來降低電磁干擾或切換損失。如何選用一個功能適當又價格合理的驅動器是每位設計者常面臨的難題，本書會介紹多種常用的驅動器架構，並且指出其設計考量和優、劣點。

1.2.4 控制器

一個電力轉換器最後要能成爲一個電能處理系統，必須要有控制器的加入，形成一個能因應輸入電源和負載變化的閉迴路系統，如圖 1.3 所示。控制器可分爲一般型的如 PID、Robust、Fuzzy、Adaptive、...等控制，另外一型爲針對轉換器而發展出來的特別型，如單電壓、尖峰電流、平均電流、單週期、電荷模式...等控制。在一個轉換器的組成元件中存在著許多非線性特性，另外在操作時爲了元件安全的考量，也會故意加入一些非線性的控制，因此控制器的系統化設計和建模的準確度提升並不是一件容易的事。一般而言，我們會結合轉換器的建模和其電路模擬的輔助來設計控制器，以使電能處理系統達到所要的輸出性能。

控制器的實現傳統上均採用 PWM IC 和外加電阻和電容，是純屬於類比控制，往往只能針對某一特殊條件來做較佳設計，而犧牲了其它工作條件；目前討論最熱烈的是使用數位控制，因此常以微處理器來實現，其控制器在某些情況下可以依工作條件來動態調整，使得電能處理系統的性能更符合需求。既然採用微處理器，一般也會把保護電路、省電模式控制及與數位訊號處理器的介面電路全部積體化成一顆 IC；因此也帶動了 Power IC 設計的蓬勃發展。要完成一具電能處理系統，除了要有電子電路、控制理論的訓練外，現在還要增加撰寫軟體的技能，最後是數位、類比、軟體、硬體、小訊號、大功率都要樣樣精通。

1.3 電能處理系統的應用

舉凡用到電的器具都或多或少的需要電能處理系統，它的應用可分爲共用型和特定型。在共用型應用方面例如：整流器、功因校正器、主動電力濾波器，這些是使用到市電的電能處理系統常需要具備的；而特定型應用則琳瑯滿目，例如：穩壓器、電子安定器、充 / 放電器、不斷電系統、太陽光電能處理器...等等，不勝枚舉。表 1.1 所列爲一些常見的應用系統和其所用的轉換器結構及功能特點。

表 1.1　常見的電能處理系統應用及其所用之轉換器結構和功能特點

應用名稱	轉換器結構	功能特點
1.穩壓器	· 直流 / 直流轉換器 例如:Buck , Flyback 和 Boost · 直流 / 交流換流器 例如：Half-Bridge , Full-Bridge	· 直流輸出快速穩壓、多組輸出、有電氣隔離 · 交流弦波輸出電壓
2.功因校正器	· Boost 轉換器	· 與電源串聯 · 能使電源輸入端之功因接近 1 · 能濾除諧波、能粗略穩輸出電壓
3.充 / 放電器	· Buck 和 Boost 共用之雙向轉換器	· 可定電壓、定電流或脈衝電壓充電 · 可快速放電並穩輸出電壓

4.電子安定器	· Half-Bridge 換流器 · Push-Pull 換流器	· 高頻操作使燈管等效成一個電阻 · 燈管不閃爍、長壽命、提高發光效率
5.不斷電器	· Half-Bridge 換流器 · Full-Bridge 換流器	· 能快速偵測斷電而即時供電 · 能穩輸出電壓 · 能改善電力品質
6.主動電力濾波器	· Full-Bridge 雙向轉換器	· 與電源並聯 · 改善輸入端之功因接近 1 · 濾除諧波 · 故障時經隔離後，電源仍能供電
7.LCD 之 CCFL 背光燈驅動器	· Half-Bridge 換流器	· 類似電子安定器 · 提供高起動電壓 · 均流
8.太陽光電能處理器	· Buck 或 Boost 轉換器 · Half-Bridge 換流器 · Full-Bridge 換流器	· 最大功率追蹤 · 市電併聯
9.壓電陶磁驅動器	· Half-Bridge 換流器	· 高頻交流輸出 · 具電氣隔離
10.熱電元件驅動器	· Buck , Boost 或 Flyback 轉換器	· 可協助冷熱交換 · 可做為主動散熱片

1.4 本書大綱

電力電子學所要探討的是有關於分析、設計和製作電能處理系統的學問，這些項目所包括的學門相當廣泛，非一本書所能全部涵蓋。本書將僅著重在電能處理系統的主要組成元素之分析、探討和介紹，共分四單元，其大綱條列如下：

第一單元：功率元件

第二章　被動元件

- 線材
- 電阻器
- 電容器
- 電感器
- 變壓器

第三章　開關元件

- 半導體
- 二極體
- 電晶體
- 場效電晶體
- IGBT
- 雙向開關
- 開關串並聯

第二單元：轉換器

第四章　轉換器分類

- 直流 / 直流轉換器
- 直流 / 交流轉換器
- 交流 / 直流轉換器
- 交流 / 交流轉換器

第五章　硬切式轉換器

- 硬切換特性
- PWM 轉換器
- Flyback 轉換器
- Forward 轉換器
- Push-Pull 轉換器
- Half-Bridge 轉換器

第六章　軟切式轉換器

- 軟切換特性
- 諧振轉換器
- 緩衝器
- 組合型軟切式轉換器

第七章　轉換器分析與設計

- Buck 轉換器
- Boost 轉換器
- Flyback 轉換器
- Push-Pull 轉換器
- Half-Bridge 轉換器

第八章　轉換器衍生原理

- 接枝法
- 壓條法
- 直流準位偏移法
- 直流變壓器植入法

第三單元：開關驅動器與 PWM IC

第九章　驅動電流放大電路

- 開關元件特性
- 電流放大電路

第十章　驅動電路

- R-D-C 電路
- 脈衝變壓器電路
- 光耦合電路
- 浮動電壓變換電路
- 靴帶電路
- 充放電電路
- 自激電路

第十一章 PWM IC

- TL494–電壓型
- UC3525–電壓型
- UC384X–電流型
- TL431 & TL432
- IR2111 & IR2117
- IR2153

第四單元：控制器

第十二章 控制系統介紹

- 控制系統簡介
- 閉迴路控制系統架構
- 切換式電源轉換器之閉迴路控制

第十三章 控制系統分析

- 領域分析
- 時域分析

第十四章 電力轉換器建模

- 電力轉換器之建模
- 昇壓型轉換器(Boost Converter)
- 閉迴路控制之建模

第十五章 控制器設計

- K-因子控制器設計法則
- 比例-積分-微分(PID)控制器與相位領先、相位落後控制器
- 相位超前或相位落後控制器

· 模糊控制法則　　　　　· 線性控制與模糊控制器之比較

· 控制器設計實例

在每一章之末會有該章的重點整理和列出相關的習題，而在每一單元結束會列出參考文獻。

除了本書「電力電子學綜論」針對電力電子學的學理做介紹，我們也同時出版一本「電力電子實習手冊」，內容函蓋三種轉換器的應用，Buck, Flyback 和 Half-Bridge。每一應用實習包含

· 實驗電路規格　　　· 實驗電路圖

· 材料表　　　　　　· 電路原理說明

· 電路模擬與量測　　· 問題與討論

另外，備有實習套件供選購。

在電能處理系統的製作中，還包括散熱、組裝和電磁相容等重要課題，未來我們 EPARC 著作群將會繼續出版專書來探討。

1.5 習題

1. 舉出可用於電力電子轉換系統之其它領域的學理，並說明其如何相互對應。
2. 在電力電子學的發展歷史，找出從 1970 年代至今的代表性技術和轉換器。
3. 以電力電子學爲核心，列出最相關的學門或技術。
4. 一個電能處理系統大略包含哪些功能方塊？
5. 說明線性穩壓系統之基本動作原理，並且列出其優缺點。
6. 說明切換式穩壓系統之基本動作原理，並且列出其優缺點。
7. 舉出目前在低功率轉換器中較常用的可控半導體開關元件。
8. 除了開關元件以外，在一電力轉換器中還經常包含哪些功率元件？
9. 舉出幾種日常生活中常用的切換式電力轉換器，並簡短說明其功能特點和動作原理。
10. 依你的觀點，何謂「電力電子學」？

1.6 參考文獻

[1] 生理學，周先樂，正中，1973。

[2] Communication Systems, S. Haykin, 3rd, New York: Wiley, 1994.

[3] Microelectronics, J. Millman and A. Grabel, New York, McGraw-Hill, 1987.

[4] Power Electronics, N. Mohan, T. M. Undeland, and W. P. Robbins, 3rd, John Wiley & Sons, Inc., 2003.

[5] Power Electronics Semiconductor Switches, R. S. Ramshaw, 1st, Chapman & Hall, 1993.

[6] Modern DC-to-DC Switch Mode Power Converter Circuits, R. P. Severns and G. Bloom, New York, Van Nostrand Reinhold, 1985.

第一單元

功率元件

第二章　被動元件

被動元件(Passive Component)泛指不需要額外電源，就能達成元件本身操作特性的元件，例如導線、電阻器、電容器和電感器等等。被動元件在各式電路中擔任傳遞與儲存電能的角色，以下就常用的被動元件分別加以介紹。

2.1 線材

在不考慮溫度的影響之下，金屬導線的電阻值可以由下列公式表示：

$$R = \rho \cdot \frac{l}{A}\ \Omega \qquad (1)$$

其中ρ為電阻係數(Resistivity)，l 為導線長度，A 為導線截面積。電阻係數因物質的不同而有差異，例如銅(Cu)為 $1.77 \times 10^{-8}\ \Omega\cdot m$， 銀(Ag)為 $1.59 \times 10^{-8}\ \Omega\cdot m$，鋁(Al)為 $2.82 \times 10^{-8}\ \Omega\cdot m$。如果要降低導線電阻，就要儘量縮短導線長度或增加導線直徑。

導線的主要功能是提供一條可供電荷流通的路徑，讓能量或訊號得以傳遞。因此，導線依其功能可以分為電力線及訊號線兩大類。

2.1.1 電力線

顧名思義，電力線就是用來傳遞電能的導線，因為會有大量的電荷流通，所以需要具備較大的電流額定值。為了降低功率損失，電阻要儘量小，也就是導線截面積要隨著耐流要求的增加而增加。導線依其組成結構的不同，可以分為單心線與多心線兩大類，圖 2.1 為單心線與多心線的截面示意圖。在相同的線徑之下，單心線具有較大的導線截面積；使用多心線的主要目的是減少集膚效應，以及增加導線整體的柔軟性。由於一般電源的電流頻率很低，集膚效應通常可以忽略，所以電力線通常使用具有較大截面積的單心線，以降低導線電阻，增加電流額定。如果要增加導線的可撓性以及避免彎曲造成的斷裂，也可以選用柔軟度較高的多心線，不過，內部的並聯導線數不用太多。

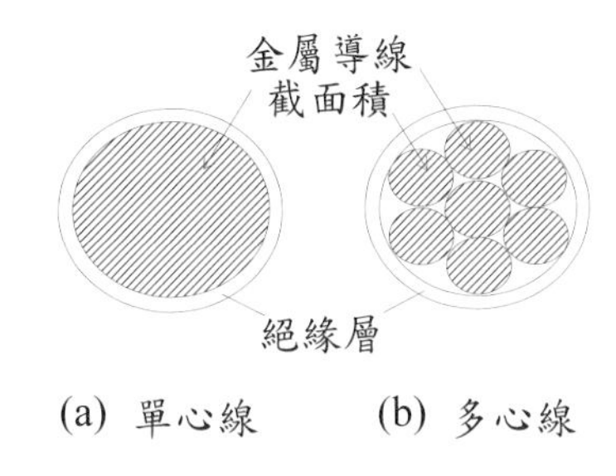

圖 2.1　導線之橫切面圖，斜線部分為可供導電之有效截面積

2.1.2 訊號線

訊號線的主要目的是用來傳遞小電流的高頻訊號，所以通常採用多心線以降低高頻訊號所產生的集膚效應。不過，一般常用訊號的電流都很小，頻率也不至於太高，有時候為了使用上的方便，還是會用單心線代替，例如一般電工實驗的麵包板就是使用單心線。

不管是電力線或是訊號線，一般都希望導線在傳遞電流時不要產生電壓降，以免造成失眞或是損失。圖 2.2 是電源 V_s、傳輸線 Z_{line} 與負載 Z_{load} 之關係的簡單示意圖。傳輸線的阻抗 Z_{line} 主要是來自於導線本身的電阻、等效電感，以及兩條平行導線之間的等效電容。由於傳輸線阻抗 Z_{line} 的緣故，傳輸線會產生一個電壓降。整個電力傳輸系統的電壓關係為

$$V_s = V_{line} + V_{load} \tag{2}$$

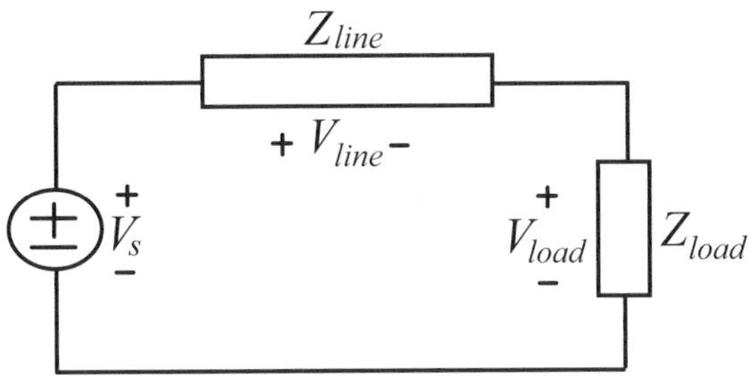

圖 2.2　簡單的電力傳輸系統圖

如果傳輸線阻抗 Z_{line} 過大，將造成負載端的電壓失眞。爲了降低傳輸線上所產生的電壓降，通常會將兩條平行導線編織成絞線(Twisted Lines)的型式，如圖 2.3 所示，以降低平行導線之間的等效電感與電容，進而降低傳輸線的阻抗，減少訊號失眞的程度。

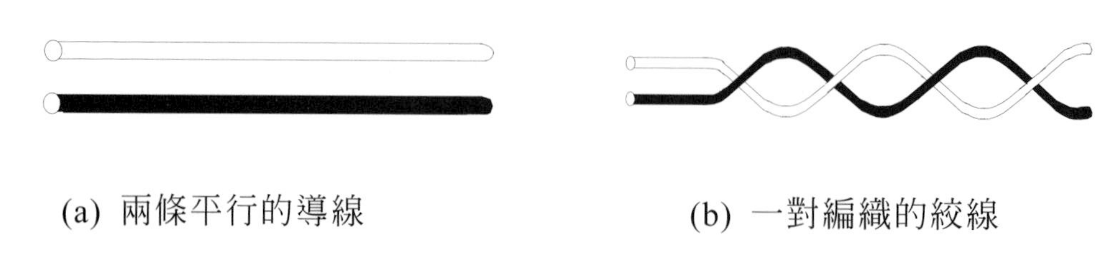

(a) 兩條平行的導線　　(b) 一對編織的絞線

圖 2.3　不同的導線型式

2.1.3 線材規格

線材的規格是以導線的直徑作爲區分的依據。一般較常用的線材規格是美國線材規格(American Wire Gauge, AWG)，規格表如表 2.1 所示。AWG 以數字代表導線截面直徑之大小，基本上，數字越大，線徑就越細。茲將 AWG 編號的定義方式說明如下：

首先訂出 36 號線的直徑爲 0.005 英吋(inch：in.)，0000(或記成 4 / 0)號線的直徑爲 0.46 英吋(一英吋 ＝2.54 公分)。0000 號線的直經是 36 號線的 92 倍，且將之平均分配到 39 個不同的尺寸。所以不同線材編號(n)的直徑大小(d_n)，就可以用下列公式表示：

$$d_n = 0.005 \times 92^{\frac{36-n}{39}} \text{ in.} \tag{3}$$

其中，對於編號爲 m / 0(m 個 0)的線則改用 n = -(m-1)代入上式。因爲 92 的 39 次方根再 6 次方約爲 2，所以在 AWG 的編號中相差 6 號的線，其直徑的差異約爲一倍。例如：1 號線的直徑約爲 7 號線直徑的 2 倍，18 號線的直徑約爲 12 號線直徑的二分之一。

表 2.1　AWG 線規一覽表

AWG 編號	直徑		截面積	電流
	in.	mm	mm^2	4.5 A / mm^2
000000(6 / 0)	0.5800	14.73	170.5	767.3
00000(5 / 0)	0.5165	13.12	135.2	608.4
0000(4 / 0)	0.4600	11.68	107.1	481.9
000(3 / 0)	0.4096	10.40	84.9	382.1
00(2 / 0)	0.3648	9.266	67.4	303.3
0(1 / 0)	0.3249	8.251	53.5	240.8
1	0.2893	7.348	42.4	190.8
2	0.2576	6.544	33.6	151.2
3	0.2294	5.827	26.7	120.15
4	0.2043	5.189	21.2	95.4
5	0.1819	4.621	16.8	76.5
6	0.1620	4.115	13.3	59.85
7	0.1443	3.665	10.5	47.25
8	0.1285	3.264	8.37	37.67
9	0.1144	2.906	6.63	29.84
10	0.1019	2.588	5.26	23.68
11	0.0907	2.305	4.17	18.78
12	0.0808	2.053	3.31	14.90
13	0.0720	1.828	2.62	11.81
14	0.0641	1.628	2.08	9.39
15	0.0571	1.450	1.65	7.43
16	0.0508	1.291	1.31	5.90
17	0.0453	1.150	1.04	4.67

AWG 編號	直徑		截面積	電流
	in.	mm	mm^2	4.5 A / mm^2
18	0.0403	1.024	0.823	3.70
19	0.0359	0.9116	0.653	2.94
20	0.0320	0.8118	0.518	2.33
21	0.0285	0.7229	0.410	1.85
22	0.0253	0.6438	0.326	1.46
23	0.0226	0.5733	0.258	1.16
24	0.0201	0.5106	0.205	0.92
25	0.0179	0.4547	0.162	0.73
26	0.0159	0.4049	0.129	0.58
27	0.0142	0.3606	0.102	0.46
28	0.0126	0.3211	0.081	0.36
29	0.0113	0.2859	0.0642	0.29
30	0.0100	0.2546	0.0509	0.23
31	0.0089	0.2268	0.0404	0.18
32	0.0080	0.2019	0.0320	0.14
33	0.0071	0.1798	0.0254	0.11
34	0.0063	0.1601	0.0201	0.09
35	0.0056	0.1426	0.0160	0.072
36	0.0050	0.1270	0.0127	0.057
37	0.0045	0.1131	0.0100	0.045
38	0.0040	0.1007	0.00797	0.036
39	0.0035	0.08969	0.00632	0.028
40	0.0031	0.07987	0.00501	0.023

不同編號線材所能傳導電流的大小，通常用單位截面積的電流大小，也就是電流密度(A / mm^2)表示。電流密度越大，導線所承受的電流值越大，因電流流通所產生的功率損失也就越大。由於功率損失會造成線材溫度升高，所以電流密度不宜訂的太高，當然，若電流密度訂的太低，就會造成線材的浪費。在不考慮集膚效應之下，一般常用的線材電流密度爲 4.5 A / mm^2，不過隨著應用場合的不同要求以及工作環境散熱的差異，這個數字要加以調整，例如，變壓器的繞線是互相纏繞在一起的，散熱不容易，所以電流密度可以適度調降到 4.0 A / mm^2。若再考慮高頻電流可能造成的集膚效應，甚至可以降到 3.5A / mm^2。不過，隨著訂定的電流密度變小，必須使用直徑更大的導線以傳導相同大小的電流，會造成線材體積的增加。表 2.1 中所列的電流大小是以電流密度 4.5A / mm^2 爲參考所算出來的電流大小值。實際應用上可以自行調整。

另外，在線材直徑大小的單位表示方面，除了公制的厘米(mm)以及英制的英吋(in.)之外，還有兩種英制單位，分別爲用來表示長度的密爾(mil)與用來表示面積的圓密爾(circular mil)，其與英吋之間的關係爲：1 mil = 1/1000 in., 1 circular mil = $\pi\cdot(1/2\ \text{mil})^2$。

除了上述的單心和多心線以外，常用的線材還包括漆包線和絞合漆包線，分別說明如下：

2.1.4 漆包線

漆包線是一種外部包覆絕緣亮光油漆的導線，通常用來繞製電感或變壓器。漆包線的線徑規格通常採用公制單位，例如 0.25 mm、1.5 mm 等。漆包線在焊接時，必須先將接點處的油漆刮除，露出內部的金屬銅線，再進行焊接，以避免接觸不良。另外，由於漆包線外部僅靠油漆絕緣，因此應用在高壓電路時要注意絕緣能力是否足夠，同時避免在繞製電感或變壓器的過程中造成割裂，降低絕緣能力。

2.1.5 絞合漆包線

絞合漆包線(Litz Wire)是由很多條細小且包覆絕緣層的線，依固定而一致的型式絞合或編織而成，通常呈現扁平的形態。Litz 這個字是由德文 Litzendraht 而來，原意是編織的線。Litz 線的編織方式可以確保每一條內部細線的長度都一樣，具有相同的電阻，主要用途是用來降低集膚效應所產生的損失。在選用上，Litz 線的規格通常以下列格式標示：N / M，其中 N 代表內部細線的總數，M 則是每股細線的 AWG 規格，例如：15/22 表示該 Litz 線是由 15 條 AWG 22 號線所組成。Litz 線常被用來製作電感器或變壓器，可以有效降低寄生元件的影響，獲得很好的元件特性。

2.2 電阻器

電阻器是最簡單的電路元件。當一個電源接到電阻器兩端時，流過電阻器的電流大小會隨著電阻器的電阻值大小而改變。電阻器的電路符號如圖 2.4 所示，電阻器兩端電壓 $V_R(\mathrm{t})$，流過的電流 $i_R(\mathrm{t})$，與電阻值 R 之間的關係爲：

$$V_R(\mathrm{t}) = R\cdot i_R(\mathrm{t}) \tag{4}$$

電阻器所消耗的瞬時功率可以用下列關係式表示：

$$P_R(\mathrm{t}) = V_R(\mathrm{t})\cdot i_R(\mathrm{t}) = V_R(\mathrm{t})^2 / R = i_R(\mathrm{t})^2\cdot R \tag{5}$$

從方程式(5)得到電阻器消耗之瞬時功率永遠是正値，因此，電阻器是一種永遠在消耗功率的元件。在電路中，電阻器主要被運用在控制電路上，供訊號處理之用。

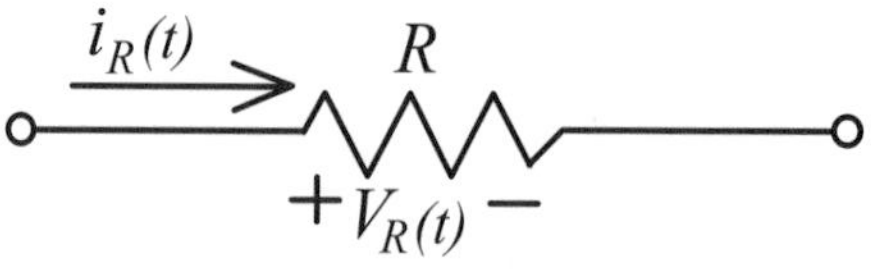

圖 2.4　電阻器的電路符號

電阻器依其組成物質或特性的不同，有不同的種類，以下分別說明之。

(1) 碳膜電阻器

這是一般最常見且價格最便宜的電阻器，其製造方式是將有機化合物中的碳，透過高溫眞空分離，緊密附著於瓷棒表面，形成一層碳膜，最外層再加上環氧樹脂保護。碳膜電阻用色碼(或稱色帶)來表示電阻值，電阻上的色碼共有四條，第一、二條代表電阻值的數字大小，第三條代表 10 的乘方值，最後一條色碼與前三條色碼的間隔較大，代表電阻值的誤差百分比。色碼所代表的數字意義如表 2.2 所示，其中誤差百分比除了用顏色標示之外，在某些電阻器上也可能採用英文字母標示的方式。另外，若有色碼位置未標示任何顏色(空白)，則代表誤差爲 20 %，舉例來說，若色碼的顏色爲棕紅橙金，其所代表的電阻值爲 $12 \times 10^3 \pm 5\ \% = 12\ \text{k} \pm 5\ \%\ \Omega$。

在選用電阻器時，除了要考慮電阻值以外，也要計算電阻器所消耗的功率大小。由於色碼並未說明功率大小，因此只能就外觀大小來判斷功率值，常用的碳膜電阻有 1/4 W 與 1/2 W 的區分，體積較小者爲 1/4 W。

表 2.2 色碼顏色與對應數字

顏色	代表數字	代表誤差	顏色	代表數字	代表誤差
黑	0	不使用	紫	7	0.1 %(B)
棕	1	1 %(F)	灰	8	0.05 %(A)
紅	2	2 %(G)	白	9	不使用
橙	3	不使用	金	-1	5 %(J)
黃	4	不使用	銀	-2	10 %(K)
綠	5	0.5 %(D)	空白	不使用	20 %(M)
藍	6	0.25 %(C)			

(2) 水泥電阻器

水泥電阻器是將電阻器放入方形瓷器框中，再用特殊水泥充塡密封而成。水泥電阻器的體積較大，能夠承受的功率也較大，通常用來作爲假負載或是測試用輕載，其電阻值、誤差百分比以及功率額定都會標明在電阻器本體上。

(3) 金屬膜電阻器

金屬膜電阻器的製作是利用眞空電鍍技術，將鎳鉻或類似的合金鍍在白瓷棒上，以獲得精密的電阻值，因此常被稱爲精密電阻器。精密電阻器和碳膜電阻器一樣，也是用色碼來表示電阻值，但是其精密度較高，誤差百分比爲 1 % 或更低。金屬膜電阻器本體的顏色通常爲藍色，而且色碼的數目增爲 5 條，前三條代表電阻值的數字，第四條代表 10 的乘方數，最後一條依然是誤差百分比。

(4) 無感電阻器

無感電阻器通常被用來量測高頻電流的訊號。因爲電感成份在高頻之下會產生很大的阻抗，所以當高頻電流流過時，會產生很大的電壓降，造成量測上的誤差，故一般的電阻器不能隨便被當成量測電流的電阻器來使用。無感電阻器的電阻值大小也是採用色碼的方式標示。

(5) 電流感測電阻器

電路上經常需要量測電流的大小，以做爲控制的依據。電流感測電阻器的電阻值很低(如 0.01 Ω或 0.05 Ω)，可以讓很大的電流通過，在電阻兩端產生適當的電壓訊號以供進一步的訊號處理。爲了得到低電阻值，電流感測電阻器本身就如同一般金屬導線，常見的材料有鎳銅合金或錳銅合金。使用電流感測電阻器可以讓電流的量測變得十分簡單。

(6) 光敏電阻器

光敏電阻器的電阻值會隨著照射光線的強度而劇烈變化，通常在有光照(10 lux)時，電阻值爲幾 kΩ到幾百 kΩ；但是在沒有光照時，電阻值將上升爲幾 MΩ 到幾十 MΩ。因爲光敏電阻器的電阻值通常都很高，所以僅適用於控制電路。

(7) 熱敏電阻器

熱敏電阻器(Thermistor)的電阻值會隨著溫度的變動，而有顯著的變化。這種特性讓熱敏電阻器適用在某些特殊應用或是感測的場合。一般熱敏電阻器的基本組成材料是陶瓷半導體，但由於添加複合成分材料的差異，又可分爲負溫度係數電阻器(Negative Temperature Coefficient Resistor: NTC)以及正溫度係數電阻(Positive Temperature Coefficient Resistor: PTC)。以下分別介紹。

(一) NTC

NTC 通常含有不同組合成份，例如：錳、鎳、鈷、鐵、銅、鈦等金屬氧化物，藉由改變組合成份的種類、組成比例和製作過程的溫度，便可以得到不同溫度特性的 NTC。根據引線電極與陶瓷半導體本體的連結方式，NTC 可以分爲兩大類：垂珠(Bead)類與表面接觸(Surface Contact)類。每一類可依幾何形狀、包裝或是製程的差異再細分成不同型別。

垂珠類的 NTC 是將白金合金的引線電極直接深入到陶瓷半導體的本體內部，而表面接觸類的引線電極則僅和陶瓷半導體本體的表面接觸，所以這兩類的 NTC 在外型上有較大的差異。

NTC 的電阻值隨著溫度的升高而呈現負向的降低，在使用上，NTC 通常會放在輸入端與電路串聯。在 NTC 尚未有電流流過時，NTC 的溫度通常爲室溫，因此會有很大的起始電阻，阻止電路在啓動瞬間產生巨大的啓動電流。當電路開始有電流流通之後，NTC 的溫度會逐漸升高，其電阻值很快地下降，讓 NTC 產生的壓降對整個電路的影響降至最低，甚至可以忽略。

(二) PTC

PTC 的本體爲導電塑膠(Conductive Plastic)。導電塑膠的組成爲高導電性碳素與不導電性結晶聚合物，因此 PTC 也被稱爲聚合體開關(Poly Switch)。PTC 的特性是其電阻值會隨著溫度的上升而上升，但是 PTC 的電阻值變動與溫度變化並非線性關係，而是當溫度達到某個臨界點之後，其電阻值才急遽升高。圖 2.5 爲一個典型的 PTC 電阻值與溫度對應曲線圖。

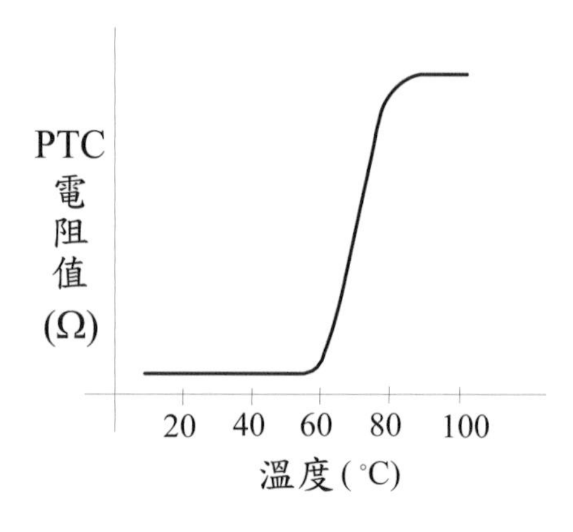

圖 2.5　典型的 PTC 電阻值與溫度之對應曲線

PTC 在使用上通常都放在輸入端與電路串聯。在正常動作狀態下，PTC 的初始電阻很小，但由於 PTC 電流所造成的溫升有限，因此對 PTC 電阻值產生的變化不大，甚至可以忽略，故 PTC 並不影響原本電路的操作。不過，如果電路出現故障，產生巨大的短路電流時，PTC 的溫度就會升高，造成 PTC 本身的電阻值上升。而 PTC 電阻值的上升又會造成更大的溫升，進一步造成更大的電阻值上升。在如此的正循環之下，PTC 的電阻值會在很短的時間(微秒)內上升到很高，當 PTC 的電阻高到某個程度以後，電流就不再流過，形同開路。當電流不再流過 PTC 之後，PTC 的溫度會下降，同時電阻也會跟著下降，回復到初始低電阻值的狀態。因爲這種在過電流之下會形成開路的特性，PTC 又被稱爲可重置過電流保護器(Resetable Overcurrent Protector)。因此 PTC 在選用上要注意操作電流 I_{hold}(Hold Current)、跳脫電流 I_{trip}(Trip Current)以及最大承受電流 I_{max}(Maximum Current)受溫度影響所產生的特性偏移。

2.3 電容器

電容器是一種可以儲存與釋放電荷的儲能元件。最簡單的電容器是由兩片平行的金屬板組成，如圖 2.6 所示，其中一片金屬板積蓄正電荷，另外一片則積蓄負電荷。由於積蓄正負電荷的緣故，電容器兩端會有電壓差。電容器的電容值是電容器儲存電荷能力的指標。電容器的端電壓(V)、儲存電荷量(Q)以及電容值(C)之間的關係定義如下：

$$Q = C \cdot V \tag{6}$$

其中 Q 的單位爲庫侖(Coulomb：C)，V 的單位爲伏特(Volt：V)，C 的單位爲法拉(Farad：F)。若一個電容器儲存了一庫侖電量的電荷，且在電容器兩端產生一伏特的電位差，那麼這個電容器的電容值就是一法拉。因此電容器的電容值越大，代表它儲存電荷的能力越強，儲存電能的容量越大，電壓變動量越小。

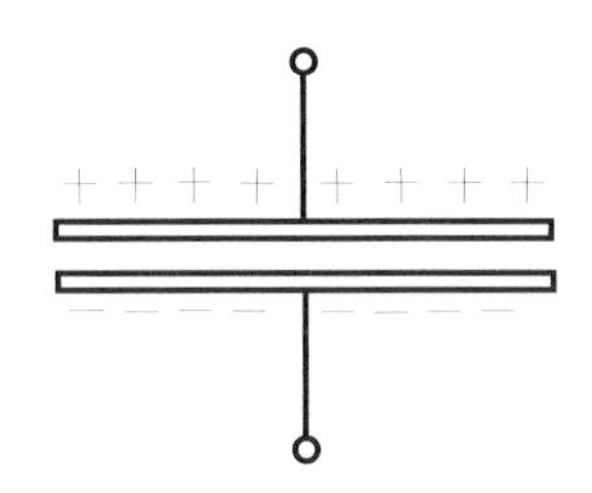

圖 2.6　簡單的電容器構造示意圖

另一方面，由於電容器內平行電板之間的距離、大小以及中間介質的特性，都會影響儲存電荷所產生的電場強度，使得電容器兩端電位差的大小受到影響，進而影響電容值的大小。電容器的電容值又可以由其構造的參數來定義如下：

$$\mathrm{C} = \varepsilon_o \cdot \varepsilon_r \cdot \frac{A}{d} \tag{7}$$

其中，ε_o 爲中間介質的絕對介電常數(Absolute Permittivity)，大小爲 8.85×10^{-12} F / m，ε_r 爲相對介電常數(Relative Dielectric Constant)，A 爲平行電板之面積(m^2)，d 爲兩板之間距(m)。

常見物質的相對介電常數如表 2.3 所列。如果想要提高電容值的話，就要增大平行電板的面積(電容器整體的體積會變大)，或選用較高介電常數的介質。

表 2.3　常見物質的相對介電常數 ε_r

物質	ε_r	物質	ε_r
空氣(眞空)	1.0	雲母(Mica)	5.0
鐵弗龍(Teflon)	2.0	玻璃(Glass)	7.0
石蠟紙	2.5	陶瓷(Ceramic)	1200
油	4.0		

2.3.1 電容器種類

電容器因其構造的不同，可以分爲下列三大種類：

(一) 介電質電容器(Dielectric Capacitor)

這是基本的電容器構造類型，由兩片金屬平行板以及置於其中的介電質所形成。此類的電容器有對稱性的構造，因此端電壓沒有極性限制，可用於交流或直流電路。又因爲平行電板儲存電荷的能力有限，所以電容値都不大，通常用於交流濾波功能。常見的介電質電容器有：雲母電容器、陶瓷電容器、塑膠電容器等等。

(二) 電解電容器(Electrolytic Capacitor)

此種電容器的結構，其中一個電極是金屬板，在金屬板表面上加上一層氧化物當成介電質，另一個電極則是電解液(又可分爲固態或液態兩類)。由於構造上的不對稱，電解液只能儲存固定型式的正(負)電荷，所以端電壓有極性的限制，僅能使用於直流電路，而且極性不能相反。又因爲電解液有較大的電荷儲存能力，所以電容値通常相對較大，主要使用場合爲直流電路的穩壓功能。常見的電解電容器有鋁質電解電容器或是鉭質電解電容器。

(三) 雙層電容器(Double-Layer Capacitor)

雙層電容器因爲其電容値可以很大，又被稱爲超級電容器(Super Capacitor)。雙層電容器的構造較爲特殊，其原理是利用化學物質的分子做爲電容器的絕緣介質，讓帶不同電荷的離子可以很靠近電極板。依公式(7)所示，要得到大的電容值，可以藉由縮小平行電板之間的距離 d 來達成，當 d 變成分子規模微小時，電容值就可以變得十分巨大。圖 2.7 所示爲雙層電容的構造示意圖，其雙層電容中間有一個很薄且絕緣的多孔狀分隔板，用以避免正負電極接觸造成短路，同時提供電解液中的離子自由通過。雙層電容的電極構造，是將具有多孔狀的碳素物質，通常是奈米碳管(Nanometer Carbon Tube)，塗覆在金屬導體上。當電極板加上電場時，便會吸引電解液中的正負離子互相往正負電極板附著。在多孔狀碳素物質中，具有很多細微的立體結構，所以有非常巨大的有效表面積可以吸附很多帶電荷的離子。另外，離子所帶的電荷與電極板之間的距離是靠離子本身的分子結構來和電極板上的電荷分離，使得不同極性電荷之間的距離變得非常地小。

以上幾種結構或材料上的改變，讓電容器的正負電極端各自形成一個表面積很廣，累積電荷很多且正負電荷距離很小的大電容，所以此種電容事實上是由兩個串聯的大電容所組成，這也是雙層電容名稱的由來。雙層電容的電容值可以高達幾百甚至幾千法拉，與一般電解電容的電容值(微法拉)比起來，可以高出好幾萬倍。雙層電容最大的缺點是耐壓不足，通常只有幾伏特，因此在應用上必須串聯多顆雙層電容使用，才能符合電路上耐壓的需求。

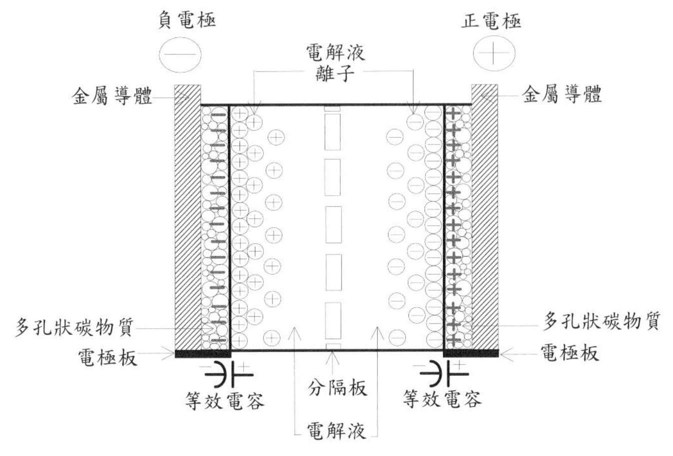

圖 2.7　雙層電容的構造示意圖

2.3.2 電容器特性

電容器的電路符號與其電壓電流標示如圖 2.8 所示，通常用圖 2.8(a)來表示無極性電容，而圖 2.8(b)則用來表示有極性的電容。電容器的兩端電壓與流過電容器電流之關係方程式推導，可以從最基本的電流定義著手。根據定義，流過某一個物體(電容)的電流，可以表示為單位時間內的電荷變化量：

$$i_c(t) = \frac{dQ_c}{dt} \tag{8}$$

其中 Q_c 為電容上之電荷量。將(6)式中電容電量與電容電壓之關係式代入(8)式，可以得到：

$$i_c(t) = C\frac{dV_c(t)}{dt} \tag{9}$$

(9)式便是電容器的電壓與電流特性方程式，電壓極性與電流流向就如同圖 2.8 中所標示。由(9)式，電容器的瞬時功率可以寫成：

$$P_c(t) = V_c(t) \cdot i_c(t) = C \cdot V_c(t) \cdot \frac{dV_c(t)}{dt} \tag{10}$$

根據定義，平均功率(P)為單位時間(T)內的能量(E)變化，寫成數學方程式為：

$$P = \frac{E}{T} \tag{11}$$

所以，儲存在電容器內的能量 E_c 可以表示為：

$$E_c = \int P_c(t) \cdot dt = \int C \cdot V_c(t) \cdot \frac{dV_c(t)}{dt} \cdot dt = C\int V_c(t) \cdot dV_c(t) \tag{12}$$

最後可以得到

$$E_c = \frac{1}{2}CV_c^2 \tag{13}$$

從(13)式得知電容所儲存的能量與其電容值成正比，與電容電壓的平方成正比。

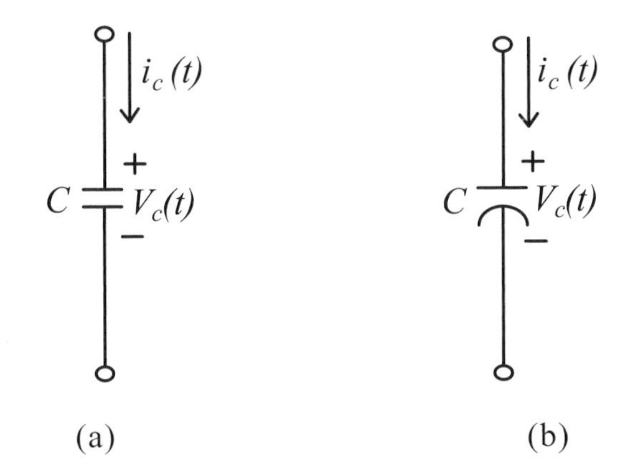

圖 2.8　電容器之電路符號與其電壓電流標示圖

在交流弦波電路中，假設電容電壓是弦波，可以表示如下：

$$V_c(t) = V_m \cdot \sin(\omega t) \tag{14}$$

其中，V_m為電壓的振幅，ω為交流弦波的角頻率。將(14)式代入(9)式中，可以得到電容電流的表示式為：

$$i_c(t) = \omega \cdot C \cdot V_m \cdot \sin(\omega t + 90°) \tag{15}$$

將(14)與(15)式的時域表示式用相量表示法(Phasor Form)來表示，則可以得到：

$$V_c = V_m \ \angle 0° \tag{16}$$

$$I_c = \omega \cdot C \cdot V_m \ \angle 90° \tag{17}$$

從上述的公式說明可以得知，在交流電路中，電容器的電流相位角領先電壓相位角 90°。根據歐姆定律(Ohm's Law)，電容的阻抗(Z_c)是電壓與電流的比值，可以表示為：

$$\frac{V_c}{I_c} = Z_c = \frac{1}{\omega C}\angle -90^\circ = \frac{1}{j\omega C} = -j\frac{1}{\omega C} \tag{18}$$

從(18)式可以得知在交流電路之中，電容器的阻抗與頻率成反比。因此對高頻訊號而言，電容器的阻抗很低，很容易讓訊號(或電流)通過，其效果就如同一條導線，可以視為短路。另一方面，當訊號的頻率很低時(例如直流)，電容器的阻抗變得非常大，使得訊號(或電流)不容易通過，其效果就如同沒有路徑可供電流流通一樣，可被視為開路。

當多個電容器串並聯組合使用時，可以用一個等效電容器來取代之。根據串聯電路的電流大小會相同以及並聯電路的電壓大小會相同的特性，可以推導出電容串並聯時的等效電容表示如下：

串聯：$$\frac{1}{C_s}=\frac{1}{C_1}+\frac{1}{C_2}+...+\frac{1}{C_N}=\sum_{n=1}^{N}\frac{1}{C_n} \tag{19}$$

並聯：$$C_p = C_1 + C_2 + ...+ C_N = \sum_{n=1}^{N} C_n \tag{20}$$

2.3.3 電容器等效電路模型

實際電容器的特性和上述所討論的理想電容器特性會有所差異。爲了正確描述實際電容器的電氣特性，可以用其他的電路元件來建立電容器的等效電路模型。實際電容器的等效電路模型如圖 2.9 所示，其中 C 爲理想電容器，R_s 爲等效串聯電阻器(Equivalent Series Resistor：ESR)，L_s 爲等效串聯電感器(Equivalent Series Inductor：ESL)，R_i 爲絕緣電阻器(Insulation Resistor)。一般而言，絕緣電阻器用來表示電容器自放電的現象，因此電阻值很大，常常被視爲具有無窮大電阻值的開路而被省略。ESL 的主要存在原因是電容器的電極引線，因此電容器焊接時，電極引線的長度要儘量越短越好，以降低 ESL 值。ESR 代表著電容器內部因爲電流流通所形成的能量損失，因爲會造成電容器溫度上升以及產生電壓漣波，故電容器的 ESR 值要越小越好。當電容器發生老化現象後，ESR 會明顯增加，使得電容器的溫度明顯上升，電壓漣波也會明顯變大，同時電容值會下降。電容器在使用時要注意電壓大小以及溫度高低，尤其是電解電容器的操作，受環境溫度影響老化的程度更是明顯。一般而言，電解電容器的使用環境不能超過其標示的額定電壓與溫度，否則會有急速老化甚至爆裂的危險。

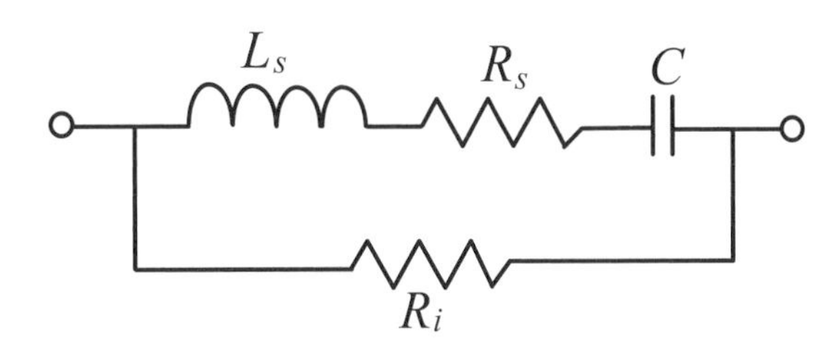

圖 2.9　實際電容器的等效電路模型

根據電容器的等效電路模型，電容器阻抗對頻率的變化曲線如圖 2.10 所示。在低頻時，ESL 的影響並不顯著，所以電容器的阻抗會隨著頻率的上升而下降，特性就如理想電容器一般。當電容器阻抗降到最低點之後，阻抗特性會反轉，亦即電容器的阻抗會隨著頻率升高而增加，其特性就如電感器一樣。這是因為 ESL 在高頻時的阻抗較為顯著，蓋過電容器 C 在高頻之下的小阻抗表現。在曲線轉折點處的頻率稱為共振頻率(Resonant Frequency)，此時的 ESL 與 C 的效用互相抵消，電容器的阻抗就等於 ESR。

介電質電容器的電容值標示方式，通常是用三位數的數字來代表，其中前二位數代表電容值的大小，第三位數則代表 10 的乘方數，並以 10^{-12}F(pF)為單位，例如 102 代表 $10 \times 10^2 \times \text{pF} = 10^{-9}\text{F}$，又 475 代表 $47 \times 10^5 \times \text{pF} = 4.7 \times 10^{-6}\text{F}$。電解電容器的電容值、耐壓、溫度以及極性則直接標示在電容器的表面包裝上；另外，兩根電極引線的長短不一樣，正極的引線長度較負極引線為長。

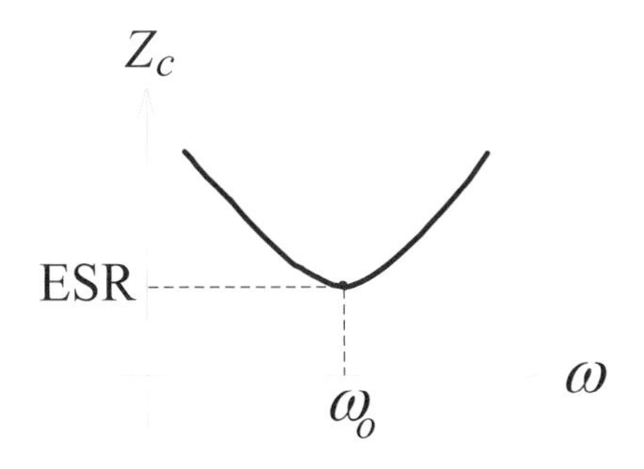

圖 2.10　電容器阻抗對頻率之變化曲線

2.4 電感器

電感器是最簡單且最常見的磁性元件。磁性元件的工作原理包含電場與磁場之間的能量轉換，比其他元件的工作原理來得複雜。在介紹磁性元件之前，先對磁性元件的重要特性略作說明。

2.4.1 磁性元件特性

磁場(Magnetic Field)會產生磁通ϕ(Magnetic Flux)，其單位面積磁通量的多寡就是磁通密度 B(Flux Density)。在一個空間內，磁場所能產生的磁通量大小，可以用下列關係式描述：

$$B = \mu H \tag{21}$$

其中 B 是磁通密度，單位是 Tesla(T)或是 Wb/m^2，H 是磁場強度，單位是 A/m，μ是導磁係數(Permeability)，單位是 T·m/A。物質的導磁係數又可以用相對於眞空的相對導磁係數來表示。

$$\mu = \mu_r \cdot \mu_o \tag{22}$$

其中，μ_o 爲眞空的導磁係數，大小爲 $4\pi\times10^{-7}$T·m / A，μ_r 爲相對導磁係數，依物質的特性不同而有不同的大小。

物質若依其導磁的特性加以分類，可以分成下列三種：1. 鐵磁材料(Ferromagnetic Materials)，2. 順磁材料(Paramagnetic Materials)，3. 逆磁材料(Diamagnetic Materials)。表 2.4 所示爲常見材料的相對導磁係數，除了鐵磁材料之外，順磁材料和逆磁材料的相對導磁係數都非常接近 1，也就是和空氣或眞空的導磁特性相當。

鐵磁材料的相對導磁係數很高，相對於眞空的導磁能力很強。以鐵爲例，依其材料組成的不同，相對導磁係數可從 200 變化到 6000。由於磁力線很容易在鐵磁材料中通過，所以只要在空間中放置鐵磁材料，幾乎在它週圍附近的磁力線都會被吸引而通過它。換句話說，磁力線會順著鐵磁材料的形狀而前進，所以可以透過鐵磁材料的形狀來引導磁力線的流通方向。

對於磁性元件而言，導磁係數並非是一個定值，而是隨著磁場強度的增減而有所變化。因此，磁性元性的特性並不是線性變化，這也是在探討包含有磁性元件的電路時，最容易造成困擾的地方。

表 2.4　不同物質的相對導磁係數

類別	物質名稱	相對導磁係數 μ_r
鐵磁材料	鐵(Fe)	200~6000
	鎳鐵合金(Ni+Fe)	$4000 \sim 10^5$
	鉬鎳鐵合金(Mo+Ni+Fe)	$10^5 \sim 10^6$
順磁材料	鋁(Al)	1.000023
	白金(Pt)	1.000014
	錳(Mn)	1.000124
逆磁材料	銅(Cu)	0.999991
	銀(Ag)	0.999980
	鉛(Pb)	0.999983

由於磁性元件的非線性特性，電流與磁通密度的關係會呈現如圖 2.11 的磁滯曲線(Hysteresis Curve)。當電流大小由零逐漸增加時，產生的磁通密度也隨之逐漸增強，此時特性曲線沿著 *OAB* 的路徑到達飽和區。所謂飽和指的是電流雖然增加，但是因電流所產生的磁通密度幾乎不再增加。接著，將電流逐漸降低，甚至施予反方向的電流，則特性曲線將沿著 *BCDE* 的路徑達到另一個飽和區。當反向電流逐漸降低，回復到原來的正向電流時，特性曲線將沿著 *EFGB* 的路徑到達正向電流的飽和區，若電流再度反向，則特性曲線又將沿著 *BCDE* 的路徑變化。如此週而復始，就形成一種具有磁滯現象的曲線。在磁滯曲線中，有一段呈現近似線性變化的線性區，這個區域因爲可以獲得較佳的控制特性，所以是一般磁性元件正常的操作區域。

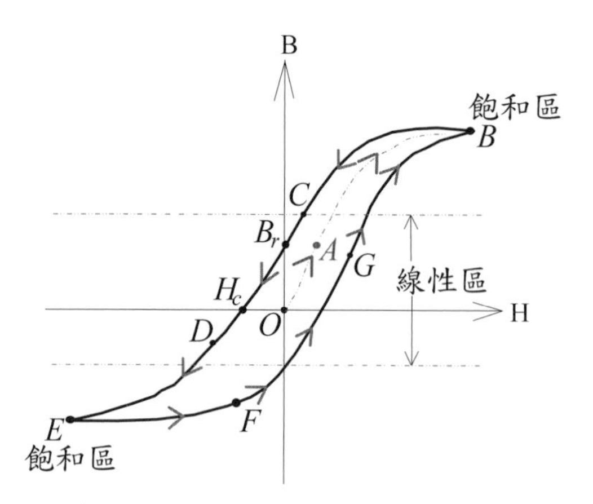

圖 2.11　磁性元件電流與磁通密度的磁滯關係曲線

2.4.2 電感器特性

電感器是由金屬導線環繞鐵磁材料所形成。根據安培定律(Ampere's Law)，如圖 2.12 所示，具有電流(I)流通的導線會在其週邊產生磁場(H)，其關係式可以表示爲：

$$I = \int H \cdot dl \tag{23}$$

其中 l 爲磁場路徑。

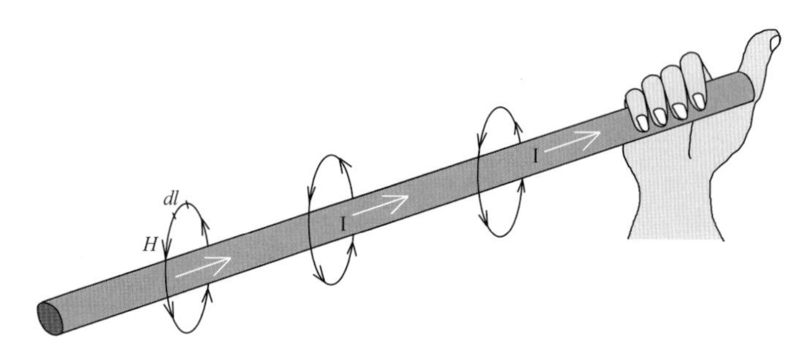

圖 2.12　安培定律示意圖

如果導線是螺線圈的型式，則磁場的分布就如圖 2.13 所示。將導線緊緊的靠在一起，則在螺線圈內的磁場分佈就變得很均匀。如果在磁力線的路徑加上鐵磁材料，就會讓磁力線的路徑沿著鐵磁材料的形狀行進，這就形成一個電感器，如圖 2.14 所示。其中電流與磁場的關係可以表示爲：

$$N \cdot I = H \cdot l \tag{24}$$

其中 N 代表螺線圈的圈數，I 爲導線內的電流大小，H 爲磁場大小，l 爲磁路的平均路徑。

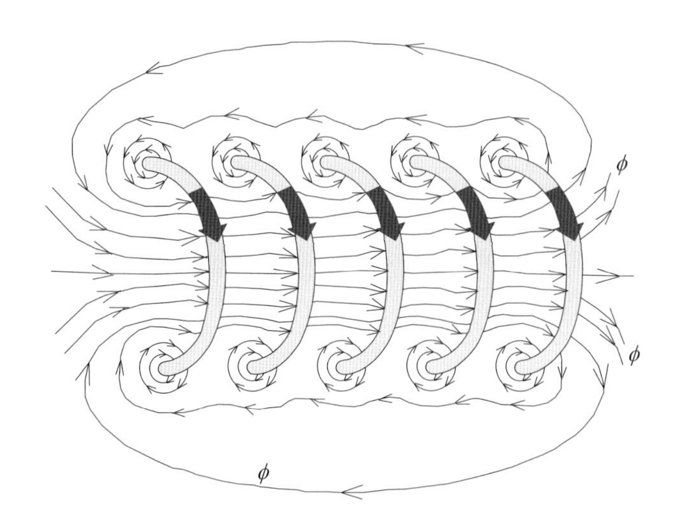

圖 2.13　通有電流之螺線圈所產生的磁力線分佈圖

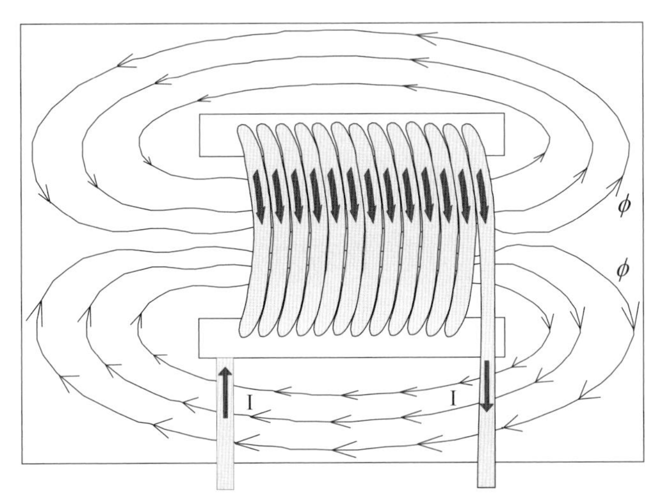

圖 2.14　磁力線會沿著鐵磁材料的形狀行進

電感器的電路符號如圖 2.15 所示。由於電感器的特性是藉由流過電感器本身的電流來產生磁通量，所以將電流 I 與磁通量ϕ之比值定義爲電感值 L，並用它來描述電感器的特性。電感值之定義爲：

$$\phi = L \cdot I \tag{25}$$

其中磁通量ϕ的單位爲特斯拉-米平方(T-m^2)，電流 I 的單位爲安培(Ampere)，電感值的單位爲亨利(Henry：H)。

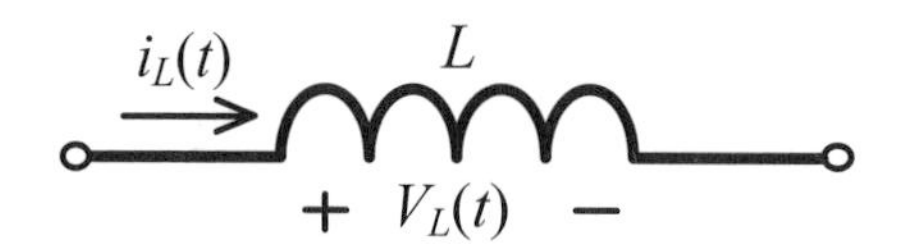

圖 2.15　電感器之電路符號

根據法拉第定律，磁通量的變動率會產生感應電壓 e_{ind}，表示如下：

$$e_{ind} = \frac{d\phi}{dt} \tag{26}$$

若將(25)式等號兩邊各自取微分，可以得到

$$\frac{d}{dt}(\phi) = \frac{d}{dt}(LI) \tag{27}$$

假設電感器的特性不變，亦即電感值是一個常數，將(26)式代入(27)式，可以得到

$$e_{ind} = L\frac{dI}{dt} \tag{28}$$

方程式(28)說明了電感器兩端電壓與電感器電流的關係。若以圖 2.15 所標示的電感器電壓與電流符號來表示，則方程式(28)可重新整理改寫爲

$$v_L(t) = L\frac{di_L(t)}{dt} \tag{29}$$

方程式(29)就是用來描述電感器電壓與電流的數學方程式。值得注意的是電壓極性與電流流向必須保持如圖 2.15 的相對應關係，不可以任意變動。

電感器和電容器有相互對偶(Dual)的特性。比較(9)式與(29)式可以看出，電容器與電感器兩者的電壓與電流特性方程式，有相類似的微分型式，但是電壓與電流之特徵剛好相反。

當電感器兩端加上一個直流電壓 V_{DC} 時，則(29)式的左邊變成一個常數，此時可以被改寫爲：

$$\frac{di(t)}{dt} = \frac{V_{DC}}{L} \tag{30}$$

因爲電感器的電感值可以被視爲一個常數，所以(30)式說明了此時電感電流的變化率是一個常數，因此，電感器的電流大小將迅速地持續累積增加，這個情形就如同短路情形一般。電感器不可以施予直流電壓，否則就會出現短路的現象，這也就是在直流電路的分析中，電感器不被列爲討論對象的原因。

另一方面，如果電感器被迫有很大的電流變化量(例如從電流導通狀態突然變爲截止狀態)，則(29)式中，等號左邊的電感電壓會瞬間變得很大，產生突波電壓。反過來說，如果要讓電感器產生較大的電流變化，則加在電感兩端的電壓必須很高，而這是很不容易達到的。電感器的電流很不容易變動，具有穩流的功能，所以電感器常被當成濾波器使用或是用來實現電流源。

由於磁性元件會有飽和的現象發生，所以電感器的操作狀態必須避免進入飽和區。電感器如果達到飽和狀態時，電流與磁通量的比值將迅速下降，使得電感值將急遽下降。根據電感器電壓與電流關係方程式(29)，在相同的電感電壓之下，電感值的變小將造成較大的電流變化率，使得電流將很容易急遽上升，表現出電流突波的現象。此外，由於電流大量的增加，將造成電感器內部等效電阻大量的電功率損失而且以熱的形式散出，讓電感器溫度迅速上升，造成元件燒毀，因此在電感器在實際使用時，要避免達到飽和狀態。

類似於電容器的特性，電感器的瞬時功率可以寫成：

$$p_L(t) = v_L(t) \cdot i_L(t) = L \cdot \frac{di_L(t)}{dt} \cdot i_L(t) \tag{31}$$

相同地，儲存在電感器內部的能量 E_L 可以表示爲：

$$E_L = \int p_L(t) \cdot dt = \int L \cdot \frac{di_L(t)}{dt} \cdot i_L(t) \cdot dt = L \int i_L(t) \cdot di_L(t) \tag{32}$$

最後可以得到

$$E_L = \frac{1}{2} L I_L{}^2 \tag{33}$$

從(33)式中可以知道電感所儲存的能量與其電感值成正比，與電感電流的平方成正比。

在交流弦波電路中，假設流過電感器的電流是正弦波，可以表示如下：

$$i_L(t) = I_m \cdot sin\omega t \tag{34}$$

其中，I_m 是電流的振幅，ω為角頻率。將(34)式代入(29)式中，可以得到：

$$v_L(t) = \omega L I_m \cdot \sin(\omega t + 90^\circ) \tag{35}$$

將(34)與(35)式的時域表示式用相量表示法來表示，可以寫成：

$$I_L = I_m \angle 0^\circ \tag{36}$$

$$V_L = \omega L I_m \angle 90^\circ \tag{37}$$

從上述的公式說明可以看到，在交流電路中，電感器的電流相位角落後電壓相位角 90°。根據歐姆定律，電感器的阻抗也就是電壓與電流的比值，可以表示為：

$$Z_L = \frac{V_L}{I_L} = \frac{\omega L I_m \angle 90^\circ}{I_m \angle 0^\circ} = \omega L \angle 90^\circ = j\omega L \tag{38}$$

從(38)式可以得到在交流電路中，電感器的阻抗與頻率成正比。因此，對於低頻訊號(例如直流)而言，電感器的阻抗很低，很容易讓訊號(或電流)通過，其效果就如同導線一般，可以被視為短路。另一方面，當訊號的頻率很高時，電感器的阻抗將變得很大，訊號(或電流)不容易通過，可視為開路。

當多個電感器串並聯組合使用時，可以用一個等效電感器來取代之。相似於電容器串並聯等效電路的公式推導，電感器串並聯的等效電感值表示如下：

串聯：$L_s = L_1 + L_2 + \ldots + L_N = \sum_{n=1}^{N} L_n$ (39)

並聯：$\frac{1}{L_s} = \frac{1}{L_1} + \frac{1}{L_2} + \cdots + \frac{1}{L_N} = \sum_{n=1}^{N} \frac{1}{L_n}$ (40)

2.4.3 電感器等效電路模型

實際電感器的等效電路模型如圖 2.16 所示，其中，L 為理想電感，R_s為串聯等效電阻，C_J 為接面並聯電容。R_s 的大小主要受電感器繞線的粗細與長短所決定，另外也會受操作頻率的集膚效應所影響。接面並聯電容出現的原因，主要是因爲電感器一圈圈的金屬線圈之間存在著電位差，就如同兩個平行金屬板之間有著電位差一樣，因此具有等效電容的特性。

根據電感器的等效電路模型，電感器阻抗對頻率的變化曲線如圖 2.17 所示。由於 C_J 很小，R_s 也很小，所以在低頻時，電感器的特性就如同理想電感一樣，其阻抗隨著頻率的增加而上升。在高頻時，接面並聯電容的效應越來越顯著，所以曲線會出現轉折。過了轉折頻率之後，電感器的特性就變得像電容器一樣，隨著頻率的上升，其阻抗變得越來越小。電感器阻抗對頻率的曲線與電容器阻抗對頻率的曲線有著相反的趨勢。因爲電感器的電感値受硬體結構，如氣隙大小、繞線圈數、鐵心材質等的影響很大，所以通常較少有制式的統一規格品，一般都是依電流與功率額定以及鐵心種類的頻寬來自行繞製。

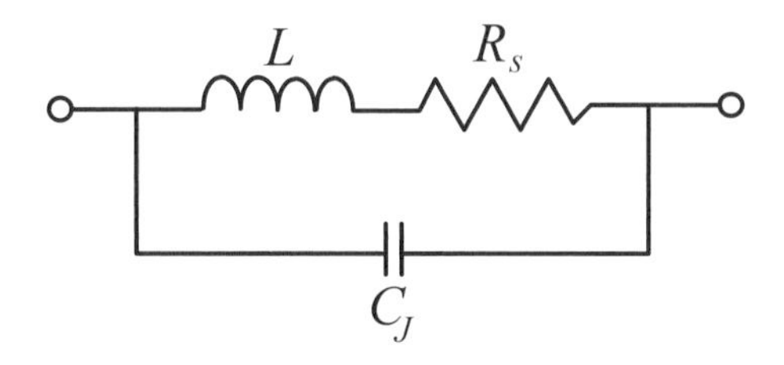

圖 2.16　實際電感器的等效電路模型

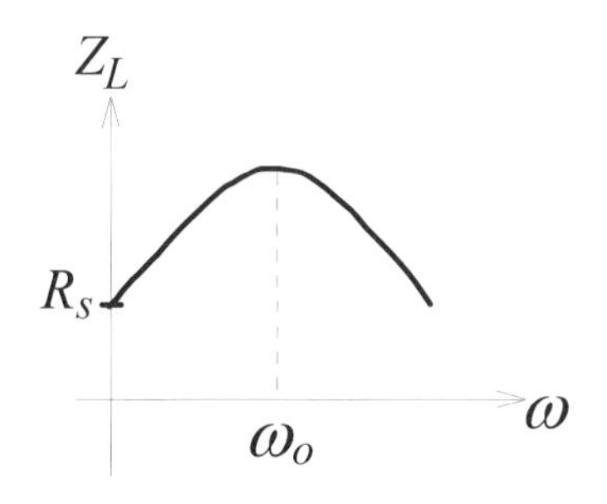

圖 2.17　電感器阻抗對頻率之變化曲線

2.4.4 耦合電感(Mutual Inductance)

電感器的主要特徵是由流過電感器本身的電流，在周圍的空間產生磁通量，而磁通量的變化又會讓電感器的兩端產生感應電壓。如果甲乙兩個電感器在空間上很接近時，則其中一個電感器(甲)會受到另一個電感器(乙)所產生的磁通量變化影響，而產生感應電壓，此時，電感器甲(或乙)的電氣特性將不同於單獨本身一個電感器時的電壓與電流特性，這種情形稱爲甲乙兩電感器之間出現電磁耦合(Electromagnetic Coupling)的現象。這種電磁耦合也是因爲線圈電流產生的磁通量所造成，就如同電感器的電流會產生磁通量的特性一般，因此稱之爲耦合電感，並且可以用電感器的電壓電流關係式來描述之。通常由線圈本身電流產生的磁通量所形成的電感，亦被稱爲自感(Self Inductance)。以便和由其他線圈電流產生的磁通量，所形成的耦合電感(Mutual Inductance)有所區分。但是，如果沒有特別說明時，電感指的就是自感，耦合電感也常被稱爲互感。

兩個電感器之間若存在著耦合電感，就可以用圖 2.18 所示的方式來標示彼此之間的磁耦合關係。因爲繞線方向不同的緣故，電流所產生的磁力線方向可能不同，所以一般都採用打點(Dot)的方式來標記，說明彼此間因磁通量變化所產生的感應電壓極性關係。

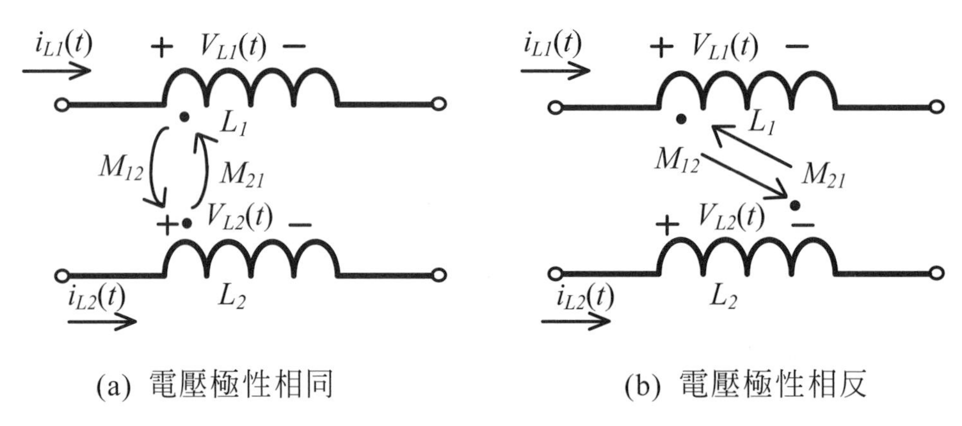

圖 2.18　電感器耦合之符號與標示圖

在圖 2.18 中，M 代表兩個電感器 L_1 與 L_2 之間的耦合電感，黑點表示 L_1 與 L_2 在此處有相同的電壓極性(可同時爲正或是同時爲負)。圖 2.18(a)中，L_1 與 L_2 的電壓與電流方程式可以表示爲：

$$V_{L1}(t) = L_1 \frac{di_{L1}(t)}{dt} + M_{21} \frac{di_{L2}(t)}{dt} \tag{41}$$

$$V_{L2}(t)=M_{12}\frac{di_{L1}(t)}{dt}+L_2\frac{di_{L2}(t)}{dt} \tag{42}$$

茲以(41)式爲例子，加以說明如下：

電感器 L_1 的端電壓 $V_{L1}(t)$大小，因爲電感器互相耦合的關係，所以包含兩項成份。第一項是因爲自己本身電流 $i_{L1}(t)$所產生的磁場變化量而形成的感應電壓，第二項是由電感器 L_2 上的電流 $i_{L2}(t)$所產生的磁場變化量，耦合到電感器 L_1 上所產生的感應電壓。此時 L_2 的電流 $i_{L2}(t)$由打點處流入，因此在 L_2 本身所產生的感應電壓在打點處爲正，與出現在 L_1 打點處上的感應電壓具有相同極性，亦爲正。因此，出現在電感器 L_1 的感應電壓便是上述兩項感應電壓表示式的直接相加。最後就可以得到(41)式之電壓與電流方程式。此時可以想像 $i_{L2}(t)$所產生的磁通量與原本出現在 L_1 上的磁通量有相同的方向，因此對於 L_1 的磁通量有相加的作用。L_1 的電壓與電流方程式，比單獨本身自己一個電感器存在的狀況，還要額外再加上一項感應電壓。方程式(42)也可以依相同的方法來說明之。另外，M_{21} 代表由電感器 L_2 的電流所產生的磁通量，耦合到電感器 L_1 上的互感值大小，而 M_{12} 表示的互感值則是由電感器 L_1 的電流所產生的磁通量，耦合到電感器 L_2 身上。

另一方面，對於圖 2.18(b)而言，因爲 L_2 打點的位置有所不同，所以其電壓與電流方程式可以寫成：

$$V_{L1}(t)=L_1\frac{di_{L1}(t)}{dt}-M_{21}\frac{di_{L2}(t)}{dt} \tag{43}$$

$$V_{L2}(t)=-M_{12}\frac{di_{L1}(t)}{dt}+L_2\frac{di_{L2}(t)}{dt} \tag{44}$$

此時，由於電感 L_2 電流 $i_{L2}(t)$所產生的電壓極性在打點處爲負，所以感應到電感 L_1 上的電壓在打點處亦爲負，因此在(43)式中，耦合電感所增加的電壓項爲負值，方程式(44)亦可由類似的說明解釋。

2.5 變壓器

變壓器(Transformer)是利用電感器耦合原理所形成的一種電能轉換元件，其簡單結構圖可以用圖 2.19 來加以表示與說明。圖中包括三個重要的元素：二組繞線及一條磁耦合路徑。兩組繞線分別形成兩個電感器 L_1 及 L_2，而磁耦合路徑通常必須使用高導磁材料來引導磁通的方向。

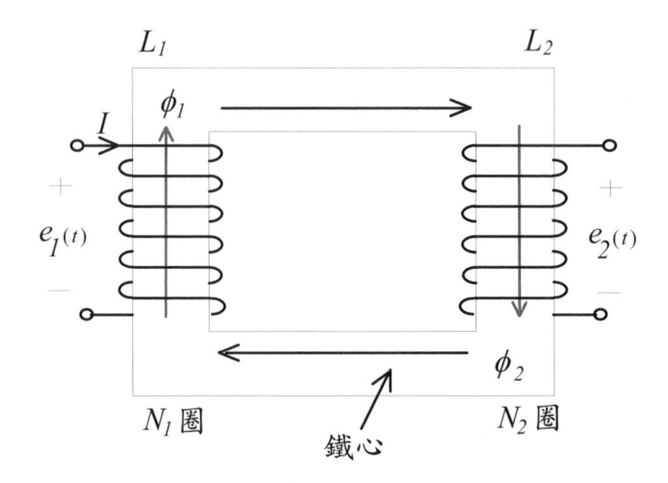

圖 2.19　變壓器的簡單結構圖

2.5.1 理想變壓器

在圖 2.19 中，假設兩組繞線 L_1 與 L_2 的繞線圈數各為 N_1 與 N_2，且共同繞在一個具有無窮大相對導磁係數的鐵心上。根據法拉第定律(Faraday's Law)，繞線 L_1 與 L_2 兩端的感應電壓可表示為：

$$e_1(t) = N_1 \frac{d\phi_1(t)}{dt} \tag{45}$$

$$e_2(t) = N_2 \frac{d\phi_2(t)}{dt} \tag{46}$$

因為鐵心具有無窮大的相對導磁係數，所以出現在 L_1 內的磁通量將沿著鐵心，百分之百完全流通過繞線 L_2，因此，可以得到下列關係式：

$$\phi_1(t) = \phi_2(t) \tag{47}$$

將(47)式代入(45)與(46)式中，可以獲得電壓 $e_1(t)$與 $e_2(t)$的比值爲：

$$\frac{e_1(t)}{e_2(t)} = \frac{N_1}{N_2} \tag{48}$$

方程式(48)就是理想變壓器最常被使用的電壓特性方程式。

法拉第定律說明磁通的變動可以產生感應電壓，而冷次定律(Lentz's Law)更進一步說明感應電壓的極性方向。冷次定律說明感應電壓會產生感應電流，而且此感應電流所產生的磁通量會抵消原本產生感應電壓的磁通量，以達到能量守恆的原則。感應電壓的極性方向可以用圖 2.19 中的變壓器及其繞線方向加以說明。外加電流 I 根據安培定律會在一次側繞組產生方向朝上的磁通量ϕ_1。經過鐵心導引，磁通量ϕ_1 會通過二次側繞組，記爲ϕ_2 且方向向下。二次側繞組因爲有磁通量ϕ_2 的變化，所以會產生感應電壓 $e_2(t)$。若此時二次側有接負載，則會有感應電流產生，而且此感應電流在二次側線繞內的流動方向，要產生一個向上的磁通量以抵消ϕ_2。根據安培定律及二次側繞線方向，感應電壓 $e_2(t)$的極性方向就如同圖 2.19 中所標示一樣，才能產生用以抵消ϕ_2的向上磁通量。

理想變壓器的電路符號如圖 2.20 所示。其中，N_1 與 N_2 爲線圈之繞線匝數，打點記號標示兩組繞線具有相同電壓極性的端點，中間的兩條直線代表兩組繞線之間透過鐵心達到磁耦合的功能。

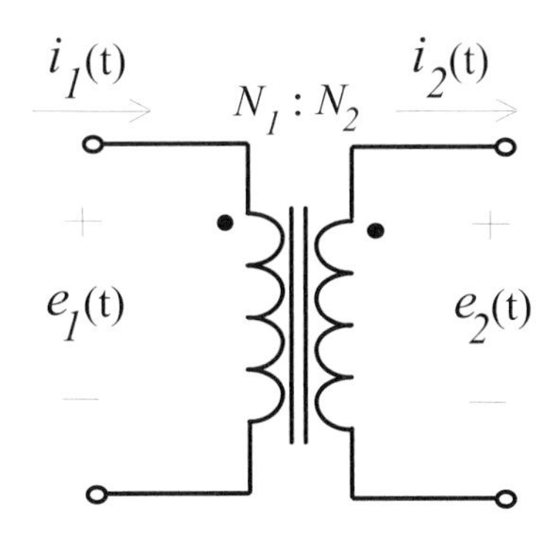

圖 2.20　理想變壓器的電路符號

由於理想變壓器本身並不消耗功率，完全是用於傳遞功率，因此，變壓器之輸入功率 P_{in} 等於輸出功率 P_{out}。由此可以獲知：

$$P_{in} = e_1(t) \cdot i_1(t) = e_2(t) \cdot i_2(t) = P_{out} \tag{49}$$

結合(48)與(49)式，可以得到下列關係式：

$$\frac{e_1(t)}{e_2(t)} = \frac{N_1}{N_2} = \frac{i_2(t)}{i_1(t)} \tag{50}$$

值得注意的是，方程式(50)只有在變壓器處於功率傳送狀況，亦即輸出電流不為零時，才成立。但是(48)式則是不管有無輸出電流，均永遠成立。

變壓器因為被用來傳送與轉換電能，所以通常有一端為能量輸入端，稱之為一次側(Primary Side)，其餘的能量輸出端被稱為二次側(Secondary Side)。一個變壓器可以同時有很多組繞線繞在同一個鐵心上，如圖 2.21 所示。如果輸入電源接在第一組繞線上，則第一組繞線就被稱為一次側繞組，其餘 3 組繞線均稱之為二次側繞組。所以圖 2.21 中有三組二次側繞線，且電壓關係可表示為：

$$e_1(t) : e_2(t) : e_3(t) : e_4(t) = N_1 : N_2 : N_3 : N_4 \tag{51}$$

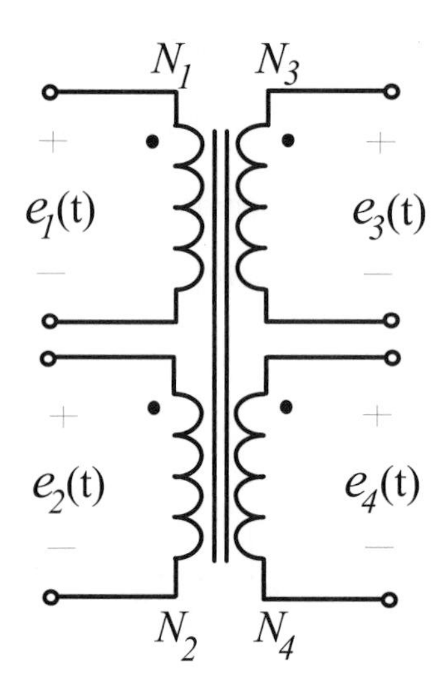

圖 2.21　具有多組繞線的理想變壓器

2.5.2 實際變壓器

實際電路製作時，變壓器的特性不可能像前述理想變壓器所推導的那麼單純，所以在實務上必須發展出實際變壓器的電路模型，才能符合電路設計上的需要。變壓器的繞線是由漆包線所繞製而成，所以一定有電阻，因此可以在圖 2.20 理想變壓器之電路符號上，加入電阻器 R_1 與 R_2，如圖 2.22 所示。接著，考慮實際變壓器鐵心的相對導磁係數並非無窮大，所以在線圈 N_1 內的磁通，並無法百分之百通過線圈 N_2，而是有一部分的磁通散逸到空氣中。這種效果就如同有一個電感器，會產生磁通，但卻沒有耦合到二次側的繞圈一樣。所以，可以用一個電感器來表示磁通洩漏到鐵心外的現象，而這個電感就被稱之爲漏電感(Leakage Inductance)。由於每組繞線都會有磁通洩漏的現象，因此每組繞線都要加上漏電感。將漏電感以電抗(Reactance)表示，並加入變壓器中，便可得到如圖 2.23 的模型。

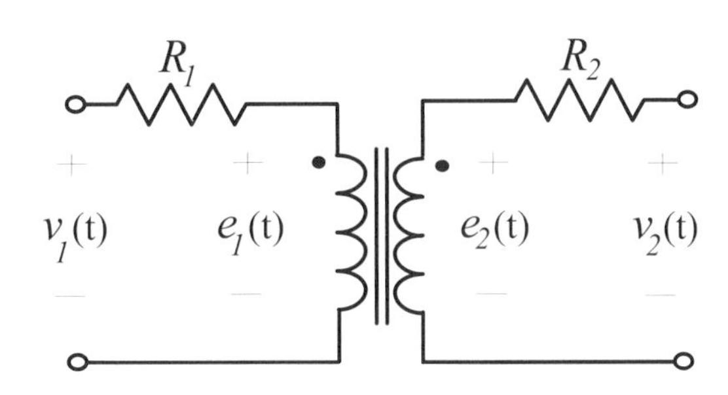

圖 2.22　考慮繞線電阻的變壓器模型

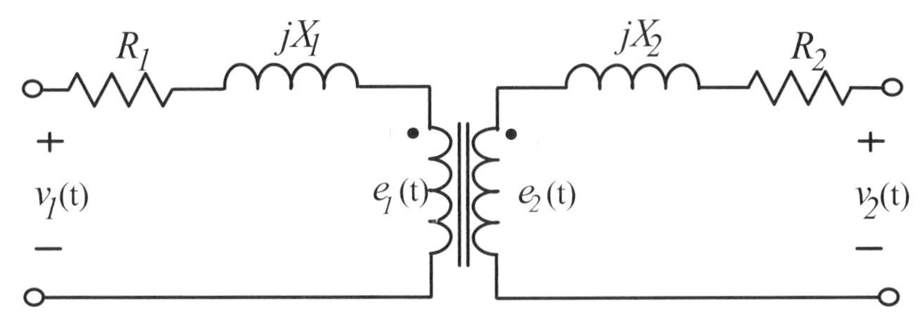

圖 2.23　考慮繞線電阻與漏電感的變壓器模型

最後，再來探討變壓器鐵心內的磁通來源。在前面章節中，關於變壓器各繞組之間的電壓關係式，如(48)或(50)式，都是假設已有磁通在鐵心內流通且通過各個繞線圈內。然而，這些磁通必須藉由外加電流來產生，否則變壓器本身並無法自行產生磁通，也就沒有感應電壓的產生。因此，在實際變壓器的電路模型中，必須要再增加一個電感器(jX_M)來產生磁通，此電感器被稱爲激磁電感

(Magnetizing Inductance)。又由於鐵心的導磁係數並非無窮大，磁通在鐵心中流通會有損失，所以激磁電感必須再並聯一個電阻值很大的電阻(R_M)，用以代表磁路上之損失。不過，由於磁損失通常不大，很多時候這個代表鐵心損失的電阻會被忽略不計。綜合上述內容，一個完整的實際變壓器電路模型就如圖 2.24 所示。

在圖 2.24 中，電阻 R_1 與 R_2 所造成的損失被稱爲銅損。原因是繞組導線一般都是銅線；R_M 所造成的損失則被稱爲鐵損，指的是鐵心上磁路的損失。銅損與鐵損合起來，便是變壓器的損失。

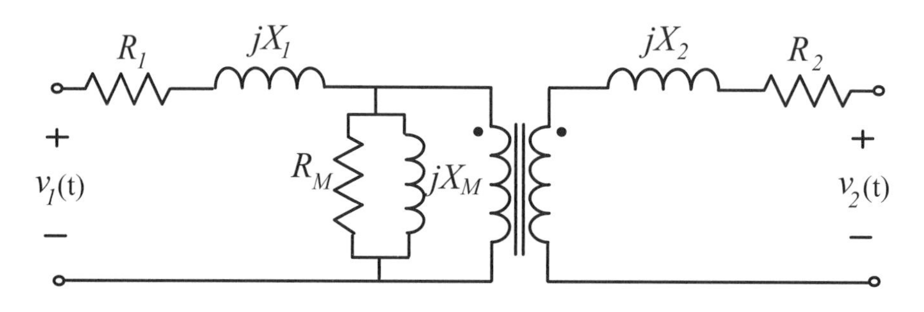

圖 2.24　完整的實際變壓器模型

如果變壓器的激磁電感器達到飽和狀態，則一次側輸入端的能量將無法完全轉換成磁能，因此二次側的電能輸出將會不足，可能造成輸出電壓的降低。同樣地，變壓器本身也會因爲過大的輸入電流而造成溫度上升過大。

變壓器實際上是由二組以上的耦合電感器所組成。基於電感器的特性，直流電壓不能施加於變壓器上，否則將造成電流持續上升而燒燬變壓器，因此變壓器一般而言僅能應用在交流電路。當施加到變壓器上的電壓是低頻電源時(如市電頻率 60 Hz)，因爲電壓源正半週(或是負半週)的時間相對很長，所以變壓器鐵心內的磁通量持續增加的時間也會變得很久，此時爲了避免鐵心因爲磁通密度過高而達到飽和的狀態，所以鐵心的體積要增大。另一方面，如果電源的頻率是高頻(如 50 kHz)，則電源處於正或負半週期的時間就變得非常短，此時鐵心內的磁通量，在如此短的半週期時間內之增加量有限，因此鐵心的體積可以大幅縮小，還是可以避免鐵心達到飽和狀態。這就是爲何高頻電路中，磁性材料的體積可以變得很小的原因。

變壓器理論上雖然只能運用在交流電路，但是在直流／直流轉換器中，還是可以利用變壓器協助達到升降壓之目的。不過，此時的變壓器必須操作在高頻切換模式，以避免飽和發生。當直流電加到變壓器的一次側時，激磁電感器內的磁通密度會持續增加，但由於電路是操作在高頻切換模式之下，所以很快地在變壓器尚未達到飽和之前，直流電壓會被移除，亦即一次側激磁電感上的電壓變爲零或是負值，變壓器內原先由激磁電感所建立的磁通密度將逐漸降低至零甚至是建立負方向的磁通量。然後，下一個週期一開始，直流電壓又被加到一次側，變壓器內的磁通又被建立。如此週而復始，變壓器便能運用在直流／直流轉換器中了。

2.6 重點整理

不需要外加控制電路便能工作的被動式元件，在電路中擔任傳遞與儲存電能的角色。線材依使用功能可以分爲電力線及訊號線兩大類。其規格通常是以導線的直徑作爲區分之依據。最常採用的線材規格是 AWG。導線爲了降低阻抗，經常編織成絞線的方式來使用。絞合漆包線常被用來製作電感器或是變壓器，以降低集膚效應以及寄生元件的影響。

電阻器依材料組成及特性，有很多不同的種類。電阻值的標示通常採用色碼、英文字母或是數字，直接標示在電阻器上。碳膜電阻器是最常見的電阻器，水泥電阻器能夠承受的功率較大。金屬膜電阻器的電阻值較爲準確，又被稱爲精密電阻器。無感電阻器可以被用來量測高頻電流訊號。具有低電阻值的電流感測電阻器適用於量測電流的場合。光敏電阻器的電阻值隨光照強度的變動而有變化。熱敏電阻器的電阻值受溫度影響很大，又可分爲 NTC 與 PTC 兩類。

電容器是儲能元件，可分爲介電質電容器、電解電容器與雙層電容器三大種類。介電質電容器無極性，電容值較小。電解電容器有極性，電容值相對較大。雙層電容器有極性，電容值很大，但是耐壓很低。電容器的阻抗受工作頻率的影響很大，在直流電路中可被視爲開路，在高頻電路中可被視爲短路。使用電容器之前，必須對其特性與等效模型有所了解。

物質依導磁特性，可以分爲鐵磁、順磁與逆磁三大類。磁性材料具有非線性的磁滯曲線特性。電感器是最簡單的磁性元件，也是儲能元件之一。電感器之阻抗與頻率成正比，在直流電路中可被視爲短路，在高頻電路中可被視爲開路。電感器通常依電流與功率額定以及鐵心的頻寬來自行製作。

兩個電感器在空間的位置如果靠的很近，就會產生電磁耦合，形成耦合電感。變壓器就是利用電磁耦合原理將電能轉換成磁能，然後再由磁能轉換回電能，以達到改變電壓高低之目的。理想變壓器各組線圈的電壓比等於繞線匝數比。實際變壓器的等效電路模型包含有電阻、漏電感及激磁電感。電路的工作頻率越高，變壓器越不容易飽和，因此體積可以縮小。

2.7 習題

1. 簡述使用編織絞線的時機。
2. 在電流密度爲 4.5 A / mm^2 之條件下，如果需要傳導的電流大小爲 10 A，選用導線的 AWG 編號應爲多少？
3. 使用公式計算出 AWG22 號線的直徑大小，並和表 2.1 比較是否正確。
4. 何謂漆包線？使用上該注意那些事項？
5. 電阻器上所標示的色碼若爲紅紫橙金，則其代表的電阻值爲何？
6. 220 kΩ±10 %的碳膜電阻器，其色碼顏色應該爲何？
7. 說明 NTC 與 PTC 之差異及其使用時機？
8. 爲何電容器在穩態直流電路中，被視爲開路？
9. 三個電容器的電容值分別爲 C_1 = 470 μF，C_2 = 220 μF，C_3 = 320 μF。若三者並聯使用，其等效電容 C_p 爲多少？若 C_1 與 C_2 並聯後，再與 C_3 串聯使用，則其等效電容 C_t 爲何？

10. 一個陶瓷電容器上標示著 225，請問此顆電容器的電容值爲何？若要選用一顆 47 pF 的陶瓷電容器，其表面上所標示的數字應該是多少？

11. 何謂 ESR？ESR 對於電容器的電氣特性有何影響？

12. 一個 5 mH 的電感器，通有 2 A 電流時，所儲存的電能大小爲多少焦耳？

13. 如圖 2.25 所示，電感器 L_1 與 L_2 之間有耦合電感 M，寫出電感器 L_1 的電壓 V_{L1}(t)表示式爲何？

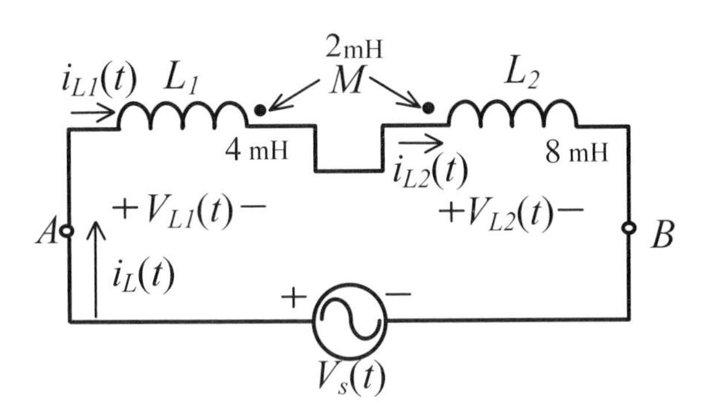

圖 2.25　具有耦合電感之電路

14. 如圖 2.26 所示之理想變壓器電路中，三組繞線的匝數分別爲 N_1 = 20、N_A = 15、N_B = 25，試求出電流 I_A 與 I_B 之大小爲何？

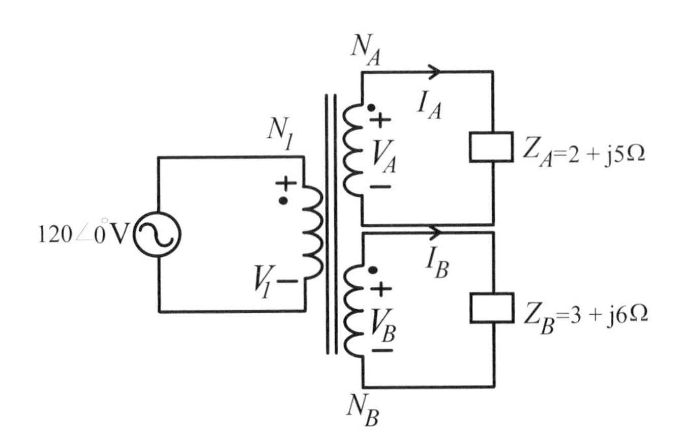

圖 2.26　具有三組繞線之理想變壓器電路

第三章　開關元件

開關元件(Switching Device)是由半導體材料所組成。藉由控制訊號的變換，開關元件可以控制電流的導通與否，進而調節電能的變動，達到電能轉換之目的。因此，開關元件是電能轉換器中的主角，具有極為重要的地位。本章將就常用的半導體開關元件，分別介紹其重要的特徵。

3.1 半導體

所謂電流就是電子的流動。物質要能傳導電流，必須要有自由電子。金屬物質的一項特性就是其原子結構中的最外層電子可以自由移動，因此整個金屬物質內部充滿了自由電子，所以金屬物質很容易導電，也就是所謂的導體。同理，非導體或絕緣體物質內的自由電子很少或是幾乎沒有，所以其導電能力非常差。半導體的特性則介於導體與非導體之間。在某些特定的條件下，半導體展現出導體的特性，可以傳導電流。但是，當這些特定條件消失之後，卻呈現不可導電的特徵，因此被稱為半導體。

半導體的基本元素是矽(Si)。矽的原子結構中，最外層有四個電子，可以和緊鄰的四個矽原子形成結構緊密的共價鍵，成為結晶格狀的結構，如圖 3.1 所示。

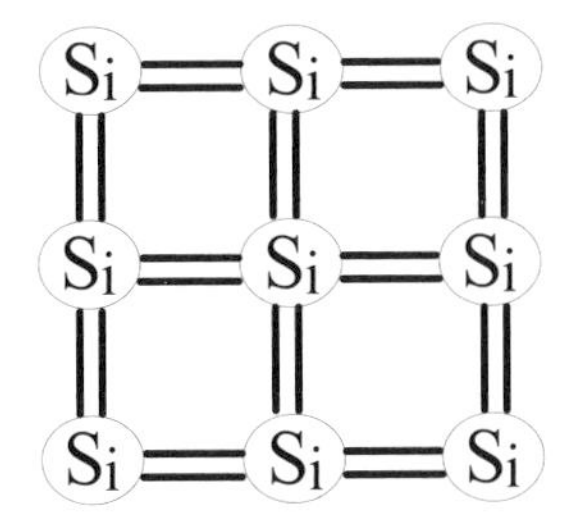

圖 3.1　矽原子共價鍵結構

每個矽原子的外層電子，因爲共價鍵的關係而無法自由移動，所以沒有自由電子，因此純矽無法導電。若是矽的結晶格中的某些矽原子被週期表上 III 族的元素(如硼、鎵)所取代，則共價鍵中會少一個電子，可視爲被一個電洞(Hole)所取代，如圖 3.2 所示。這個電洞容易把鄰近的電子吸引進來，造成原本電子所在位置形成另一個電洞。這個效果就好像電洞從目前所在位置移到鄰近它處，可以視爲電洞的移動，而電洞的移動就產生電流。因此，在純矽中加入其他元素，就具有導體的特性，但是導電能力與金屬導體不相同。相似地，若純矽中的結晶格被週期表上 V 族的元素(如：磷、砷)所取代，則共價鍵中會多一個電子，如圖 3.3 所示。這個電子可以自由移動，所以此時的物質亦具備有導體的特性。

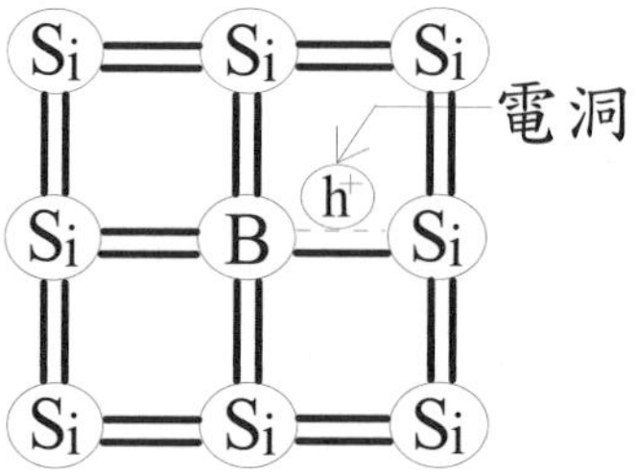

圖 3.2　硼原子取代矽原子產生一個電洞，形成 P 型半導體

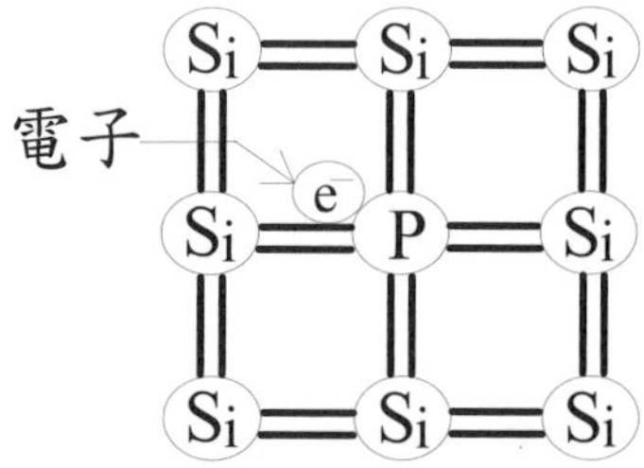

圖 3.3　磷原子取代矽原子產生一個自由電子，形成 N 型半導體

加入 III 族元素所形成的半導體被稱爲 P 型(P-type)半導體，而加入 V 族元素則形成 N 型(N-type)半導體。當 P 型與 N 型半導體互相連接時，由於電子和電洞濃度不相同的關係，P 型半導體內的電洞會往 N 型半導體自然擴散，同時，N 型半導體內的電子會往 P 型半導體自然擴散。P 型半導體中，摻入 III 族元素

所形成的電洞與來自 N 型半導體的電子結合之後，形成嵌在結晶格中，不能自由移動且帶負電的負離子。同理，N 型半導體中，摻入 V 族元素所帶來的自由電子，離開 N 型半導體，進入 P 型半導體後，在 N 型半導體內形成嵌在結晶格中，不能自由移動且帶正電的正離子。這些在 P-N 接面附近形成的正負離子會產生電場，阻止電子或電洞繼續移動，形成一個空乏區(Depletion Layer)，如圖 3.4 所示，在空乏區中沒有自由的電子或電洞。

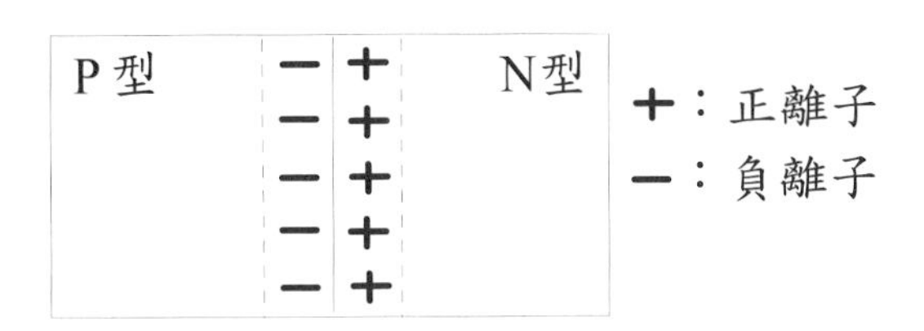

圖 3.4　具有空乏區的半導體 PN 接面

3.2 二極體

具有 P-N 接面的半導體就形成了二極體(Diode)。當二極體外加一個足夠大的順向電場時，可以抵消原本空乏區所自然產生的電場，並且提供額外的電場讓半導體內部的電子與電洞可以流動。此時，二極體是可以導電的，稱爲導通。相反地，若外加的電場與空乏區的電場同方向的話，則空乏區會加大，而且二極體依然呈現無法導電的特性，此時稱爲截止。因此，二極體同時具有導體可以傳導電流與非導體無法傳導電流的特性，是最簡單的半導體元件。

二極體的電路符號如圖 3.5 所示。其中 P 型半導體端被稱之爲正極(Anode)，記爲 A，N 型半導體端稱之爲負極(Cathode)，記爲 K。當 A 對 K 兩端所加的電壓 V_{AK} 爲正時，稱之爲順向偏壓。反之，若電壓爲負時，稱之爲逆向偏壓。

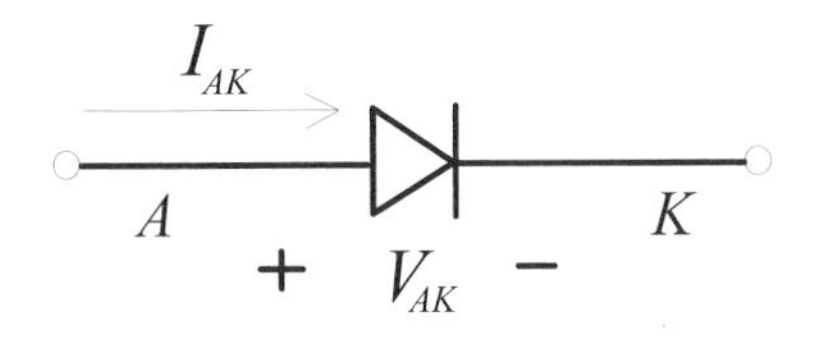

圖 3.5　二極體的電路符號

半導體元件的特性，通常由其電壓－電流曲線(V-I Curve)來表示。理想二極體的 V-I 曲線如圖 3.6 所示。當理想二極體加上逆向偏壓時(即 $V_{AK} < 0$)，則無法導通，所以電流爲零。當理想二極體加上順向偏壓時(即 $V_{AK} > 0$)，則如導體般導通。此時，理想二極體兩端並無電壓降，且流過理想二極體的電流可以無限制。由於二極體只允許單一方向的電流流過，具有整流的作用，所以又被稱爲整流器(Rectifier)。

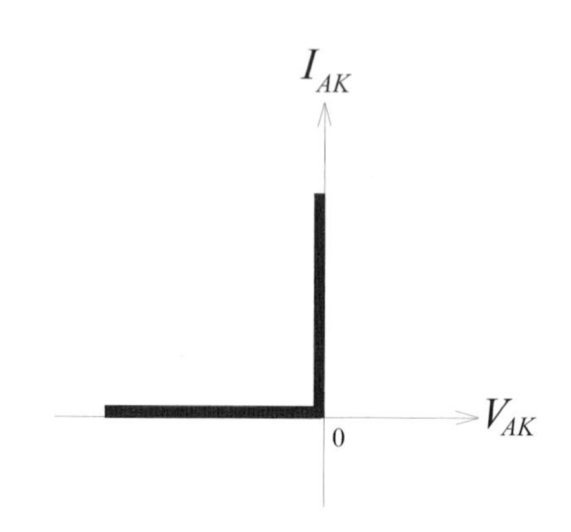

圖 3.6　理想二極體的 V-I 曲線

實際二極體的 V-I 曲線如圖 3.7 所示。當二極體加上逆向偏壓時，會有逆向漏電流 I_R，不過，此漏電流非常小，通常被忽略，所以二極體還是被視爲處於不導通的狀態。當逆向偏壓達到二極體的崩潰電壓 V_{BD} 時，逆向電流可以變得非常大，這是因爲施加在二極體上的外加電場，讓二極體內的電子得到很大的動能，去碰撞共價鍵內的電子。而且原本的電子與被碰撞出來的電子也因爲外加電場的關係，仍然具有足夠的動能去碰撞另外的共價鍵電子。如此一來，一個高動能電子可以碰撞出兩個高動能電子，而這兩個高動能電子又可以繼續碰撞，產生四個高動能電子。依此碰撞下去，二極體內部就如同雪崩一般地急速產生大量的高動能電子。此時這些電子就像自由電子一樣，可以到處移動，讓二極體變成導體，所以逆向電流可以變得很大。

當逆向崩潰發生時，二極體兩端有很大的跨壓而且會有很大的電流，所以二極體會吸收很大的電功率，並企圖以熱能的方式消耗，伴隨著產生高溫。這種高溫很容易破壞半導體的結構，造成永久性的損壞，也就是將二極體燒毀。但是，如果崩潰發生的時間極短，或是崩潰電流不夠大，則二極體的結構就可能不會受到嚴重的破壞。所以，當崩潰現象消失之後，二極體仍然可以回復正常的特性，這就是半導體曲線分析儀可以外加很大的逆向偏壓，用來量測二極體逆向崩潰電壓卻不會損壞二極體特性的原因。

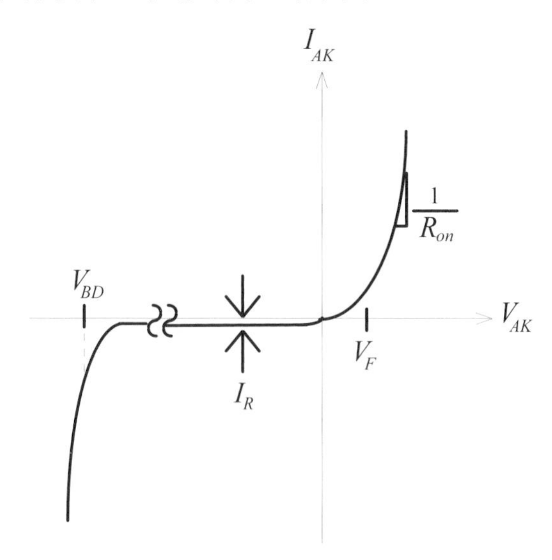

圖 3.7　實際二極體的 V-I 曲線

另一方面，當二極體外加順向偏壓超過空乏區所產生的電壓 V_F 時，二極體內的電子電洞便可以自由通過 PN 接面。此時，二極體就像導體一般開始導電，而 V-I 曲線斜率是二極體導通時內阻(R_{on})的倒數。實際上的二極體等效電路可以用圖 3.8 來表示，其中 D_{ideal} 是一個理想二極體，電阻器 R_R 的電阻值很大，所造成的逆向漏電流很小。

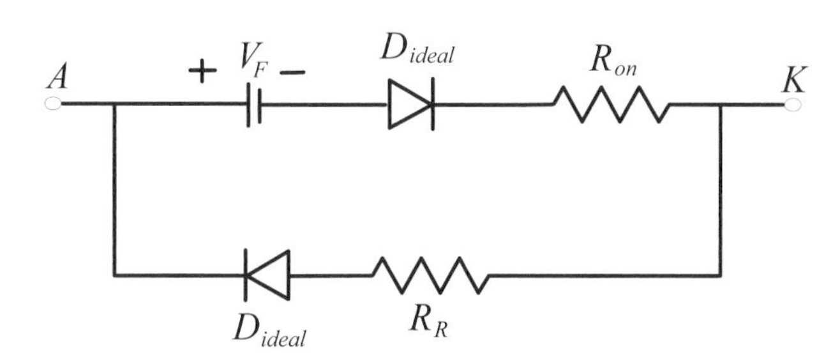

圖 3.8　二極體等效電路圖

二極體依其耐流能力大小可以分爲訊號二極體(Signal Diode)與功率二極體(Power Diode)兩大類。訊號二極體的耐流小，約是毫安培(mA)等級。一般電子學書本所介紹的二極體是用來處理訊號的訊號二極體。功率二極體能夠承受大的逆向偏壓(可高達千伏)，傳導大的電流(可高達千安培)，所以結構上和訊號二極體會有很大的差異。

爲了傳導大電流，功率二極體 PN 接面的面積要變大。同時，爲了要承受大逆向電壓，二極體的長度必須變長，而且半導體中所摻雜的濃度不能太低。如此一來，將會造成導通時的電阻增大，不利於大電流流通。因此，功率二極體通常採用 P-I-N 結構，如圖 3.9 所示。其中 I 代表本質(Intrinsic)濃度，通常是濃度較低的 N 型半導體，用 N^-表示。採用 P-I-N 結構的二極體在相同長度之下，耐壓至少可以提高二倍以上。

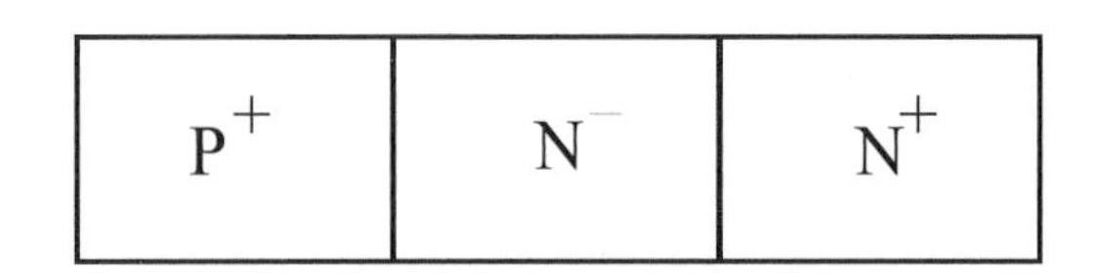

圖 3.9　功率二極體的 P-I-N 結構示意圖

功率二極體依其導通與截止的速度，又可被區分爲：普通二極體、快速二極體與超快速二極體等三大類。普通二極體(如：1N40xx 系列)適用於 60 Hz 低頻電路的整流應用。若將之應用在高頻電路將會發生尚未完全導通就要被截止的情形，無法正確達到整流目的。快速二極體(如：FR155)的導通速度較快(數 kHz 到數十 kHz)，所以可以搭配一般的主動開關(如 MOSFET)一起使用。若主動開關的切換頻率升高到好幾百 kHz 以上，就必須採用超快速二極體(如：UF1608)。

3.2.1 二極體的導通與截止暫態

二極體導通時，元件內充滿移動的自由電子，電流穩定，是一種穩態。二極體截止時，PN 接面有空乏區阻隔電子移動，沒有電流，也是一種穩態。所以，二極體從導通進入截止狀態，或是從截止進入導通狀態，都會有不同的暫態發生。

二極體從截止狀態變爲導通狀態的過程稱爲導通暫態(Turn-on Transient)，標示爲 t_{ton}。此時，原本高阻抗無電流的二極體，開始有電流流通。因爲二極體的阻抗尚未降至導通狀態時的低阻抗，所以電流與電阻的乘積就變得很大，因而產生一個電壓突波，如圖 3.10 所示。

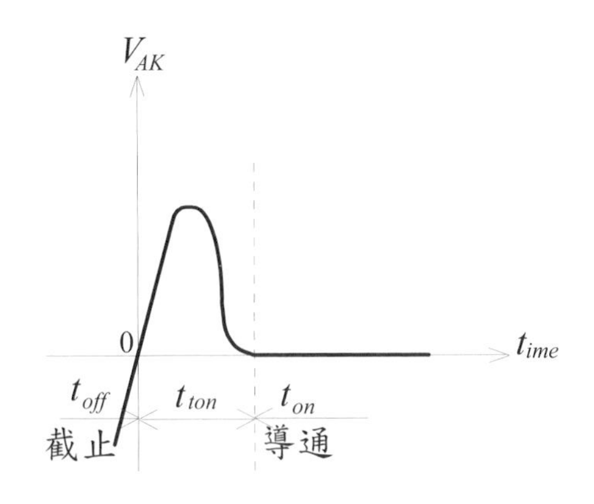

圖 3.10　二極體導通暫態的電壓波形

導通暫態的電壓突波大小，受導通電流上升率影響很大。一般而言，電流上升率越大，電壓突波越大。因此，切換速度越快的二極體，其導通暫態電壓突波就越明顯。另一方面，由於二極的逆向偏壓通常都很高，所以導通暫態的突波電壓相形之下就變得很小，經常被忽略。

二極體從導通狀態變爲截止狀態的過程稱爲截止暫態(Turn-off Transient)，標示爲 t_{toff}。因爲二極體在截止狀態時，其 PN 接面必須建立空乏區，產生一個電場，才算眞正處於截止狀態。所以，當充滿自由電子的電流導通狀態要截止時，如果只是讓電流降爲零，亦即不再有自由電子移動，並不算眞正截止，必須持續讓電流降爲負值，且讓半導體內 PN 接面的電子移出，形成空乏區，才算眞正截止。所以，二極體截止暫態會產生一個負電流，稱爲逆向回復電流(Reverse Recovery Current)。圖 3.11 爲二極體截止暫態的電流波形圖。其中，截止暫態(t_{toff})包含電流下降時間(t_{fall})與逆向回復時間(t_{rr})。由於 t_{rr} 期間必須將多餘電子移出二極體以建立空乏區。因此切換速度越快的二極體就必須在越短的時間內，將相同數量的電子移出，逆向回復電流就越大。以超快速二極體爲例，逆向回復電流經常可以達到導通電流的二至三倍。

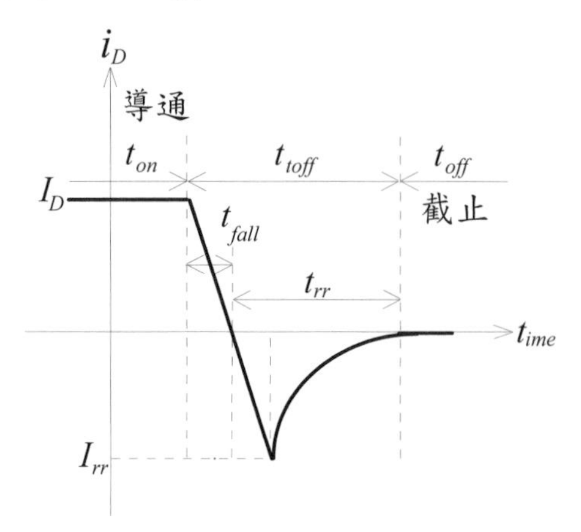

圖 3.11　二極體截止暫態的電流波形

二極體逆向回復電流所形成的電流突波，會隨著電流下降斜率的增加以及逆向偏壓的增大而變大。逆向回復電流所形成的電流突波，會增加二極體切換損失；而且，這個電流突波會在電路內流動，增加其他切換開關的切換損失，甚至毀損元件。例如在圖 3.12 所示的降壓型直流 / 直流轉換器電路中，輸出電感內的連續電流是透過一個主要開關元件(M)及二極體(D)來導通。根據克考夫電流原理，開關元件電流(I_M)、二極體電流(I_D)與電感電流(I_L)之間的關係可以表示爲：

$$I_L = I_M + I_D \tag{1}$$

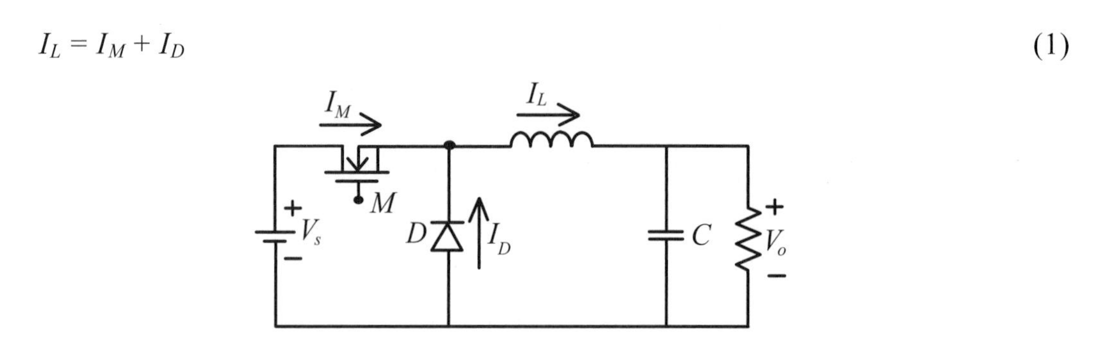

圖 3.12　降壓型直流 / 直流轉換器

因爲電感電流必須連續且開關 M 與二極體 D 的導通狀態爲互補，所以理論上，開關 M 導通時的電流就等於電感電流。因此，在元件挑選上，開關 M 的電流額定就是電感電流的大小。然而在開關 M 導通暫態期間，二極體 D 處於截止暫態期間。此時，開關 M 會有電感電流與二極體的逆向回復電流同時流過，所以會有一股突波電流出現在開關 M 上。此突波電流就是二極體截止暫態所產生的逆向回復電流。突波電流的出現，會增加開關切換時的切換損失，甚至燒毀元件。

二極體在功率電路中，主要被用來實現整流功能或是提供電感電流自由迴流(Free-Wheeling)之路徑。在控制電路中也可以用來實現保護電路的功能。圖 3.13 爲利用二極體所實現的電壓箝位保護電路。當輸出訊號 V_{in} 超過 5.7 V 時(假設二極體之導通順向壓降爲 0.7 V)，D_1 會導通，數位訊號處理器(Digital Signal Processor：DSP)I / O 埠的電壓會被+5 V 的電壓源所箝制住，無法再上升。如此，便可以保護 DSP I / O 埠不被電壓突波所損壞。同理，若有負電壓突波出現在 V_{in} 端，則 D_2 會導通，I / O 埠會被接地準位(GND)所箝制住，最低只能到達-0.7 V。

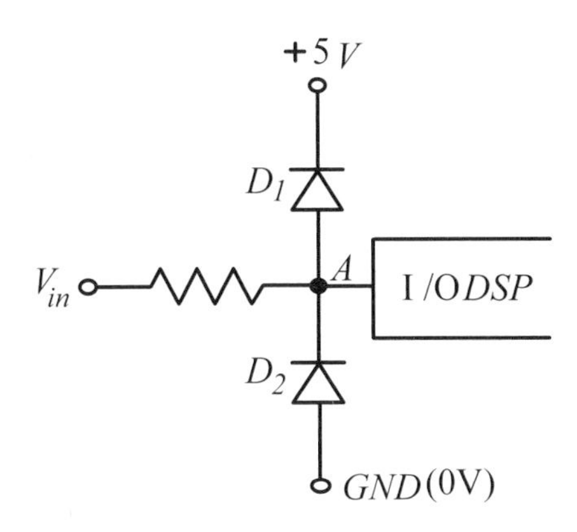

圖 3.13　電壓箝位保護電路

3.2.2 基納二極體(Zener Diode)

二極體若外加逆向偏壓過大時，會導致崩潰，此時二極體逆向電壓會保持幾乎不變，而且會有極大的電流流過。雖然二極體發生逆向崩潰，乍聽之下是一件不好的事，但是基納(Zener)二極體卻被設計用來專門操作在逆向崩潰區。基納二極體的電路符號如圖 3.14 所示。

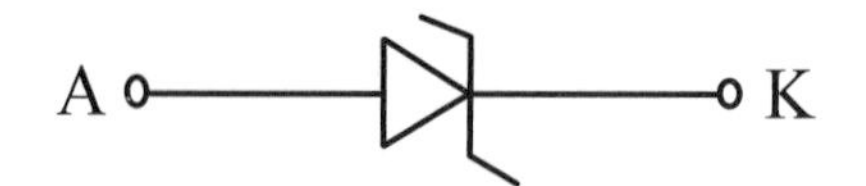

圖 3.14　基納二極體的電路符號

圖 3.15(a)爲基納二極體的 V-I 特性曲線，而陰影部分就是基納二極體主要工作區域。當基納二極體操作在陰影區域時，可以用圖 3.15(b)的等效電路來表示。當基納二極體的逆向偏壓(-V_{AK})小於 V_z 時，基納二極體處於截止狀態，沒有電流流過，可視爲斷路，對其所鄰接之電路不產生影響。當基納二極體的偏壓達到 V_z 左右時，崩潰發生，此時基納二極體兩端電壓不再持續增加，但允許較大的逆向電流通過，而且基納二極體兩端的電壓被箝制住在 V_z，具有穩壓功能，這是基納二極體最主要的用途。基納二極體是藉由摻入高濃度的雜質來降低其崩潰電壓。

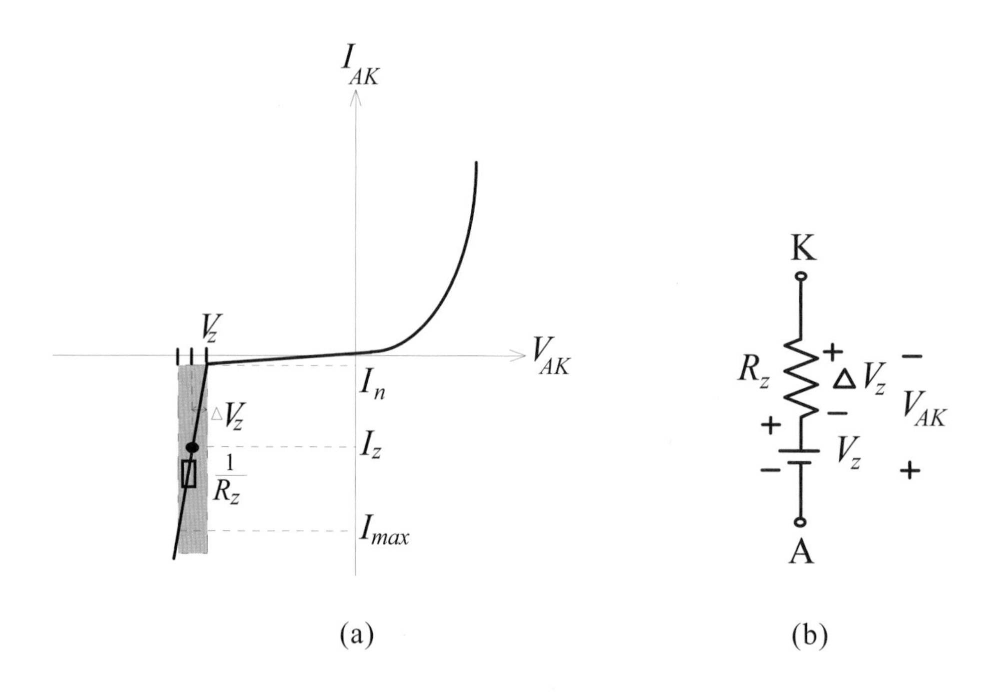

圖 3.15　(a) 基納二極體主要工作區域 (b) 基納二極體工作時的等效電路

簡單的基納二極體應用電路如圖 3.16 所示。在正常情形下，輸出電壓 V_{out} 的電壓大小爲輸入電壓 V_{in} 的分壓：$V_{out} = R_2 / (R_1 + R_2) \times V_{in}$。若基納二極體的崩潰電壓略大於正常的輸出電壓，即 $V_z > V_{out}$，則基納二極體爲開路，不影響輸出電壓。若輸入電壓升高爲 V'_{in} 時($V'_{in} > V_{in}$)，輸出電壓會等比例升高爲 V'_{out} ($V'_{out} > V_{out}$)。若 V'_{out} 升高到超過 V_z 時，基納二極體就會發生崩潰，將輸出電壓 V'_{out} 箝制在 V_z 左右，而達到穩壓的功能。

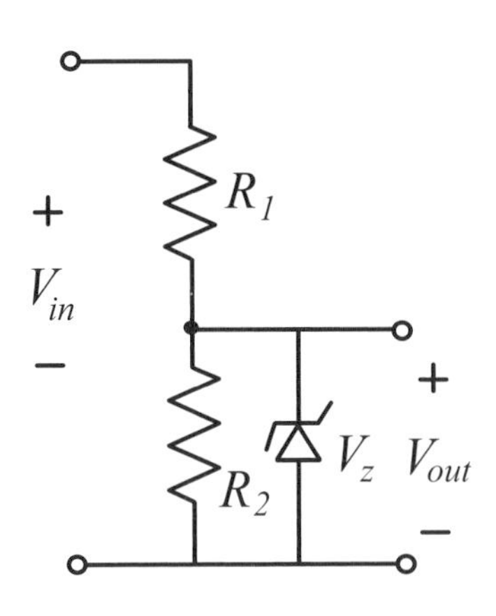

圖 3.16　基納二極體應用電路

基納二極體的規格，通常是以其崩潰電壓與額定功率大小來表示，如：5 V / 1 W。在電路設計上，基納二極體一定要加一個串聯的限流電阻，以免電流過大而導致燒毀。

3.2.3 蕭特基二極體(Schottky Diode)

一般的二極體是由 PN 接面的半導體組成，其順向導通壓降是由 PN 接面的空乏區所造成。如果採用低濃度的半導體(通常是 N 型) 與金屬接面，則空乏區將會消失，只剩下半導體與金屬材質之間較低的能階屏障。這種二極體便是蕭特基(Schottky)二極體，其電路符號如圖 3.17 所示。由於結構上僅爲半導體與金屬相接，所以，蕭特基二極體具有下列特點：

(1)順向導通壓降小，且導通電阻小。

(2)無須建立空乏區，所以無逆向回復電流，且導通與截止的暫態切換較快速。

(3)崩潰電壓相對較低。一般約爲 200 V 以下。

前述之第(1)(2)項特點是蕭特基二極體最大的優點，也是採用蕭特基二極體的主因。第(3)項則是其最大的致命缺失，也是限制蕭特基二極體應用範圍的條件。

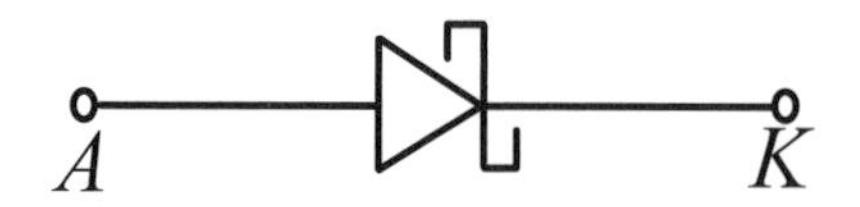

圖 3.17　蕭特基二極體的電路符號

不過，隨著材料與半導體製程的改進，商品化的高耐壓蕭特基二極體已經問世，但是價錢較高。如 CREE 公司生產的 S_i-C Schottky Diode，SCD 20120，TO-247-3 包裝，就具有 1200 V / 20 A 的額定電壓與電流。

3.2.4 變容二極體(Varactro Diode)

二極體在截止狀態時，元件兩端會出現逆向偏壓，而構成二極體的半導體材料本身就是一種介電質，所以此時二極體的電路特性可以用電容器來表示，此電容器通常被稱為接面電容器或寄生電容器。一般而言，耐壓越大的二極體其等效寄生電容器的電容值越大。此寄生電容器很容易和電路上的寄生電感器產生共振，將雜訊放大，所以並不是二極體耐壓越大就越好。

然而，接面電容也可以運用在某些特定用途上，此種元件就是變容二極體(Varactro Diode)。由於二極體接面電容器的形成是靠二極體逆偏時的空乏區所產生，因此藉由調整逆偏電壓的大小，可以改變空乏區之大小，進而改變電容值之大小。變容二極體的電路符號如圖 3.18(a)所示，其等效電路可以用圖 3.18(b)來表示。其中，R_s 是二極體逆偏下的等效串聯電阻，而 C_v 則為一個可變電容。變容二極體通常運用在通訊電路上，藉由改變電容值之大小，可以調節共振頻率，以達到頻率選擇的功能。圖 3.19 為使用兩個變容二極的共振電路，共振頻率 f_r 的表示式為：

$$f_r = \frac{1}{2\pi\sqrt{LC}} \tag{2}$$

只要改變控制電壓 V_r 之準位高低，就可以改變共振電路中，電容 C_1 與 C_2 的大小，進而改變共振頻率。

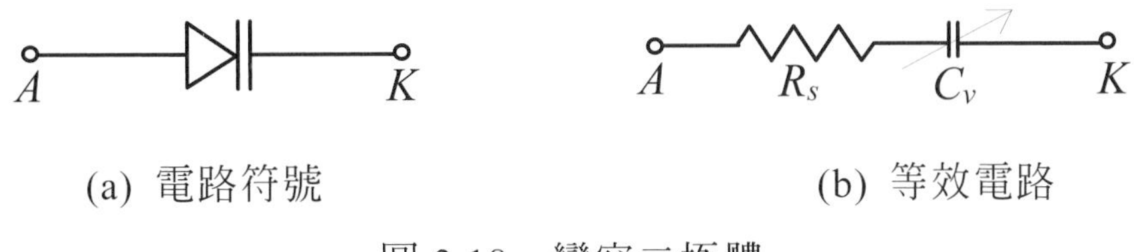

(a) 電路符號　　(b) 等效電路

圖 3.18　變容二極體

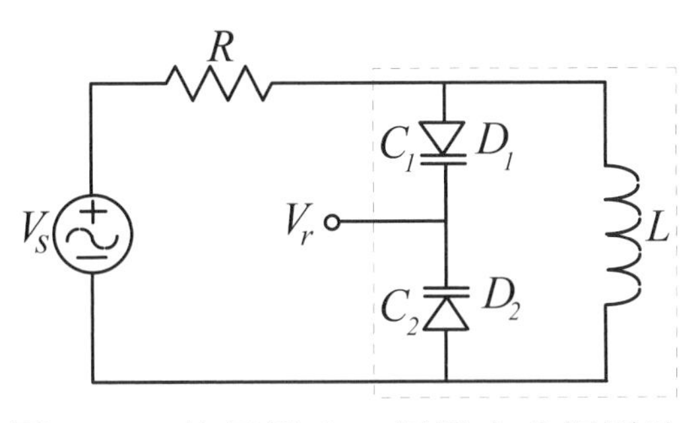

圖 3.19　使用變容二極體之共振電路

3.2.5 發光二極體(Light Emitting Diode：LED)

顧名思義，發光二極體(LED)就是能夠發光的二極體。當二極體順向導通時，電子由 N 型半導體進入 P 型半導體，並與 P 型半導體中的電洞結合(Recombination)而能階降低。電子因為能階降低所被釋放出來的能量，以光和熱的形式散發出來，這就是 LED 的基本原理。LED 之電路符號如圖 3.20 所示。由於光源的產生是靠電子能階的變動，因此 LED 的光亮度通常不強(mW 級)，頻譜固定(單一顏色)，而且和流過 LED 的電流(mA 級)成正比。然而，隨著半導體材料的開發，目前已有高亮度(3 W)白光或是紅綠藍光的 LED 在市場上販售，不過價格仍然居高不下。

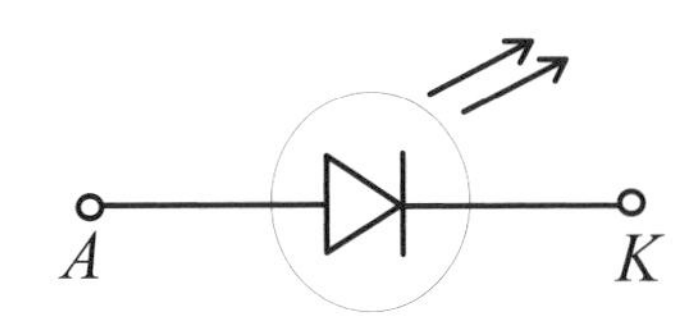

圖 3.20　LED 的電路符號

一般的 LED 被用來當成指示光源，所以亮度不需要很大，例如常見的七段顯示器(7-Segment LED Display)，便是由七顆 LED 所共同組成，分別用來顯示數字“8”的任一劃，然後藉由不同 LED 的亮暗組合，形成不同的數字。

3.2.6 感光二極體(Photodiode)

與 LED 相對應的元件是感光二極體(Photodiode)。感光二極體操作在二極體的逆向偏壓狀態。感光二極體受到逆向偏壓時，呈現截止狀態，特性就如同一般二極體一樣，此時會有一個很微小的逆向電流(Reverse Current)。對一般二極體而言，此逆向電流的大小會隨著溫度的上升而增加。對於感光二極體而言，由於結構與封裝上的特殊設計，外部的光照度可以提供能量產生較大的逆向電流，因此其逆向電流的大小通常與光照度成正比。感光二極體通常被用來實現自動控制上的感測功能，其電路符號如圖 3.21 所示。在正常狀況之下，有光束照射在逆偏狀態下的感光二極體，此時的逆向電流較大；但是，當有物體擋在光源與感光二極體之間時，逆向電流會降得很低。感光二極體搭配適當的電路，便能得到使用者想要達成之目的，例如自動門的開關，或是通過某些閘門的物體個數計算。

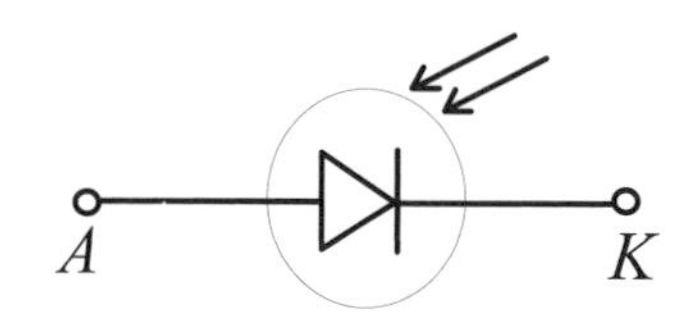

圖 3.21　感光二極體的電路符號

3.2.7 閘流體(Thyristor)

二極體的導通與截止，取決於二極體兩端是否爲順向偏壓或逆向遍壓，因此，幾乎沒有控制上的自由度可言。所以由二極體所組成的整流電路，其輸出直流電壓大小是不可控制的。若想要調整輸出直流電壓的大小，就得從調整輸入交流電壓的大小著手，通常這是很不切實際的做法。因此，如果二極體能再加上一個可控制的機制，用以改變導通的條件，便能達到不同控制上的需求。根據這個目的所發展出來的半導體元件就是閘流體(Thyristor)，閘流體又常被稱爲矽控整流體(Silicon Controlled Rectifier：SCR)。其電路符號如圖 3.22 所示，其中 G 代表閘極，是控制訊號的輸入端。

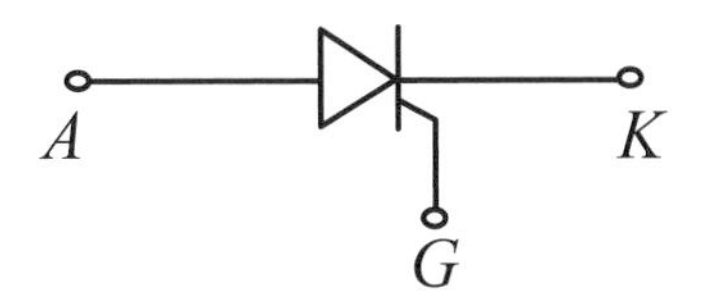

圖 3.22　SCR 之電路符號

SCR 的電路符號與二極體的電路符號相當接近，從這點來看，可以隱約知道 SCR 的特性應該和二極體類似。圖 3.23 是 SCR 的 V-I 特性曲線，當 SCR 處於逆向偏壓時，特性完全和二極體一樣，呈現不導通的狀態，稱爲逆向截止狀態，此時僅有微小的漏電流，而且逆向電壓過高時，會有崩潰現象發生。當 SCR 處於順向偏壓時，若沒有在閘極提供控制訊號，則 SCR 將持續處於不導通的狀態，稱爲順向截止狀態，此時僅有極小的順向漏電流。若順向偏壓持續加大到某個程度之後，SCR 也會發生崩潰現象，此時的電壓 V_{FBD} 稱爲順向崩潰電壓(Forward Breakdown Voltage)。

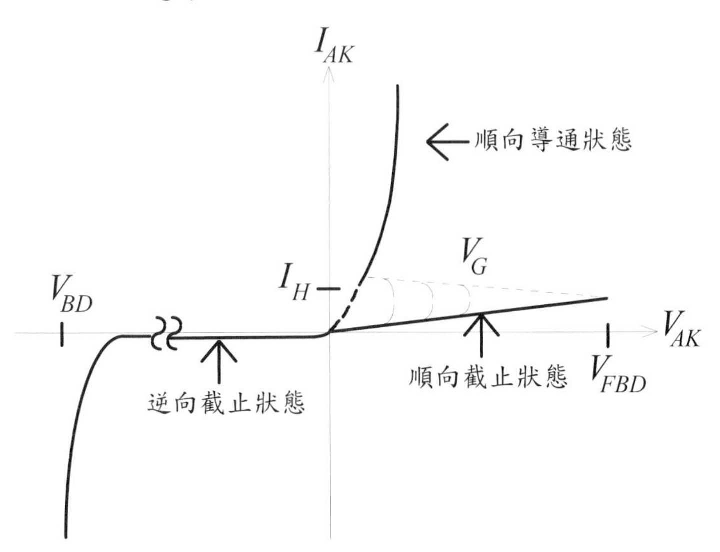

圖 3.23　SCR 的 V-I 特性曲線

若 SCR 處於順向截止狀態時，只要有電壓脈衝從閘極端輸入，則 SCR 會立即進入順向導通狀態。當 SCR 處於順向導通狀態時，其特性和二極體相同。只有將外加電壓改變成逆向偏壓，或是將 SCR 的電流降低到保持電流(Holding Current) I_H 之下，SCR 才能被關斷，重新進入逆向截止狀態。由於閘極訊號只是用來讓 SCR 導通，而且當 SCR 導通之後，就如同二極體一樣，不再需要閘極訊號，也一樣可以維持在導通狀態。因爲閘極訊號只要是電壓準位夠高的脈衝訊號就可以，所以 SCR 的導通控制十分容易實現。再者，由於閘極脈衝訊號產生的時間不同，可以控制 SCR 在不同的時間，處於不同順向偏壓大小之下才開始導通。所以調整閘極脈衝訊號的相位角，可以達到控制 SCR 導通的時間，進而達到控制直流輸出平均電壓之目的。

SCR 主要的用途是用來實現可調變輸出直流電壓準位的整流器，如圖 3.24 所示爲由 SCR 所構成全橋整流器。爲了說明方便，直流輸出端暫時不接穩壓電容。圖 3.25(a)爲輸入電壓 V_{in}，輸出電壓 V_o 以及閘極訊號 V_G 波形，其中，V_G 的相位角爲 α_1。若將 V_G 的相位角由 α_1 調整至 α_2，則直流端的輸出電壓也會跟著改變，其相對應的波形如圖 3.25(b)所示。比較圖 3.25(a)與(b)的輸出電壓波形，可以知道兩者的直流輸出量不相同，若此時在直流輸出側加上穩壓電容，便可以得到穩定的直流電壓。由於直流輸出量的不同，因此經過穩壓電容之後的直流電壓準位也會不同。所以藉由改變 V_G 的相位角，便可以控制輸出直流電壓準位。

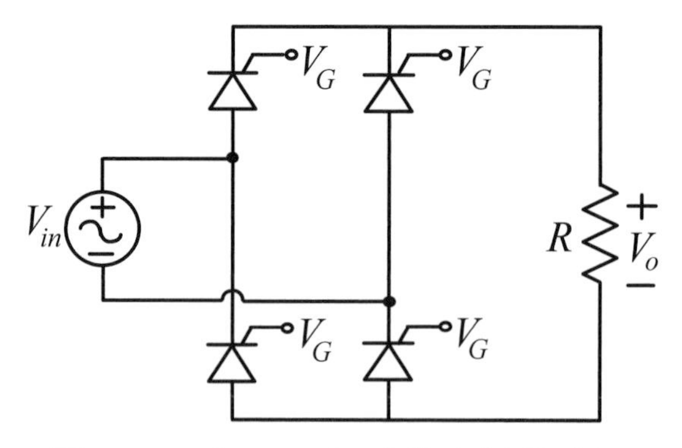

圖 3.24　由 SCR 組成的全橋整流器

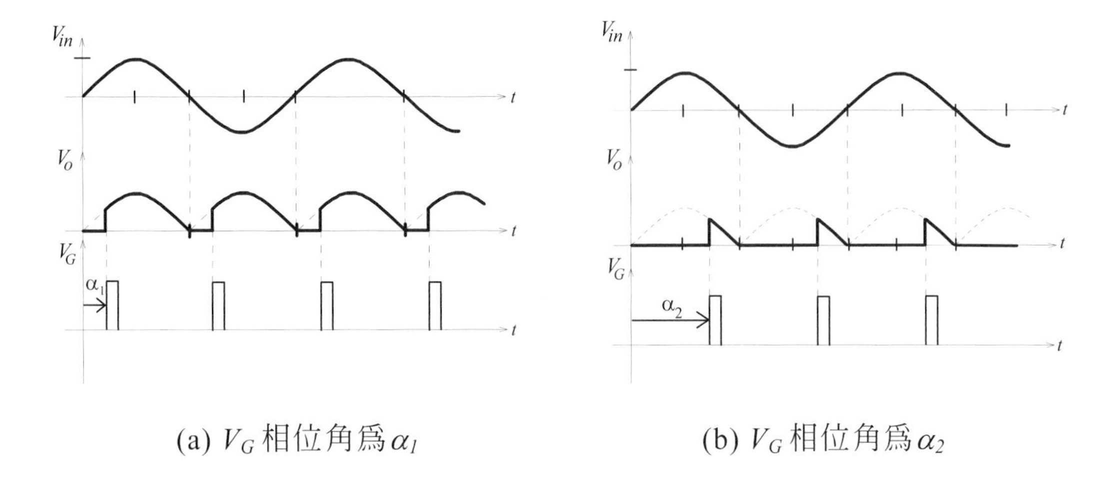

(a) V_G 相位角爲 α_1　　　(b) V_G 相位角爲 α_2

圖 3.25　SCR 全橋整流器的輸入、輸出與閘極訊號波形

3.2.8 閘極關斷閘流體(Gate Turn-Off Thyristor：GTO)

SCR 導通後，無法藉由閘極端的控制訊號來關斷 SCR 的電流，這是因爲此時的閘極必須要能夠將 SCR 的大電流完全導出去，讓 SCR 內部的電流降到保持電流以下，才能將 SCR 截止。這對一般的 SCR 而言是無法做到的，但是如果 SCR 的結構經過修改，還是可以達到這個目的，此時的 SCR 就被稱爲閘極關斷閘流體(Gate Turn-Off Thyristor：GTO)。GTO 的電路符號和 SCR 很相似，如圖 3.26 所示，差別在於閘極的符號多了雙向箭頭，代表電流可以雙向流動。不過，由於 GTO 在半導體結構上必須讓閘極佔有較大的截面積，讓大電流可以流通，因此流過 GTO 的額定電流便相對減少。同時用來關斷 GTO 的閘極訊號也要有足夠大的電流驅動能力，所以控制電路的設計較爲複雜。

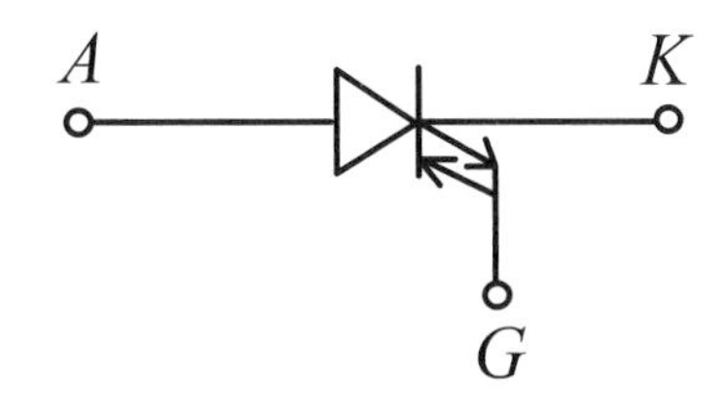

圖 3.26　GTO 之電路符號

3.2.9 雙向閘流體(TRIAC)

SCR 只能允許單方向的電流通過，因此具有整流作用，然而如果要將交流電源進行全波整流，那就要將兩顆 SCR 反向並聯，如圖 3.27(a)所示，此時，便形成一個新型的元件:雙向閘流體(TRIAC)。TRIAC 原本的意思是一種三端點交流半導體開關(Three-Terminal AC Simiconductor Switch)，其電路符號如圖 3.27(b)所示。由於 TRIAC 使用在交流電路上，因此主要電流進出之端點就用 MT_1 (Main Terminal 1)與 MT_2(Main Terminal 2)來表示，閘極(Gate)還是用 G 來表示。

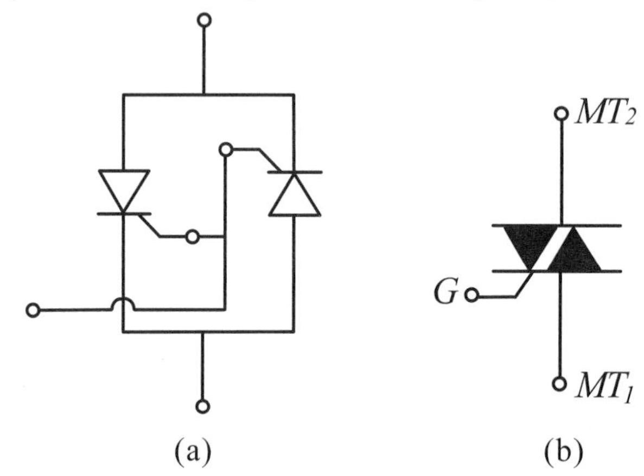

圖 3.27　TRIAC 的(a) 等效電路 (b) 電路符號

在前面圖 3.24 中所提到的 SCR 全橋整流器，可以用一個 TRIAC 來取代。圖 3.28 是一個很常見的白熾燈泡調光電路，藉由調整可變電阻 R_2 的大小，可以調節 V_t 電壓大小來決定觸發 TRIAC 的電壓準位，進而控制 TRIAC 的導通相位角，以得到不同的交流電壓量。TRIAC 爲了能夠允許雙向電流通過，因此在結構上，單向電流流通的面積就變小，所以 TRIAC 通常僅應用在較低功率，功能簡單的場合。

另外有一點必須特別注意的是 TRIAC 的兩個端點是不可以隨意掉換使用的。雖然從電路符號看起來 TRIAC 是一個對稱的元件，所以使用上 MT_1 與 MT_2 似乎沒有差別。不過實際上內部的構造使得 MT_1 與 MT_2 不同，連帶的閘極訊號相對於兩端點的電壓準位不同時，會造成 TRIAC 不一定能正確導通。簡單的判斷原則是閘極端的電流來源必須與 MT_2 端相連接。以圖 3.28 爲例，閘極的電流流經 R_1 與 R_2，而 R_1 端經由燈泡與 MT_2 相接，所以此電路將可以正常動作。TRIAC 腳位的判別必須參考零件資料表，才能正確判斷那一端是 MT_1 或是 MT_2。

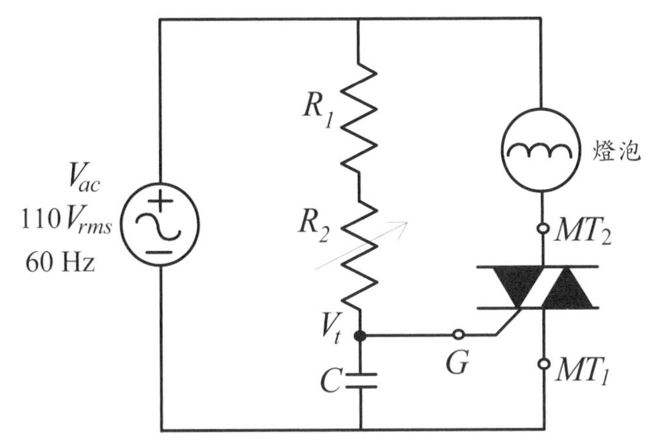

圖 3.28　利用 TRIAC 實現簡單的調光電路

3.2.10 蕭克萊二極體(Shockley Diode)

前面曾經提過 SCR 在順向偏壓太大時，即使沒有加上閘極訊號，也會發生順向崩潰的現象。而當順向崩潰發生後，SCR 的表現就如同二極體順向導通一樣，順向壓降變得很小。蕭克萊二極體(Shockley Diode)就是一種沒有閘極端的 SCR。它主要靠外加順向電壓的大小超過順向崩潰電壓時，自然地讓二極體導通。蕭克萊二極體的電路符號如圖 3.29 所示。

圖 3.29　蕭克萊二極體的電路符號

3.2.11 DIAC

當二個蕭克萊二極體反向並聯相接時，就形成了雙向的元件，此種元件被稱爲 DIAC。DIAC 又被稱爲雙向觸發二極體(Bidirectional Trigger Diode)。主要是因爲若外加電壓不夠高時，DIAC 不會導通。只要外加的電壓高過其超越電壓

(Breakover Voltage)，DIAC 就可以導通，圖 3.30(a)為 DIAC 的等效電路，圖 3.30(b)則是 DIAC 的電路符號。

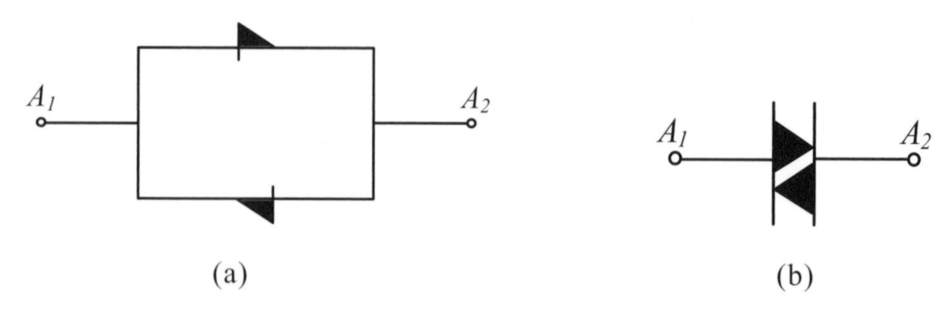

圖 3.30　DIAC 的(a) 等效電路 (b) 電路符號

3.3 電晶體

由 P 型與 N 型兩種半導體接合而成的二極體，是最簡單的半導體元件。接著發展出來的半導體元件就是由多個 P 型或 N 型半導體互相接合而成的元件，稱之為電晶體(Transistor)。最簡單的電晶體結構示意圖如圖 3.31 所示，其中又可分為 P-N-P 型與 N-P-N 型兩類。因為此種電晶體結構中有兩個 P-N 接面，所以又被稱為雙極接面電晶體(Bipolar Junction Transistor：BJT)。BJT 的電路符號如圖 3.32 所示，當中又分為 PNP BJT 與 NPN BJT 兩類。BJT 為三端子元件，三個端子分別被稱為集極(Collector：C)，基極(Base：B)與射極(Emitter：E)。集極的命名是因為此處是電子匯集的地方，射極是因為此處是電子射出的端點，基極則是控制 BJT 導通與否的地方。

BJT 根據其功率容量之大小，可分為訊號級與功率級兩大類。訊號級 BJT 的結構較簡單，接近如同圖 3.31 的示意圖所示；功率級的 BJT 為了要有足夠的耐壓與耐流能力，在結構上會再增加一層濃度較淡的半導體層。圖 3.33 為典型的 NPN 型功率 BJT 的橫切面圖，其中的 N^+代表濃度較高的 N 型半導體，N 則是濃度較低的 N 型半導體。

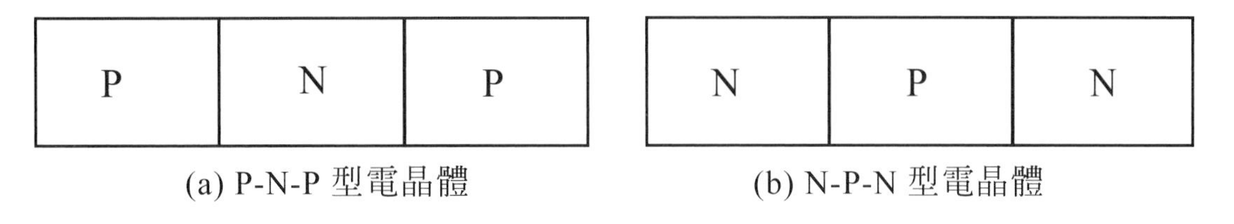

(a) P-N-P 型電晶體　　(b) N-P-N 型電晶體

圖 3.31　電晶體結構示意圖

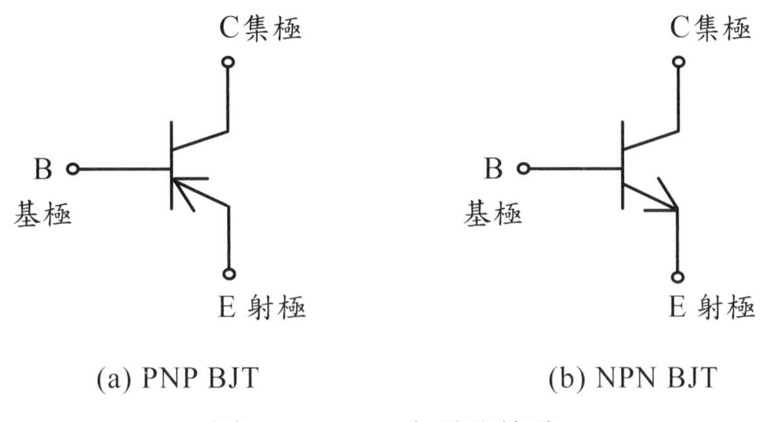

(a) PNP BJT　　(b) NPN BJT

圖 3.32　BJT 之電路符號

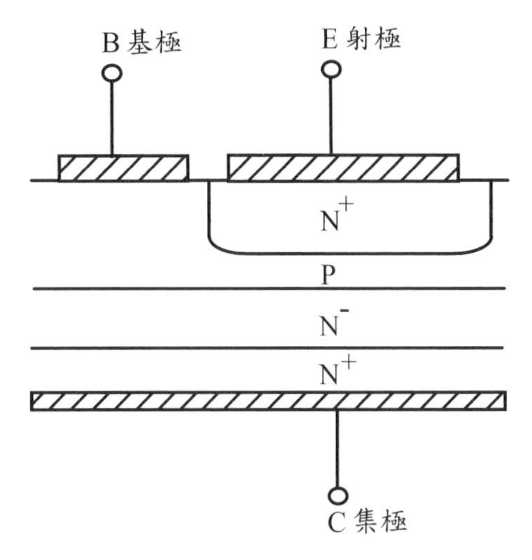

圖 3.33　NPN 型功率 BJT 橫切面圖

3.3.1 BJT 的工作原理

BJT 最主要的特點是具有電流放大的功能，要了解這項功能可以從一般常用的 NPN BJT 的構造來說明。圖 3.34 為 NPN 型 BJT 且標示有 PN 接面空乏區的示意圖。BJT 內有兩個 PN 空乏區，分別位於 B-E 極接面與 B-C 極接面。以圖 3.34 之 NPN BJT 而言，在使用上 C-E 極會接上外部電壓 V_{CE}，B-E 極會接上驅動電壓 V_{BE}。外部電壓 V_{CE} 會讓 B-C 極接面的空乏區更為擴大，且產生更強的電場。若此時驅動電壓 V_{BE} 為零(或是負值)時，B-E 接面的空乏區會阻止電子或電洞的流通，所以此時不會有電流導通。但是如果 V_{BE} 為正電壓，則 B-E 極形成順向偏壓，PN 接面的空乏區會被由基極進入的電洞以及由射極進入的電子所填滿而消失，此時 B 極與 E 極內會充滿由射極進入的自由電子。這些自由電子很容易受 BC 極接面的正電場所吸引，而進入集極。因此形成一股電子流在 NPN BJT 中由射極流到集極，也就是說此時的 BJT 是處於導通的狀態。

NPN BJT 截止與導通的示意圖如圖 3.35 所示。如果 BJT 在導通狀態之下將 V_{BE} 移開(或是改為負電壓)，則因為基極不再提供電洞，B-E 極接面的 PN 接面空乏區將會再度形成，而阻斷電子的流通。此時 BJT 的狀態將由導通轉變為截止。這也就是說，BJT 如果要維持導通狀態的話，必須由基極持續提供足夠的電洞，也就是電流。也因為這個原因，BJT 是一種電流控制的元件。因為 BJT 的導通與截止都必須將 B-E 極之 PN 接面的空乏區消除或建立，而要達到這個目標必須藉由外部電源，經由基極提供或移除電洞，所以 BJT 的切換速度相對於另一類的場效電晶體來得慢。

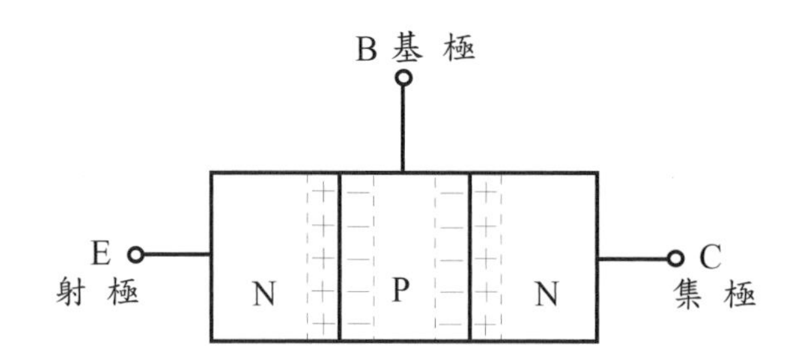

圖 3.34　標示有 PN 接面空乏區之 NPN BJT

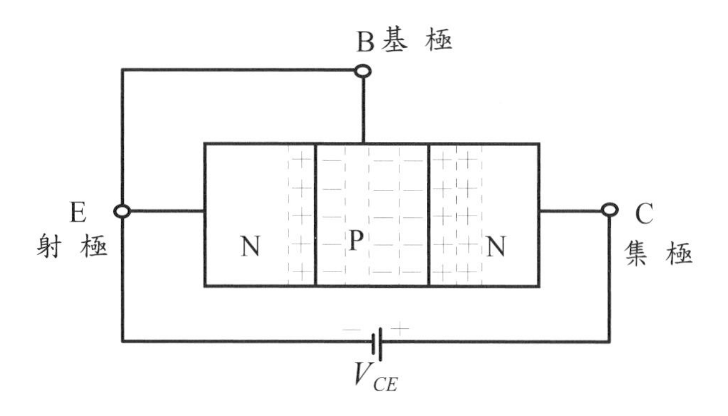

(a) B-E 極未加上順向偏壓

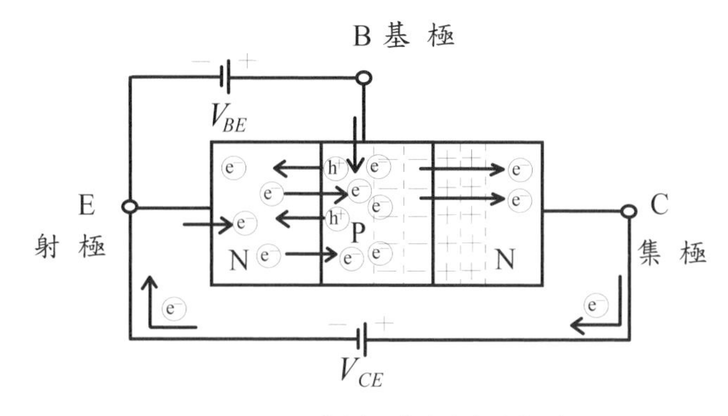

(b) B-E 極加上順向偏壓

圖 3.35　NPN BJT 之截止與導通示意圖

BJT 具有電流放大功能，其電流放大倍率β通常用集極電流 I_C 與基極電流 I_B 的比值來表示。

$$\beta = \frac{I_C}{I_B} \tag{3}$$

想要了解 BJT 電流放大的特性，可以從圖 3.35(b)的 NPN BJT 導通狀態示意圖來說明。在圖 3.35(b)中，外加電源 V_{BE} 提供電洞由基極流入，因爲外加電源 V_{CE} 的緣故，這些電洞會朝 B-E 極的 PN 接面移動且填補空乏區，讓 B-E 極呈現順向導通的狀態。此時，射極會有大量電子湧入，越過 B-E 極接面而到達 B 極。此時 B-C 極 PN 接面的空乏區因爲有外加電壓 V_{CE} 的緣故，存在著很強的電場，會吸引到達基極的電子越過 B-C 接面而到達集極，然後再透過外部導線回到電源 V_{CE} 處。也就是說，此時少量的基極電流 I_B，便能造成射極到集極路徑的暢通，允許大量電子流(電流的反向流動)通過，因此 BJT 具有電流放大作用。爲了達到較佳的電流放大目的，可以利用降低基極厚度，增加 PN 接面的截面積，減少基極金屬板與基極半導體的接觸面積等方式來達成。不過相對地，BJT 的耐壓能力、切換速度，以及價格等其他特點也會受影響。

BJT 的 V-I 特性曲線如圖 3.36 所示，其中可以大略分爲飽和區(Saturation Region)與主動區(Active Region)兩大區。在外加電壓 V_{CE} 之下，若無基極電流 I_B 時，BJT 將無法導通。隨著基極電流 I_{B1}、I_{B2}、I_{B3} 與 I_{B4} 的逐步增加，集極電流 I_C 的最大值也會隨之逐步提升。所以如果想要讓 BJT 在導通狀態時有較大的電流流通，就必須加上足夠的基極電流，讓 BJT 維持在飽和區。

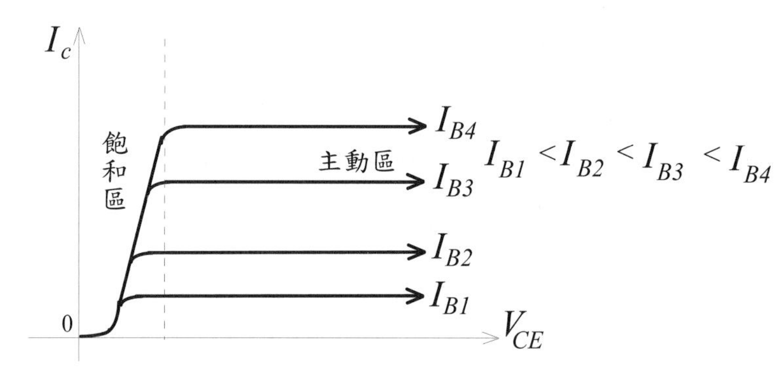

圖 3.36　BJT 的 V-I 特性曲線

在飽和區中，BJT 的導通電流(I_C)可以很大，而 BJT 元件兩端壓降 V_{CE} 可以維持在很小的數值，如此一來，BJT 本身所消耗的功率 P_{BJT} 可以很小。因此 BJT 在這個區域的特性，適合被當作開關元件來操作使用。另一方面，當 BJT 操作在主動區域時，因爲元件兩端跨壓 V_{CE} 可以很大，而此時的 I_C 如果也是很大的話，則 BJT 本身所消耗的功率將會變得很大，造成元件過熱而燒毀。因此 BJT 操作在主動區時，不適合當成開關元件使用，只適用於小訊號(電流)的放大。換句話說，BJT 在電力電子領域的應用上，如果是當成開關元件使用時，必須具備有足夠的驅動電流，並操作在飽和區。另一方面，如果 BJT 當成開關元件使用，且本身溫度很高時，除了切換損失或導通損失所造成的溫升之外，也有可能是因爲基極電流不夠大，造成驅動不足，讓 BJT 進入了主動區。

在基極加上固定驅動電流(如 I_{B3})，BJT 所能導通的電流 I_C 將會達到某個極限就不再上升，但是此時 BJT 的端電壓 V_{CE} 還是可以持續升高。這點特性可以想像在圖 3.35(b)中，I_B 並無法提供足夠的電洞來填補所有的 B-E 極的 PN 接面空乏區，只能消除其中的一部分，產生部分的導通截面積，讓來自射極的電子流可以自由通過。因此在電流不大的狀況下，這個部分導通的截面積足以提供這些電子流通過而不會造成阻礙，相當於形成一條低電阻的路徑，所以此時 BJT 因爲電流所造成的端電壓降 V_{CE} 可以很小。若必須通過的電流 I_C 變大，則此部分導通的截面積將不足以使用，阻擋電子流通過的阻力將變大，所以從射極到集極電流路徑的等效電阻就會升高，造成 BJT 的端電壓降 V_{CE} 急速上升。

爲了要達到較大的電流放大倍率，功率 BJT 通常會採用達靈頓(Darlington)電路的結構。圖 3.37 所示爲兩個 NPN BJT 所形成的達靈頓電路。當基極電流 I_B 流入第一個電晶體 Q_1 時，因爲 Q_1 的電流放大功能，會產生一個較大的射極電流 I_{E1}。而這個 I_{E1} 也就是第二個電晶體 Q_2 的基極電流。再經過 Q_2 的放大，可以得到更高放大倍率的射極電流 I_E。若電晶體 Q_1 與 Q_2 的電流放大倍率分別爲 β_1 與 β_2，則整個達靈頓電路的電流放大倍率 β 便可以表示爲：

$$\beta = \beta_1 \cdot \beta_2 \tag{4}$$

如此一來便可以達到高倍電流放大的功能；不過其切換速度就又慢許多。

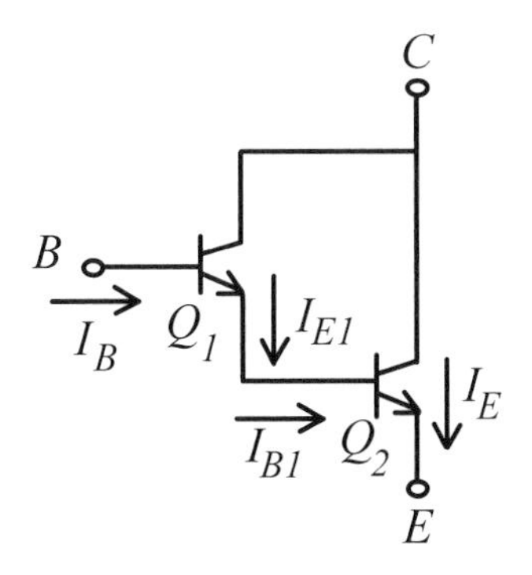

圖 3.37　達靈頓電路

BJT 導通時，元件內部會出現有少數載子負責傳遞電荷的狀況。以 NPN 型 BJT 爲例，在基極的 P 型半導體中，電洞是屬於多數載子(Majority Carrier)，而電子是少數載子(Minority Carrier)。當 NPN 型 BJT 導通時，大量的電子會在基極中流動，也就是少數載子傳遞電荷的情形。利用少數載子導通電流的半導體具有負溫度電阻效應，也就是溫度上升(變高)，半導體的電阻會下降(變低)。所以 BJT 的內阻具有負溫度係數的特性，而此種特性將造成 BJT 未達額定電流就提早崩潰(Break Down)而燒毀。

舉例說明如下。當 BJT 導通大電流時，會造成元件本身溫度上升。由於 BJT 在製造過程中，半導體內部的載子濃度並非均勻散佈，所以會因爲溫度上升而造成元件內部有不同程度的電阻值下降。在電阻下降程度較大的區域，將吸引更多的電流流過，而更多的電流流通，又將引起更高的溫度上升。更高的溫度上升又造成更低的電阻，吸引更多的電流流過，溫度也跟著繼續上升。如此一來，就造成惡性循環，這種現象被稱爲"熱跑脫"(Thermo Runaway)。因爲熱跑脫的現象，在 BJT 內部會形成一個熱點(Hot Spot)，這個熱點的電流及溫度會超過半導體原先所能承受的範圍而崩潰毀壞。此種崩潰不同於超過 BJT 電流額定的主要崩潰(Primary Breakdown)，所以被稱爲次要崩潰(Secondary Breakdown)，也有人稱爲二次崩潰。

3.4 場效電晶體

場效電晶體(Field Effect Transistor：FET)是一種利用外加電場來控制元件導通與否的元件。根據閘極(Gate)結構的不同，可分爲接面型 Junction FET(JFET)與金氧半型 Metal-Oxide-Semiconductor FET(MOSFET)。JFET 的閘極藉著 PN 接面與源極(Source)和汲極(Drain)相接，而 MOSFET 的閘極和源極與汲極則隔著一層二氧化矽(SiO_2)絕緣層。JFET 與 MOSFET 的基本結構分別如圖 3.38(a)、(b)所示，若要當成開關使用，則以 MOSFET 的特性較佳，所以一般的開關元件都是使用 MOSFET 來實現。

在大功率的電路中，MOSFET 必須要有足夠大的耐壓與耐流能力，因此，功率型(Power)MOSFET 在結構上的源極與汲極就必須改爲縱式結構，圖 3.39 爲典型功率 MOSFET 的結構圖。源極和汲極的縱式安排，可以讓電流有更寬廣的流動路徑。

根據閘極通道的型式，MOSFET 可分爲 N 通道(N-channel)與 P 通道(P-channel)兩種型式。在半導體中，電流的傳導就是電荷的移動，電荷的載子有兩種，即是電子(Electron)與電洞(Hole)。由於電子在半導體元件內的移動率比電洞快了約 2-3 倍，所以在相同大小之下，N 通道 MOSFET 的內阻較小，高頻切換特性也較好，因此一般常用的都是 N 通道 MOSFET。

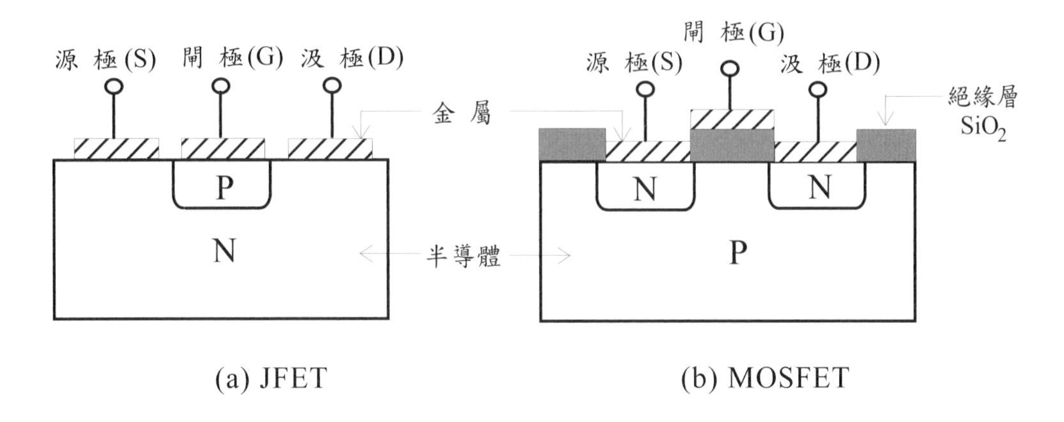

圖 3.38　不同 FET 的基本結構

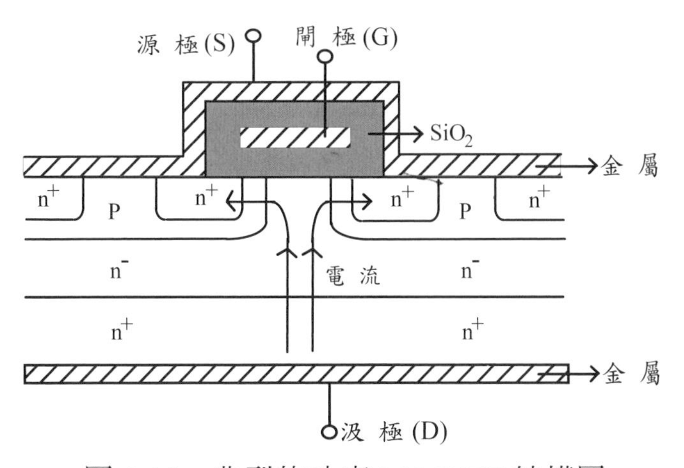

圖 3.39　典型的功率 MOSFET 結構圖

MOSFET 的電路符號如圖 3.40 所示，其中用箭頭方向來表示 N 通道與 P 通道之差別。

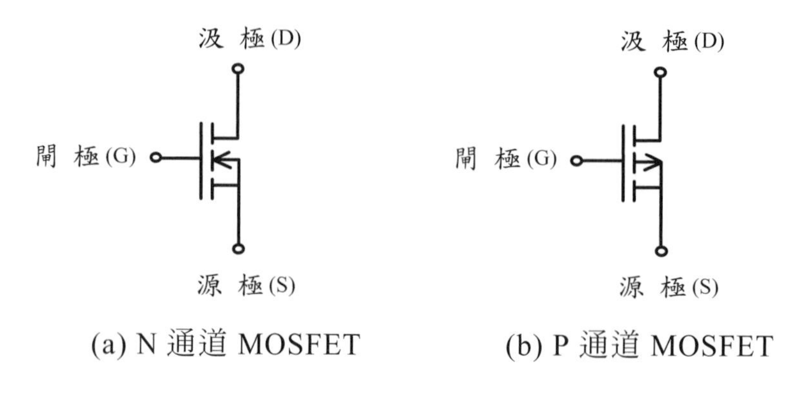

(a) N 通道 MOSFET　　(b) P 通道 MOSFET

圖 3.40　MOSFET 的電路符號

如果以 MOSFET 導通時閘極訊號之有無來區分，MOSFET 又可分爲空乏型(Depletion Mode)與加強型(Enhancement Mode)兩類。若閘極訊號(閘極與源極之間的電壓差)爲 0 時，MOSFET 仍可處在導通狀態，則此種 MOSFET 稱爲空乏型，又稱爲常開型。相反地，若必須加上足夠大的閘級訊號才能使 MOSFET 導通，則此種 MOSFET 就是加強型，又稱爲常關型。一般而言，都是以加強型 MOSFET 使用較爲方便與可靠。

3.4.1 MOSFET 的工作原理

MOSFET 的導通是利用閘極外加電場來形成一個通道，讓電荷能夠流通。以下就以典型的 N 通道加強型 MOSFET 來說明其導通原理。圖 3.41(a)是未加閘極訊號($V_{GS} = 0$)的示意圖，在這個狀態之下的閘極與源極之間的 PN 接面有空乏區，內有不能任意移動的離子。此時，汲極與源極之間無可供電子或電洞自由流通的路徑，所以元件呈現截止狀態。當外加一個電壓較小的閘極訊號時，如圖 3.41(b)所示，由於電場的緣故，會將 P 區域靠近閘極附近的電洞排斥，同時吸引電子靠近，所以留下帶負電的離子，形成一個負電空乏層。

當閘極電壓持續加大，此空乏層會繼續擴大，同時有更多的電子會被吸引過來，累積在此區域。由於被閘極電場吸引過來的電子數量超過此空乏層的原子數目，因此，除了用來形成負離子之外，有多餘的電子會以自由電子的形式存在此區域，如圖 3.41(c)所示。

當閘極電壓再度升高時，會有更多的自由電子形成且聚集在閘極接面，逐漸形成一個通道，如圖 3.41(d)所示。這些自由電子形成一個完整通道所需要的閘極電壓大小，稱爲臨界電壓(Threshold Voltage：$V_{GS,th}$)，此時 MOSFET 才剛開始要進入導通的狀態。隨著閘極電壓持續升高，自由電子累積數量也越多，所以能夠提供電流流通的通道也就越寬，電流量也就可以增大，如圖 3.41(e)所示。

一般而言，MOSFET 的最大導通電流量和閘極電壓大小成正比。不過，當閘極電壓高過某個程度之後，自由電子在通道內的移動方向會受到閘極電場的吸引，而得到額外一股往閘極方向的力量牽引，所以電子行進的方向變得較爲曲折而不平順，這種情形被稱爲散射效應(Scattering Effect)。此時最大導通電流量將無法再與閘極電壓成比例增加，因此，MOSFET 的閘極電壓也不宜太高。一般常用的閘極電壓約在 15 V 至 20 V 之間。通常 MOSFET 的元件規格表(Data Sheet)中都會說明合適的閘極電壓範圍，因此使用前要參考元件規格表。

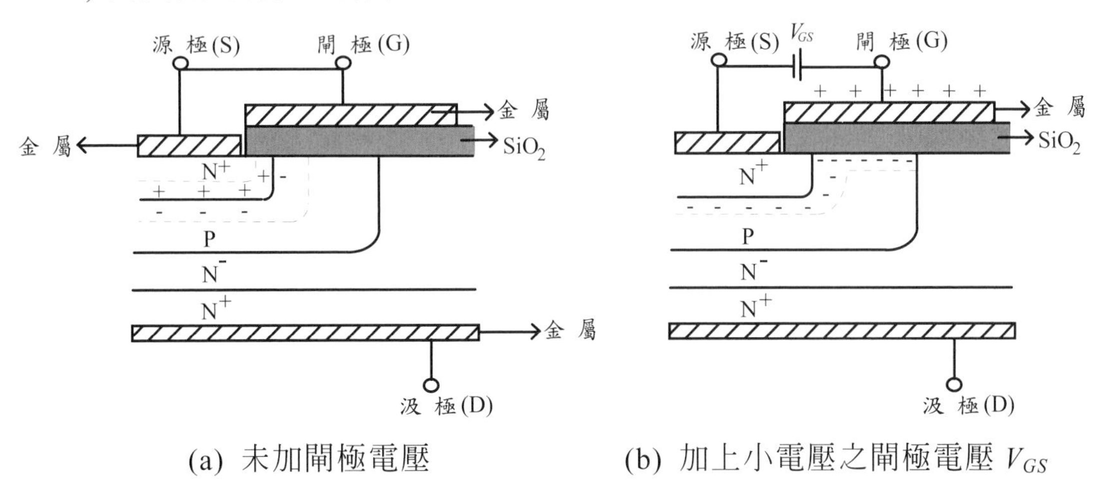

(a) 未加閘極電壓　　(b) 加上小電壓之閘極電壓 V_{GS}

圖 3.41　MOSFET 之導通原理示意圖

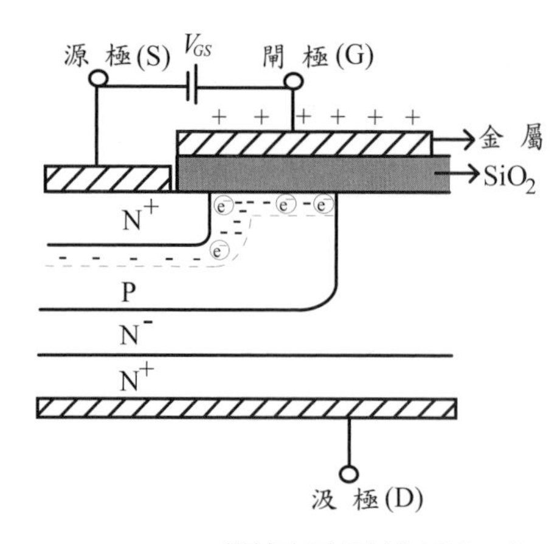

(c) 閘極電壓持續加大

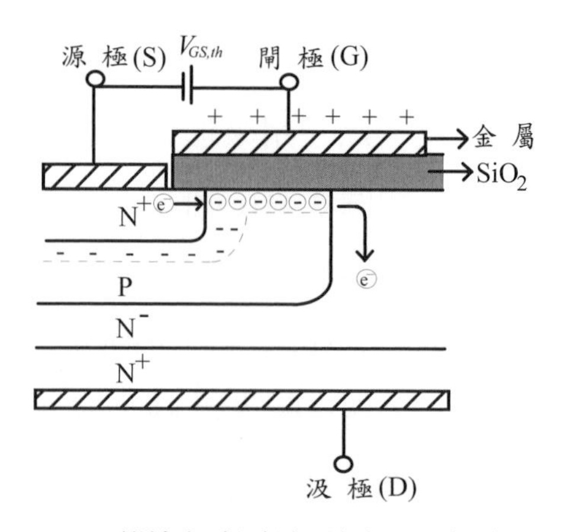

(d) 閘極電壓達到臨界電壓 $V_{GS,th}$

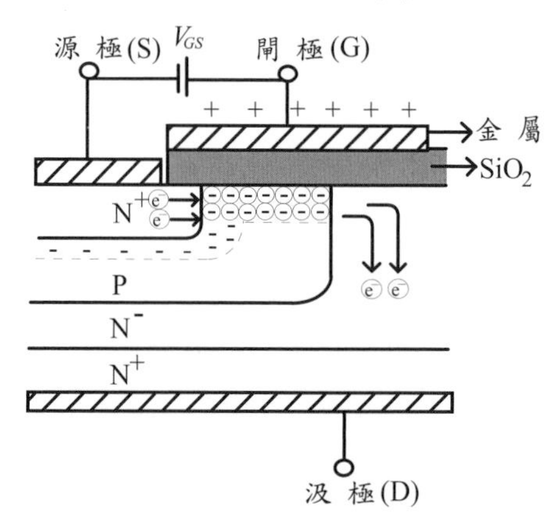

(e) 閘極電壓越大，電流通道越大

圖 3.41 (續).

圖 3.42 爲典型 MOSFET 的 V-I 特性曲線圖，當汲極(D)與源極(S)加上順向電壓($V_{DS}>0$)時，若無閘極訊號(V_{GS})的加入，MOSFET 是不會有任何電流通過汲極與源極。要注意的是閘極訊號 V_{GS} 指的是閘極與源極之間的電壓差，而不是閘極對地的電壓差。

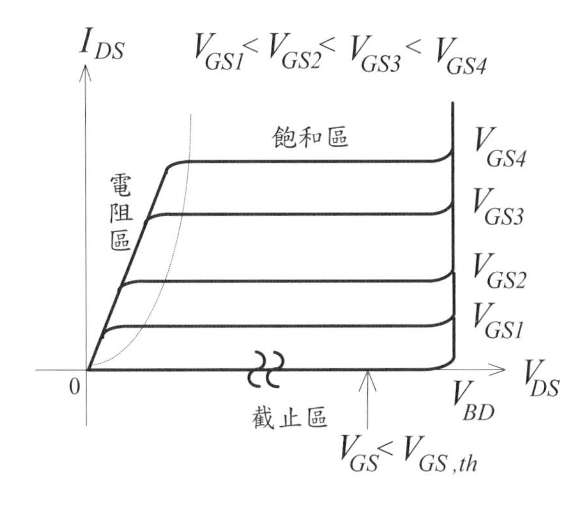

圖 3.42　典型 MOSFET 的 V-I 特性曲線

當閘極訊號 V_{GS} 大於臨界電壓 $V_{GS,th}$ 之後，MOSFET 才可能導通，V-I 特性曲線中的汲一源極電流 I_{DS} 才會出現。從圖 3.42 中可以觀察到隨著 V_{GS} 的增加，I_{DS} 最大值也會跟著升高。在圖 3.42 中，MOSFET 的 V-I 特性曲線可以分爲三個區域：截止區(Cutoff Region)、飽和區(Saturation Region)與電阻區(Ohmic Region)。

當閘極電壓小於臨界電壓時，MOSFET 處於截止區，沒有電流可以流通。在飽和區中，MOSFET 的電壓降 V_{DS} 很小，但是能夠允許導通的電流很大，所以可以用來當成開關使用。換句話說，功率 MOSFET 當成開關使用時，必須操作在飽和區。若功率 MOSFET 的操作狀態進入主動區時，會有很大的跨壓 V_{DS} 出現在 MOSFET 兩端，而且此時有很大的電流 I_{DS} 流過。所以此時 MOSFET 消耗大量的功率，溫度會竄升很高，造成元件過熱而損壞。因此若閘極電壓不足(V_{GS} 過低)，MOSFET 的操作狀態很容易進入主動區而導致元件燒毀。MOSFET 導通電流 I_{DS} 與閘極電壓 V_{GS} 之間的關係，可以用圖 3.43 來表示。當 V_{GS} 大於臨界電壓 $V_{GS,th}$ 時，MOSFET 所能導通的電流和 V_{GS} 的大小成正比。

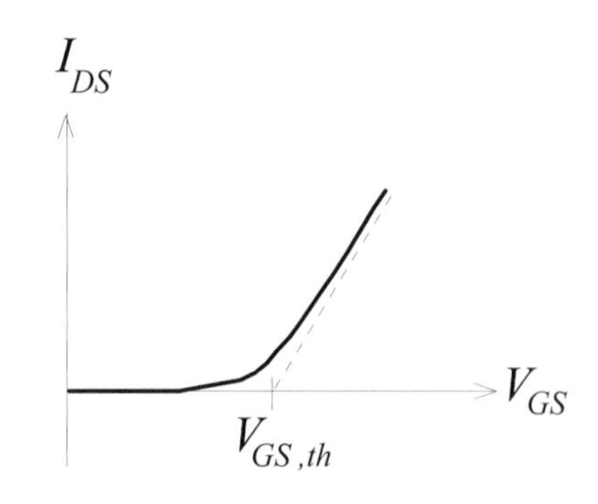

圖 3.43　MOSFET 導通電流與閘極電壓的關係曲線

MOSFET 是單載子元件，電荷的傳遞是靠單一種載子(電子或是電洞)來完成。以 N 型 MOSFET 爲例，閘極電場所形成的 N 通道內，只有電子可以傳遞電荷，電洞並未擔任傳遞電荷的角色。還有整個電流路徑從源極到汲極都是 N 型半導體，所以電子又是屬於多數載子(電子濃度比電洞高)；因此 MOSFET 除了是單載子元件之外，也是靠多數載子來傳導電流的元件。因爲多數載子在半導體內的移動率比少數載子的移動率至少快了一個級數(10 倍)，所以 MOSFET 的操作速度可以很快。另外，MOSFET 因爲閘極電壓所產生的通道是利用電場吸引附近的電子聚集所形成，不需要實際注入電子，所以 MOSFET 是一種電壓控制元件，同時這也是 MOSFET 可以快速操作的原因之一。

在 MOSFET 的結構中，有不同層次的 P 型及 N 型半導體層，其中汲極與源極之間形成一層無可避免的 PN 接面，而 PN 接面就是一個二極體的等效電路。此二極體所能傳導電流的方向恰好與 MOSFET 導通電流之流向相反。因此在 MOSFET 處於截止狀態時，可以提供一個路徑，供反向電流流通。這個寄生的二極體被稱爲本體二極體(Body Diode)，包含本體二極體的 MOSFET 電路符號圖如圖 3.44 所示。本體二極體可以提供轉換器電路中，電感電流的自由迴流路徑，有助於開關切換暫態特性的改善，甚至於可以提供開關軟切換的功能。

除了本體二極體的出現之外，MOSFET 各極之間也會有寄生電容的產生，標示有寄生電容的 MOSFET 電路符號如圖 3.45 所示。因爲 MOSFET 各極間皆有電容，因此共有三個寄生電容，分爲是 C_{GS}、C_{GD} 與 C_{DS}。在 MOSFET 的元件資料表中，通常會標示有輸入電容(Input Capacitance)C_{iss}，輸出電容(Output Capacitance)C_{oss}，與迴授電容(Feedback Capacitance)C_{rss}。這三個電容值與三個寄生電容之間的關係，可以寫成：

$$C_{iss} = C_{GS} + C_{GD} \tag{5}$$

$$C_{oss} = C_{DS} + C_{GD} \tag{6}$$

$$C_{rss} = C_{GD} \tag{7}$$

寄生電容對於 MOSFET 開關切換特性會產生影響。首先，MOSFET 的閘極訊號必須對 C_{iss} 進行充放電，才能讓閘極電壓上升或下降。因此，如果想讓 MOSFET 能夠快速導通或截止，就必須要有足夠的充放電電流，以縮短電容的充放電時間。此外，當 MOSFET 處於截止狀態時，C_{oss} 會和電路上之寄生電感產生共振，放大高次諧波的雜訊，造成干擾與損失。通常較高耐流的 MOSFET 具有較大的寄生電容，因此在選擇 MOSFET 時，要先參考元件資料表的內容。

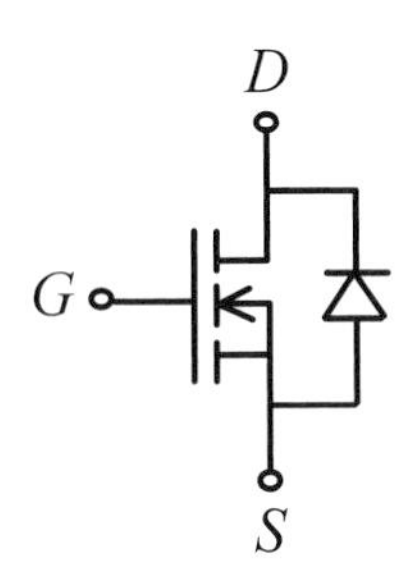

圖 3.44　包含本體二極體的 MOSFET 電路符號

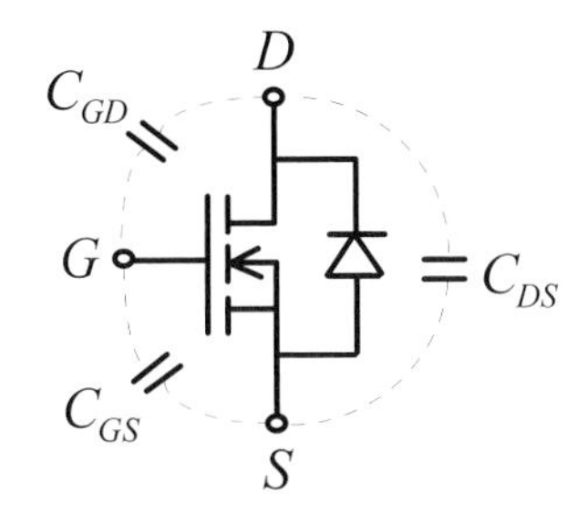

圖 3.45　標示有寄生電容的 MOSFET 電路符號

由於 MOSFET 寄生電容 C_{GD} 之關係，使得 MOSFET 的輸出端(汲源極)V_{DS} 與輸入端(閘源極)V_{GS} 之間有一條由電容 C_{GD} 所形成的路徑。在高頻切換操作之下，這條由寄生電容所產生的回授路徑就變得不可忽略，也就是說此時 MOSFET 的輸出端 V_{DS} 電壓大小會影響輸入端 V_{GS} 的特性。此種現象被稱爲米勒效應(Miller Effect)或是稱爲回饋效應(Feedback Effect)。關於米勒效應的詳細推導內容可以在很多電子學的書本中找到，在此僅直接就米勒效應所產生的影響進行說明。

圖 3.46(a)所畫的是一個標示有寄生電容 C_{GD} 的 MOSFET 功能方塊示意圖。根據米勒定理(Miller's Theorem)，回饋電容 C_{GD} 可以等效成兩個分別位於輸入端與輸出端之電容。所以圖 3.46(a)可以畫成如圖 3.46(b)所示，具有 C_{in} 與 C_{out} 的等效電路。圖 3.46 中，C_{GD}, C_{in} 與 C_{out} 之間的關係可以寫成：

$$C_{in} = (1+K)C_{GD} \tag{8}$$

$$C_{out} = (\frac{1+K}{K})C_{GD} \tag{9}$$

其中 K 是 MOSFET 的電壓增益，而且通常都遠大於 1。所以因爲米勒效應而在 MOSFET 閘源極所產生的米勒電容(Miller Capacitor)C_{in} 通常都遠大於 C_{GD}，影響較大。另一方面，在汲源極所產生的米勒電容 C_{out} 就和 C_{GD} 非常接近，影響較小。

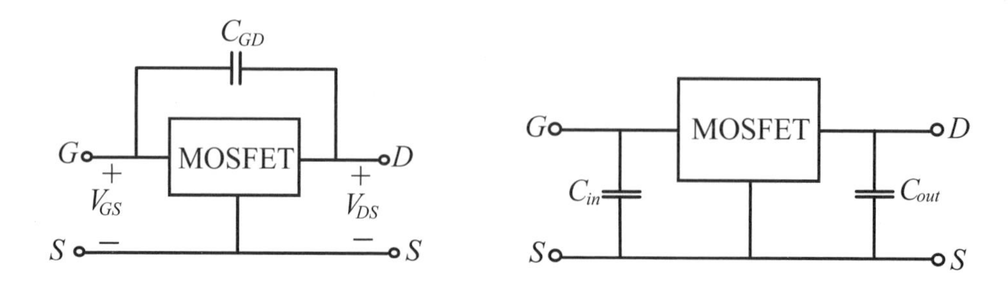

(a) 寄生電容 C_{GD} 形成一條回饋路徑　(b) C_{GD} 被等效爲 C_{in} 與 C_{out} 電容

圖 3.46　MOSFET 功能方塊示意圖

由於米勒電容的產生，因此實際上 MOSFET 的輸入電容應該被修正爲

$$C_{iss} = C_{GS} + C_{Miller} = C_{GS} + (1+K)C_{GD} \tag{10}$$

由於米勒電容的出現，造成閘極訊號必須額外提供電能給米勒電容，所以閘極訊號必須要提供足夠的電流，將閘極端的 C_{iss} 電容充電，才能讓 MOSFET 順利進入完全導通狀態。

3.5 IGBT

IGBT 是英文全名爲 Insulated Gate Bipolar Transistor 的縮寫，中文譯名爲絕緣閘雙極電晶體。IGBT 是一種結合 BJT 與 MOSFET 的開關元件，其等效電路如圖 3.47 所示。基本上，它是利用 MOSFET 快速切換的特性，擔任控制訊號的放大，然後利用 BJT 較大電流放大倍率的特性，擔任主要電流的導通路徑。因爲 IGBT 是 MOSFET 與 BJT 的組成，所以其特性便居於兩者之間。表 3-1 是在相同元件大小之下，MOSFET，IGBT，與 BJT 的一般特性比較表。IGBT 的電路符號如圖 3.48 所示。因爲 IGBT 內的主要電晶體可以有 NPN 或是 PNP 兩種型式，所以其電路符號亦有 NPN 型與 PNP 型兩種。IGBT 的 V-I 特性曲線如圖 3.49 所示，與 BJT 或是 MOSFET 的 V-I 特性曲線十分類似。由於 IGBT 也是屬於電壓控制的元件，因此閘極訊號提供的是電壓型式的驅動訊號。

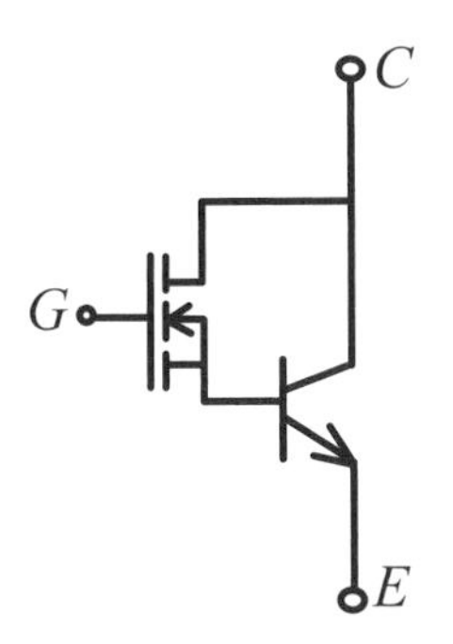

圖 3.47　IGBT 的等效電路圖

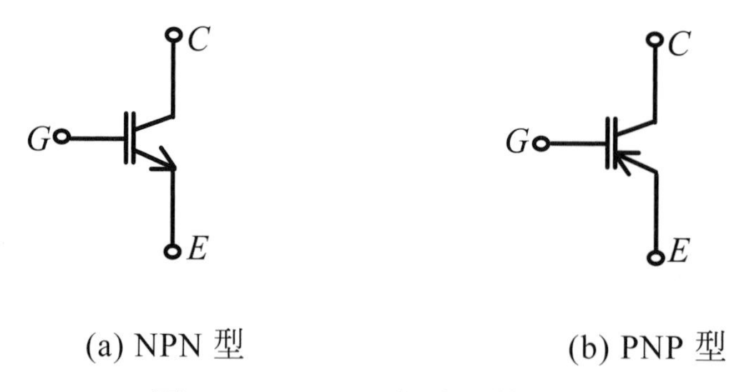

(a) NPN 型　　　　(b) PNP 型

圖 3.48　IGBT 之電路符號

表 3.1　MOSFET , IGBT , BJT 的一般特性比較表

	MOSFET	IGBT	BJT
耐壓	高	中	低
耐流	小	中	大
速度	快	中	慢

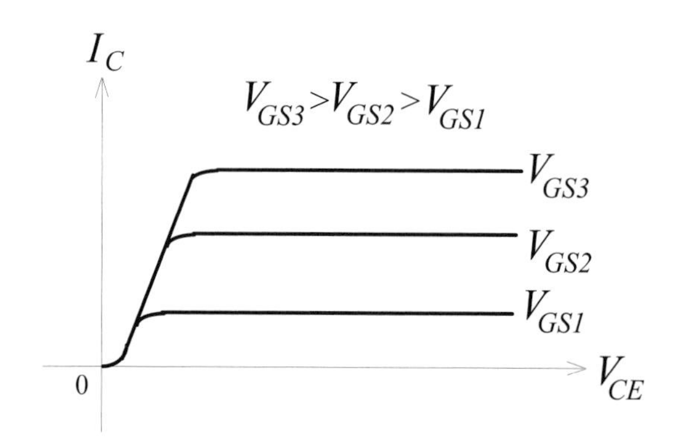

圖 3.49　IGBT 之 V-I 特性曲線

爲了將 MOSFET 與 BJT 同時實現在同一個半導體元件上，IGBT 的構造相對顯得較爲複雜。圖 3.50 所示爲典型的 IGBT 結構圖，當中包含很多不同型式的半導體互相鄰接，所以會有很多的寄生元件出現。在這些寄生元件當中，影響 IGBT 特性較大的是寄生的電晶體與電阻。將圖 3.50 的結構圖改以電路符號的型式表示，則可以得到圖 3.51 的 IGBT 等效電路圖。在 IGBT 導通大電流時，出現在寄生電阻 R_p 上之壓降變得不可忽略，並且大到足以讓寄生電晶體 BJT_p

維持導通。此時即使 IGBT 的閘極訊號降為零，試圖將 IGBT 關斷，也會因為 BJT_p 的緣故，讓 IGBT 持續導通，造成 IGBT 無法截止的情形。此種現象稱為閂鎖(Latch-Up)。

由於 IGBT 經常被使用於橋式電路，所以當 IGBT 出現閂鎖現象時，會造成開關切換動作的不正常，造成上下臂開關同時導通，形成短路路徑，最後將整臂開關燒毀。所以在選用 IGBT 時，一定要注意其電流額定的大小要足夠。另一方面，在設計電路時，也要注意漣波電流的大小，不可造成 IGBT 出現閂鎖現象。

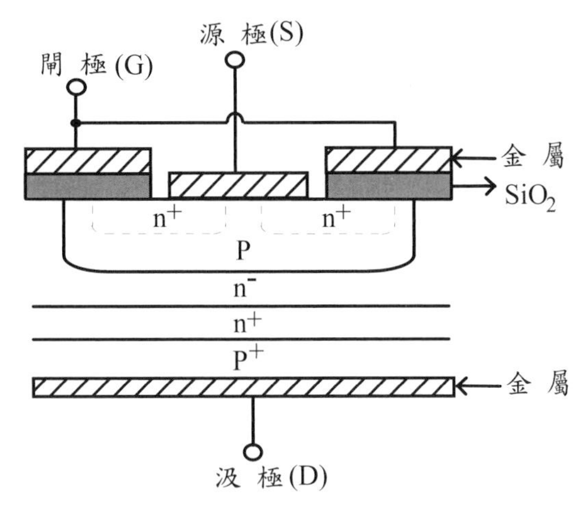

圖 3.50　典型的 IGBT 結構剖面圖

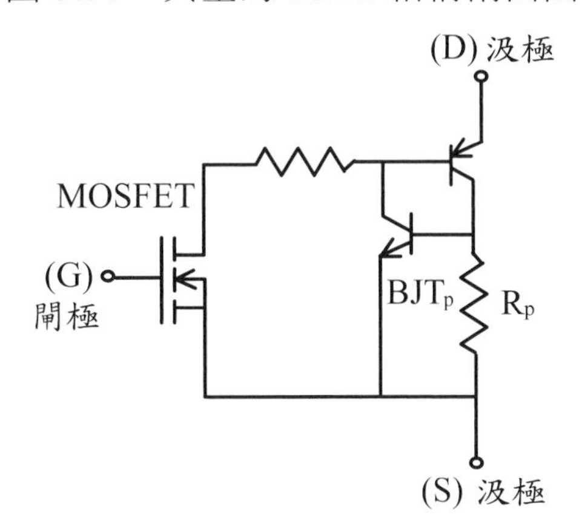

圖 3.51　具有寄生元件的 IGBT 等效電路圖

為了避免閂鎖現象的發生，半導體元件廠已針對 IGBT 結構進行改善，目前已有無閂鎖現象的 IGBT 產品問世。另外，從 IGBT 的結構圖也可以發現，IGBT

並無本體二極體(Body Diode)，這是 IGBT 在使用上與 MOSFET 最大不同的地方。所以使用 IGBT 時，通常會另外再反向並聯一顆二極體，以提供電路中電感電流的迴流路徑。然而爲了順應這種需求，半導體元件製造商也推出有內建反向並聯二極體的 IGBT 供使用者選用。

此外，因爲在 IGBT 中眞正負責導通大電流的是 BJT，所以當閘極訊號降爲零時，並未眞正將 IGBT 內部的 BJT 關斷，必須要將 BJT 基極內的多餘載子(Exceeding Carrier)移除，才能眞正阻斷 BJT 的電流。因此 IGBT 在截止的時候，通常會無法迅速關斷，而出現類似拖著一條小尾巴的現象，被稱爲電流尾(Current Tail)。這個電流尾不但會影響 IGBT 本身的特性，也會對整個電源轉換器的操作產生不良影響。所以陸續有製造商推出無電流尾特性的 IGBT。因此，選用 IGBT 時，要仔細閱讀元件的資料表。

3.6 雙向開關

目前爲止，本章所介紹的主動開關，如 BJT、MOSFET 與 IGBT，都是屬於單向開關，也就是說電流只能單方向流通。MOSFET 雖然有本體二極體，可以提供逆向電流自由迴流，但那畢竟沒有控制能力，完全依外部電路的特性來決定是否有電流通過本體二極體。更何況本體二極體並無主動關斷電流的能力。所以 MOSFET 還是應該被歸類爲單向開關。

隨著電路功能的要求，在某些應用場合需要使用到允許電流雙方向導通的雙向開關。藉由單向開關串並聯的安排，雙向開關可以被實現。圖 3.52 所示即爲幾種常見的雙向開關電路架構圖。圖 3.52(a)所顯示之雙向開關電路架構是由兩個二極體與兩個主動開關所形成，二極體 D_1 與 D_2 用來決定電流之流向，而主動開關 M_1 與 M_2 則用來控制電流的導通與否。電流的流向可以從端點 A 經過 D_1 與 M_1 到達端點 B，或是由端點 B 經由 D_2 與 M_2 流到端點 A。圖 3.52(b)中的電路架構也具有類似的電流雙向導通情形。

圖 3.52(a)的電路具有較少的電路元件數(四個)，效率較高。但是主動開關

需要兩顆，成本較高，控制電路也較爲複雜。圖 3.52(b)只有一個主動開關，控制電路較爲單純，不過每一條電流路徑都要經過二個二極體與一個主動開關，不僅元件數目較多，損耗也較大，相對的效率就降低。

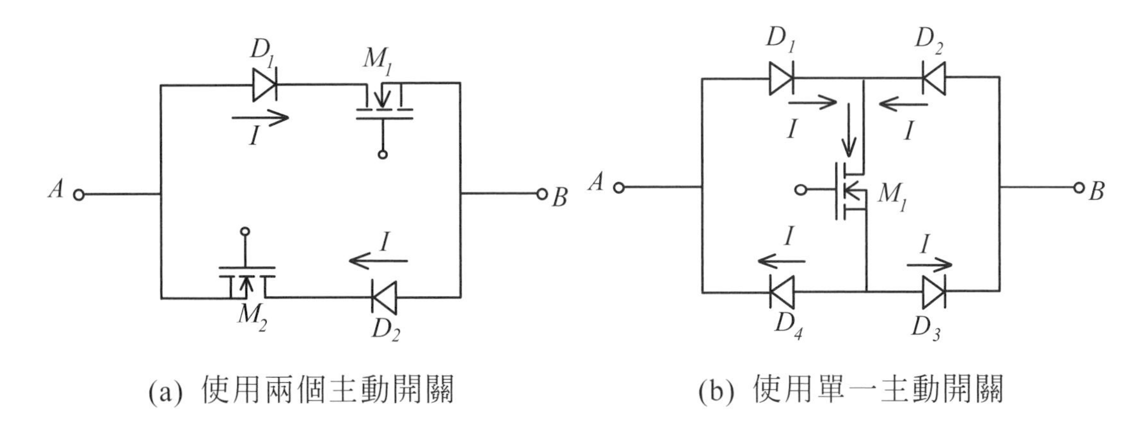

(a) 使用兩個主動開關　　(b) 使用單一主動開關

圖 3.52　常見的雙向開關電路架構

3.7 開關串並聯

半導體開關元件如果遇到電流額定值不足時，就需要並聯使用，以獲得較大的電流導通能力；相反地，如果電壓額定不足時，就需要串聯使用，以獲得較高的耐壓能力。半導體開關元件在串並聯使用時，必須選用相同編號的元件，以便將電壓或電流的應力平均分配到串並聯的元件上。由於半導體元件在製造過程中無法保證每個元件的特性都是百分之百相同，因此最好在使用前針對要串並聯使用的元件進行篩選，以避免元件特性差異過大，造成電壓電流分配不均。

3.7.1 開關並聯

半導體元件的特性可以用 V-I 特性曲線來表示。如圖 3.53 所示爲二極體 D_1 與 D_2 的順向導通特性曲線畫在同一個 V-I 特性曲線圖上。若這兩個二極體的特性出現些微差異時，在並聯使用的狀況下，會因爲並聯電壓相同，造成流過二極體 D_1 的電流 I_{D1} 會大於流過二極體 D_2 的電流 I_{D2}，如此一來就會造成電流的不平均。又因爲電流的不平均，會造成元件溫升的不相同。而溫升的不相同，會讓元件的差異持續擴大，進而造成更大的電流差異。如此的惡性循環下去，會造成元件的損壞。當兩個並聯元件其中之一個燒毀之後，剩下的那個元件通常沒有能力承擔全部的電流量，也會跟著燒毀，最後的結果便是整組並聯元件全部燒毀。因此元件並聯使用時，必須注意散熱機構的安排，通常會採用共用散熱片的方式，來儘量維持相同的元件溫度。

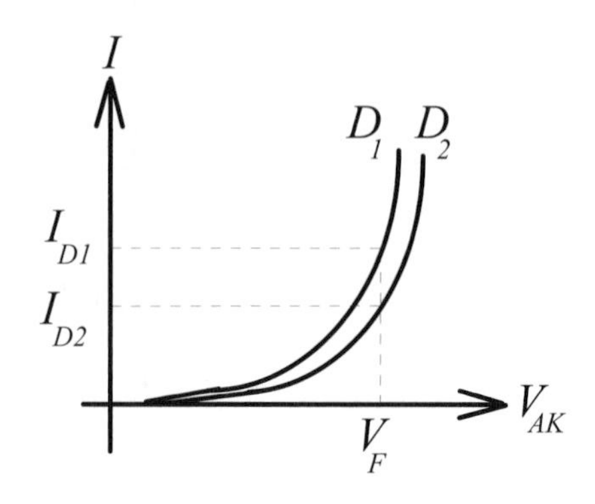

圖 3.53　二極體並聯使用時，出現電流不相同的現象

當 MOSFET 並聯使用時，除了選用相同編號的元件，以及共用散熱機構之外，驅動信號的一致也是必須要注意的因素。圖 3.54 所示爲 MOSFET 在不同驅動信號 V_{GS} 之下的 V-I 特性曲線圖。當兩個 MOSFET 並聯時，由於 V_{DS} 電壓相同，所以具有較高閘極電壓 $V_{GS.\mathrm{A}}$ 的 MOSFET 會有較大的電流流過；而具有較低閘極電壓 $V_{GS.\mathrm{B}}$ 的 MOSFET 的電流就相對較小，造成兩個元件的導通電流不一致，容易燒毀。因此，在電路佈線上，必須儘量讓兩個 MOSFET 驅動訊號的路徑一致，避免造成不同的電壓降，影響實際出現在 MOSFET 閘極上的電壓大小，這樣才能確保電流得以均流。

另一方面，由於 MOSFET 是多數載子元件，具有正溫度電阻特性，也就是說當溫度上升時，導通電阻亦會隨之上升。因爲導通電阻的升高，所以導通電流會下降，伴隨著元件的溫度也會下降一些，最後兩個並聯 MOSFET 的導通電流會趨向相等，達到平衡的狀態。所以 MOSFET 要併聯使用時，通常只要選擇相同編號且注意佈線與驅動訊號的一致，就能夠順利達成並聯之目的。

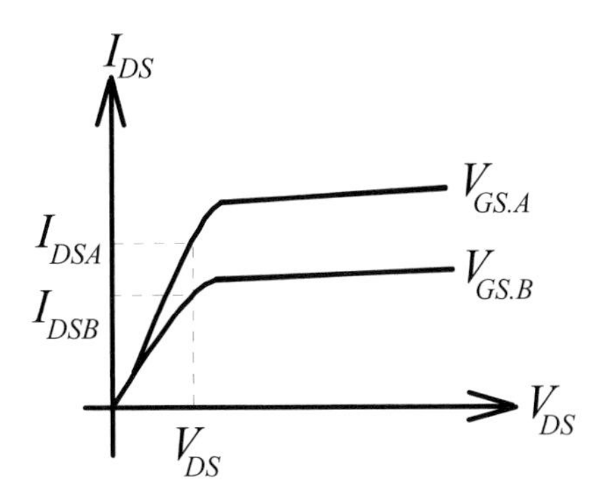

圖 3.54　MOSFET 在不同大小的閘極訊號驅動之下，有不同的導通電流

BJT 在並聯使用時，該注意的事項也和 MOSFET 並聯使用相當。因為 BJT 是電流驅動開關，所以在驅動訊號的佈線上，就要更小心確保驅動電流在時間與大小上的一致，以避免不同時導通的電流不均勻現象。另外，BJT 有負溫度電阻係數的特性，因此不同溫升的變化會造成導通電流的不平均。而不均勻的導通電流又讓並聯 BJT 的溫升差距持續擴大，造成更大的電流差異。這種正迴授循環很容易造成單一顆 BJT 因為電流過大而燒毀。所以，BJT 的並聯使用要比 MOSFET 更小心。

IGBT 是 MOSFET 與 BJT 之合成元件，所以在並聯使用時，上述對於 MOSFET 與 BJT 所需注意的事項，一樣適用在 IGBT 的並聯使用上。

3.7.2 開關串聯

當單一顆元件耐壓不足時，便需要用元件串聯的方式來獲得較高的耐壓能力。一樣地，元件串聯使用時，還是要選用一樣的編號，如圖 3.55 所示，為兩顆二極體 D_A 與 D_B 串聯使用時的情形。當逆向電壓於 t = 0 瞬間加到串聯二極體時，會對二極體的接面電容 C_A 與 C_B 同時進行充電。若二極體的編號不同，耐壓不同，則電容 C_A 與 C_B 的大小也會不同。由於串聯的緣故，雖然電容的充電電流相同，但卻會造成電容電壓大小不同，因此出現在串聯二極體兩端的電壓 V_{DA} 與 V_{DB} 也會不同。若兩顆串聯二極體的特性出現差異，便有可能因為分壓的不平衡，讓其中一顆二極體先行崩潰而形成短路。若此種情形發生時，則外加逆向電壓將完全落在另一顆尚未崩潰的二極體上，造成另一顆二極體也緊跟著崩潰，最終的結果就是兩顆串聯二極體均達到崩潰，無法實現原先採用串聯二極體所要達到之目的。

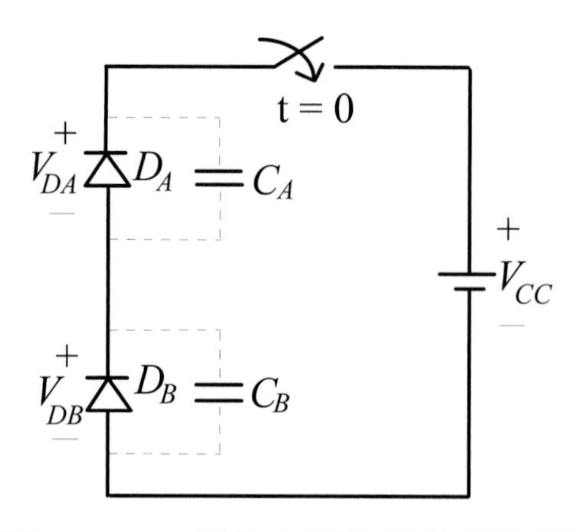

圖 3.55　二極體串聯使用的電路圖

當 MOSFET 串聯使用時，除了要挑選相同編號的元件之外，對於驅動信號的產生與傳送也要特別注意。如果用來驅動兩顆串聯 MOSFET 的訊號有時間上的差異，那麼串聯 MOSFET 的導通與截止時間就會不一致，而形成某一個 MOSFET 比另一個 MOSFET 提早導通或截止。不管是那一個狀況，都會發生單獨一顆 MOSFET 承受全部逆向偏壓的情形而導致元件損毀。在兩顆串聯的 MOSFET 當中，只要有一顆 MOSFET 損毀，另一顆也會因爲無法承受全部的逆向偏壓而緊接著損毀。因此 MOSFET 在串聯使用時，要特別注意驅動電路之設計與佈局。

BJT 和 IGBT 在串聯使用時所應注意的事項和使用 MOSFET 串聯的情形差不多。最主要的還是要注意驅動電路的設計與佈局。

3.8 重點整理

P 型與 N 型半導體是製造半導體開關元件的基本材料。二極體是最簡單的半導體元件，由 P 型與 N 型半導體接合而成。二極體加上順向偏壓之後，可以如導體般傳導電流；但是如果加上逆向偏壓，就跟非導體一樣，無法傳導電流。

當逆向偏壓過大時，會有崩潰的現象產生，此時會產生巨大的逆向電流。二極體的電氣特性都是以 V-I 特性曲線加以說明。

基納二極體操作在逆向崩潰區，箝制住電壓的變化。蕭特基二極體採用金屬與半導體接面，具有很低的順向導通壓降與導通電阻，但是耐壓能力不佳。變容二極體會依據外加電壓準位的不同，改變寄生電容的大小，可以應用在通訊電路中共振頻率的調整。發光二極體可以將電能轉換成光能。感光二極體則會依照光的強度，改變逆向電流的大小，作爲控制上的依據。

SCR 比二極體多了一個可決定何時進入順向導通狀態的控制閘極端點，可以讓整流電路得到可變動的直流輸出電壓準位。GTO 則是具有關斷順向電流能力的 SCR。將兩個 SCR 反向並聯就形成可雙向流通電流的 TRIAC。蕭克萊二極體則是利用 SCR 順向崩潰的特性來達到元件導通之目的。DIAC 是由兩個蕭克萊逆向反接而成的雙向電流元件。

兩組 PN 接面的二極體接合在一起，就進一步形成 BJT。BJT 可分爲 NPN 與 PNP 兩大類。BJT 是電流控制元件，具有電流放大效果。MOSFET 藉由閘極電壓產生一個 N 通道或 P 通道，讓電流可以流過，達到傳導電流之目的。因此，MOSFET 是電壓控制元件，且切換速度相對較快。根據結構的不同，MOSFET 有 N 通道與 P 通道的分別，以及空乏型與加強型的差異。一般常用的 MOSFET 爲加強型 N 通道 MOSFET。MOSFET 的寄生電容會影響驅動訊號的驅動能力，以及和線路上的寄生電感產生共振，影響電路之操作與降低效率。

IGBT 是結合 MOSFET 與 BJT 的功率開關元件，所以 IGBT 的特性介於 MOSFET 與 BJT 之間。藉由單向開關串並聯的安排，可以實現用來導通雙向電流的雙向開關，供交流電路使用。

爲了達到較高的耐壓與耐流能力，開關元件可以被串並聯使用。元件並聯可以提高電流額定，元件串聯則可以提高電壓額定。元件串並聯使用時必須注意選用相同編號的零件，並且注意佈線與散熱片的安排，以避免電壓與電流的不均勻。

3.9 習題

1. 何謂 P 型半導體？何謂 N 型半導體？
2. 說明理想二極體與實際二極體的差異？
3. 功率二極體與一般訊號二極體有何差異？
4. 一顆 15V / 2W 的基納二極體，其耐流大小爲何？
5. 說明蕭特基二極體的特性及使用時機？
6. 說明發光二極體與感光二極體的特性？
7. 利用順向崩潰電壓來導通的雙向電流元件稱爲什麼？簡述其功能？
8. 比較 SCR 與 Diode 的特性差異？
9. 爲何 BJT 被稱爲電流控制元件？
10. 爲何 BJT 當成開關元件使用時，必須操作在飽和區，而不能操作在主動區？
11. 說明 BJT 與 MOSFET 在導通機制上的差異？
12. MOSFET 的本體二極體在實際電路應用上，有何功能？
13. 根據特性資料表，功率 MOSFET IRF840 的 C_{iss} = 1300 pF，C_{oss} = 310 pF，C_{rss} = 120 pF，試求出 IRF 840 的三個寄生電容 C_{GD}，C_{GS}，C_{DS} 分別是多少？
14. 爲何 MOSFET 被稱爲電壓控制元件？
15. 加強型與空乏型 MOSFET 的差異爲何？
16. 畫出由 MOSFET 與 BJT 所構成的 IGBT 等效電路？
17. 畫出由 MOSFET 與 Diode 組成的雙向開關電路圖？
18. MOSFET 與 BJT 何者較適合並聯使用？

第一單元　參考文獻

[1] Physics, R. Serway and R. Beichner, 5th, Saunders College Publishing, 2000.

[2] Basic Engineering Circuit Analysis, J. Irwin and R. Nelms, 8th, John Wiley & Sons, 2005.

[3] The Analysis and Design of Linear Circuits, R. Thomas and A. Rosa, 4th, John Wiley & Sons, 2004.

[4] Electronic Circuit Analysis and Design, D. Neamen, Irwin, 1996.

[5] Electronics Fundamentals, T. Floyd, 7th, Prentice Hall, 2006.

[6] Semiconductor Device Fundamentals, R. Pierret, Addison Wesley, 1996.

[7] Modern Power Devices, B. Baliga, Krieger Publishing Company, 1992.

[8] Power Semiconductor Devices, V. Benda, J. Gowar, and D. Grant, John Willey & Sons, 1999.

[9] Modern Industrial Electronics, T. Maloney, 5th, Prentice Hall, 2004.

[10] Power Electronics, M. Rashid, 3rd, Prentice Hall, 2004.

[11] Power Electronics, N. Mohan, T. Undeland and W. Robbins, 3rd, John Wiley & Sons, 2003.

第二單元

轉換器

第四章　轉換器分類

電力轉換器是用來處理各式的輸入電源，以提供負載所需的用電形式，從電源與負載用電的形式來分類，轉換器可分爲

1. 直流 / 直流轉換器
2. 直流 / 交流轉換器 (又稱換流器)
3. 交流 / 直流轉換器 (又稱整流器)
4. 交流 / 交流轉換器 (又稱週期轉換器)

這些轉換器可用圖 4.1 的方塊圖來表示其基本架構，其中必須至少包含一個主動開關，才有自由度調節電源與負載之間的電能差異並穩定輸出用電形式。

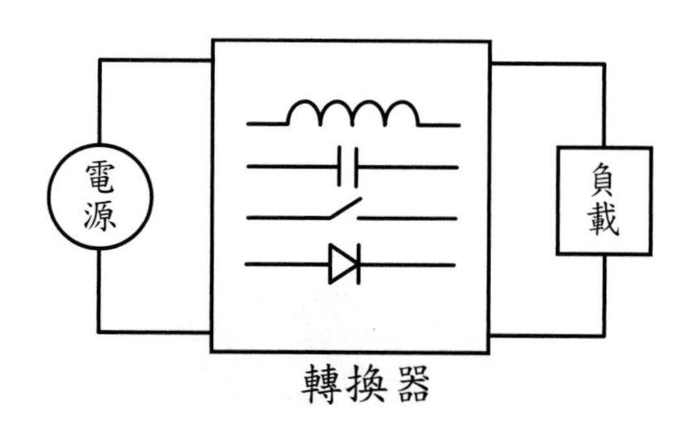

圖 4.1　電力轉換器基本架構示意

轉換器主要由電感、電容及開關等元件組成，透過不同的連接方式，產生不同的拓樸結構，達成所需的各種電能處理或形式轉換。電源可爲直流或交流形式，可爲電壓源或電流源；負載用電也有同樣的形式，而且通常功率變動的範圍很大，需要有適當的控制才能將輸出穩定在特定的電壓或電流值。事實上，穩壓或穩流的優劣與轉換器拓樸結構息息相關，選對轉換器會讓後續的設計與控制均能容易來達成所需的負載用電形式。以下我們將針對上述所提的轉換器一一做介紹。

4.1 直流 / 直流轉換器

直流 / 直流轉換器是用得最多且最廣，也是結構變化最豐富與最多樣的一類轉換器，舉凡各式 OA 產品、電子消費產品、充電器...等，皆需要直流 / 直流轉換器。此類轉換器之主要特色爲輸入電源和負載必須是直流形式，其電流都是從輸入端流向輸出負載端，因此所用之開關元件均屬於單方向性。從輸入與輸出共地的情形來看，直流 / 直流轉換器可分爲非隔離型和隔離型，如圖 4.2 所示，而非隔離型的又分爲降壓型、昇壓型及降-昇型；至於隔離型的因爲有隔離變壓器，可以任意調整一、二次側之圈數比，以達到昇壓或降壓；此外隔離變壓器可以將一、二次側的訊號接地(∇_1 與∇_2)隔離開來，還可以有電氣隔離，減少漏電流以符合安全規範。

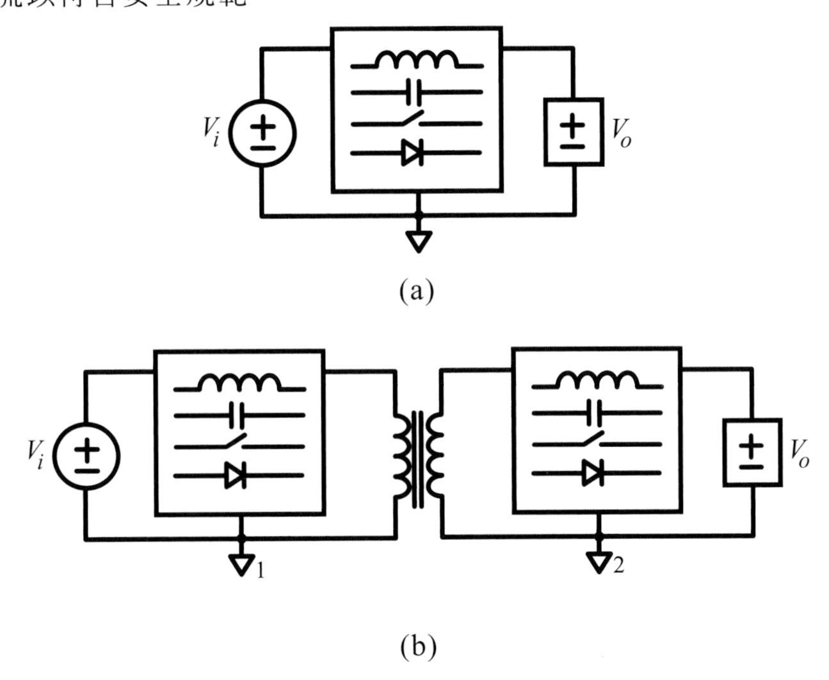

圖 4.2 (a) 非隔離型轉換器拓樸結構
(b) 隔離型轉換器拓樸結構

4.1.1 非隔離型轉換器

常見的非隔離型轉換器如圖 4.3 所示，其中 Buck 轉換器只能將輸入電源 V_i

做降壓轉換，也就是說在穩態時，V_o 永遠小於或等於 V_i，即 $V_o \leq V_i$；Boost 轉換器則會將輸入電源做昇壓轉換，在穩態時 $V_o \geq V_i$；至於 Buck-Boost 轉換器則可做降壓或升壓轉換，在開關 S_1 的責任比率(Duty Ratio)小於 0.5 時做降壓轉換，而在責任比率大於 0.5 時，則做昇壓轉換，當它恰好等於 0.5 時，$V_o = V_i$。值得一提的是，雖然這些轉換器可分別做昇壓或降壓轉換，但其用到的零件個數和種類卻完全相同，唯一不同的是其連接方式，也就是拓樸結構不同。如何產生這些結構，我們將在本書第八章做探討。

圖 4.3 所列之轉換器屬於二階結構；另外有三個是屬於四階結構，如圖 4.4 所示。這三個轉換器均分別用到兩個電感和兩個電容，不過仍然僅用到一主動開關和一被動開關元件，它們均可做昇 / 降壓轉換。同樣地，責任比率小於 0.5 時做降壓轉換，而大於 0.5 時做昇壓轉換。到底在每一個轉換器中均用到同樣的元件個數，但連接方式卻不同，這些轉換器是如何產生出來的，實在令人訝異又好奇，答案將在本書第八章中揭曉。

一般而言，非隔離型轉換器所需之零件個數相對於隔離型得較少，在低功率使用時相當適合，也最簡便；不過每一個轉換器僅能有一種形式的輸出，這也大大的限制它們的應用場合。而隔離型轉換器由於包含有隔離變壓器，便於多組繞組及大範圍的昇 / 降壓，因此容許多組不同負載用電形式。

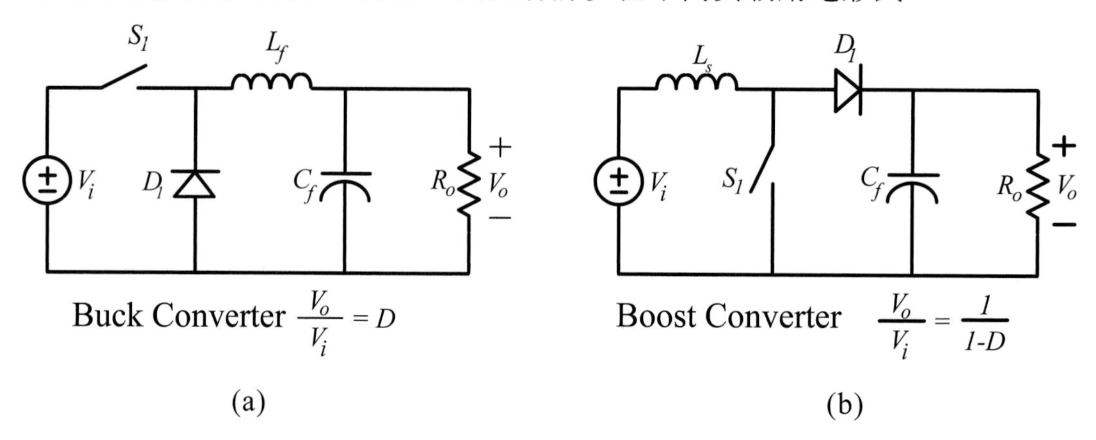

圖 4.3　(a) Buck 轉換器 (b) Boost 轉換器 (c) Buck-Boost 轉換器

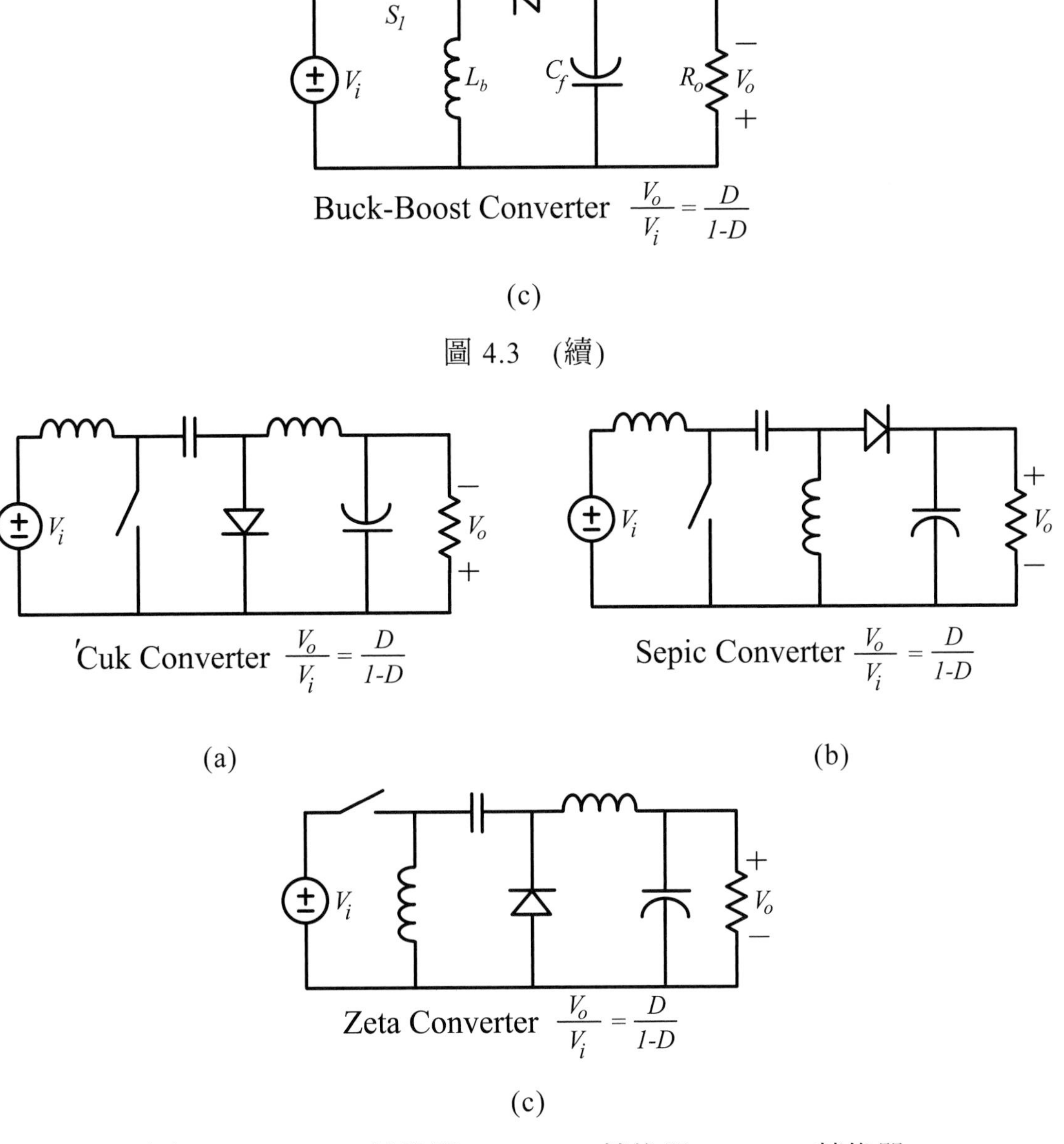

(c)

圖 4.3　(續)

(a)

(b)

(c)

圖 4.4　(a) ′Cuk 轉換器 (b) Sepic 轉換器 (c) Zeta 轉換器

4.1.2 隔離型轉換器

隔離型轉換器之電源端與負載端加入了電氣隔離的變壓器，而且是操作在高切換頻率，以降低體積。常見的隔離型轉換器如圖 4.5 所示。如前所述，這些轉換器基本上是屬於降壓型，但因為有變壓器做昇 / 降壓調節，因此仍然可做昇 / 降壓轉換。理想變壓器只負責功率傳遞，並不儲存能量，也沒有漏感問題，因此其動作原理與非隔離型的轉換器相同。然而一個實際的變壓器卻有漏感，而且其激磁感也並非無窮大，因此在實際轉換器應用時，必須有額外電路來吸收漏感所引起的電壓突波，有額外電路來幫忙鐵心去磁，以免鐵心飽和而失去磁性。總而言之，當轉換器加入隔離變壓器以後，其電路的複雜度將大大的提高。其他由這些基本轉換器所衍生出來的，可從 IEL 資料庫中找到。

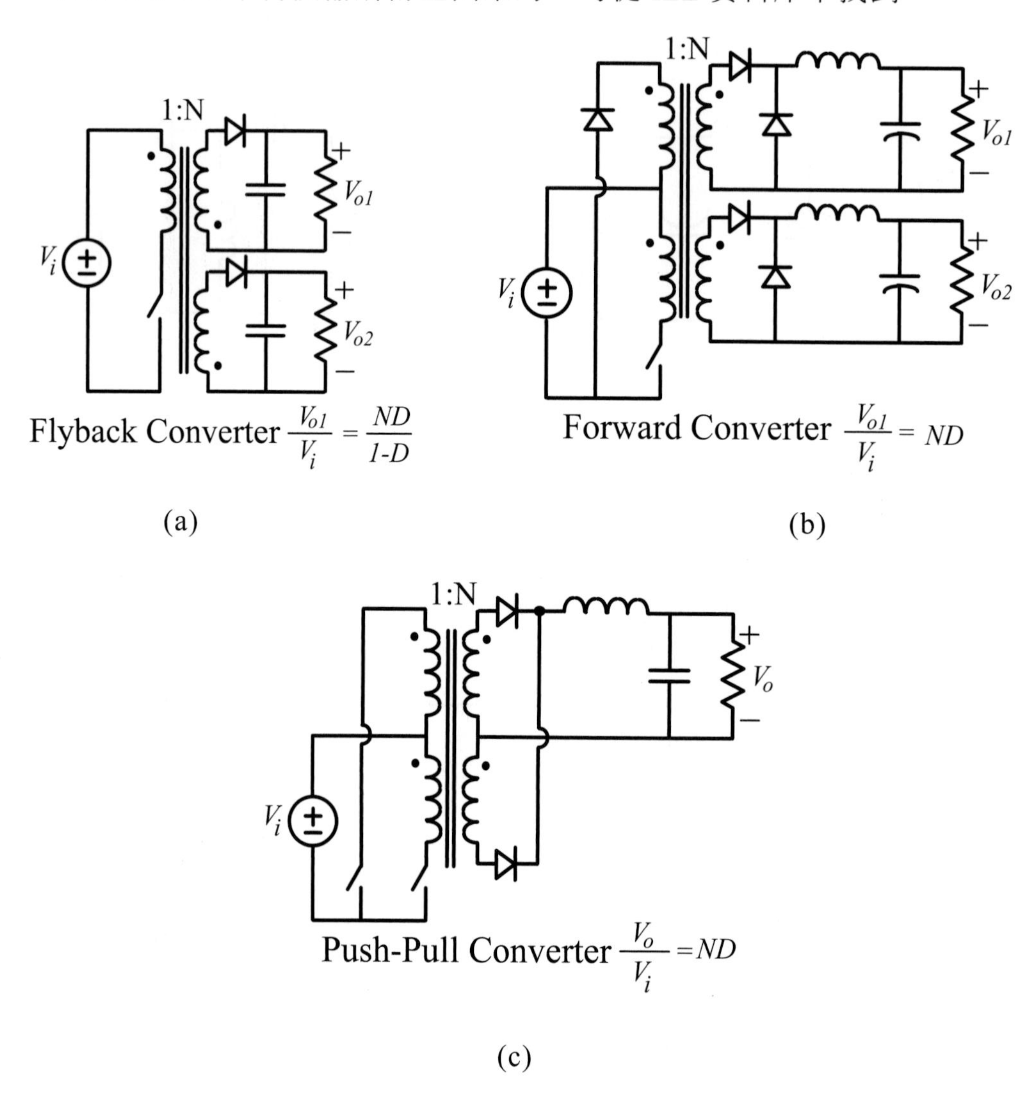

圖 4.5 (a) Flyback 轉換器 (b) Forward 轉換器 (c) Push-Pull 轉換器

在此特別要指出的是，圖 4.5 中 Flyback 所用到的零件比 Forward 少好幾個，而且就算變壓器圈數比 N = 1，Flyback 轉換器仍可做昇 / 降壓轉換。Flyback 所用到的變壓器其實是既當電感又當變壓器，其鐵心需要有氣隙，以儲存較多能量，也因而比 Forward 轉換器中之變壓器有較大的漏感，所以 Flyback 轉換器一般所能處理的功率比 Forward 小。這也指出了一點重要的特性，每一個轉換器均有其優缺點，或說適用場合；零件少了往往所能處理的功率就會受限制。至於 Push-Pull 轉換器則用到兩個主動開關、兩個被動開關元件、四組繞組及一組輸出濾波器，相對地，其所能處理之功率往往可達到 kW 級。

直流 / 直流轉換器還可以前後串接，如圖 4.6 所示，以提高昇壓比率。由於非隔離轉換器理論上可以昇壓無窮大比率，但實際上僅能昇壓最高約 5 倍，因此若不採用有變壓器的轉換器，則會使用多級串接。至於高降壓比，一般則會將轉換器操作在電感電流不連續導通模式下，或者採用時開時關之脈寬密度調變模式，以達到高降壓比；不過若是需要高輸出且低漣波電流時，則前述之方法不可行，也往往需要多級串接，以達到大功率輸出的高降壓比，甚至隔離型與非隔離型串接使用，以符合安全規範和高昇 / 降壓比。

最近的電腦之電源供應器所用到的負載電壓在 1 ~ 2 V 之間，而電流則超過 50 A，爲了仍然兼顧低電壓漣波及快速響應，往往採用多組轉換器並聯，如圖 4.7 所示，而且其開關的切換時序有適當的相位移來降低輸出電壓漣波，同時也將電感操作在不連續導通模式以提昇響應速率。

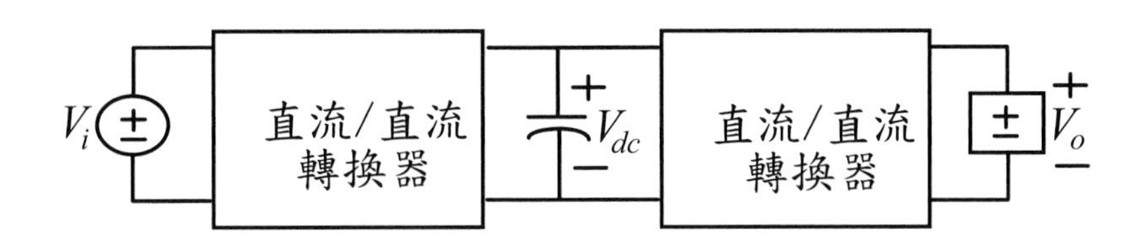

圖 4.6　直流 / 直流轉換器串接架構

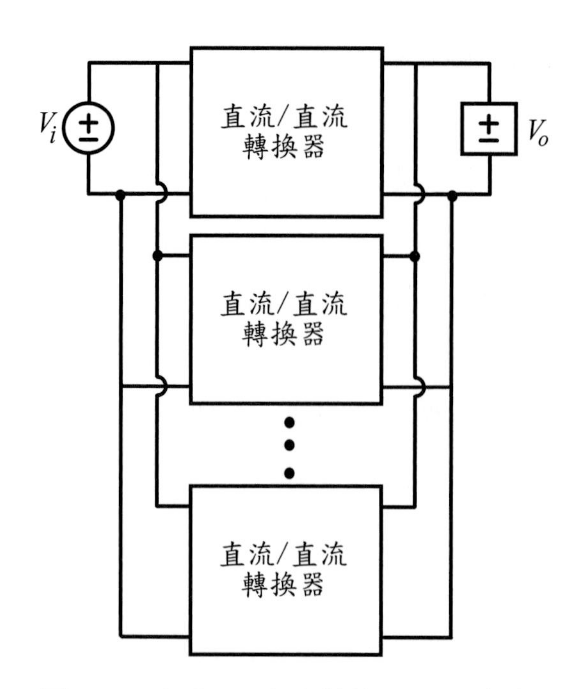

圖 4.7　直流 / 直流轉換器並聯架構

直流 / 直流轉換器其輸入與輸出均爲直流形式，很方便串接、並接，甚至串 /並接，因此其應用也最多元化，是一般學習電力電子學或電能處理者所必須先深入瞭解的轉換器。有了它做爲基礎，對切換式電能處理器就有了概念，也容易學習其他轉換器。

4.2 直流 / 交流轉換器

直流 / 交流轉換器又稱做換流器(Inverter)，它將輸入直流電源轉換成負載所需的交流電形式，例如馬達爲應用法拉第定律的電感等效電路，需要供給交流形式的電源，才不會導致鐵心飽和而失去馬達的功能；另外，氣體放電燈(俗稱日光燈)也需要供給交流形式的電源，以使燈管兩端的電極能輪流發射電子，增長燈管壽命。太陽光電能源的電源形式爲直流，也需要換流器轉成交流併入市電。既然輸出爲交流形式，則就有頻率、相位、波形及振幅的考量，要能兼顧這些參數，換流器的結構及操作模式就必須適當選擇。換流器的結構也可分爲非隔離型與隔離型。

4.2.1 非隔離型換流器

最常見的非隔離型換流器為 Half-Bridge 換流器，如圖 4.8(a)所示，其中主動開關 S_1 與 S_2 輪流導通，則可產生交流輸出電壓跨越在負載兩端，其振幅和波形如圖 4.8(b)所示。若將圖 4.8(a)中之兩個電容用兩個主動開關取代，則可得到一個 Full-Bridge 換流器，如圖 4.9(a)所示，其對角線開關輪流導通時所切出的波形則如圖 4.9(b)所示。

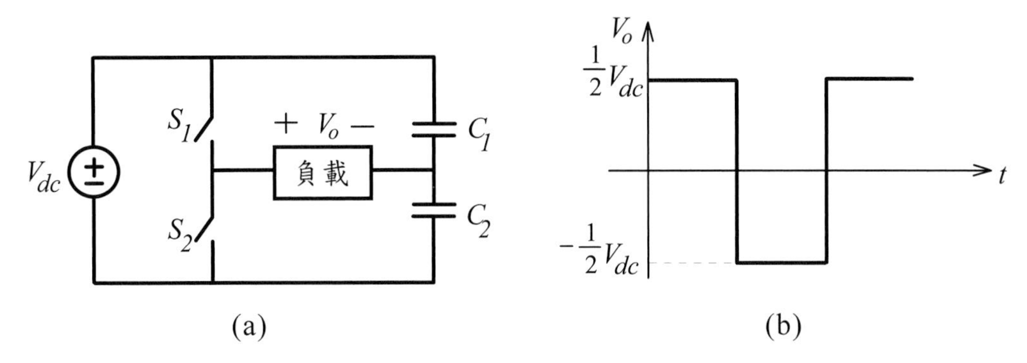

圖 4.8　(a) Half-Bridge 換流器 (b) 輸出波形與±1/2 V_{dc} 振幅

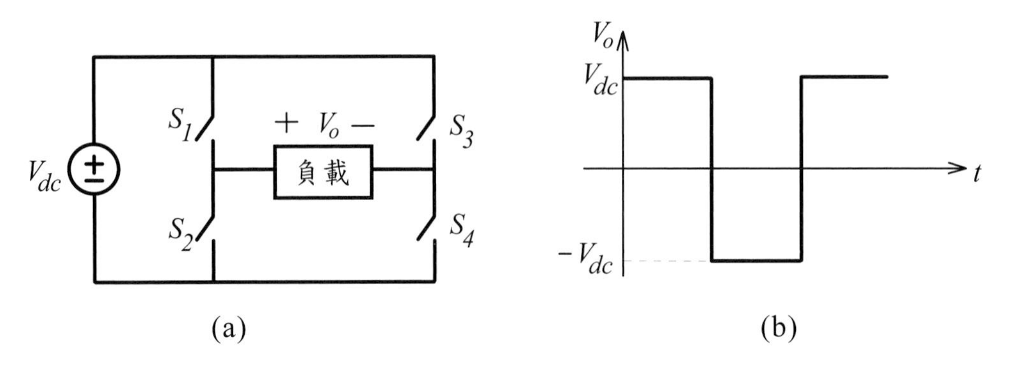

圖 4.9　(a) Full-Bridge 換流器 (b) 輸出波形與± V_{dc} 振幅

基本上，圖 4.8 和圖 4.9 所能輸出的振幅已由結構本身唯一決定，而頻率則端視其開關的切換頻率來決定；不過若在負載端加入諧振網路，如圖 4.10(a)所示，則可能有近似弦波之電壓或電流輸出波形，如圖 4.10(b)所示，其振幅大小則與開關切換頻率和諧振網路 L_rC_r 之諧振頻率有關，這些並非本章所要討論的範疇。

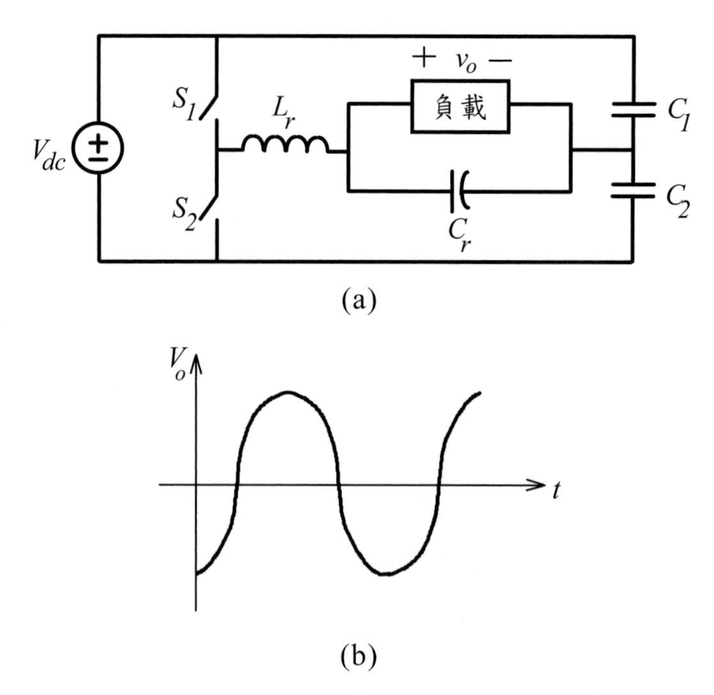

圖 4.10　(a) Half-Bridge 諧振型換流器 (b) 輸出弦波電壓

當切換頻率很高時，諧振網路的體積可以很小；不過當換流器在低頻應用時，若仍採用諧振網路來產生弦波，則其體積將變得大而無當，因此需引進所謂弦波式 PWM (SPWM)控制，以降低體積。有關此方面的探討，可從 IEL 資料庫中找到。

4.2.2 隔離型換流器

非隔離型換流器的輸出振幅受限很大，因此常需導入變壓器，兼做隔離和昇 / 降壓功能。如圖 4.11 所示爲將圖 4.8(a)和圖 4.9(a)之換流器在負載端引入變壓器，而形成隔離型換流器。由於負載兩端是交流形式，所以可以引入變壓器，而不會有單方向激磁，導致飽和的情形發生。同樣地，在直流 / 直流轉換器中的隔離型轉換器也使用到變壓器，若把整流的電路拿掉，也可以達到交流輸出，即也可以做爲換流器，如圖 4.12 所示的 Push-Pull 換流器，即是其中一例。直流 / 直流轉換器可與換流器串接使用，如圖 4.13 所示，直流 / 直流轉換器可以提昇直流鏈電壓 V_{dc}，便於後級換流器輸出準位能符合負載所需。

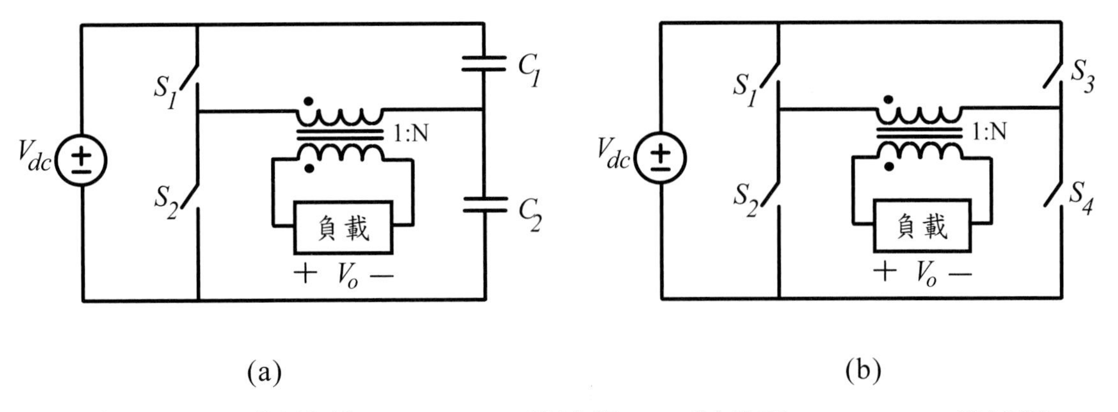

圖 4.11　(a) 隔離型 Half-Bridge 換流器 (b) 隔離型 Full-Bridge 換流器

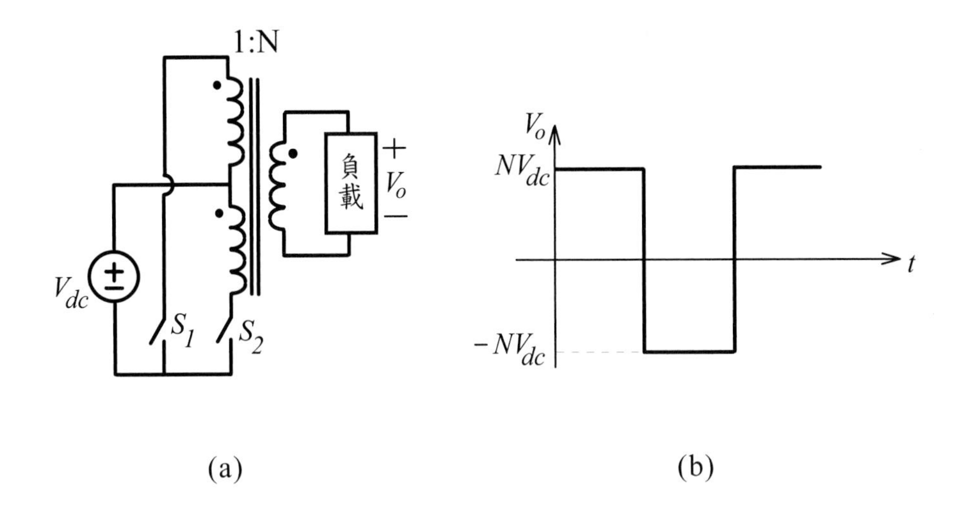

圖 4.12　(a) Push-Pull 換流器 (b) 輸出波形與$\pm NV_{dc}$振幅

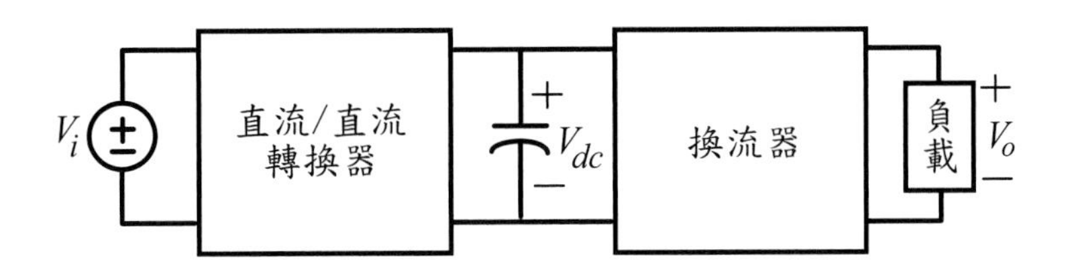

圖 4.13　直流 / 直流轉換器串接換流器架構

一般需要特別注意的是，換流器之開關元件上的電流爲雙向，因此所用之開關必須能讓電流雙向流通，例如若使用 MOSFET 當開關元件，因爲它包含有

Body Diode，所以可雙向流通，但若使用 IGBT，則必須外加一反向並聯的二極體，才可讓電流雙向流通。

4.3 交流 / 直流轉換器

交流 / 直流轉換器又稱為整流器，最常見的為將市電轉換為直流電的全橋式全波整流器如圖 4.14(a)所示，以及半橋式全波整流器如圖 4.14(b)所示。由於二極體只允許電流單方向導通，而且為不可控開關元件，因此全橋式整流器往往造成輸入電流產生高諧波失真和低功率因數。為瞭解決這些問題，一般需要加入一級直流 / 直流轉換器於整流器之後，做為功因修正器，以降低電流諧波和提高功率因數，如圖 4.15 所示。

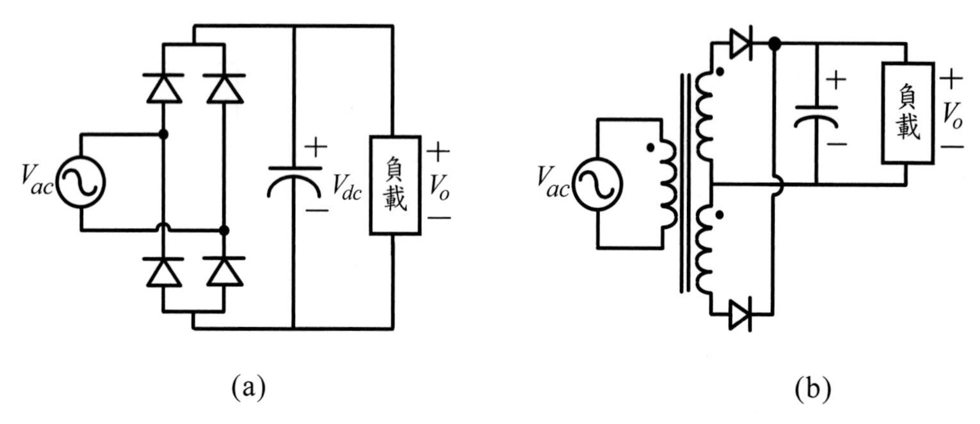

圖 4.14 (a) 全橋式全波整流器 (b) 半橋式全波整流器

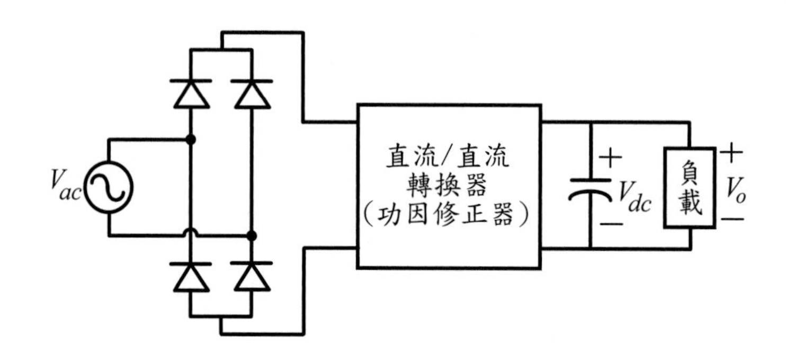

圖 4.15 整流器串接直流 / 直流轉換器(功因修正)以降低電流諧波和提高功率因數

在上一節裡，我們介紹了換流器，若加上反向並聯二極體，如圖 4.16 所示，將其反向操作，則可做爲整流器功能，若再加上適當的開關控制，則可執行主動電力濾波(Active Power Filtering)或功因修正(Power Factor Correction)的功能。

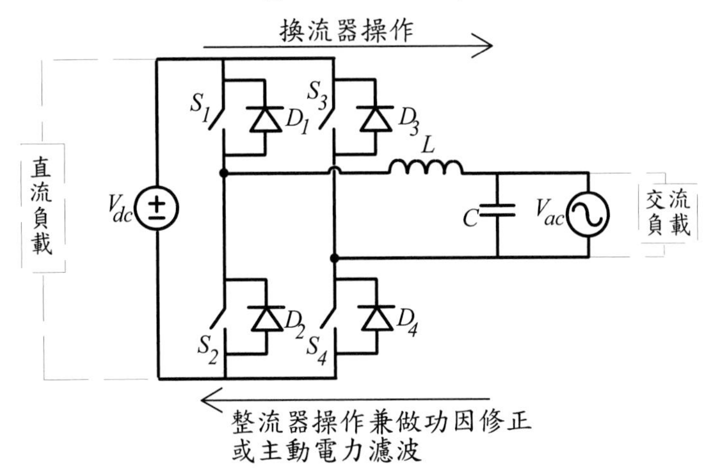

圖 4.16　換流器與整流器雙向操作示意

4.4 交流 / 交流轉換器

交流 / 交流轉換器又稱爲週期轉換器(Cycloconverter)，直接從一種交流電形式轉換成另一種頻率的交流電，這是相當複雜的轉換動作。一般會先將交流電整流成直流電，然後再用換流器將它轉換爲交流電，以達到交流對交流轉換。若硬要直接做交流 / 交流轉換，則其轉換後的頻率往往會受到限制。例如使用如圖 4.17 所示之 Cycloconverter，其輸出電源的頻率一般都限制在原先頻率的 1/3 以下，以確保輸出波形不會失真太大。事實上交流 / 交流轉換包含了整流和換流兩種操作模式，並且各分爲正負半週。圖 4.18 所示爲經由圖 4.17 之電路切換後之波形。

另一種轉換器也可用來做交流 / 交流轉換的叫矩陣型轉換器(Matrix Converter)，如圖 4.19 所示，其中的開關元件均爲雙向電流流通開關。由於它的複雜開關連接及使用大量的雙向開關元件，造成控制與驅動困難和高成本，目前仍然很少使用此種轉換器。

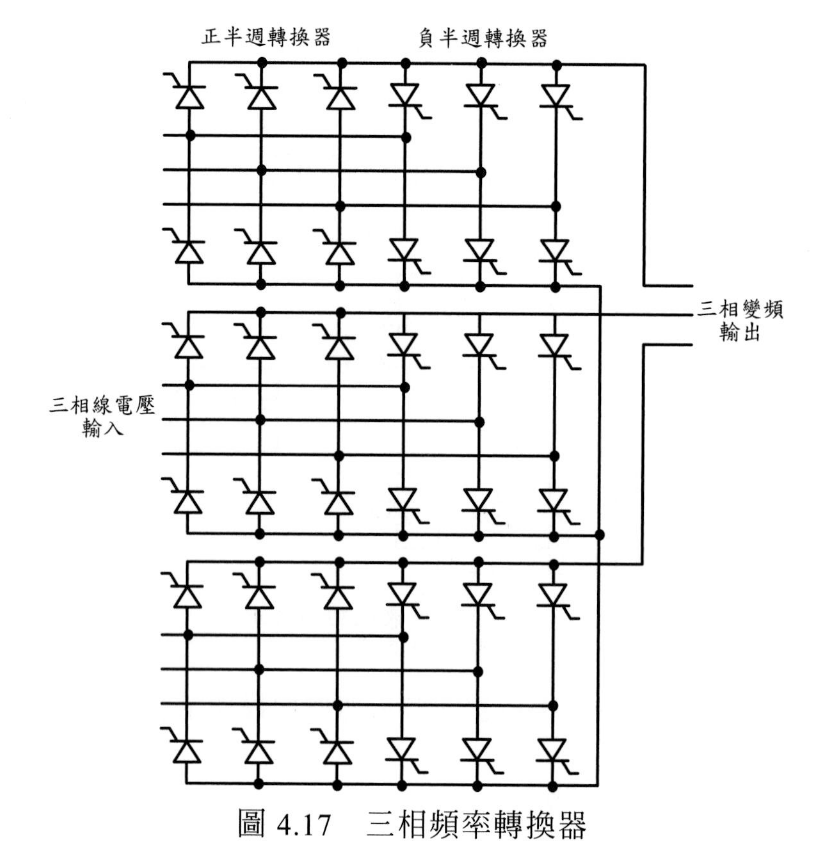

圖 4.17　三相頻率轉換器

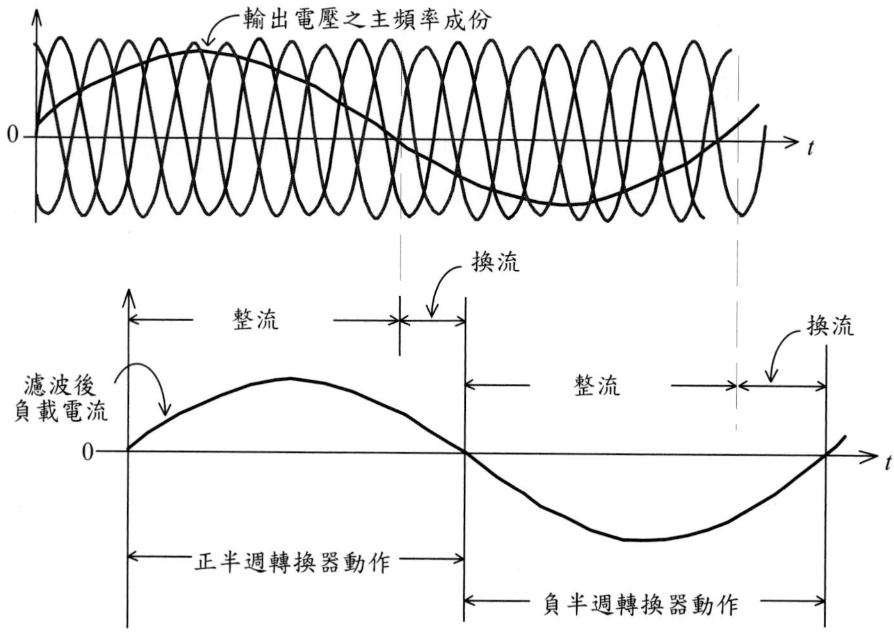

圖 4.18　三相頻率轉換器之輸出電壓波形

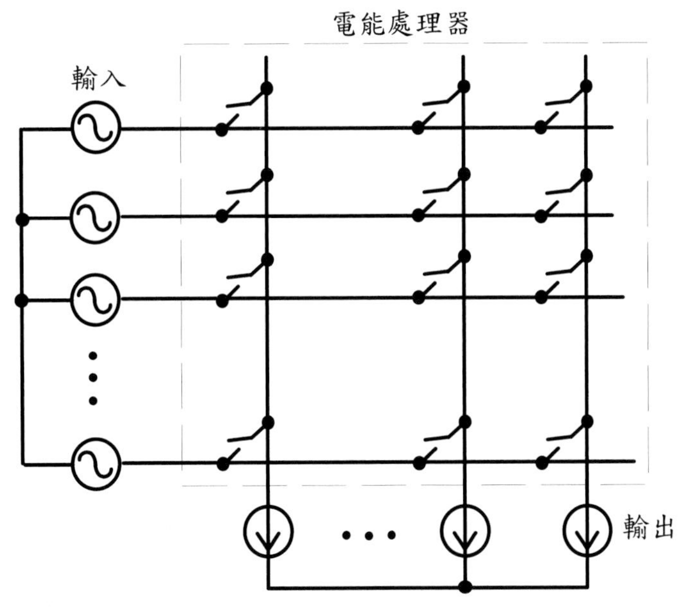

圖 4.19　矩陣型交流 / 交流轉換器

4.5 重點整理

本章主要在將電力轉換器做分類，依類舉出各種常用的轉換器，並且說明其功能和特點。在轉換器分類方面，除了交流與直流轉換的四種組合外，還將其分類爲隔離型和非隔離型。在功能與特點的說明方面，我們畫出轉換器的拓樸結構，比較其結構的差異和列出其輸入對輸出電壓的轉換比率和波形，並且指出其轉換的限制和潛在的問題點，讓初學者對轉換器有全面性的印象和知所取捨。

轉換器的拓樸結構琳琅滿目、不勝枚舉，不過都是屬於本章所分類的四種型態。在文章中，我們所舉的例子較著重於常用的結構，尤其是以 PWM 控制爲主的轉換器。在四種型態的轉換器，又以直流 / 直流轉換器和直流 / 交流換流器最爲普遍，而且應用場合幾乎涵蓋 90 %以上，因此，從學習的輕重緩急和難易程度而言，應該先從這兩類轉換器切入，選擇一、兩個轉換器進行深入的分析，甚至設計成應用系統，進行模擬和製作，相信對轉換器的掌握就能得心應手。

4.6 習題

1. 列出轉換器的四種分類型態，並且簡短說明其轉換原理。
2. 在直流 / 直流轉換器類型中，隔離型轉換器具有哪些優點？又有哪些潛在問題？
3. 說明並聯式直流 / 直流轉換器的應用場合。
4. 舉例說明直流 / 交流轉換器的應用。
5. 列舉圖 4.8 和圖 4.9 中 Half-Bridge 和 Full-Bridge 換流器的特點。
6. 說明隔離型換流器之特點。
7. 舉出交流 / 直流轉換器之應用，並且說明其動作原理。
8. 依你的觀點，爲何交流 / 交流轉換器的應用受到許多限制？

第五章　硬切式轉換器

在第四章所討論的四類轉換器中，最常用的首推直流 / 直流轉換器，其次是直流 / 交流換流器。本章將首先針對直流 / 直流轉換器的特性做探討，並且用幾個常見的轉換器例子來進一步說明其輸入對輸出的轉換關係。最後將介紹一個換流器的例子並且分析其動作原理。

5.1 硬切特性

在第四章中所介紹的直流 / 直流轉換器均爲硬切式轉換器，其中以非隔離型的 Buck 轉換器之架構最簡單，以下將以它做爲硬切特性的探討例子。圖 5.1 所示爲 Buck 轉換器之電路架構，它是一種降壓型轉換器，可以操作在連續電感電流導通模式(Continuous Conduction Mode : CCM)或者不連續電感電流導通模式(Discontinuous Conduction Mode : DCM)。就 CCM 操作模式，在開關導通和截止時會有兩個等效電路，如圖 5.2 所示。當開關元件 M_p 導通時，等效電路如圖 5.2(a)所示，而當 M_p 截止時，則如圖 5.2(b)所示。由於 L_1 之感值很大，在一個切換週期內，其電流可視爲定值；另外，由於開關 M_p 有寄生電容，因此當 M_p 從截止轉到導通或從導通轉到截止時，在 M_p 上會有電壓和電流同時存在，如圖 5.3 所示，而造成切換損失，這就是所謂的「硬切換」。這種硬切特性在所有的 PWM 轉換器和所衍生的轉換器均存在。讀者只要針對每一轉換器中的主動開關做導通、截止分析，即能輕易瞭解其硬切換特性。硬切換不但會造成切換損失，而且還會引起電磁干擾問題，嚴重的話會造成電路誤動作，甚至影響控制迴路，產生穩定性問題。因此，硬切式轉換器大致上僅適於較低功率的應用。如何克服硬切換所造成的問題將在下一章中說明。

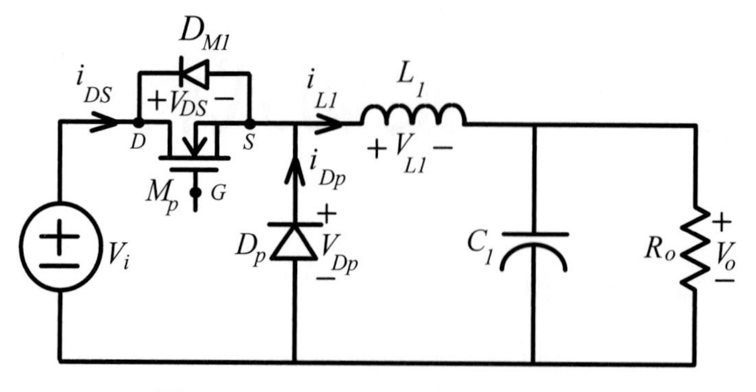

圖 5.1　Buck 轉換器電路架構

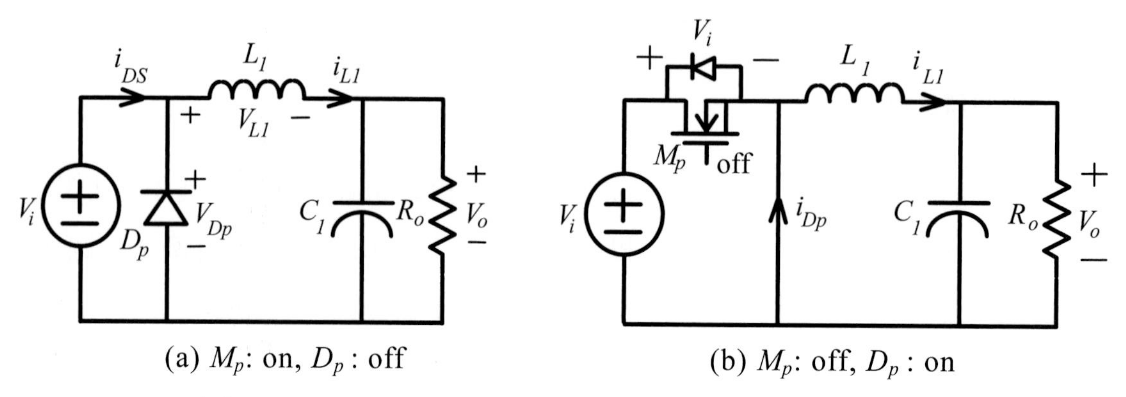

圖 5.2　Buck 轉換器於 CCM 操作時之兩個等效電路

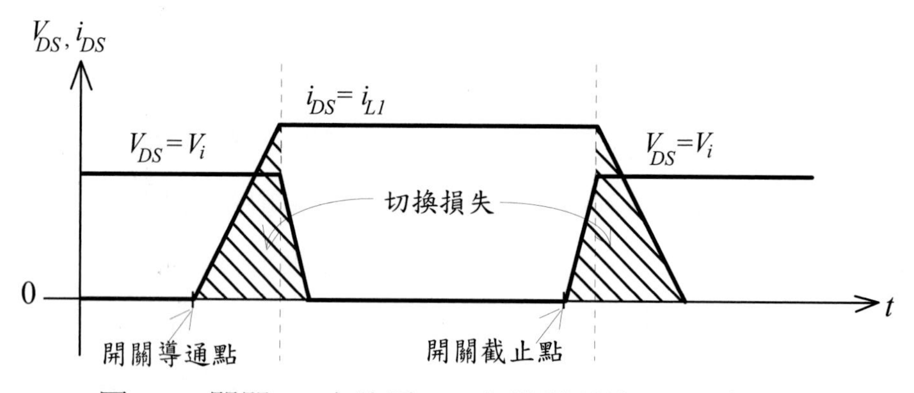

圖 5.3　開關 M_p 之跨壓 V_{DS} 和導通電流 i_{DS} 示意波形

硬切式轉換器雖仍存在切換損失，但只要切換頻率限制在 100 kHz 以下，其轉換效率仍比線性轉換器高出許多，因此目前大多數的電子產品仍然均使用硬切式轉換器，頂多加上 RCD 電路來分散開關之熱源。以下將針對幾種常用的硬切式轉換器做分析和討論。

5.2 PWM 轉換器

圖 4.3 和圖 4.4 所列之轉換器為俗稱之 PWM 轉換器，它們可以做昇壓、降壓或昇 /降壓轉換。為了探討其主要的轉換特性和元件之電壓、電流波形，我們假設其各個元件均為理想元件；另外為了方便說明，這些轉換器重畫於圖 5.4。所謂 PWM 轉換器，其主要特性為(1) 只用到一個主動開關和一個被動開關，(2) 主動開關導通時，被動開關則反偏截止；反之，則被動開關可以導通，(3) 經適當調整電感、電容之連接位置，主動開關和被動開關有一共接點，(4) 所有零件缺一不可，即是最簡化的電路結構，(5) 可經由接枝法(同步開關法)或壓條法推導出轉換器彼此的關係，例如 Buck-Boost 轉換器可由 Buck 轉換器接枝 Boost 轉換器得到相同的電路結構，接枝原理的細節將在第八章中闡述。

以下各小節將分別介紹這六種 PWM 轉換器的動作原理、等效電路、電壓與電流波形及其輸入對輸出電壓之轉移函數。

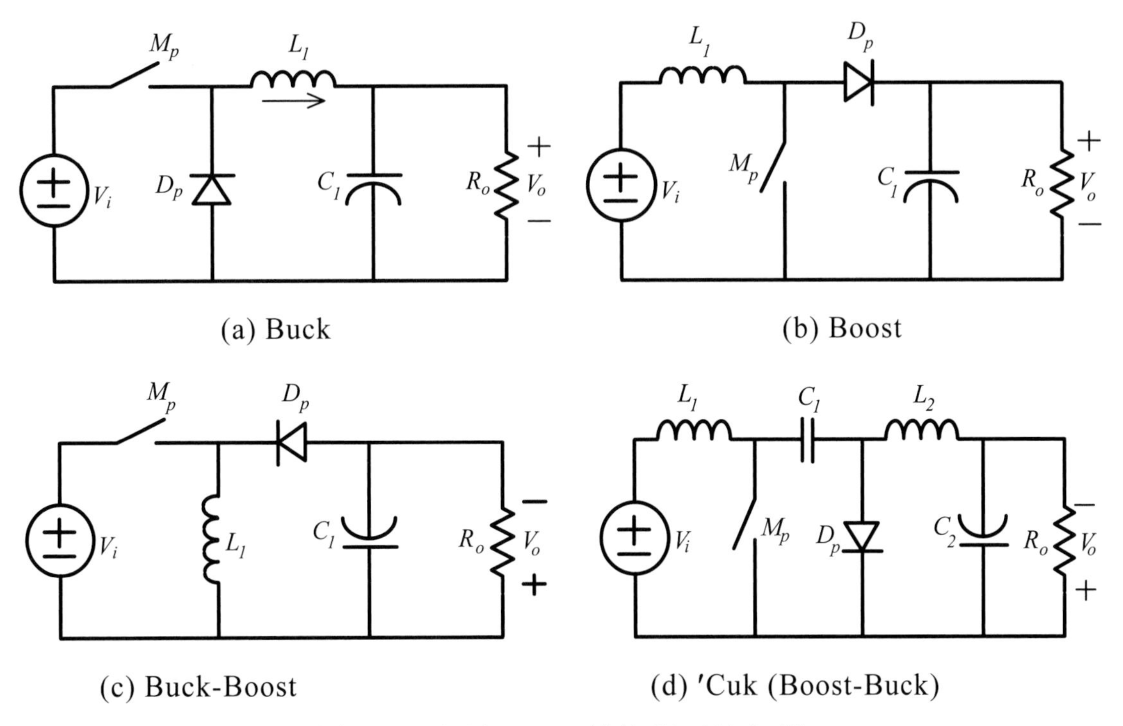

圖 5.4　六種 PWM 轉換器電路架構

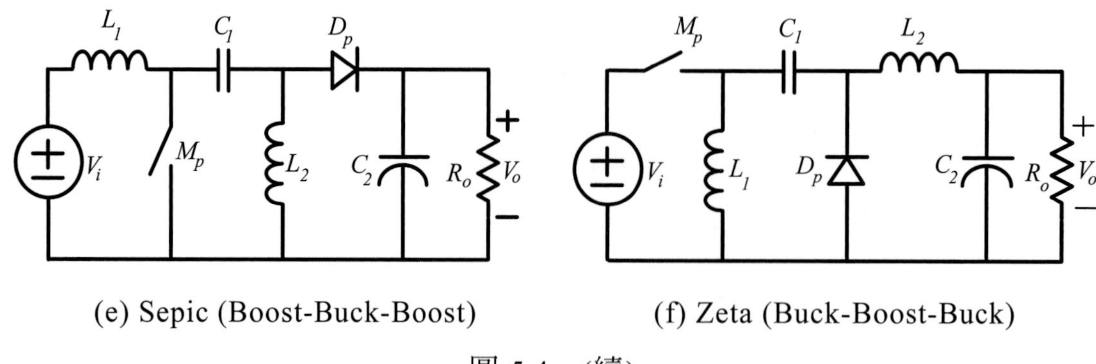

(e) Sepic (Boost-Buck-Boost)　　(f) Zeta (Buck-Boost-Buck)

圖 5.4 (續)

5.2.1 Buck 轉換器

Buck 轉換器是屬於降壓型轉換器，如圖 5.1 所示，聽專家說是發源於二十世紀初，目前文獻上不可考。Buck 轉換器是目前所知六個 PWM 轉換器中最早被發展出來的，它的轉換原理最直接也最容易理解。當主動開關 M_p 導通(on)時，能量就由輸入端直接傳輸至輸出端，當開關截止(off)時，就只靠電感和電容所儲存的能量繼續供給負載所需。若發覺輸出電壓下降太多，則可馬上再把開關 M_p 導通，達到即時供電，所以輸出功率的調節機制很直接而且容易達成。

當開關 M_p 在 t_0 時導通，其等效電路如圖 5.5(a)所示，而其各元件上之電壓、電流波形則示於圖 5.6，從中可看出電感電流 i_{L1} 是在上升。當開關 M_p 在 t_1 時截止，由於電感上之電流要找個路徑繼續流通，因此產生一反電動勢而迫使二極體 D_p 導通，等效電路如圖 5.5(b)所示，此時電感電流 i_{L1} 開始下降，如圖 5.6 所示；當到達 t_2 時恰好是過了一切換週期 T_s，但 i_{L1} 尚未降至零電流。在 t_2 時 M_p 再度導通，則 i_{L1} 將再度上升；不過，若很快地開關 M_p 在 t_3 時截止，電流 i_{L1} 又開始下降，由於 M_p 截止很久才完成另一週期 T_s，造成 i_{L1} 下降至零電流，這時二極體 D_p 也截止了，其等效電路如圖 5.5(c)所示。此時在 M_p 和 D_p 上之跨壓也同時改變，分別爲 $V_{DS} = V_i - V_o$ 和 $V_{DP} = V_o$，如圖 5.6 所示，這就是所謂的操作在電感電流不連續導通模式(DCM)，而另一個模式爲連續導通模式(CCM)，其等效電路僅包含圖 5.5(a)和 5.5(b)而已。從圖 5.6 之波形可看出 M_p 和 D_p 之最大電

壓應力為 V_i。

從以上的動作原理說明可知，適當的調變開關 M_p 的工作比率 D(Duty Ratio)，可以改變電感電流 i_{L1} 的大小。而由於 i_{L1} 會對輸出電容 C_1 充電並且供電給負載 R_o，因此 i_{L1} 的變化將會影響 V_o 的變化。這提供一個控制機制，當調變工作比率時，可以因應負載的變化來調節 V_o 的準位。從控制的角度而言，當工作比率增加時，馬上可以增加對輸出端的功率傳輸，這種系統叫做「最小相位」系統，很容易控制、穩壓性能好、頻寬可以很寬，所以一般而言響應速率高。

為了推導輸入電壓 V_i 對輸出電壓 V_o 的轉換比率(Transfer Ratio)，我們將圖 5.6 的部分波形重畫於圖 5.7 中，圖中所畫之波形是電感電流操作在連續導通模式。

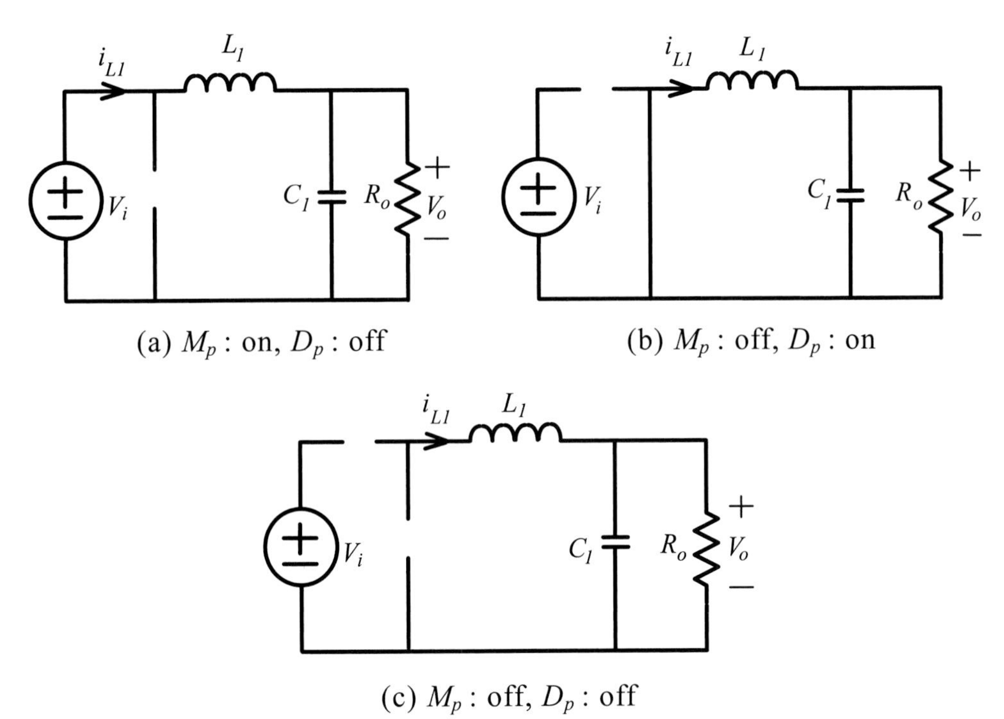

圖 5.5　Buck 轉換器之可能的操作模式和等效電路：

(a) M_p : on, D_p : off ，電感電流上升

(b) M_p : off, D_p : on，電感電流下降

(c) M_p : off, D_p : off，電感電流下降至零，但 M_p 尚未再導通

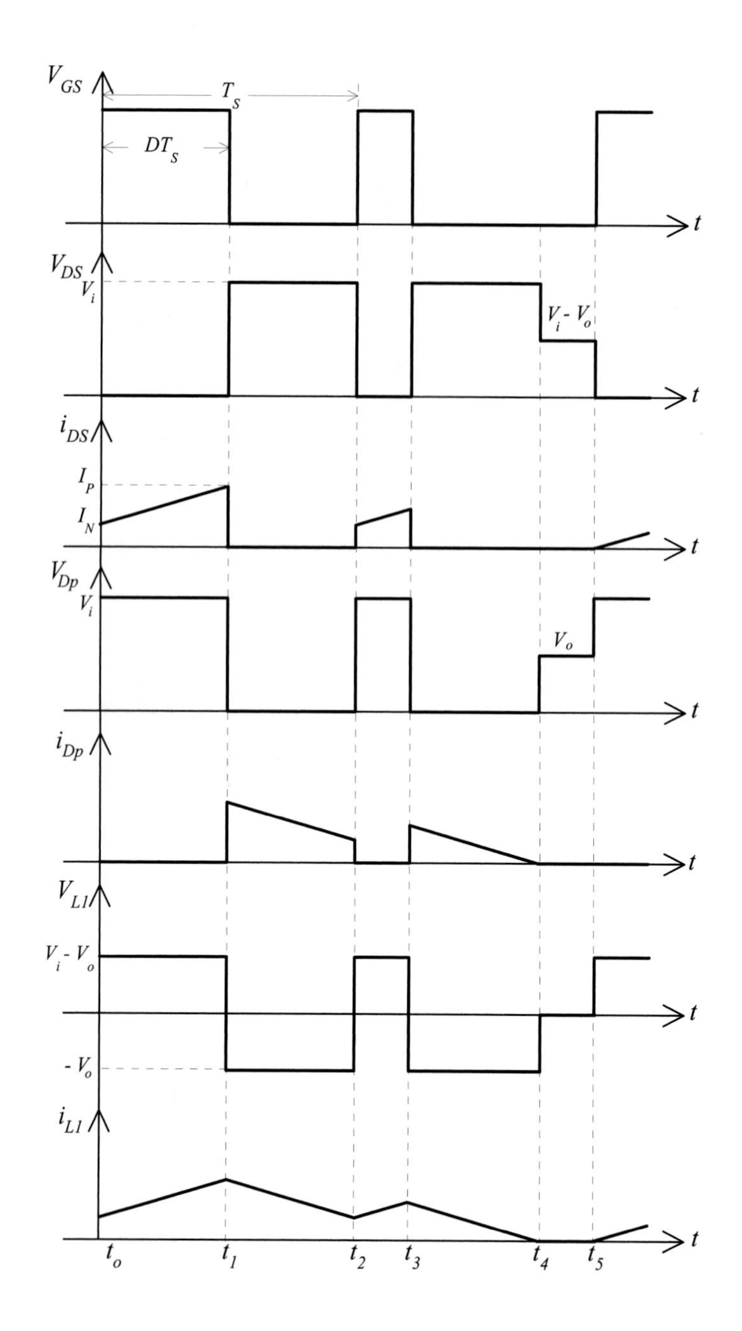

圖 5.6　Buck 轉換器之主要元件上的電壓、電流波形

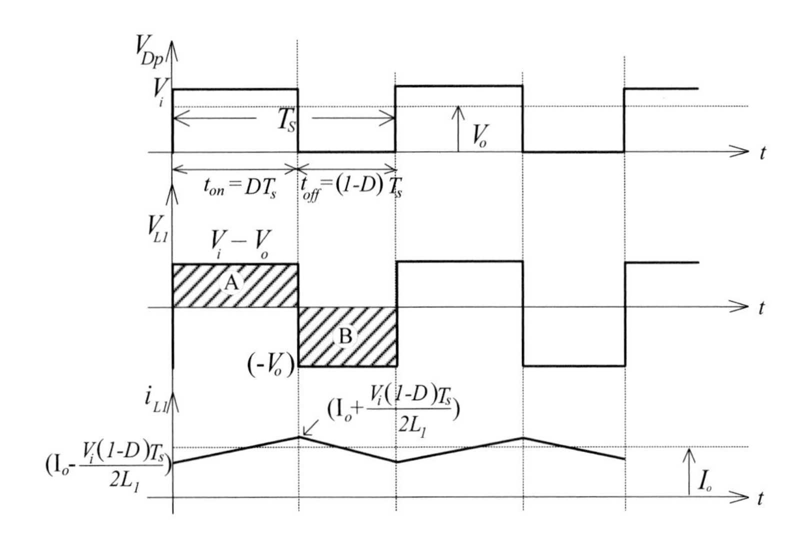

圖 5.7　V_{Dp} , V_{L1} 和 i_{L1} 之理想波形

從圖 5.7 中之波形可寫出以下方程式：

$$V_o=\frac{1}{T_s}\int_0^{T_s}v_o(t)dt=\frac{1}{T_s}\left(\int_0^{t_{on}}V_i dt+\int_{t_{on}}^{T_s}0dt\right)=\frac{t_{on}}{T_s}V_i=DV_i \tag{1}$$

其中 T_s 是開關 M_p 的切換週期、t_{on} 代表 M_p 的導通時間，D 是 M_p 的工作比率。從式(1)可求得

$$\frac{V_o}{V_i}=D \tag{2}$$

從圖 5.7 中還可看出電感電流 i_{L1} 的平均值即爲輸出至負載的電流 I_o，而其漣波電流將流經輸出電容 C_1。

另外，從伏特－秒平衡法則(Volt-Second Balance Principle)，也可以推導出式(2)的表示式。在穩態時，圖 5.7 中 V_{L1} 波形對時間的積分總和應爲零，也就是說的Ⓐ面積要等於Ⓑ的面積，從這個關係可以得到下式：

$$(V_i - V_o)\ DT_s = V_o\,(1\text{-}D)\ T_s \tag{3}$$

經整理後可得

$$\frac{V_o}{V_i}=D \tag{4}$$

在理想狀況下，V_o / V_i 的轉換比率與負載無關；不過要特別注意的是，此推導是假設輸出電壓 V_o 的漣波小小於 V_o 的平均值，大約在 5 %以內。

在不連續導通模式操作且在穩態時，圖 5.6 之部分波形重畫於圖 5.8 中。在穩態時，利用伏特－秒平衡法則，可得到下式

$$(V_i - V_o)\, D_1 T_s + (-V_o)\, D_2 T_s + 0 \cdot D_3 T_s = 0 \tag{5}$$

經整理可得到輸入對輸出的電壓轉換比率為

$$\frac{V_o}{V_i} = \frac{D_1}{D_1 + D_2} \tag{6}$$

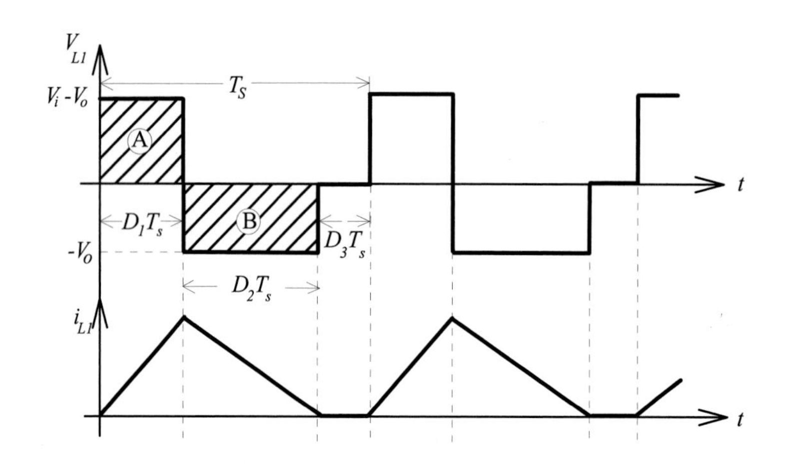

圖 5.8　Buck 轉換器操作於 DCM 時之電感上的穩態電壓和電流波形

【例題 5-1】若有一 Buck 轉換器操作在連續導通模式，其輸入 / 輸出電壓與電流和切換頻率的規格如下：

$V_i = 20 \sim 30$ V

$V_o = 12$ V

$I_o = 1 \sim 4$ A

$f_s = 50$ kHz

假設轉換器之轉換效率為 100 %，試求

(a) 工作比率之變化範圍

(b) 開關導通時間之變化範圍

(c) 輸入電流之變化範圍

解：(a) 由於輸入電壓 V_i 之變化從 20 V 到 30 V，所以最小工作比率 D_{min} 與最大工作比率 D_{max} 可分別求得如下

$$D_{\min} = \frac{V_o}{V_{i(\max)}} = \frac{12}{30} = 0.4$$

而

$$D_{\max} = \frac{V_o}{V_{i(\min)}} = \frac{12}{20} = 0.6$$

由上可知工作比率之變化範圍爲從 0.4 至 0.6

(b) 由(a)之 D_{min} 和 D_{max} 且已知 $f_s = 50$ kHz，可求得

$$t_{on(\max)} = D_{\max} \cdot \frac{1}{f_s} = 0.6 \times 20\mu s = 12\mu s$$

而

$$t_{on(\min)} = D_{\min} \cdot \frac{1}{f_s} = 0.4 \times 20\mu s = 8\mu s$$

(c) 由於轉換效率爲 100 %，所以輸出功率 P_o 就等於輸入功率 P_i，即 $P_o = P_i$

又 $P_o = V_o I_o$ 及 $P_i = V_i I_i$，所以

$$V_o I_o = V_i I_i$$

由上式可求得 $I_{i(max)}$與 $I_{i(min)}$

$$I_{i(\max)} = \frac{V_o I_{o(\max)}}{V_{i(\min)}} = D_{\max} \cdot I_{o(\max)}$$
$$= 0.6 \times 4 = 2.4\ A$$

而

$$I_{i(\min)} = \frac{V_o I_{o(\min)}}{V_{i(\max)}} = D_{\min} \cdot I_{o(\min)}$$
$$= 0.4 \times 1 = 0.4\ A$$

轉換器在操作時，重載操作於連續導通模式，而輕載則可能落入不連續導通模式，以免電感的感值過大而增加許多成本或造成無謂的導通損失。Buck 轉換器的輸入電流是不連續的脈衝式波形，因此往往需要很大的輸入濾波器；而其輸出電流因爲已有濾波電感，可以連續導通，因此其輸出電容僅需濾掉電感之漣波電流，所以可使用一般的電解電容，而不需特別使用低等效電阻(Low ESR)的電容。由於 Buck 轉換器的電感電流在一切換週期內幾乎是定值(假設漣波不大)，因此可以將其等效如圖 5.9 中之電路。此電路圖可以用來說明圖 5.3 的硬切換波形。

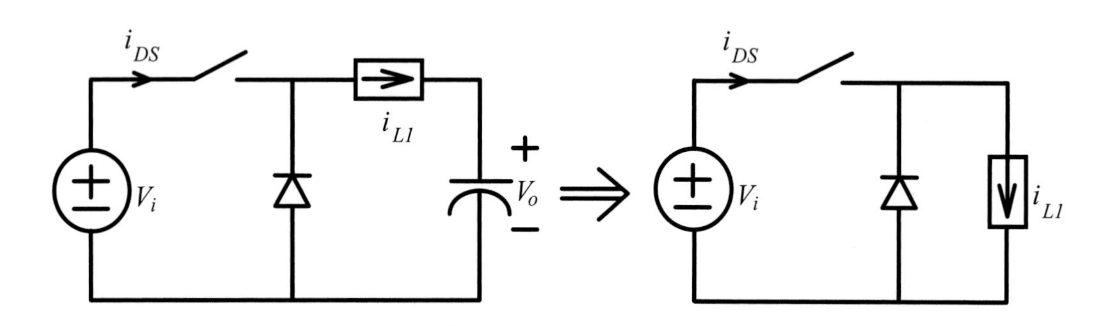

圖 5.9　當電感電流爲近乎定值時，Buck 轉換器之等效電路

當輸出電壓仍低於設定電壓且經由負迴授來調變開關之工作比率時，往往會使得工作比率一直維持在“1”一段時間，因此有可能造成輸出電感飽和，而有過流現象發生，甚至導致開關燒燬。爲了避開此問題，Buck 轉換器應該要具備軟啓動(Soft Start)功能，也就是要將其工作比率控制在由小逐步增大，或者使用電流控制模式，做到能控制每一週期的最大電感電流。一般來講，Buck 轉換器不怕空載，因爲在空載時，其輸出最大電壓會被箝制到等於輸入電壓；至於輸出短路時，由於有電感的存在，可以擋住一段時間，讓主動開關足以反應而截止，不會造成零件燒燬。

將 Buck 轉換器中之二極體改爲主動開關，如圖 5.10 所示，則可以做爲雙向操作，從左到右爲 Buck 模式，屬於降壓型；反之從右到左則爲昇壓型，是爲 Boost 模式。一個常見的應用例子爲以 Buck 模式充電到電池，而以 Boost 模式放電至電源端，供給其他轉換器使用。

另外，圖 5.10 之電路若仍然僅做爲 Buck 操作，則 M_{p2} 可做爲同步開關使用，並且與 M_{p1} 互補操作，對於大電流的應用，可以降低許多在 D_{p2} 上的導通損失。

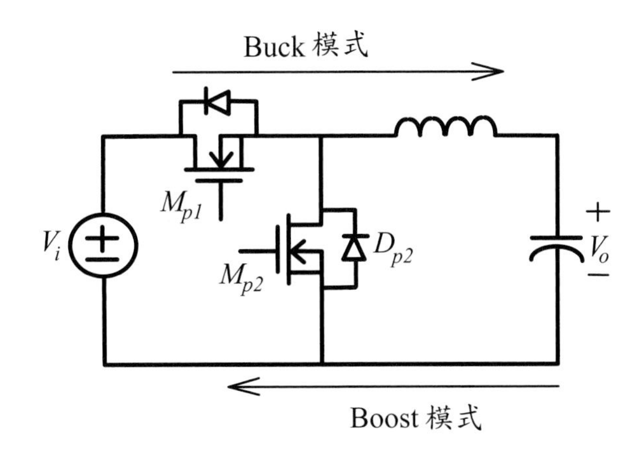

圖 5.10　雙向轉換器

5.2.2 Boost 轉換器

Boost 轉換器是屬於昇壓型轉換器，它是 Buck 轉換器的對偶型，最早在文獻上所能找到的，大概是在二次世界大戰時期(1939~1945)。Boost 轉換器是用來提昇輸入電壓，以便無線電訊號之發射，當然那時候還是用眞空管而非電晶體。爲了便於其動作原理之說明，我們將 Boost 轉換器及其在不同操作模式下之等效電路畫於圖 5.11 中。Boost 的操作模式與 Buck 相同，也可以分爲連續導通模式和不連續導通模式，事實上這也是所有 PWM 轉換器所共通的特性之一。當開關 M_p 導通時，二極體 D_p 會截止，其等效電路如圖 5.11(b)所示，此時輸入電壓則直接跨於電感 L_1 上，電感電流 i_{L1} 便直線上升，而輸出端則需靠電容 C_1 來提供能量給負載 R_o；當 M_p 截止時，D_p 被強迫導通，如圖 5.11(c)所示，儲存在 L_1

上之能量將釋放至輸出端，即 i_{L1} 開始下降；假若開關 M_p 未即時再導通，則 i_{L1} 將會一直下降至零電流，此時 M_p 與 D_p 均進入截止狀態，其等效電路如圖 5.11(d) 所示。大致上而言，Boost 轉換器之元件上的電壓、電流波形與 Buck 轉換器的相同，所不同的是其電壓、電流準位，圖 5.12 所示爲其波形和準位標示。在連續導通模式下，其等效電路僅包含圖 5.11(b)和圖 5.11(c)而已。從圖 5.12 可看出 M_p 和 D_p 之電壓應力爲 V_o。

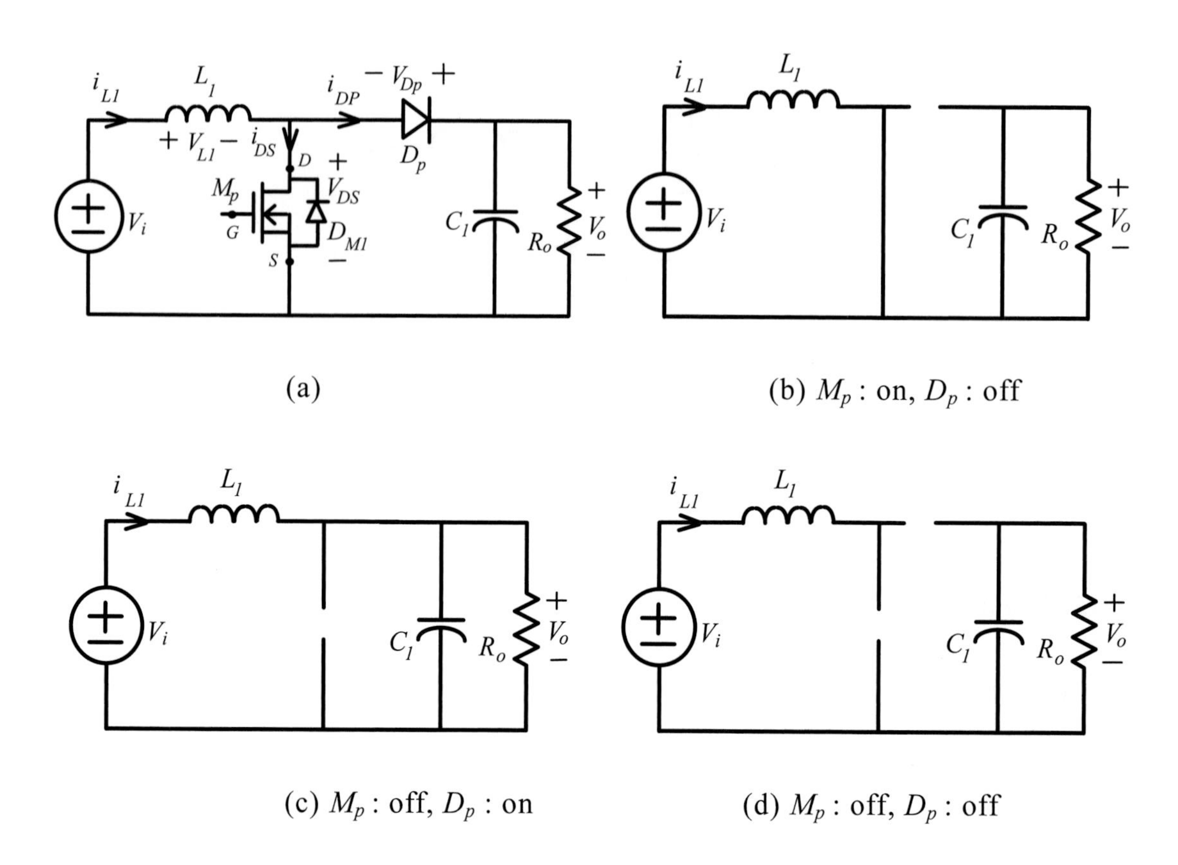

圖 5.11　(a) Boost 轉換器電路圖，(b) M_p : on, D_p : off 之等效電路圖，(c) M_p : off, D_p : on 之等效電路圖，(d) M_p : off, D_p : off 之等效電路圖

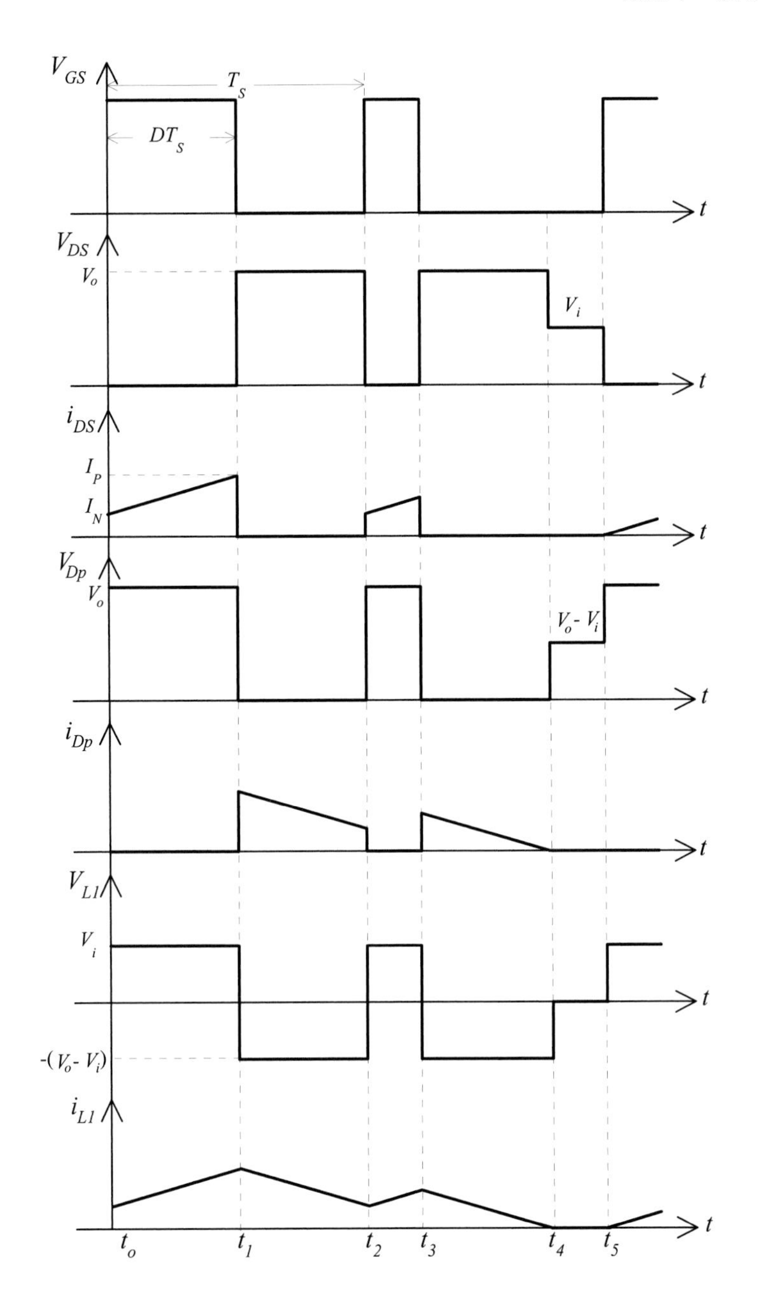

圖 5.12　Boost 轉換器之主要元件上的電壓、電流波形

從以上的動作原理分析，可以很明顯的看出，當開關 M_p 導通時，是先儲存能量於 L_1，而沒有馬上把能量送到輸出端，必須等到 M_p 截止時，才有能量傳輸至輸出端，從控制的角度來看，Boost 轉換器是屬於「非最小相位」系統。特別

要注意的是，必須限制 M_p 的最大工作比率小於 1(一般為 0.8 左右)，讓電感有機會對輸出電容充電，才能有昇壓的功能。

當輸入電源打開且 M_p 尚未受控導通時，輸入電源 V_i 會經過電感 L_1 和二極體 D_p 直接對輸出電容 C_1 充電，在此種情況下，L_1 常常是處於飽和，即短路狀態。在這期間若讓 M_p 導通，往往會造成 M_p 過流和燒燬，因此，需要等待一段時間(至少兩個電源週期的時間，大約 40 ms)才可以開始切換開關元件。接著，由於輸出電壓 V_o 幾乎等於輸入電壓 V_i，V_o 沒有多大能力幫 L_1 放電，因此 M_p 之工作比率不可一下子開太大，而必須由小到大逐步慢慢增加(即要有 Soft-Start 的功能)，才不會讓 i_{L1} 又增大太多，而對 M_p 造成過流的威脅。

為了避免啓動時，瞬間大電流對 M_p 和 D_p 的威脅，常會加上一個慢速但大耐流的旁路二極體 D_s 和一個限流電阻 R_s，跨於輸入和輸出之上端，如圖 5.13 所示。如此一來，D_p 之電流額定值就可以降低，也相對的可以縮短其反向恢復時間，以減少切換損失；另外，電感不會飽和，所以 M_p 導通時也不會有過流的威脅。特別要說明的是，所加的旁路二極體 D_s 由於是慢速的，其所增加的成本不高，然而卻帶來了多重好處，是相當值得推薦的電路。

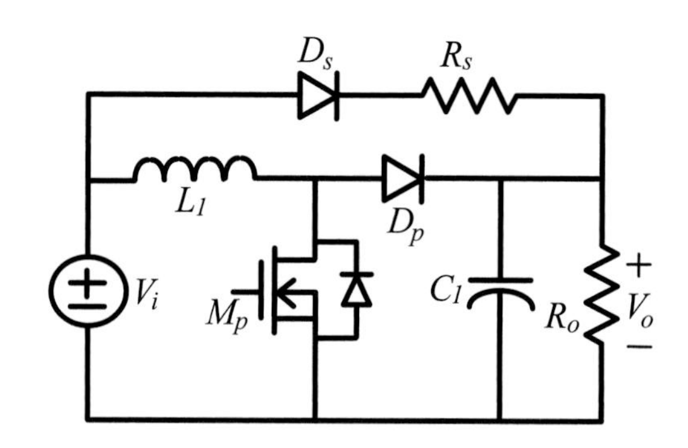

圖 5.13　加上旁路二極體 D_s 和限流電阻 R_s 之 Boost 轉換器

Boost 轉換器最擔心輸出短路，因為從輸入到輸出均無可控之元件，只要短路，幾乎是會把 D_p 先燒燬，有時連 L_1 也保不了。當輸出開路時，也會產生問題，其電壓會一直往上升，而燒燬後級的電路。不過過壓仍可用電路保護，即時讓開關元件截止。

接下來將以伏特－秒平衡法則來推導輸入對輸出電壓的轉換比率。從圖 5.11 可看出，當 M_p 導通時 $V_{L1} = V_i$，當 M_p 截止時 $V_{L1} = (V_i - V_o)$，若 Boost 操作在連續導通模式時，則有以下的等式

$$V_i D T_s + (V_i - V_o)(1 - D)T_s = 0 \tag{7}$$

經整理後可得

$$\frac{V_o}{V_i} = \frac{1}{1-D} \tag{8}$$

從上式可知，當工作比率 $D = 0$ 時，$V_o = V_i$；當 $D = 1$ 時，$V_o = \infty$。顯然地，只要 $D > 0$，則 $V_o > V_i$，即昇壓。就實際電路而言，由於元件會存在有等效電阻，因此，昇壓比率是不可能太高的，一般而言，最高大概是 5 倍左右。假若 Boost 操作在不連續導通模式時，其電感電壓和電流波形則如圖 5.14 所示，可求得以下關係式：

$$V_i D_1 T_s + (V_i - V_o) D_2 T_s + 0 \cdot D_3 T_s = 0 \tag{9}$$

經整理後可得

$$\frac{V_o}{V_i} = \frac{D_1 + D_2}{D_2} \tag{10}$$

從上式可看出，Boost 轉換器就算是操作在不連續導通模式下，仍然具有昇壓的功能。

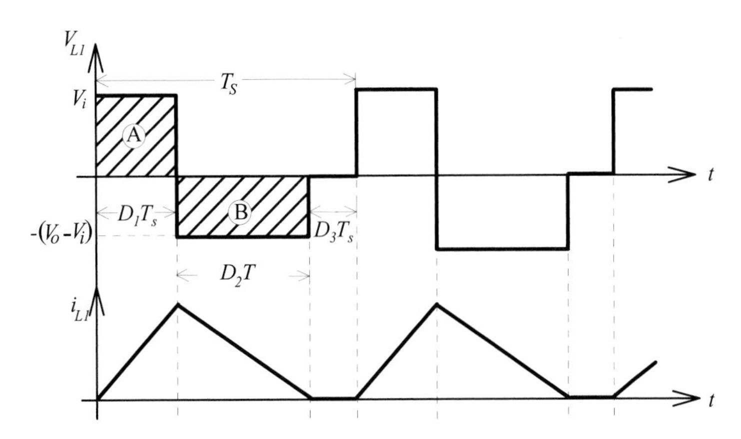

圖 5.14　Boost 轉換器操作於 DCM 時之電感上的穩態電壓和電流波形

【例題 5-3】 若有一 Boost 轉換器操作在連續導通模式，其輸入 / 輸出電壓電流及切換頻率等規格如下：

$V_i = 10 \sim 15$ V

$V_o = 24$ V

$I_o = 0.5 \sim 3$A

$f_s = 50$ kHz

假設轉換效率為 100 %，試求

(a) 工作比率之變化範圍

(b) 開關導通時間之變化範圍

(c) 輸入電流之變化範圍

解：(a) 從式(8)可看出轉換比率 V_o / V_i 對 D 所畫出的曲線是屬於一單調遞增曲線，因此只要代入 V_i 的兩個極值(V_i = 10 與 V_i = 15)，即可求得相對應的兩個工作比率的極值。首先以 V_i = 10 V 代入式(8)得到

$$\frac{V_o}{V_i} = \frac{24}{10} = \frac{1}{1-D} \tag{11}$$

經整理後求得

$$D = \frac{7}{12} \tag{12}$$

而以 V_i = 15 V 代入式(8)得到

$$\frac{V_o}{V_i} = \frac{24}{15} = \frac{1}{1-D} \tag{13}$$

經整理後求得

$$D = \frac{3}{8} \tag{14}$$

從式(12)和式(14)可知 D_{min} = 3/8，而 D_{max} = 7/12。

(b) 因為 f_s = 50 kHz，所以 $T_s = 1 / f_s = 20$ s。

從(a)可求得

$$t_{on(\max)} = D_{\max} \cdot T_s = \frac{7}{12} \times 20\mu s = \frac{35}{3}\mu s$$

和

$$t_{on(\min)} = D_{\min} \cdot T_s = \frac{3}{8} \times 20\mu s = \frac{15}{2}\mu s$$

(c) 由於轉換效率爲 100 %，所以

$$V_i I_i = V_o I_o \quad \Rightarrow \quad I_i = \frac{V_o I_o}{V_i}$$

當 V_i 最高且 I_o 最小時，可求得 $I_{i(min)}$，即

$$I_{i(\min)} = \frac{24 \times I_{o(\min)}}{V_{i(\max)}} = \frac{24 \times 0.5}{15} = \frac{4}{5}\ A$$

當 V_i 最低且 I_o 最大時，可求得 $I_{i(max)}$，即

$$I_{i(\max)} = \frac{24 \times I_{o(\max)}}{V_{i(\min)}} = \frac{24 \times 3}{10} = 7.2\ A$$

5.2.3 Buck-Boost 轉換器

顧名思義，Buck-Boost 轉換器可做降 / 昇壓轉換，事實上它也是由 Buck 和 Boost 串接組合而成(將在第八章說明其推演過程)，它大約是在 1970 年代被發展出來。Buck-Boost 轉換器的電路結構如圖 5.15(a)所示，其所用的元件個數與 Buck 和 Boost 相同，但卻可以做雙重功能。不過自然法則告訴我們：「有得就有失」，到底需要付出什麼代價？我們先分析其動作原理和畫出其元件的電壓電流波形，如圖 5.16 所示，即可得到解答。

由於 PWM 轉換器均只用一主動開關和一被動開關，其動作原理均類似。當 M_p 導通時，輸入電壓 V_i 直接跨於電感 L_1 上，使得其電流 i_{L1} 直線上升；而在輸出端則由電容 C_1 提供能量給負載 R_o，其等效電路示於圖 5.15(b)。當 M_p 截止時，

電感的電流就流經輸出和二極體 D_p，把能量釋放到負載，電感電流就直線下降，其等效電路如圖 5.15(c)所示。假若開關未能即時再導通，而致使電感電流下降至零電流，則 D_p 也會進入截止狀態，其等效電路如圖 5.15(d)所示。如果電感電流沒有下降到零，開關又導通了，這是屬於連續導通模式，其等效電路僅包含圖 5.15(b)和圖 5.15(c)而已。若是操作在不連續導通模式，則等效電路就多包含圖 5.15(d)。

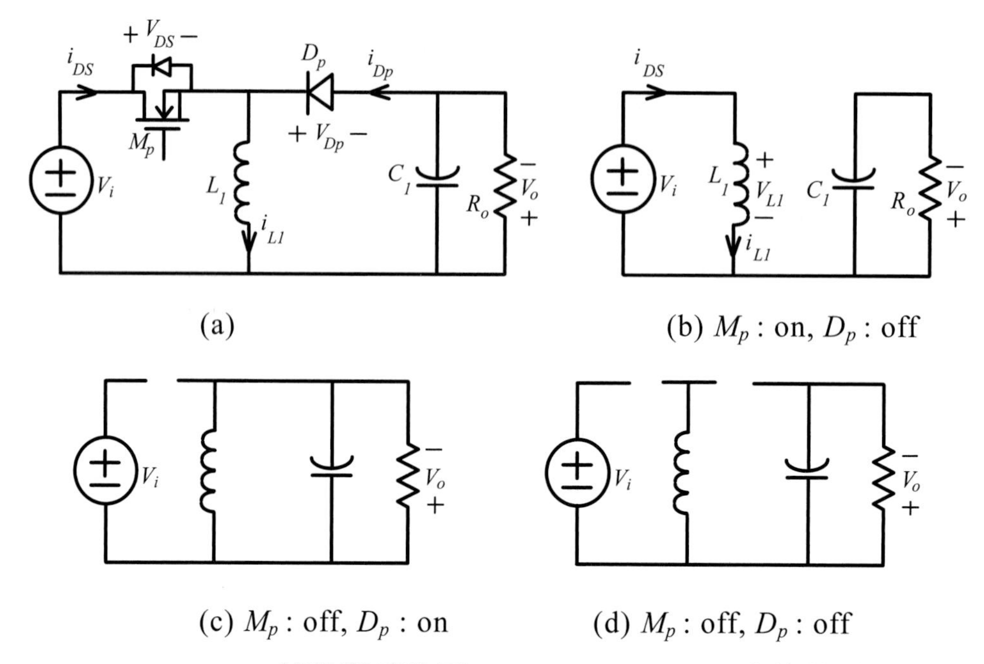

圖 5.15　(a) Buck-Boost 轉換器電路圖，(b) M_p : on, D_p : off 之等效電路圖，(c) M_p : off, D_p: on 之等效電路圖，(d) M_p : off, D_p : off 之等效電路圖

Buck-Boost 元件上之波形與 Buck 和 Boost 大致上相同，所不同的是電壓、電流準位，如圖 5.16 所示。從圖中的電壓波形可看出 M_p 和 D_p 之電壓應力爲 $V_i + V_o$，這也是必須付出的代價之一；另外，其輸入和輸出電流波形均爲脈衝式，需要較大之濾波器，這又是另一個要付出的代價；還有其輸入電源與輸出電壓不共訊號地，這也是要付出的另一個代價。從能量傳輸的觀點來講，Buck-Boost 轉換器利用主動開關導通時，把能量先儲存在電感上，接著當開關截止時，再將能量送至輸出，因此在處理同樣的功率下，Buck-Boost 的電感都要比 Buck 和

Boost 的電感來得大，這又是另一個要付出的代價。也因此 Buck-Boost 轉換器大多用在相對較低的功率處理，一般而言，大約在 100 W 以內。

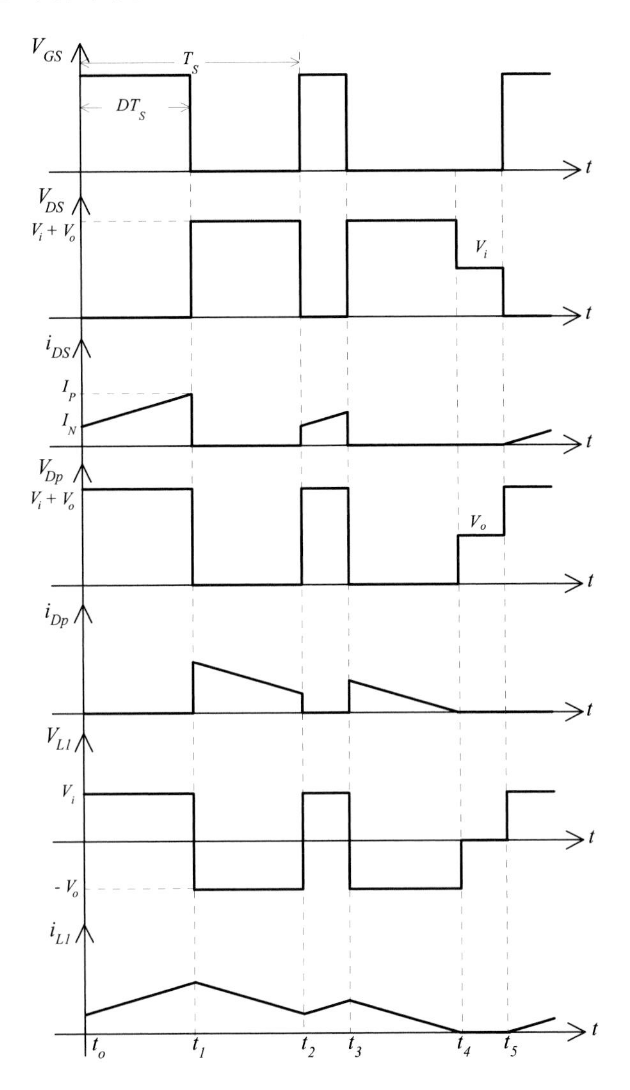

圖 5.16　Buck-Boost 轉換器之主要元件上的電壓、電流波形

在穩態操作時，Buck-Boost 轉換器之輸入 / 輸出電壓轉換比率可由伏特－秒平衡法則推導出來。首先考慮電感電流連續導通模式並參考圖 5.15，當 M_p 導通時電感之跨壓爲 $V_{L1} = V_i$，當 M_p 截止時 $V_{L1} = -V_o$，所以由伏特－秒平衡法則可得到下式：

$$V_i DT_s + (-V_o)(1-D)T_s = 0 \tag{15}$$

經整理後可得

$$\frac{V_o}{V_i} = \frac{D}{1-D} \tag{16}$$

由上式可知，當 $D < 0.5$ 時，轉換器爲降壓轉換；當 $D > 0.5$ 時爲昇壓轉換；而 $D = 0.5$ 時 $V_o = V_i$。若操作在不連續導通模式，其電感上之電壓電流波形如圖 5.17 所示，依伏特－秒平衡法則可列出下式

$$V_i D_1 T_s + (-V_o) D_2 T_s + 0 \cdot D_3 T_s = 0 \tag{17}$$

經整理後可得

$$\frac{V_o}{V_i} = \frac{D_1}{D_2} \tag{18}$$

如同 Boost 轉換器，Buck-Boost 之電壓轉換比率是隨著工作週期增加而單調遞增，不過在實際的電路中，元件有等效電阻，會造成轉換損失，因此其最高轉換比率大約限制在 5 倍左右。當輸出爲空載時，Buck-Boost 轉換器在操作時會有過壓問題，因此過壓保護一定要做得穩當；當輸出短路時，由於有電感限流，而且輸入電源不能直接對輸出傳輸能量，所以可以容易達成輸出過流或短路保護，不至於讓轉換器燒燬，這一點是 Buck-Boost 的優點。另外，爲了避免電感飽和，轉換器的控制需要採用軟啓動機制。

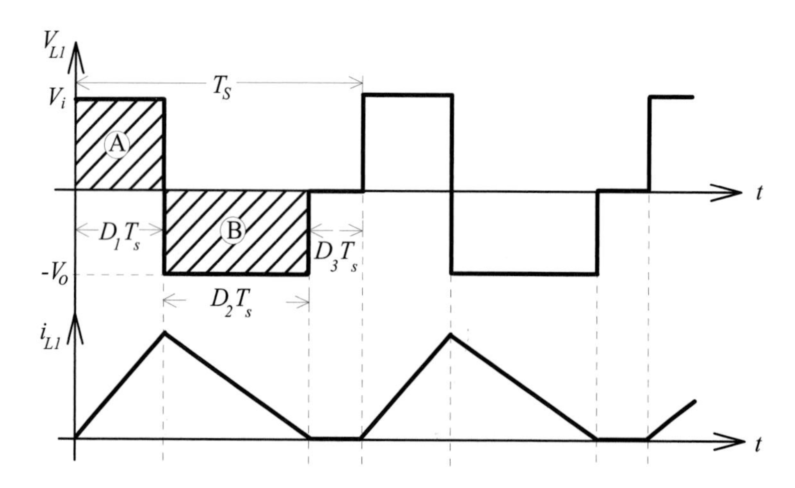

圖 5.17　Buck-Boost 轉換器操作於 DCM 時之電感上的穩態電壓和電流波形

5.2.4 'Cuk 轉換器

前面三小節所介紹的轉換器都屬於二階型的，接下來所要介紹的爲四階型。轉換器的階數提高了，自由度也相對增加，但其製作成本往往也相對提高了，因此在應用上就受到限制。

'Cuk 轉換器是一個可以做降 / 昇壓的轉換器；它大約是在 1980 年代被'Cuk 教授發展出來的，所以他把它取名叫'Cuk 轉換器，其電路圖如圖 5.18(a)所示，其輸入端與輸出端分別有一大電感 L_1 和 L_2，是屬於電流型的轉換器，恰好與輸入 / 輸出爲電壓型的 Buck-Boost 互爲對偶。

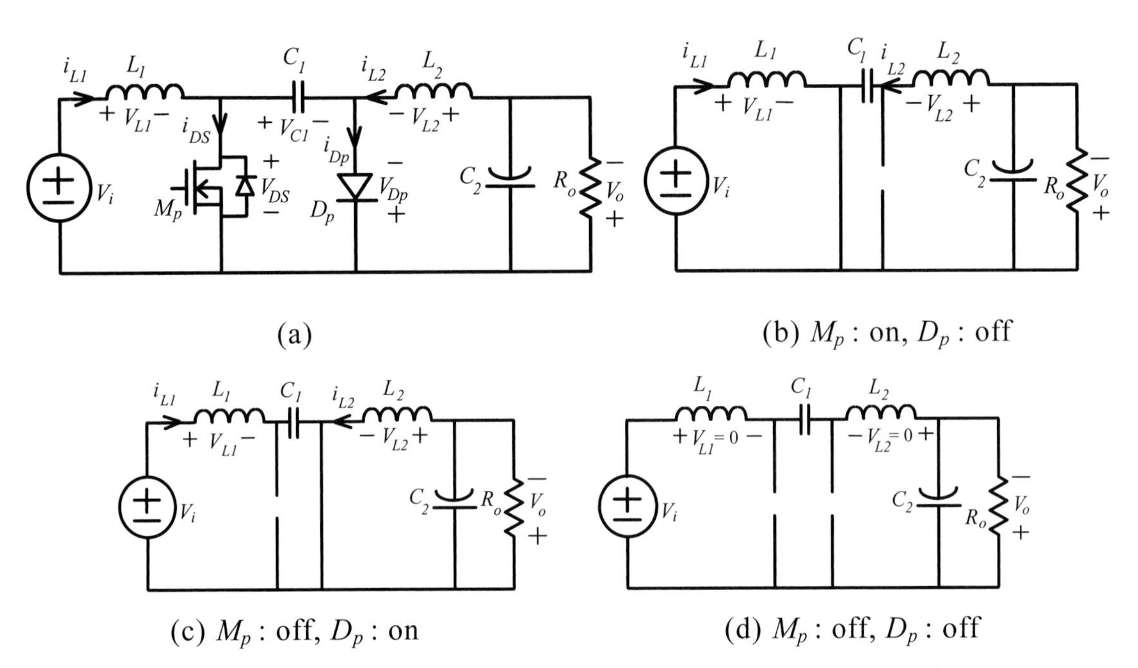

(a)　(b) M_p : on, D_p : off

(c) M_p : off, D_p : on　(d) M_p : off, D_p : off

圖 5.18　(a) 'Cuk 轉換器電路圖，(b) M_p : on, D_p : off 之等效電路圖，(c) M_p : off, D_p : on 之等效電路圖，(d) M_p : off, D_p : off 之等效電路圖

一般設計時，L_1 之感值會設計成與 L_2 相同大小，所以其漣波電流也會相同。當開關 M_p 導通時，等效電路如圖 5.18(b)所示，輸入電壓跨於 L_1 上，則 i_{L1} 會直線上升，此時儲存在 C_1 之能量會釋放到輸出端，稍後將會證明，V_{L2} 也會等於 V_i，所以 i_{L2} 也是直線上升，其波形示於圖 5.19。當 M_p 截止 D_p 導通時，等效電路如

圖 5.18(c)所示，電感 L_1 將能量釋放至 C_1，而 L_2 則由 $V_o(=-V_{L2})$幫其去磁，此時 i_{L1} 與 i_{L2} 均直線下降。若 M_p 沒有再即時導通，則 i_{L1} 和 i_{L2} 均會下降至零，其等效電路如圖 5.18(d)所示，此時 D_p 也截止，輸出能量完全由 C_2 來提供。'Cuk 轉換器之主要元件的電壓電流波形示於圖 5.19。

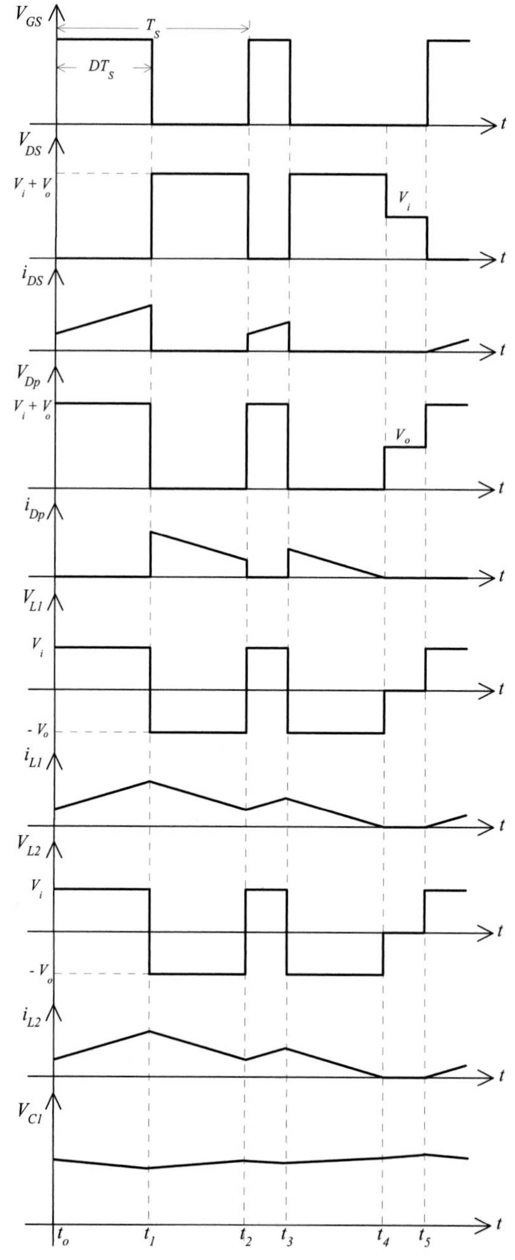

圖 5.19　'Cuk 轉換器之主要元件上的電壓、電流波形

從以上的動作原理說明可看出來，所有的能量必須在 M_p 截止時先儲存在電容 C_1 上，而當 M_p 導通時才釋放到輸出，因此電容 C_1 的充 / 放電能量很大，必須採用低等效電阻(Low ESR)的電容，而且還要適合高頻操作，例如 MPP 電容，否則溫升會很高而降低其壽命。由於有這項限制，′Cuk 轉換器所能處理的功率也相當受限，在低壓應用時，功率約限在 150 W 以下。開關 M_p 和 D_p 之電壓應力均爲 $V_i + V_o$。

′Cuk 轉換器有一項很特別的特性，就是由於其兩個電感在 M_p 導通和截止時分別有相同的跨壓(M_p 導通：$V_{L1} = V_{L2} = V_i$；M_p 截止：$V_{L1} = V_{L2} = -V_o$)，因此 L_1 和 L_2 可以相互耦合並且繞在同一顆鐵心上，其電路圖如圖 5.20 所示。

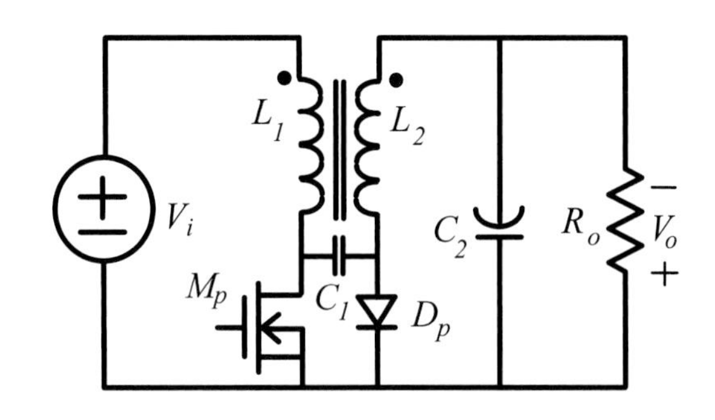

圖 5.20　L_1 與 L_2 耦合後之′Cuk 轉換器電路圖

在穩態時，當′Cuk 轉換器操作於電感電流連續導通模式下，其輸入 / 輸出電壓轉換比率可推導如下。參看圖 5.18 且依伏特－秒平衡法則，可得到下列方程式：

$$V_iDT_s + (V_i - V_{c1})(1 - D)T_s = 0 \qquad \text{(針對 } L_1 \text{ 之磁通平衡)} \qquad (19)$$

和

$$(V_{c1}-V_o)DT_s + (-V_o)(1-D)T_s = 0 \qquad \text{(針對 } L_2 \text{ 之磁通平衡)} \qquad (20)$$

經整理後並消去 V_{c1}，可得到

$$\frac{V_o}{V_i} = \frac{D}{1-D} \qquad (21)$$

從上式可知，當 $D < 0.5$ 時爲降壓轉換，而當 $D > 0.5$ 時爲昇壓轉換。另外從圖

5.18(a)可算出 V_{c1}。由於 V_{L1} 和 V_{L2} 在一週期的平均值各等於零(因伏特－秒平衡)，所以由圖 5.18(a)之電路的最外迴路($V_i \rightarrow L_1 \rightarrow C_1 \rightarrow L_2 \rightarrow C_2 \rightarrow V_i$)，可以求得(忽略其電壓漣波)

$$V_{c1} = V_i + V_o \tag{22}$$

當'Cuk 轉換器操作於不連續導通模式時，依伏特－秒平衡法則，可得到下列式子：

$$V_i D_1 T_s + (V_i - V_{c1}) D_2 T_s + 0 \cdot D_3 T_s = 0 \tag{23}$$

和

$$(V_{c1} - V_o) D_1 T_s + (-V_o) D_2 T_s + 0 \cdot D_3 T_s = 0 \tag{24}$$

其中 D_1T_s 爲 M_p 之導通時間，D_2T_s 爲其二極體 D_p 之導通時間及 D_3T_s 爲 M_p 和 D_p 均爲截止的時間。式(23)和式(24)經整理後可得到

$$\frac{V_o}{V_i} = \frac{D_1}{D_2} \tag{25}$$

'Cuk 轉換器之電壓轉換比率與 Buck-Boost 完全相同，而且 M_p 和 D_p 上的電壓應力及輸入 / 輸出不共訊號地也均與 Buck-Boost 相同。'Cuk 之輸入端與輸出端雖無像 Bcuk-Boost 上之二極體可用來隔開，但其有電容 C_1，仍可用來阻擋 V_i，因此就能量傳輸上仍屬於輸入 / 輸出不同時連接，很容易做輸出過流或短路保護；不過輸出過壓的情況就要特別注意，保護機制要完備可靠，否則在空載時會造成過壓而損壞其開關元件。與 Buck-Boost 轉換器一樣，軟啓動也是有需要的，可以避免電感飽和輸出過射(overshoot)現象發生。

5.2.5 Sepic 轉換器

Buck-Boost 與'Cuk 轉換器可以做降 / 昇壓轉換，可是其輸入與輸出端沒有共訊號地，在應用上會有隔離驅動或取迴授訊號的困擾。Sepic 轉換器是在 1980 年代末被發展出來的，它是由 Single Ended Primary Inductive Converter 的字頭所組的名字，可以做降 / 昇壓轉換，而且輸入與輸出端有共訊號地，其電路圖如

圖 5.21(a)所示，而其主要元件的電壓、電流波形如圖 5.22 所示。當 M_p 導通時，輸入電壓 V_i 跨於電感 L_1 兩端，電感電流 i_{L1} 將直線上升，而 $L_2(=L_1)$也會有同樣的跨壓 V_i(因 $V_{c1}=V_i$，稍後證明)，所以 i_{L2} 也直線上升，其等效電路如圖 5.21(b)所示。當 M_p 截止時，L_1 對 C_1 充電且送能量至輸出端，此時 L_2 也放電至輸出端，而且 L_1 和 L_2 之電流開始下降，其等效電路如圖 5.21(c)所示；若 M_p 未能即時再導通，則 i_{L1} 和 i_{L2} 都會下降至零，而進入不連續導通模式，如圖 5.21(d)所示；反之，則操作在連續導通模式。Sepic 的輸入端電流可以連續，但其輸出端則爲脈衝式，因此輸出電容 C_2 會有很大的漣波電流做充 / 放電，需使用低等效電阻的電容，以降低溫升。另外，所有傳輸到輸出端的能量皆要經過電容 C_1，因此 C_1 將承受更大的充 / 放電電流，此電容的選擇更需格外注意。由於元件所受之應力大，Sepic 也大都使用在低功率(< 150 W)。同樣地，其兩個電感 L_1 和 L_2 也可以相互耦合並且繞在同一顆鐵心上，如圖 5.23 所示。

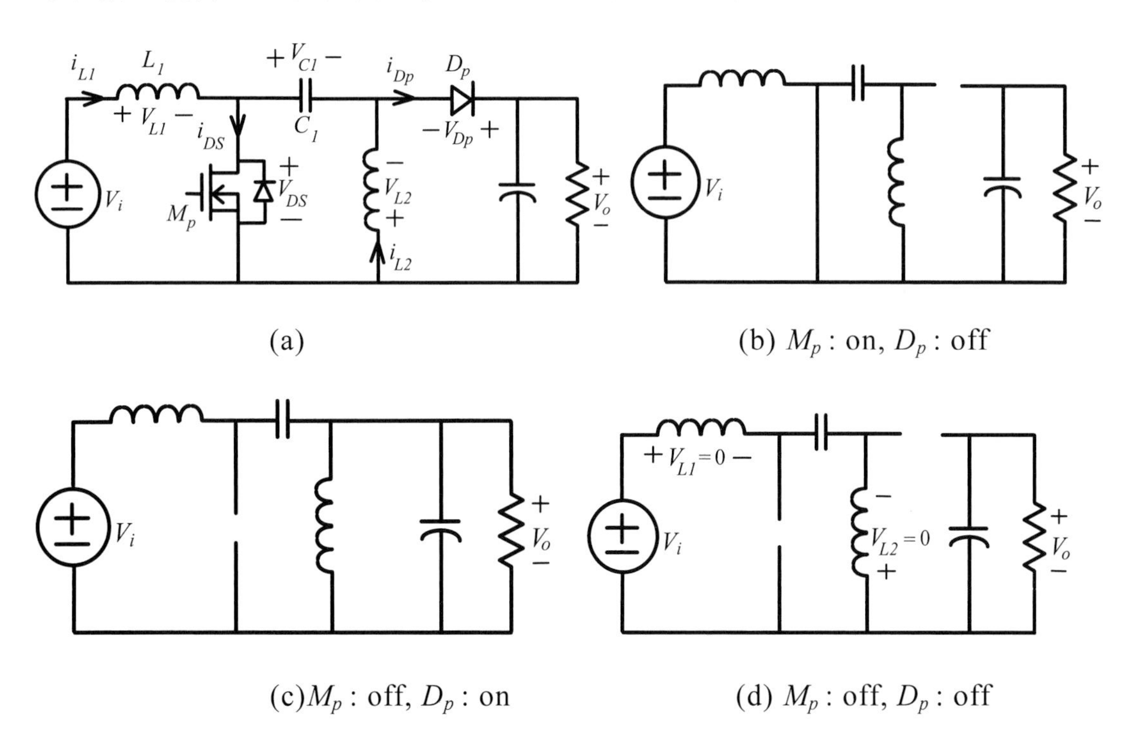

圖 5.21　(a) Sepic 轉換器電路圖，(b) M_p : on, D_p : off 等效電路圖，(c) M_p : off, D_p : on 等效電路圖，(d) M_p : off, D_p : off 等效電路圖

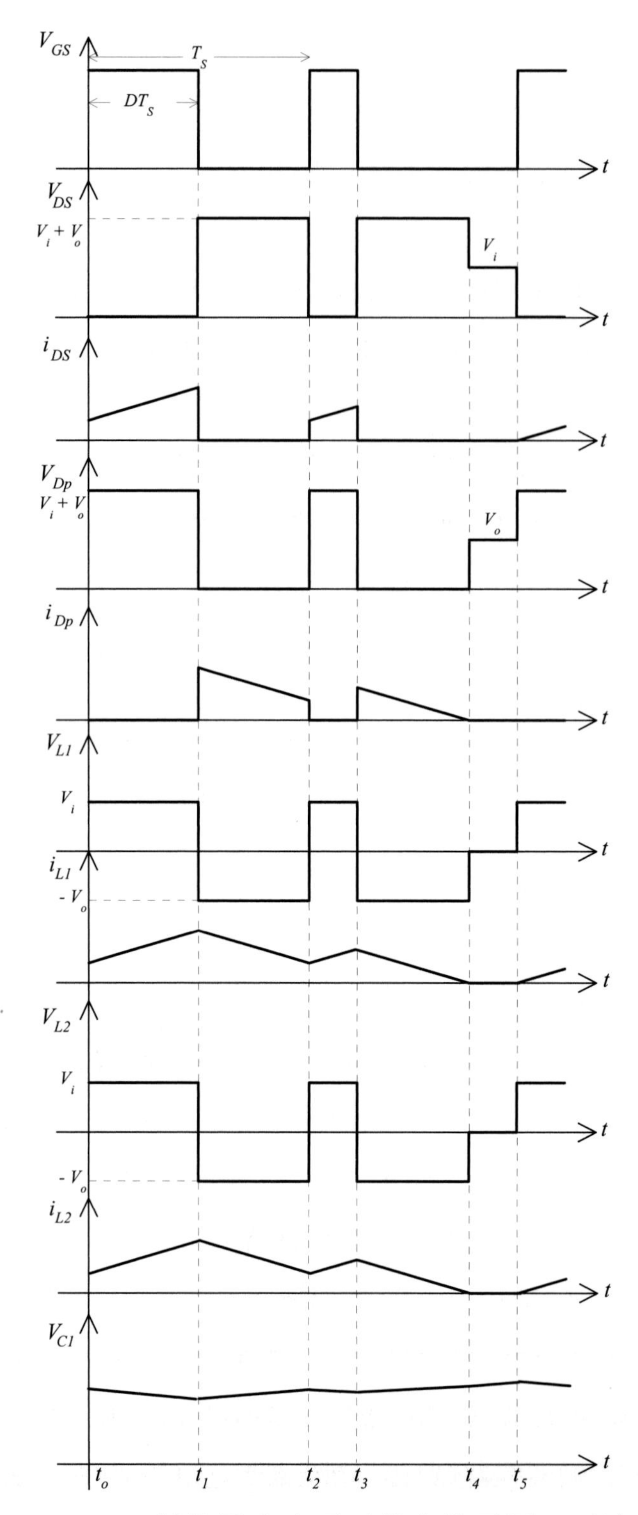

圖 5.22　Sepic 轉換器之主要元件上的電壓、電流波形

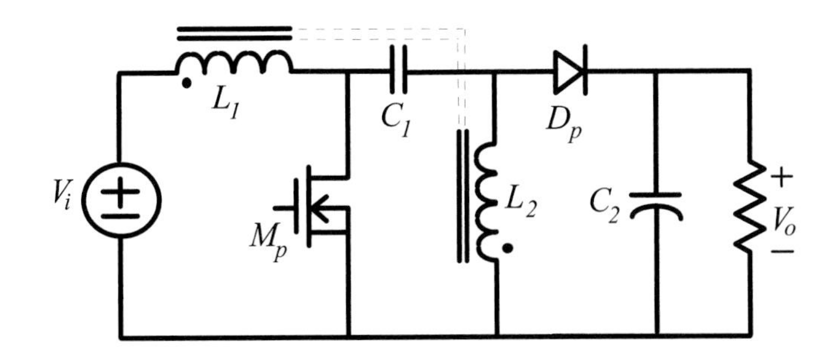

圖 5.23　L_1 和 L_2 耦合之 Sepic 轉換器

由於 Sepic 有 C_1 架接輸入與輸出端，因此萬一輸出短路時，只要 M_p 不導通就可以由 C_1 來擋住輸入電源 V_i，而不會造成大災難。但是輸出雖有適當保護，仍會有過壓的情況發生，尤其是在輕載或空載時更容易發生。

在穩態時，V_{L1} 和 V_{L2} 的一週期平均值都各爲零(伏特－秒不衡)，因此由 $V_i \rightarrow L_1 \rightarrow C_1 \rightarrow L_2 \rightarrow V_i$ 所形成的迴路可以求得 $V_{c1} = V_i$。當 Sepic 操作在連續導通模式，其輸入 / 輸出電壓的轉換比率可由下式求得

$$V_iDT_s + (V_i - V_{c1} - V_o)(1\text{-}D)T_s = 0 \tag{26}$$

因 $V_{c1} = V_i$，所以

$$\frac{V_o}{V_i} = \frac{D}{1-D} \tag{27}$$

從式可以看出當 $D < 0.5$ 爲降壓，而當 $D > 0.5$ 時爲昇壓。若 Sepic 操作在不連續導通模式，則其轉換比率可由下式求得

$$V_iD_1T_s + (V_i - V_{c1} - V_o)D_2T_s + 0 \cdot D_3T_s = 0 \tag{28}$$

因 $V_{c1} = V_i$，所以

$$\frac{V_o}{V_i} = \frac{D_1}{D_2} \tag{29}$$

這些轉換比率皆與 Buck-Boost 和′Cuk 的相同，其開關 M_p 和 D_p 的電壓應力也同爲 $V_i + V_o$。

5.2.6 Zeta 轉換器

Zeta 轉換器是於 1990 初所發展出來的，由於它是第六個 PWM 轉換器，因此就用希臘字母的第六個字母“Zeta”來命名，事實上它只是 Sepic 的對偶型，其電路架構如圖 5.24(a)所示，而其主要元件的電壓、電流波形如圖 5.25 所示。當 M_p 導通時，V_i 跨於電感 L_1 上，i_{L1} 直線上升，此時 L_2 上之跨壓也是 V_i，因此 i_{L2} 也直線上升，其等效電路如圖 5.24(b)所示；當 M_p 截止，電感 L_1 對 C_1 充電，而 L_2 對輸出放電，此時 i_{L1} 和 i_{L2} 均呈現下降趨勢，其等效電路如圖 5.24(c)所示；若 M_p 未能即時再導通，則 i_{L1} 和 i_{L2} 會下降至零，則 D_p 也會截止，其等效電路如圖 5.24(d)所示。從電路的動作原理可知，所有能量的傳輸均要經過 C_1，這與 Sepic 面臨同樣的問題，電容 C_1 必須慎重選擇。由於元件應力的限制，Zeta 轉換器仍僅適用於低功率(< 150 W)的轉換，尤其是在低壓大電流的應用，其功率額定更是受限。萬一輸出短路，由於有開關 M_p 和 C_1 架接輸入 / 輸出端，此轉換器也很容易做過流保護。開關 M_p 和 D_p 之電壓應力為 $V_i + V_o$，與 Sepic 相同。

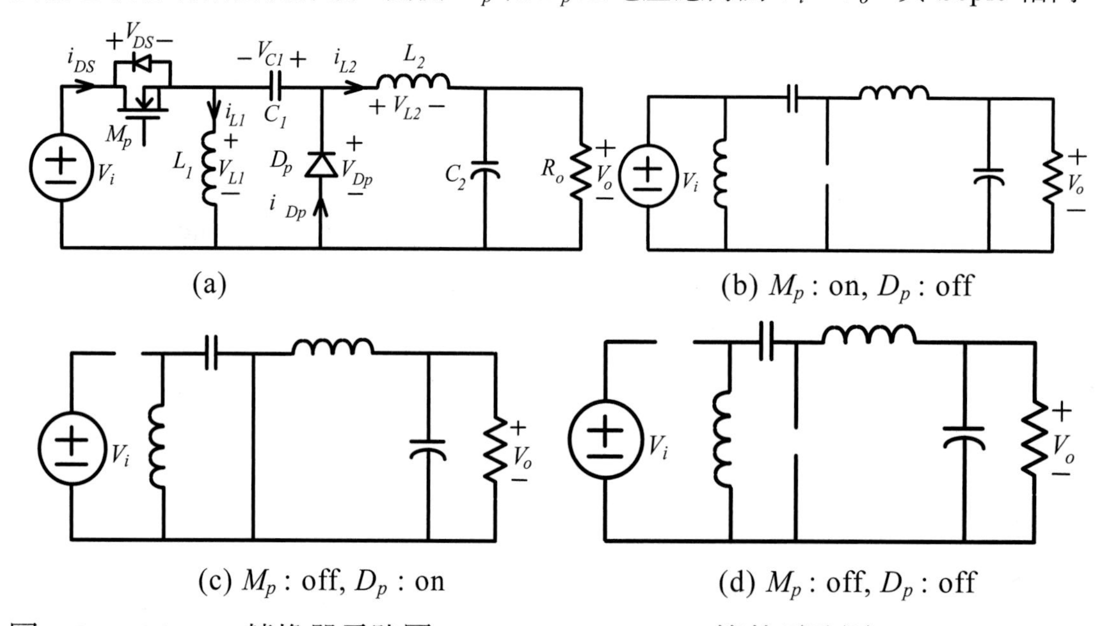

圖 5.24　(a) Zeta 轉換器電路圖，(b) M_p : on, D_p : off 等效電路圖，(c) M_p : off, D_p : on 等效電路圖，(d) M_p : off, D_p : off 等效電路圖

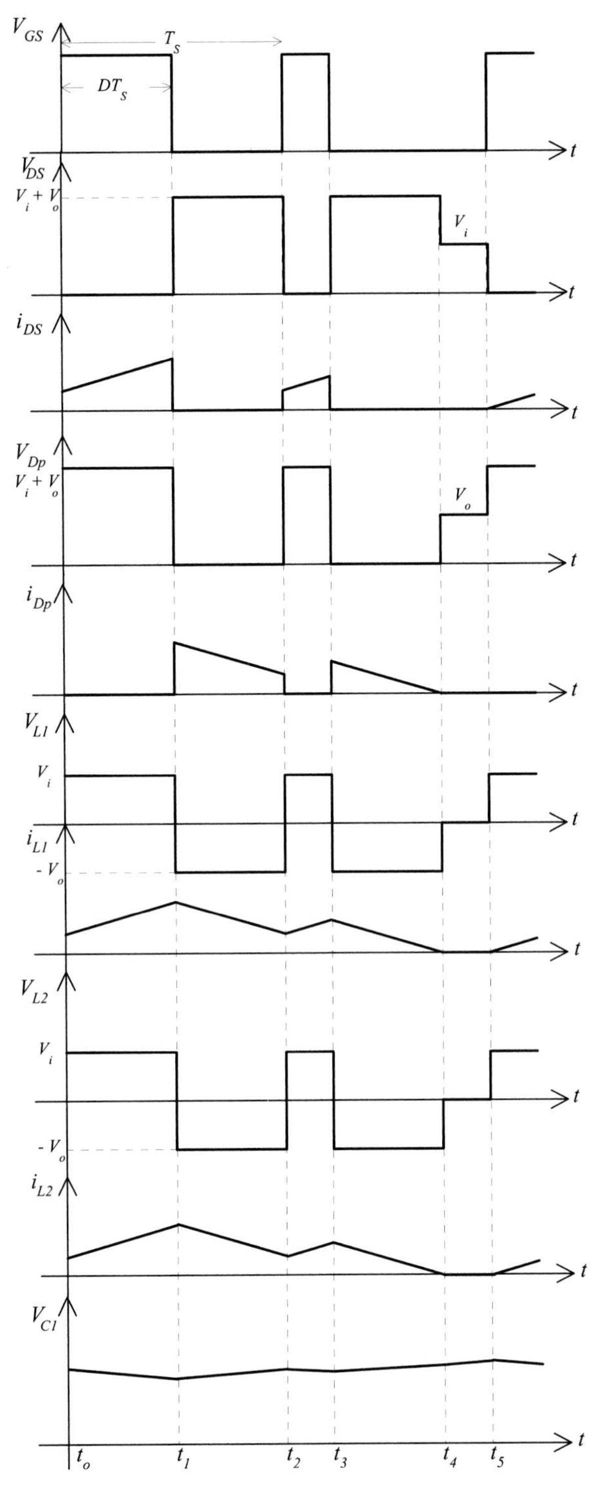

圖 5.25　Zeta 轉換器之主要元件上的電壓、電流波形

在穩態且在連續導通模式下，Zeta 轉換器之輸入 / 輸出電壓轉換比率可求出爲

$$\frac{V_o}{V_i} = \frac{D}{1-D} \tag{30}$$

而 V_{c1} 也可由 $L_1 \rightarrow C_2 \rightarrow L_2 \rightarrow C_1 \rightarrow L_1$ 迴路求得 $V_{c1} = V_o$。在不連續導通模式下，其轉換比率可求出爲

$$\frac{V_o}{V_i} = \frac{D_1}{D_2} \tag{31}$$

其中 D_1 是 M_p 的工作比率，而 D_2 則爲二極體 D_p 之導通比率。

同樣地，Zeta 轉換器中之 L_1 與 L_2 也可以相互耦合，而且繞在同一顆鐵心上，如圖 5.26 所示。

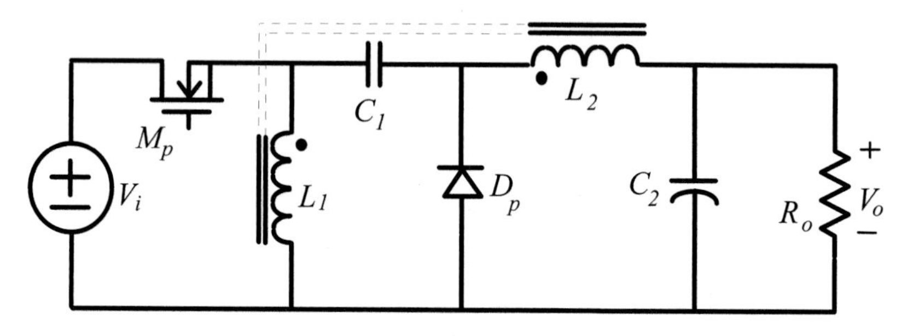

圖 5.26　L_1 和 L_2 耦合之 Zeta 轉換器

5.3 Flyback(返馳式)轉換器

前節所介紹的 PWM 轉換器都是屬於非隔離型，而從本節開始將介紹幾個常用的隔離型轉換器。首先，我們將分析由 Buck-Boost 變化而來的 Flyback 轉換器。由於電感 L_1 是符合伏特－秒平衡原理，因此可以在 Buck-Boost 轉換器(如圖 5.27(a)所示)的電感 L_1 旁並聯一個變壓器且其打點爲對角線，如圖 5.27(b)所示，其電路之動作原理與 Buck-Boost 相同。若進一步將變壓器之一、二次側分開且將開關的位置與 T_1 對調，則可得到 Flyback 轉換器，如圖 5.27(c)所示。

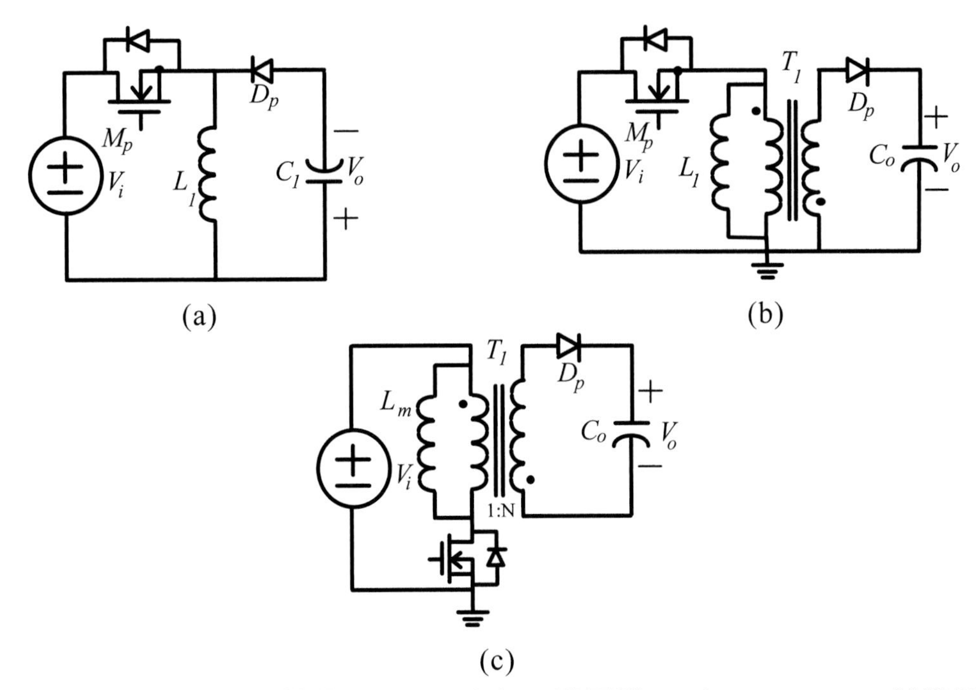

圖 5.27　(a) Buck-Boost 轉換器，(b) 並上一變壓器 T_1 之 Buck-Boost 轉換器，(c) 隔離後成為 Flyback 轉換器

事實上 Flyback 的動作原理與 Buck-Boost 相同，在 M_p 導通時，將能量儲存在 L_m（變壓器 T_1 之激磁感），當 M_p 截止時，L_m 上的能量經由 T_1 釋放至二次側，其等效電路如圖 5.28 所示，且其主要元件之電壓、電流波形如圖 5.29 所示。在理想情況下，Flyback 就如同 Buck-Boost 一樣，唯一不同的是有隔離與無隔離；不過由於 Flyback 之變壓器在 M_p 導通時必須先儲存能量，因此其鐵心往往必須有氣隙，也因而造成此變壓器之漏感 L_k 比一純變壓器大。在 M_p 導通時，漏感 L_k 將會儲存一部分能量，但是當 M_p 截止時，卻沒有其他路徑可以釋放或吸收能量，所以就強迫要通過 M_p 之寄生電容 C_{ds}，而造成很高的電壓突波跨在 M_p 之 D-S 兩端，如圖 5.30 所示，此高電壓突波有可能導致 M_p 崩潰。

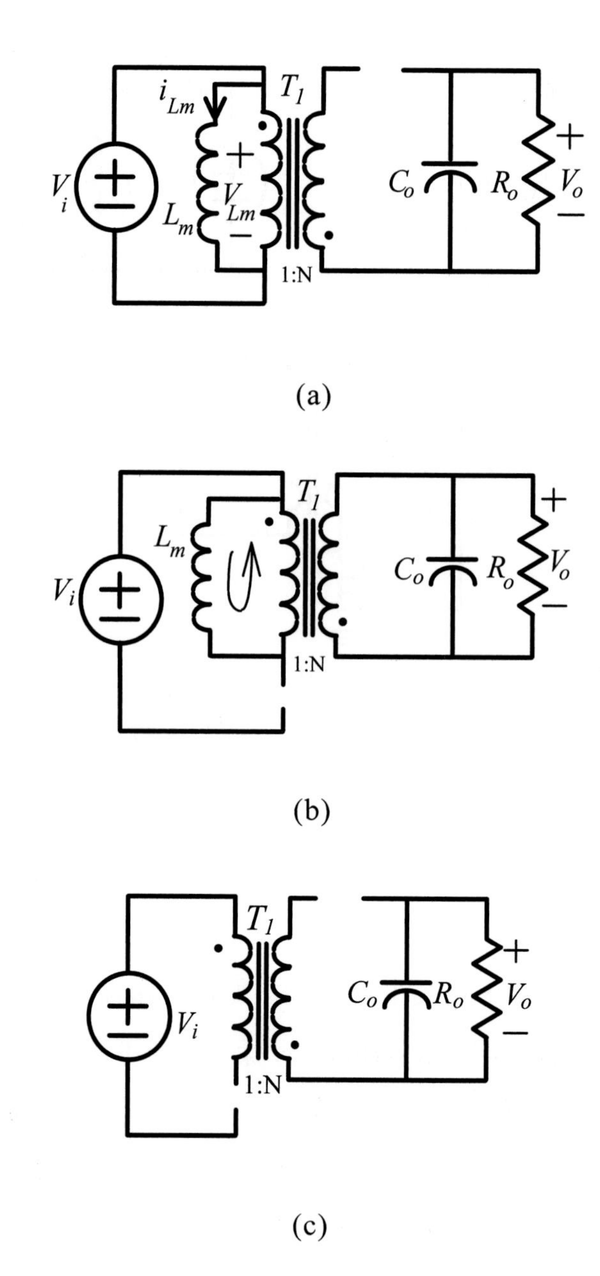

圖 5.28　Flyback 轉換器之等效電路：(a)M_p : on, D_p : off , (b)M_p : off, D_p : on , (c)M_p : off, D_p : off

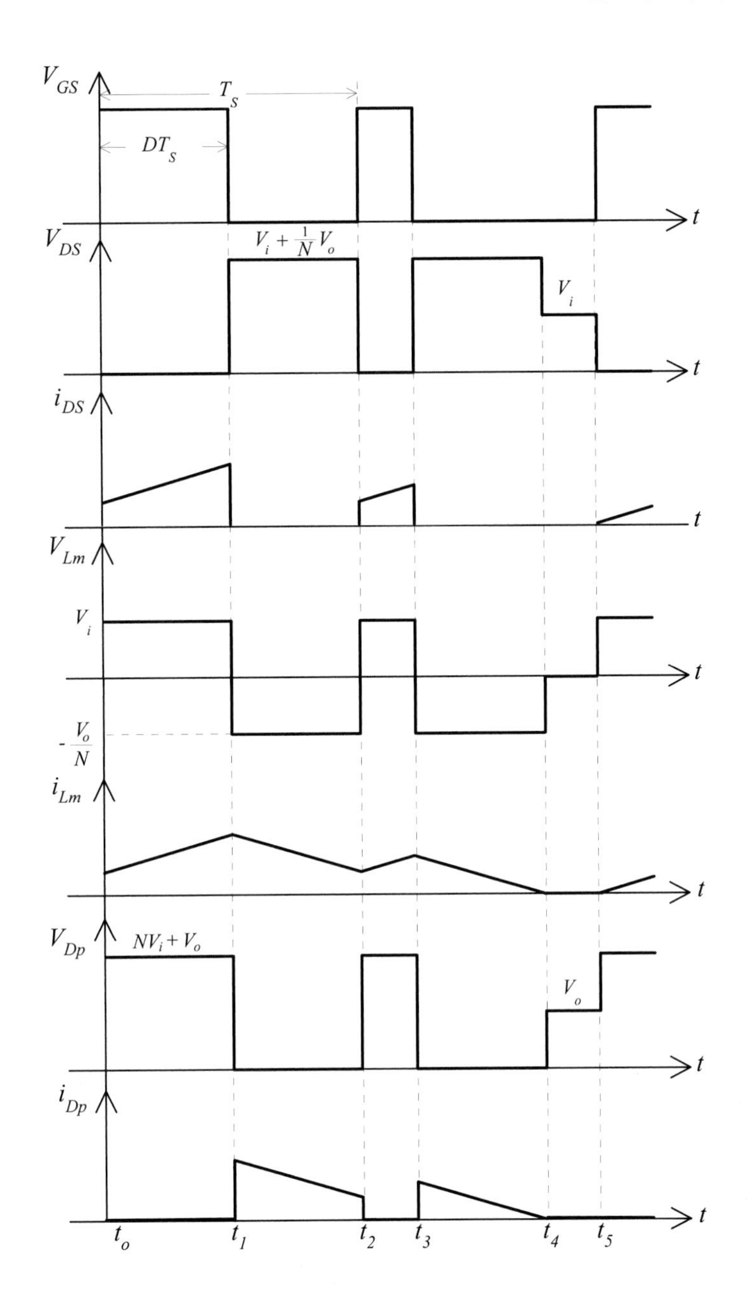

圖 5.29　Flyback 轉換器之主要元件的電壓、電流波形

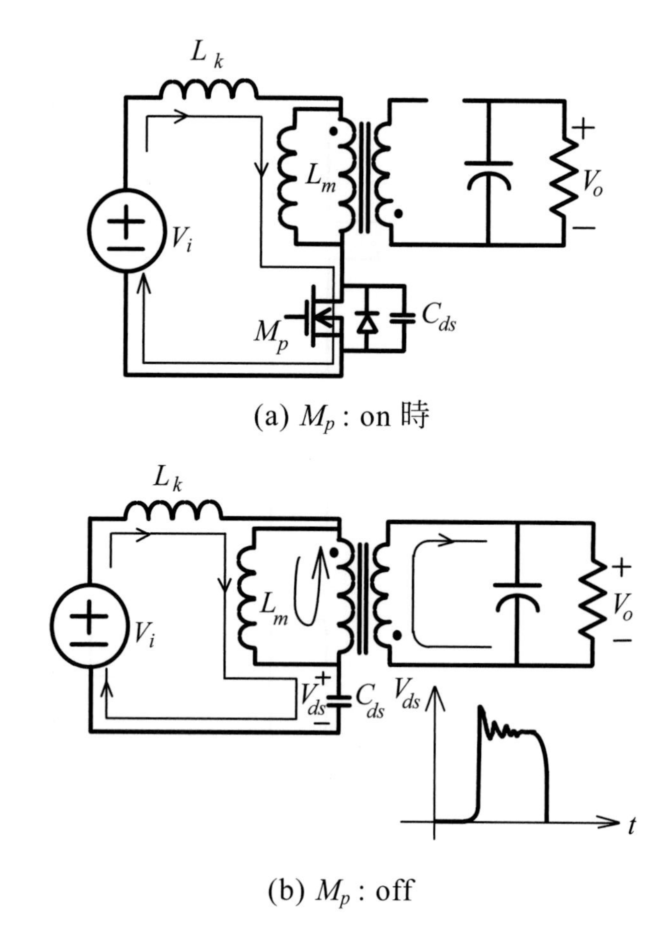

圖 5.30　具有漏感之 Flyback 轉換器：(a) M_p 導通時漏感 L_k 儲存能量，(b) M_p 截止時漏感 L_k 釋放能量至 C_{ds} 而造成高電壓突波

Flyback 轉換器之變壓器除了儲能外，還可調節一、二次側之電壓比率，方便開關工作比率的調變範圍選擇，尤其是在全電壓(90 V_{rms} ~ 265 V_{rms})的應用上，更是需要由此變壓器的圈數比來調節電壓比率。在開關 M_p 導通時，二極體 D_p 所承受之電壓應力為 $NV_i + V_o$，而當 M_p 截止時，M_p 所承受之電壓應力為 $V_i + V_o/N$。

在此要特別介紹由 Flyback 所衍生的自激式轉換器，叫做 RCC (Ringing Choke Converter)，如圖 5.31(a)所示，它常用在低輸出功率(< 50W)的場合。由於自激式不需要額外的驅動電路，成本低，相當有應用價值；不過其開關的切換頻率會因輸入電壓 V_i 和輸出電流 I_o 的不同而變化。

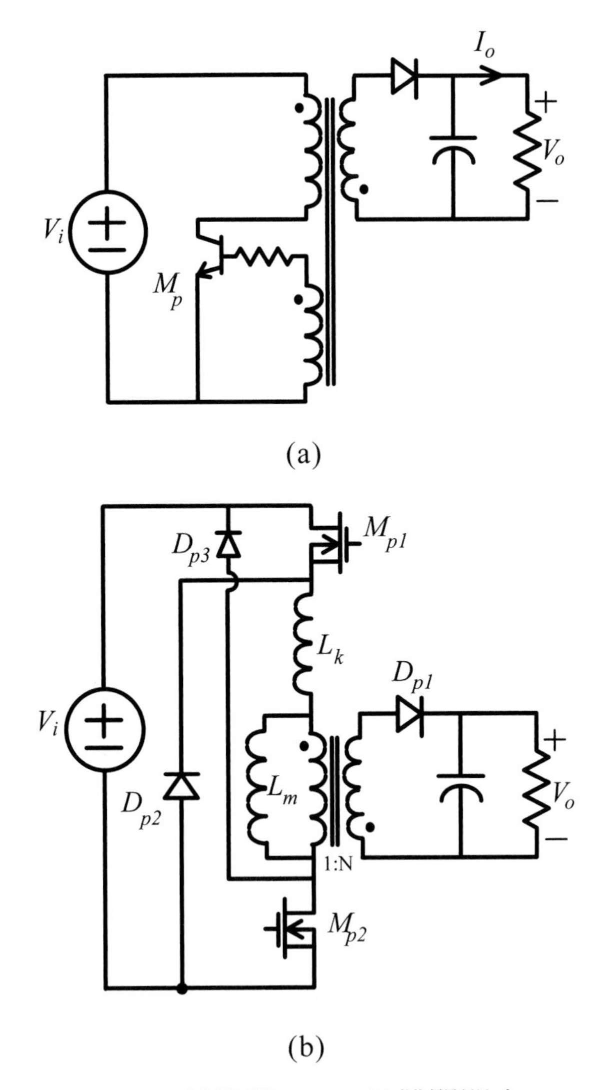

圖 5.31　(a) RCC 轉換器，(b) 具雙開關之 Flyback 轉換器

Flyback 轉換器可以採用雙開關結構，如圖 5.31(b)所示，其中 M_{p1} 與 M_{p2} 同時導通或截止。當它們截止時，漏感 L_k 上所儲存的能量就經由 D_{p2} 與 D_{p3} 回送至電源端，而激磁感 L_m 上的能量則仍然是釋放至輸出端。在穩態時且操作在電感電流連續導通模式下，Flyback 之輸入 / 輸出電壓轉換比率可利用伏特－秒平衡法則推導如下：

$$V_i D T_s + \frac{1}{N}(-V_o)(1-D)T_s = 0 \tag{32}$$

經整理後可得

$$\frac{V_o}{V_1}=\frac{ND}{1-D} \tag{33}$$

在不連續導通模式時，可得

$$V_iD_1T_s+\frac{1}{N}(-V_o)D_2T_s=0 \tag{34}$$

即 $$\frac{V_o}{V_i}=\frac{ND_1}{D_2} \tag{35}$$

其中 D_1T_s 代表 M_p 的導通時間，D_2T_s 代表二極體 D_p 的導通時間。

Flyback 轉換器由於有變壓器，因此很容易做成多組輸出，如圖 5.32 所示。一般最常用的小電源如 $5V$，$\pm12V$，大都是採用 Flyback 轉換器來產生；不過由於主動開關只有一個，因此只能針對其中一組輸出來做穩壓，或者各組採用比重迴授來穩壓，如此一來各組的穩壓率都會打折扣。在多組輸出的轉換器，若僅僅只穩其中一組電壓，例如只穩 V_{o1}，則當 V_{o1} 在暫態變動時，則 V_{o2} 也會隨著飄動，這就是所謂的交互穩壓現象(Cross Regulation Phenomenon)。

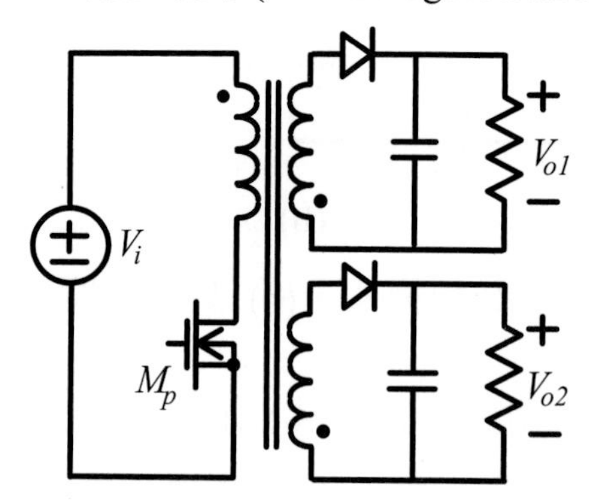

圖 5.32　多組輸出之 Flyback 轉換器

如同 Buck-Boost 轉換器，Flyback 之輸出短路時，並不會立即性的造成開關 M_p 立刻燒燬；若使用電流型控制，還可做到週週過流保護的效果；不過若是輸出有開路的可能時就要特別小心，必須有過壓保護的功能，以免元件因過壓而崩潰。

5.4 Forward(順向)轉換器

Forward 轉換器的拓樸結構如圖 5.33(a)所示，除了有變壓器以外，其動作原理與 Buck 轉換器相同。在開關 M_p 導通時，輸入電壓 V_i 跨於 N_1 繞組，而且由變壓器 T_1 將能量耦合至 N_2 繞組，接著經由二極體 D_{p1} 與電感 L_1 將能量傳送至輸出負載，如圖 5.33(b)所示。當 M_p 截止時，D_{p2} 導通致使 L_1 去磁，電流線性下降；而且 D_{p3} 幫忙變壓器 T_1 的鐵心去磁，如圖 5.33(c)所示。假若 M_p 未能再即時導通，則電感電流 i_{L1} 將下降至零，則 D_{p1} ~ D_{p3} 全部進入截止狀態，如圖 5.33(d)所示。Forward 轉換器之主要元件的電壓、電流波形示於圖 5.34。N_3 繞組的主要功能在幫變壓器 T_1 之鐵心去磁，即是要讓 L_m 上之跨壓符合伏特－秒平衡法則，因此在穩態操作時，M_p 之最大工作比率必須受到限制，以確保有足夠的時間能做去磁的工作。以圖 5.33 的電路爲例，可以寫出下列方程式：

$$V_i DT_S + \frac{-N_1}{N_3} V_i (1-D)T_s = 0 \tag{36}$$

經整理後得到

$$D = \frac{N_1}{N_1 + N_3} \tag{37}$$

上式代表在伏特－秒平衡下所得到之工作比率，因此若要有足夠時間來去磁，則

$$D \le \frac{N_1}{N_1 + N_3} \tag{38}$$

假若 $N_1 = N_3$，則 $D \le 0.5$。當 $N_3 > N_1$ 時，D 就要小於 0.5，但可以降低開關 M_p 之電壓應力($= V_i\ (1 + N_1\ /\ N_3)$)；反之 D 可以大於 0.5，但 M_p 之電壓應力就要增高。

圖 5.33(a)之用來去磁的 N_3 繞組是將 L_m 上所儲存的能量送回輸入端，如此將增加循環電流，因而增加導通損失。另一種接法爲將 N_3 繞組接至輸出端，如圖 5.35 所示，則工作比率 D 之範圍限制如下：

$$V_i DT_s + \frac{-N_1}{N_3} V_o (1-D) T_s = 0 \tag{39}$$

即

$$D = \frac{N_1 V_o}{N_3 V_i + N_1 V_o} \tag{40}$$

因此爲了能適當去磁

$$D \le \frac{N_1 V_o}{N_3 V_i + N_1 V_o} \tag{41}$$

假若 V_o 小小於 V_i，若要有足夠大的 D，N_1 要大大於 N_3，增加設計的困難度。反之，若 $V_o > V_i$，則圖 5.35 的接法反而是一種較佳的接法，尤其是在 M_p 截止時，i_{Dp3} 的電流還可以補 i_{L1} 下降的電流，因此可以降低輸出電流、電壓漣波。

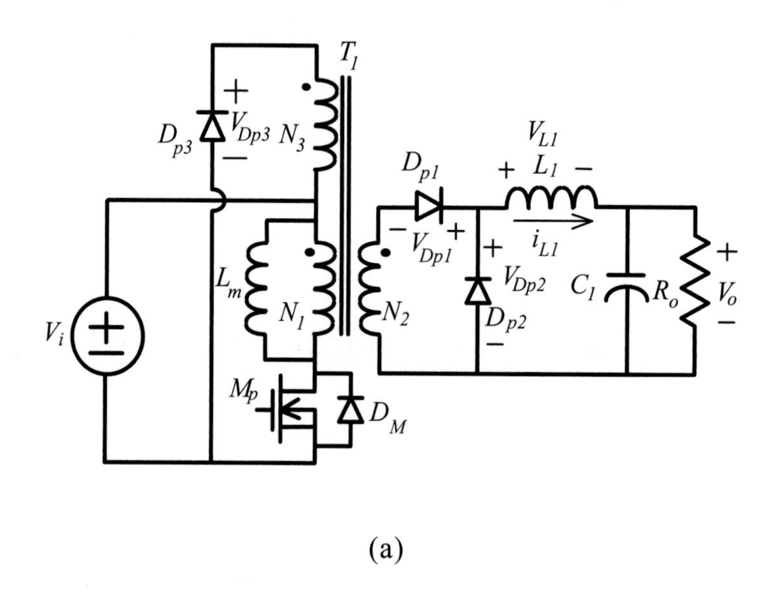

(a)

圖 5.33　Forward 轉換器電路與其等效電路

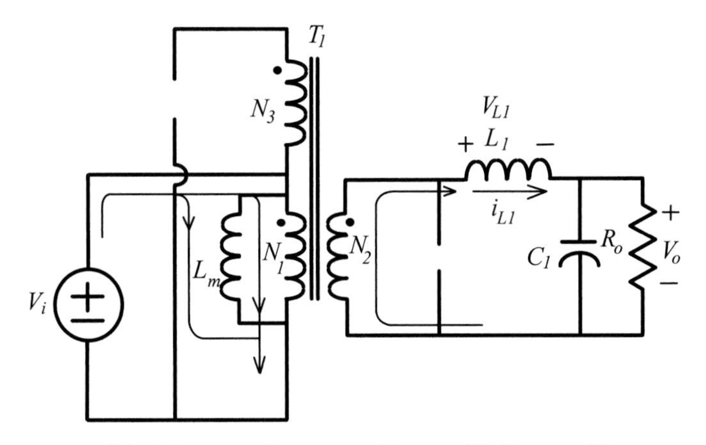

(b) M_p : on, D_{p1} : on, D_{p2} : off, D_{p3} : off

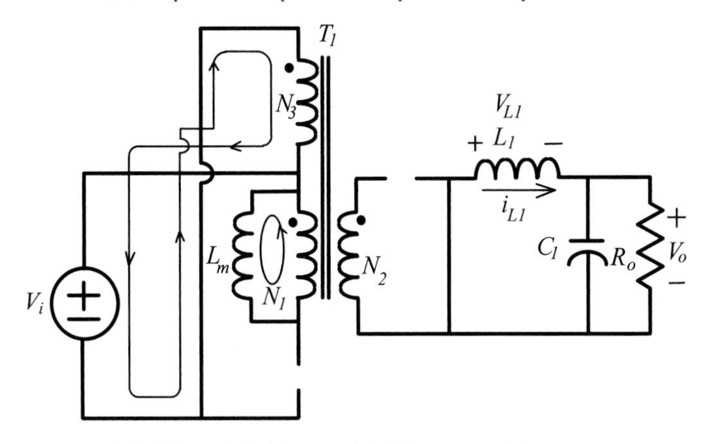

(c) M_p : off, D_{p1} : off, D_{p2} : on, D_{p3} : on

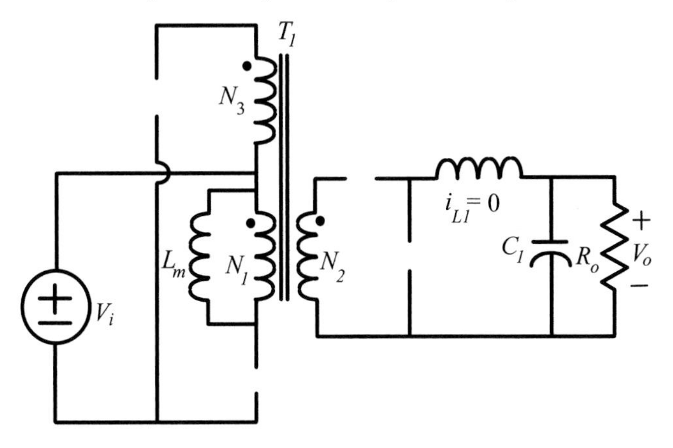

(d) M_p, $D_{p1} \sim D_{p3}$: off

圖 5.33　(續)

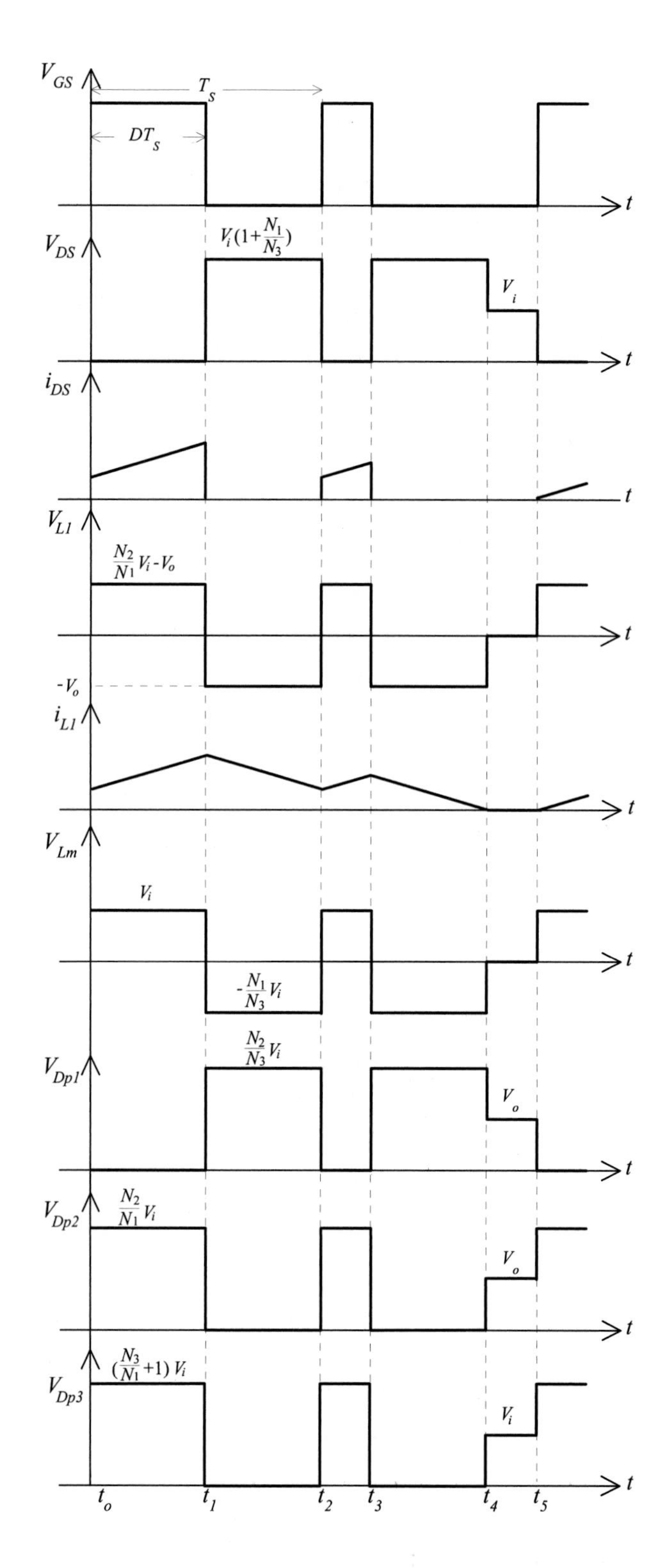

圖 5.34　Forward 轉換器之主要元件的電壓、電流波形

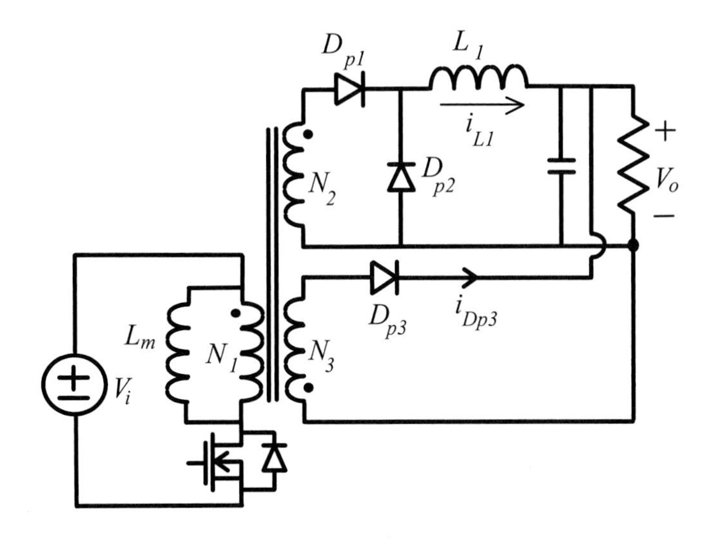

圖 5.35　將去磁繞組 N_3 接至輸出端之 Forward 轉換器

只要有變壓器，就有潛在的漏感問題，Forward 轉換器也不例外，它除了有變壓器的去磁要考量，還要考量到漏感所引起的電壓突波問題；不過由於它的變壓器純做變壓器操作，因此不必加氣隙，也因此其漏感可以比 Flyback 轉換器的小很多。加上漏感 L_K 後之 Forward 轉換器示於圖 5.36，若未加上漏感能量吸收電路，仍有可能在 M_p 截止時在 D-S 兩端產生突波電壓。

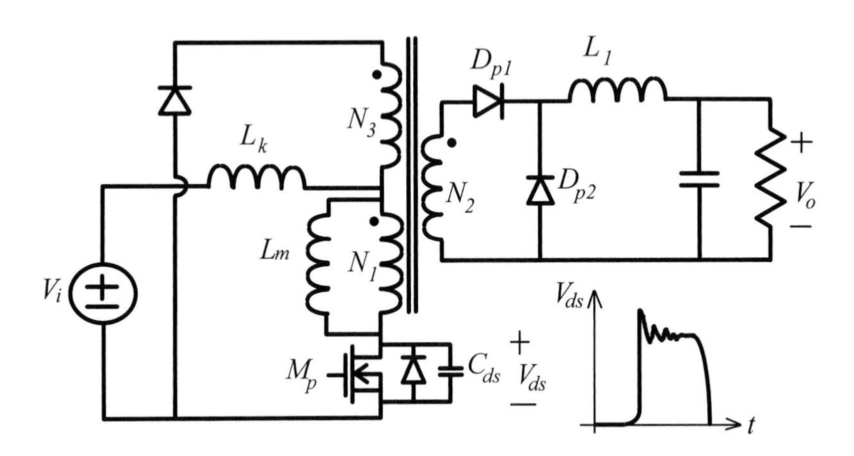

圖 5.36　考量漏感 L_k 之 Forward 轉換器

在穩態操作且在連續電流導通模式下，輸入 / 輸出電壓的轉換比率在理想狀況下可推導如下：

$$\left(\frac{N_2}{N_1}V_i - V_o\right)DT_s + (-V_o)(1-D)T_s = 0 \tag{42}$$

經整理後可得

$$\frac{V_o}{V_i} = \frac{N_2 D}{N_1} \tag{43}$$

若在不連續導通模式下，則可求得

$$\frac{V_o}{V_i} = \frac{N_2}{N_1}\frac{D_1}{D_1 + D_2}, \tag{44}$$

其中 D_1 爲主動開關 M_p 之工作比率，而 D_2 則爲 D_{p2} 之工作比率，而且 $D_1+D_2 \leq 1$。

在圖 5.33(a)中的 Forward 轉換器，其變壓器需要三組繞線，使得變壓器的製作較困難，也容易產生漏感。若將 M_p 之工作比率限制在 50%以下，則可採用雙主動開關的結構，如圖 5.37 所示，M_{p1} 與 M_{p2} 是同時導通和截止的。

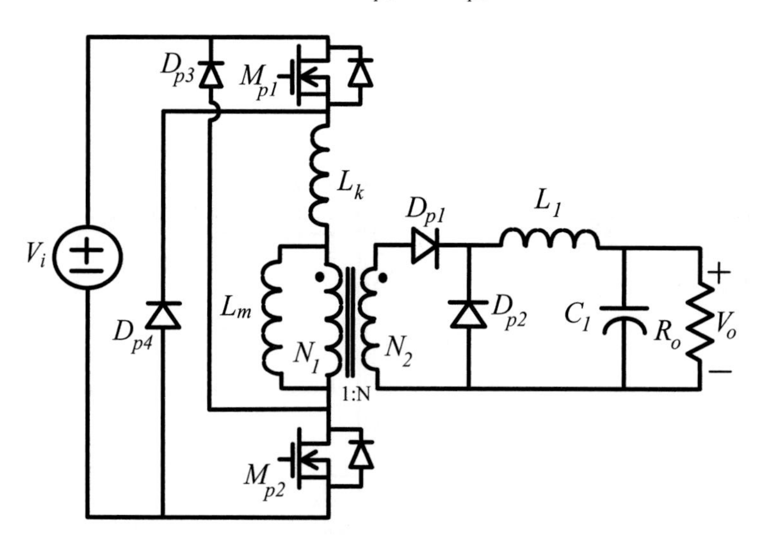

圖 5.37　雙主動開關之 Forward 轉換器

當它們導通時，將輸入能量經由變壓器 T_1 耦合至輸出側；而當它們截止時，漏感 L_k 上的能量就由 D_{p3} 和 D_{p4} 回送至輸入電源 V_i，同時也幫鐵心去磁。由於跨

於 N_1 繞組的電壓為$\pm V_i$，因此為了符合伏特－秒平衡法則，M_{p1} 和 M_{p2} 之工作週期不可以超過 50%。M_{p1}、M_{p2}、D_{p3} 和 D_{p4} 之電壓應力均為 V_i，而 D_{p1} 和 D_{p2} 之應力則為$(N_2 / N_1)V_i$。此電路結構可以降低開關元件之電壓應力，但卻需要用到兩顆主動開關，而且其中一顆還需要隔離驅動，增加許多成本。

在大輸出電流且低壓的應用時，常會將 Forward 轉換器二次側的兩個二極體 D_{p1} 和 D_{p2} 分別以同步整流開關 M_{S1} 和 M_{S2} 來取代，如圖 5.38 所示，圖中，M_{S1} 和 M_{S2} 的驅動將由變壓器二次側繞組來執行，不需額外驅動電路，相當經濟，但可以降低原來二極體的導通損失。

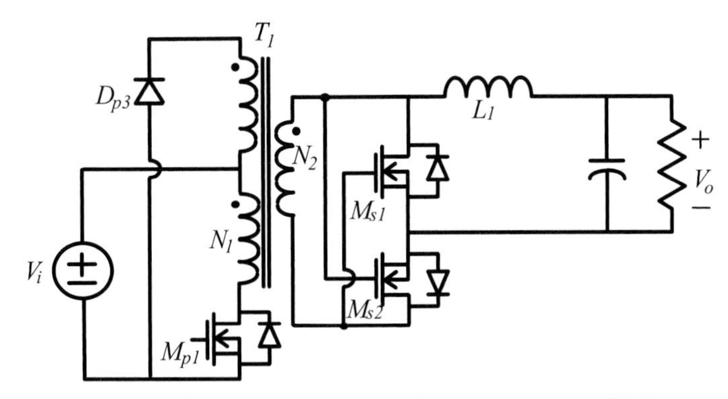

圖 5.38　輸出採用同步整流的 Forward 轉換器

Forward 轉換器的變壓器不需先儲存能量，而僅做隔離和電壓比率調節，因此在同樣的鐵心體積下，它所能處理的功率會比 Flyback 轉換器來得高，不過電路元件也相對地較多。Forward 轉換器的控制機制與 Buck 轉換器相同，是屬於「最小相位」系統，動態頻寬高，系統穩定性好，是隔離型轉換器中應用相當廣泛的轉換器。

5.5 Push-Pull 轉換器

Push-Pull 轉換器也叫做 *Class-B* 轉換器，如圖 5.39 所示，其輸入側由兩個主動開關和兩組繞線組成，而其輸出側則有數種變化型，例如半橋整流型如圖 5.39(a)所示，全橋整流型如圖 5.39(b)所示及正、負雙輸出電壓型如圖 5.39(c)所示。每一種型均有其優缺點和各自的應用場合，但是其動作原理卻是相同的。

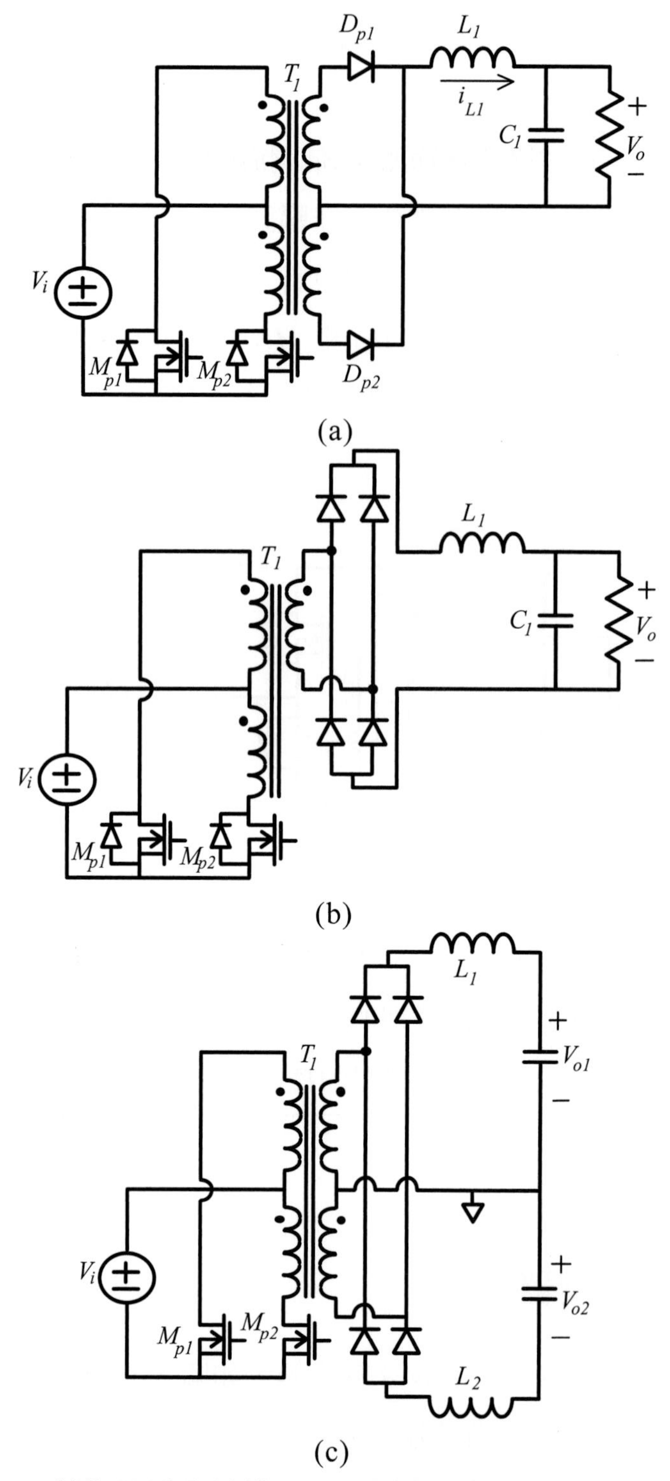

圖 5.39　Push-Pull 轉換器電路結構：(a) 半橋整流型 (b) 全橋整流型 (c) 正、負雙輸出電壓型

以圖 5.39(a)爲例，當 M_{p1} 導通時，M_{p2} 必須截止，其等效電路如圖 5.40(a)所示；當 M_{p1} 截止且 M_{p2} 也截止時，由於激磁感 L_{m1} 之電流要連續導通，則會強迫 D_{p1} 也一齊導通($i_{L1} > i_{Lm1}$)，其等效電路如圖 5.40(b)，此時變壓器之繞組的跨壓爲零；當 M_{p1} 截止而 M_{p2} 導通時，其等效電路如圖 5.40(c)所示。特別要注意的是，此 Push-Pull 轉換器爲電壓源饋入型，M_{p1} 與 M_{p2} 不可同時導通，否則變壓器就變成短路而引起大電流流經開關，造成元件損毀。

Push-Pull 轉換器之轉換特性，除了加上變壓器可調節電壓比率外，其餘均與 Buck 轉換器相同，就連其主要元件的電壓、電流波形也相同，不過其輸出電流漣波的頻率是開關 M_{p1} 或 M_{p2} 的切換頻率的兩倍。Push-Pull 之主要元件的電壓、電流波形如圖 5.41 所示，要特別注意的是開關 M_{p1} 和 M_{p2} 之工作比率都保持相同，以確保變壓器 T_1 之鐵心能週週去磁。理想上是可以平衡，但實際上卻會發生偏磁現象，造成流過 M_{p1} 和 M_{p2} 的電流不相等，若沒有一個調控電路或機制，則將會導致鐵心飽和，其電流波形如圖 5.42(a)所示，而圖 5.42(b)則表示由於激磁比去磁來得多，造成在幾個循環後，鐵心逐漸操作接近飽和區，而會在 i_{DS2} 有電流尖波。一個簡單的電路可用來消除偏磁現象，如圖 5.43 所示，其中 R_s 串接在輸入電源的路徑上，當有一電流大於另一電流，則在 R_s 上產生一個壓降，如此就可讓該相對的繞組跨壓降低，如此可以減少激磁，將偏磁拉回到接近平衡點，也就不會有飽和的現象。例如：假設 $i_{DS2} > i_{DS1}$，則當 M_{P2} 導通時，$i_{DS2} \cdot R_s$ 則有較大的壓降，因此跨在接近 M_{p2} 的一次側繞組上的電壓就比跨在一次側的另一繞組低，在相同的工作比率下，就因爲 R_s 的存在，可以把磁通不平衡的現象拉回到接近平衡點；不過，R_s 將會增加導通損失，因此其阻值就必須適當選擇；或者找其他較複雜但低消耗功率的電路來替代。

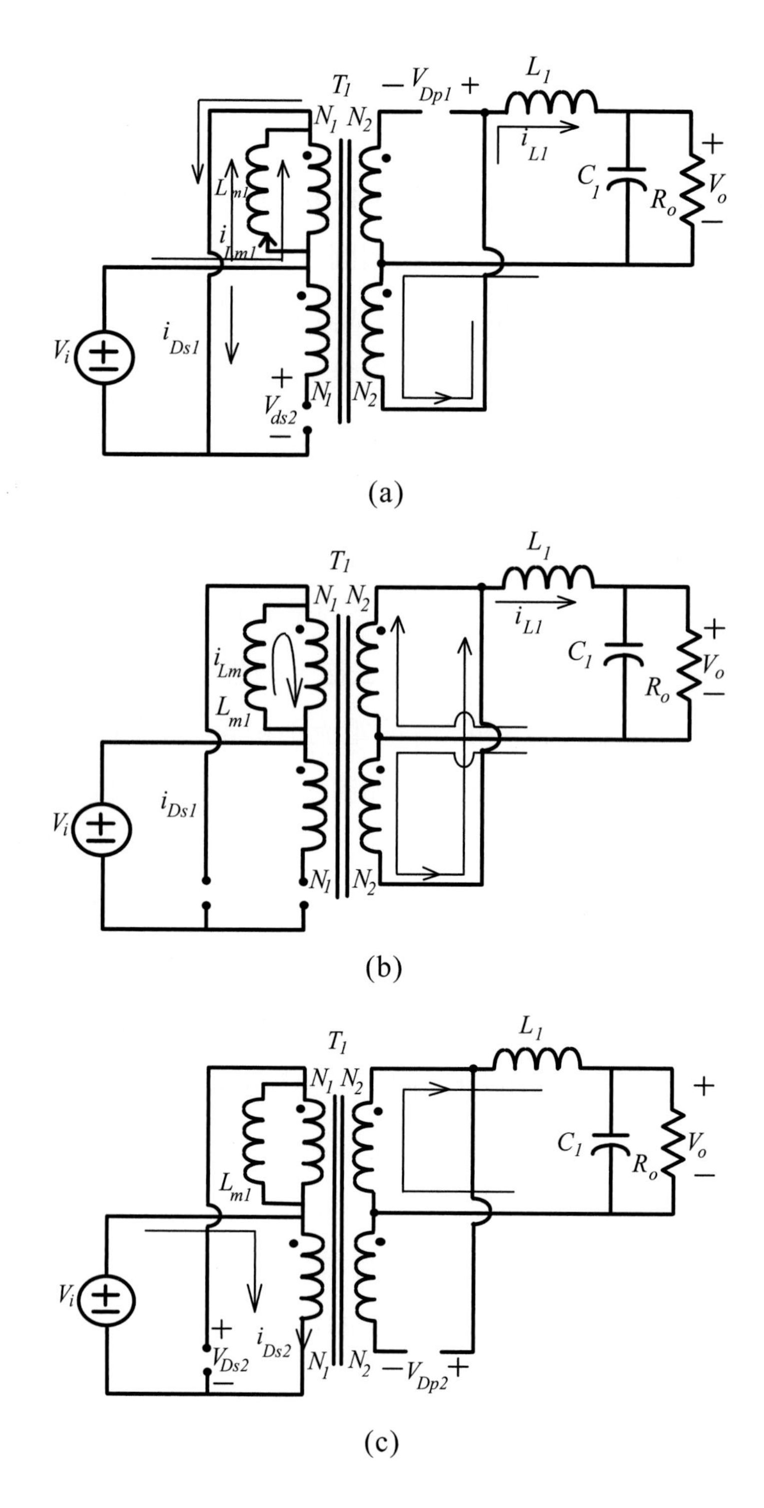

圖 5.40　(a) 當 M_{p1} : on；M_{p2} : off 時之等效電路，(b) 當 M_{p1} : off 與 M_{p2} : off 時之等效電路，(c) 當 M_{p1} : off, M_{p2} : on 時之等效電路

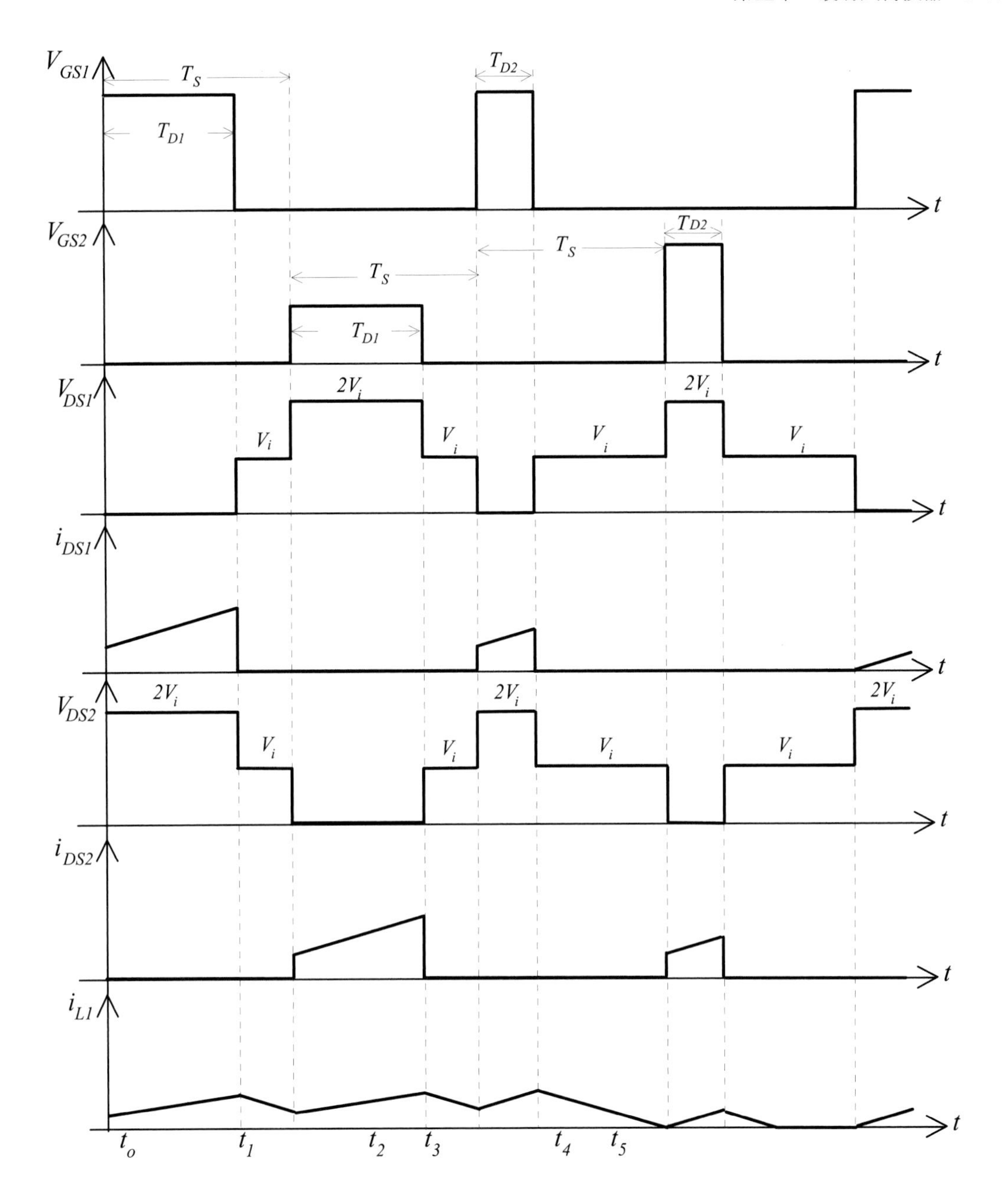

圖 5.41　Push-Pull 轉換器之主要元件的電壓、電流波形

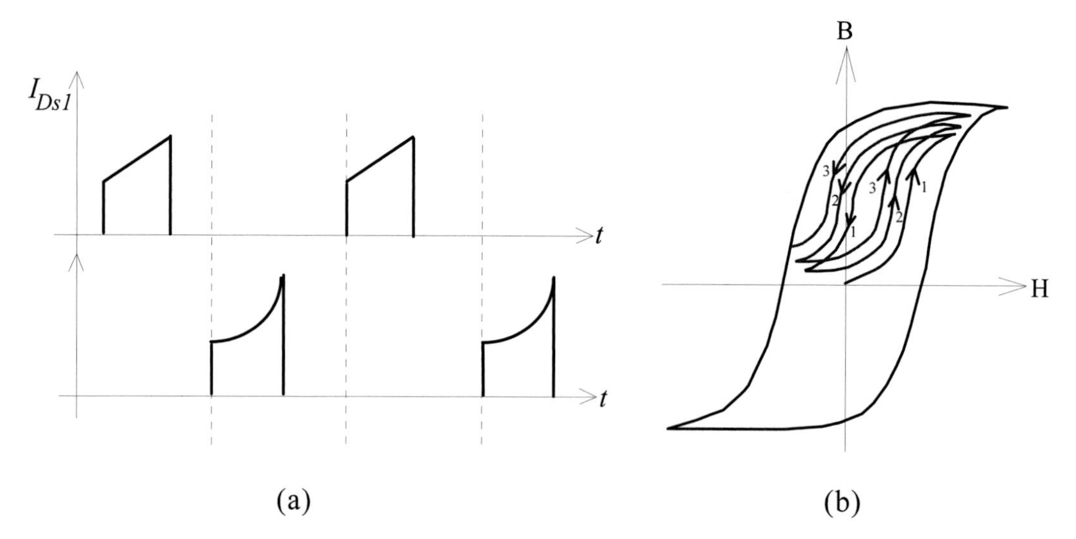

圖 5.42　(a) i_{DS1} 和 i_{DS2} 電流波形，其中 i_{DS2} 之尖波代表鐵心有飽和現象，(b) B-H 曲線之內遲滯迴路表示偏磁現象，逐漸造成鐵心操作於飽和區

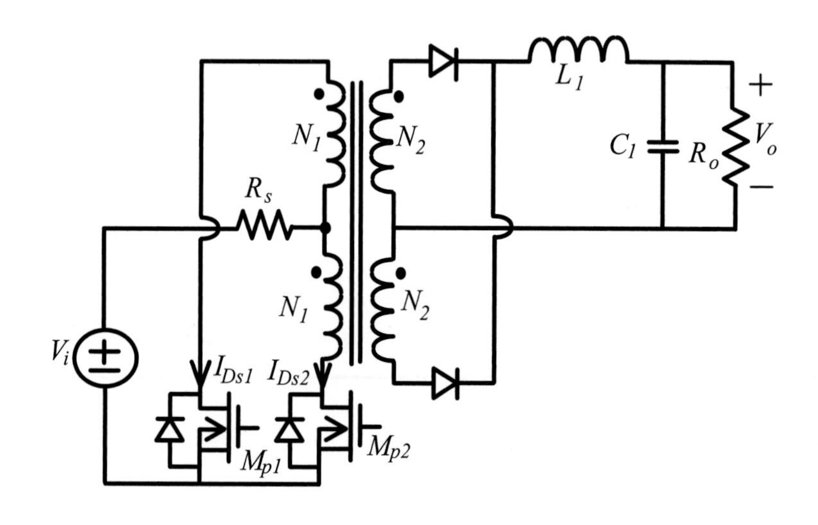

圖 5.43　串聯 R_s 電路於輸入電源路徑以消除偏磁現象

在穩定操作且在電感 L_1 之電流連續導通模式下，輸入 / 輸出的電壓轉換比率可由 L_1 之伏特－秒平衡法則求得如下：

$$\left(\frac{N_2}{N_1}V_i - V_o\right)DT_s + (-V_o)(1-D)T_s = 0 \tag{45}$$

經整理後可得

$$\frac{V_o}{V_i}=\frac{N_2}{N_1}D \tag{46}$$

在不連續導通模式下，其轉換比率可求得如下：

$$\frac{V_o}{V_i}=\frac{N_2}{N_1}\cdot\left(\frac{D_1}{D_1+D_2}\right),\ D_1+D_2\leq 1 \tag{47}$$

其中 D_1 爲 M_{p1} 或 M_{p2} 之工作比率，D_2 則爲 D_{p1} 或 D_{p2} 之工作比率。

Push-Pull 轉換器由於有兩顆開關來分擔功率的處理，因而比起 Forward 轉換器，它很適於較大功率的處理。

5.6 Half-Bridge 轉換器

Half-Bridge 轉換器也叫做 Class-D 轉換器，它可以有隔離型和非隔離型，它的輸出可以爲高頻交流電或低頻交流電（例如採用 SPWM 控制），也可以爲直流電。圖 5.44 所示爲上述所提之 Half-Bridge 轉換器，圖 5.44(a)所示爲 Half-Bridge 換流器，依不同的切換頻率，其 V_o 可爲高頻或低頻的交流方波；圖 5.44(b)所示爲隔離型的 Half-Bridge 換流器，由於其鐵心爲一般僅適用於高頻的 Ferrite core，所以其 V_o 爲高頻的交流方波；圖 5.44(c)所示爲將(b)的交流方波整流爲直流的轉換器；圖 5.44(d)所示爲可以利用 Sinusoidal PWM (SPWM)控制來得到低頻交流弦波 V_o 的換流器。Half-Bridge 的應用相當廣泛，由此可見一斑。當 Half-Bridge 轉換器用來提供直流電的處理時，必須先將直流電源切成交流電，再經由整流器轉換成直流電。若直接經由變壓器連接到負載，其 V_o 電壓波形如圖 5.45 所示，輸出將只是脈衝波形。

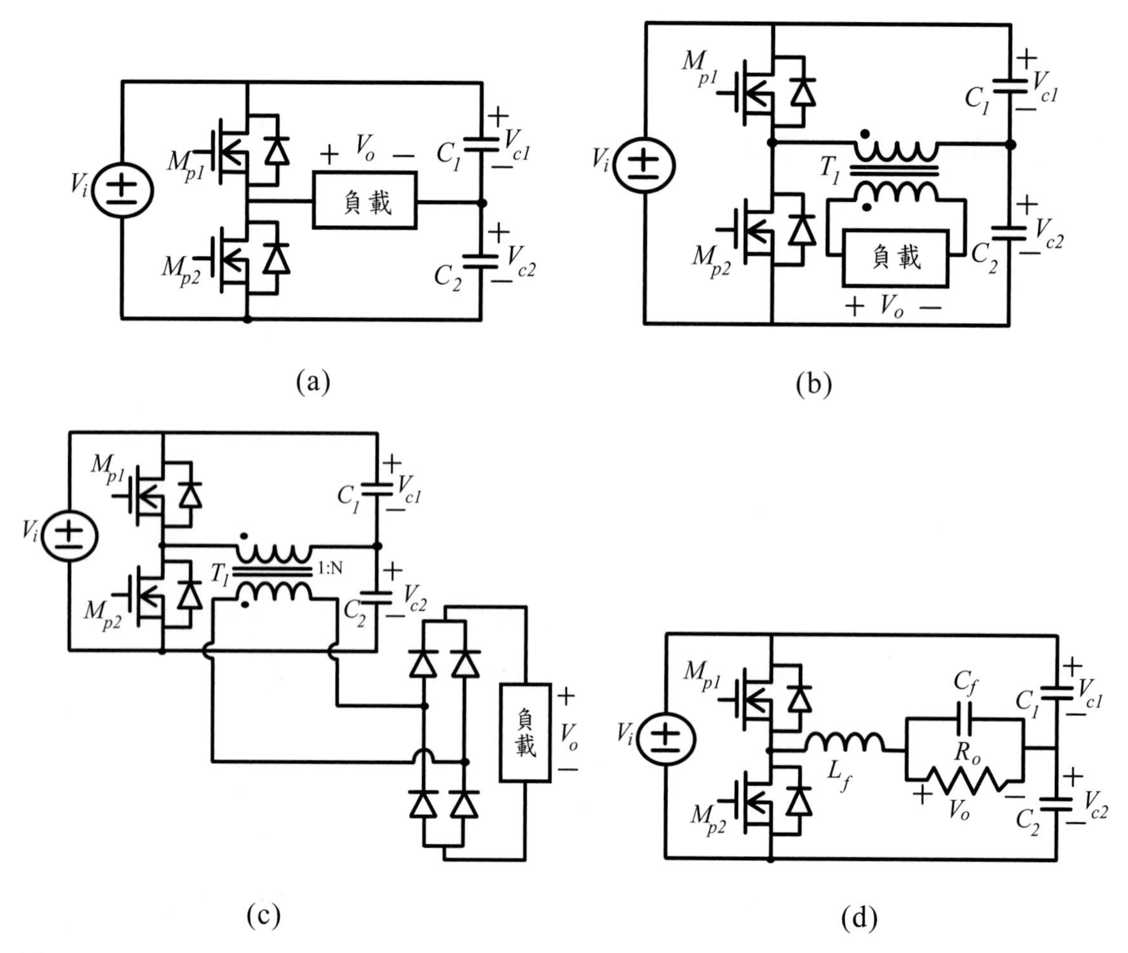

圖 5.44　(a) Half-Bridge 轉換器做爲換流器應用，其 V_o 可爲高頻或低頻方波，(b) 隔離 Half-Bridge 轉換器做爲換流器，(c) 結合全橋整流器之 Half-Bridge 轉換器，其 V_o 爲直流電，(d) 可用 SPWM 控制之 Half-Bridge 換流器

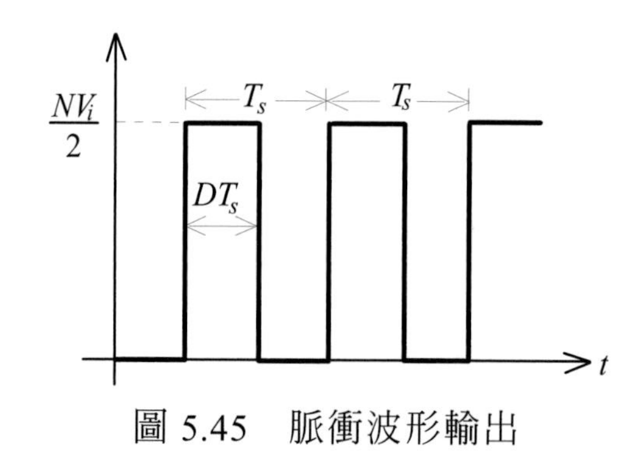

圖 5.45　脈衝波形輸出

因此實用上將會加上如 Buck 型的 L-C 濾波器在輸出負載端，如圖 5.46 所示，其中(a)圖爲全橋整流型，(b)圖爲半橋整流型。圖 5.46(a)的電路之主要電壓、電流波形示於圖 5.47。從圖 5.46(a)的電路可以推導出輸入 / 輸出電壓的轉換比率爲 $V_o / V_i = ND / 2$。

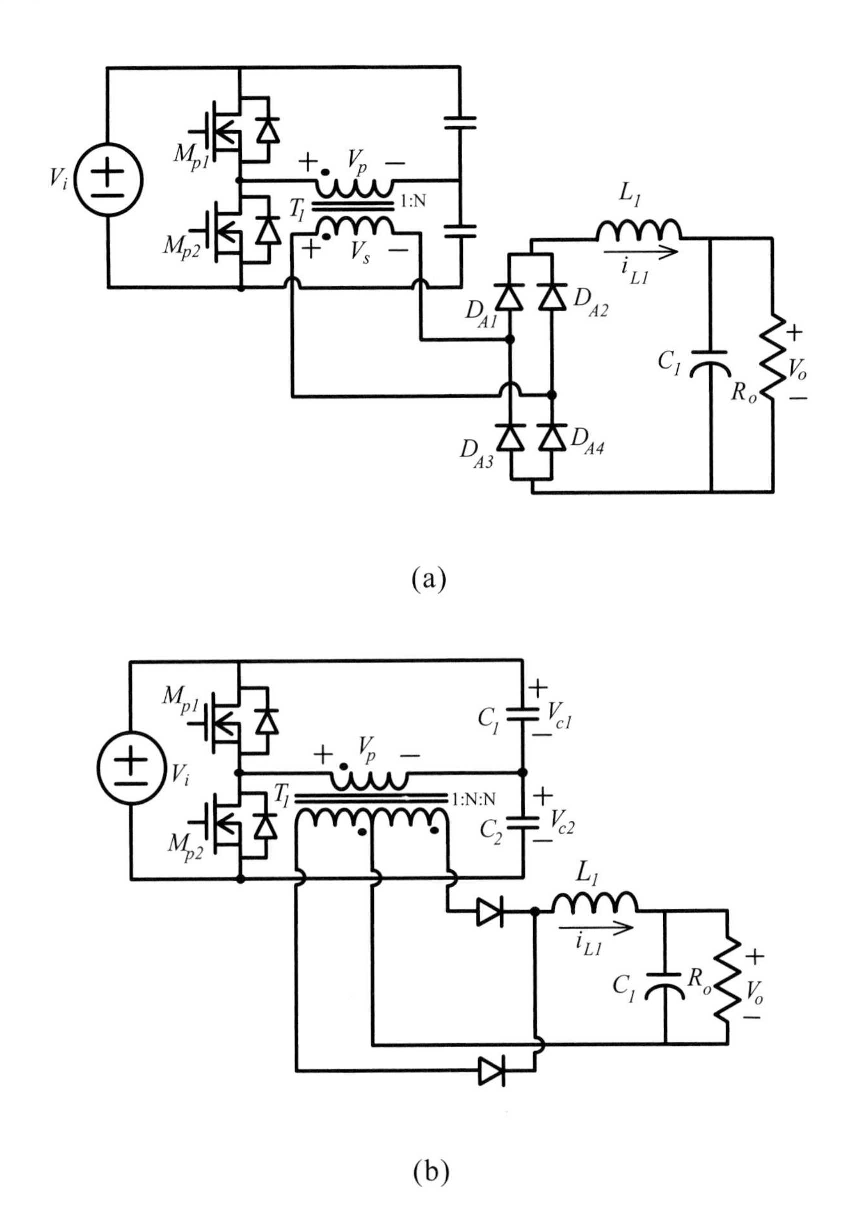

圖 5.46　加上 L-C 濾波器於輸出側之 Hafl-Bridge 轉換器

(a) 全橋整流器型 (b) 半橋整流型

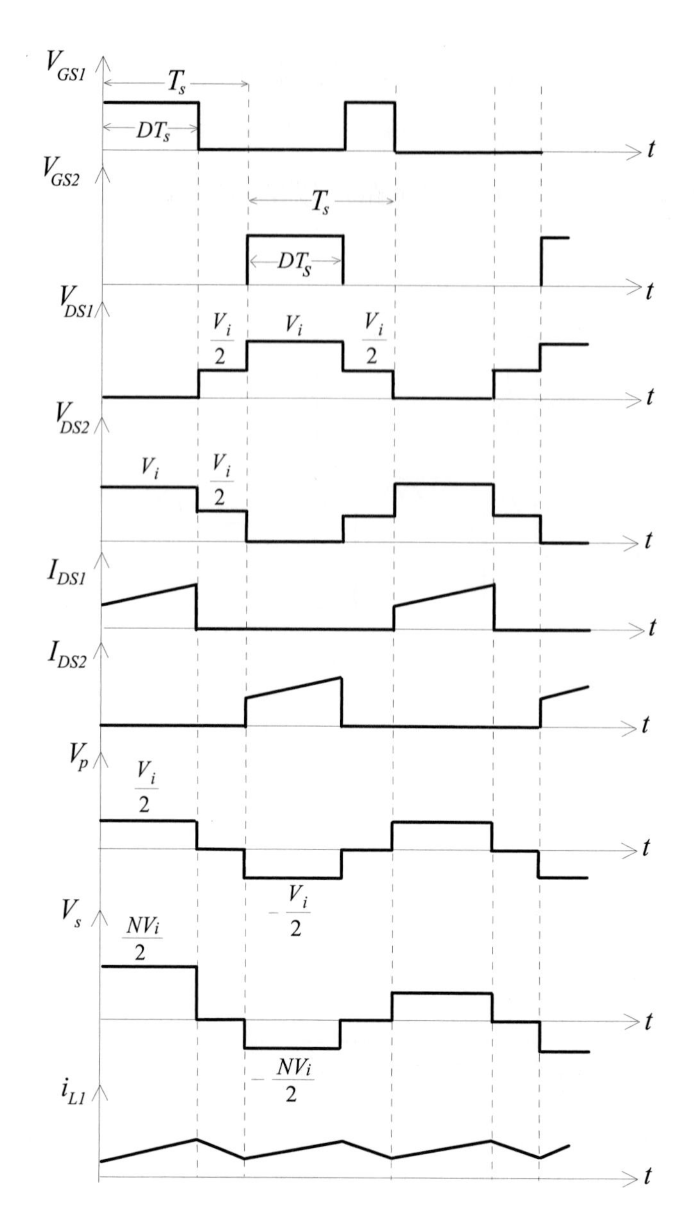

圖 5.47　具全橋整流器之 Half-Bridge 轉換器的主要元件之電壓、電流波形

在圖 5.46 中的全橋整流二極體 $D_{A1} \sim D_{A4}$ 必須採用 ultra-fast 的二極體以因應高切換頻率。Half-Bridge 的兩個開關是上、下連接，不可以有同時導通的時段，否則將會有大電流流經開關，造成射穿現象。一般來講，Half-Bridge 之上、下開關的工作比率是相同的，這是所謂的對稱半橋操作；但有時爲了達到軟性切換，上、下開關的工作比率是互補的，即一個爲 DT_s，另一個則爲$(1\text{-}D)T_s$，

這是非對稱半橋的操作。

圖 5.44 中之 Half-Bridge 轉換器的兩顆電容 C_1 與 C_2，其穩態電壓正好爲 V_i / 2，可以提供 V_o 正、負半週相同的振幅；但是在起動時，仍會有不等電壓的情況發生，尤其是在上、下開關的工作比率有不相等時，更會造成 V_{C1} 和 V_{C2} 的差異，如此差異可能也會連續造成變壓器 T_1 的偏磁現象。不過偏磁問題一般不嚴重，最大的問題仍在於 V_{C1} 與 V_{C2} 不相等，而產生正、負半週振幅不同，因此 C_1 與 C_2 常被另一對開關取代，而成爲 Full-Bridge 結構，如圖 5.48 所示，其中 M_{p1} 與 M_{p2} 或 M_{p3} 與 M_{p4} 不可以同時導通，其餘的導通情形，則依操作模式的需求，可以任意組合導通或截止。

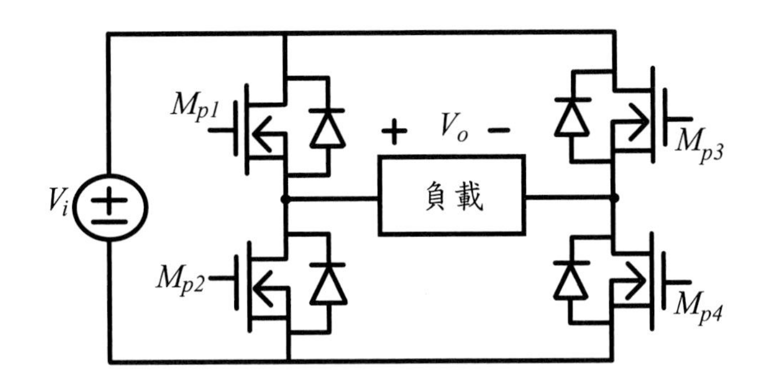

圖 5.48　Full-Bridge 轉換器

5.7 重點整理

本章主要針對硬切特性做探討，並且以常用的 PWM 轉換器，如 Buck、Boost、Buck-Boost、′Cuk、Sepic 及 Zeta 轉換器爲例子，說明其動作原理和推導其輸入 / 輸出電壓的轉換比率。接著介紹幾種由 PWM 轉換器衍生而來的隔離型轉換器，如 Flyback、Forward、Push-Pull 及 Half-Bridge 轉換器；同樣地，也分析其轉換比率和動原理。上述這些轉換器的共同特性是開關在導通和截止轉態時均會有切換損失，而且會有 EMI 問題。另外，依電感電流之大小，轉換器可以操作在連續導通模式和不連續導通模式，操作的模式不同，其等效電路也會有差異。在推導輸入 / 輸出電壓轉換比率，我們採用伏特－秒平衡原理，針對轉換器中之主電感，在開關導通和截止時分別算出其跨壓；當在穩態時，這些跨壓的總和爲零，即達到平衡，藉此可算出其轉換比率。

PWM 轉換器和其所衍生而來的隔離型轉換器，在連續導通模式操作時，基本上，當主動開關導通時，二極體截止；而當主動開關截止時，二極體才能導通。不過在多二極體的轉換器中，在變壓器二次側的電感爲了連續導通，其飛輪二極體仍會與主動開關同時導通。

每一種轉換器均有其獨特點，例如：Buck 轉換器只能將輸入電壓降壓，其輸入電流屬於脈衝式，而其輸出電流則爲連續型，開關元件之電壓應力等於輸入電壓，容易做過流和輸出短路保護，而且屬於最小相位系統，容易做穩壓控制。Boost 轉換器只能昇壓，輸入電流連續，但輸出電流爲脈衝式，啓動時會有瞬間大電流對輸出電容充電，容易致使開關元件損毀，若遇輸出短路，則無法由開關來保護；從控制的觀點，它是屬於非最小相位系統，頻寬往往受限。至於 Buck-Boost 轉換器，則顧名思義，可以做降 / 升壓轉換，然而其開關元件必須承受輸入加輸出電壓的應力，而且其輸入和輸出電流均爲脈衝式，各需要大電容來濾波；不過由於其輸入端和輸出端的電流迴路沒連在一起，因此容易做過流或短路保護。′Cuk 轉換器是 Buck-Boost 轉換器的對偶型，其輸入和輸出電流均連續，而且可以做降 / 升壓轉換；然而其最大的問題點在於其串接輸入端和輸出端的電容，需要承受大電流的充 / 放電；′Cuk 轉換器中有兩個電感，可以相互耦合共繞在一個鐵心上，甚至可以達成無輸入或輸出漣波電流，這是它的特色。Buck-Boost 和′Cuk 轉換器其輸入和輸出不共地，在應用上和開關驅動上均造成困擾。Sepic 和 Zeta 轉換器正可以彌補此缺憾，它們互爲對偶，也可以做降 / 升壓轉換，不過其僅有輸入或輸出電流爲連續。總而言之，得到好處，就要付出代價。有些轉換器零件少拓樸結構簡單，但只能做單一功能；而較多元件和較複雜則可達成多功能。

Forward 轉換器、Push-Pull 轉換器和 Half-Bridge 轉換器事實上都是由 Buck 轉換器衍生而來，當加上變壓器後，又增加一個自由度，更容易達成降 / 升壓轉換，其轉換範圍也拉大了，當然所增加的零件個數也多了許多。Forward 轉換器與 Buck 最接近，其所能處理的功率也相當，而 Push-Pull 和 Half-Bridge 採用兩顆主動開關且在其輸出端採用全橋整流器，其電感電流爲交錯式，因此可以大幅提昇處理的功率，並且也降低漣波電流，相當有利於大功率的應用。

Flyback 轉換器是 Buck-Boost 轉換器的隔離型，它們具有相同的特性，唯一不同的是 Flyback 加入變壓器後其轉換的範圍拉大了許多，相當適於輸入爲全電壓($90\sqrt{2}$~ $265\sqrt{2}$ V)的應用；不過由於其變壓器兼具電感儲能和變壓器的功能，因此會有較大的漏感，需要額外的緩衝電路來處理漏感所儲存的能量。

硬切式轉換器是軟切式的基礎架構，對其操作原理的瞭解，有助於未來發展軟切式轉換器，因此其重要性不言可喻。

5.8 習題

1. 以 Boost 轉換器爲例，說明硬切特性，並畫出其導通和截止時之開關上的電壓、電流波形。
2. 以'Cuk 轉換器爲例，說明硬切特性，並畫出其導通和截止時之開關上的電壓、電流波形。
3. 以 Zeta 轉換器爲例，說明硬切特性，並畫出其導通和截止時之開關上的電壓、電流波形。
4. 以 Buck-Boost 轉換器爲例，推導其在連續導通和不連續導通模式下之輸入 / 輸出電壓轉換比率。
5. 以 Sepic 轉換器爲例，推導其在連續導通和不連續導通模式下之輸入 / 輸出電壓轉換比率。
6. 若有一 Buck 轉換器操作在連續導通模式下，其輸入 / 輸出電壓與電流和切換頻率的規格如下：

   $V_i = 90 \sim 150$ V

   $V_o = 60$ V

$I_o = 1 \sim 3$ A

$f_s = 50$ kHz

假設轉換器之轉換效率為 100 %，試求

(a) 工作比率(Duty Ratio)之變化範圍

(b) 開關導通時間之變化範圍

(c) 輸入電流之變化範圍

7. 同上題，但改用 Boost 轉換器，且 $V_o = 200$ V，$I_o = 0.5 \sim 1$ A
8. 同題 6，但改用 Buck-Boost 轉換器。
9. 同題 6，但改用 Zeta 轉換器。
10. 比較 Buck、Boost 和 Buck-Boost 轉換器之特點。
11. 比較'Cuk、Sepic 和 Zeta 轉換器之特點。
12. 同題 6，但改用 Flyback 轉換器，且令變壓器之一、二次側圈數比為 1：N = 1：$\frac{1}{2}$。

第六章　軟切式轉換器

硬切式轉換器架起了轉換器的基本拓樸結構，也決定了轉換器的根本操作原理，更限制了轉換器的輸入 / 輸出轉換關係，硬切式轉換器的發展代表一個重大的電能處理里程碑。然而由於元件的非理想特性及雜散效應，使得硬切式轉換器的轉換效率大大的受到所處理功率和切換頻率的影響，也因此往往只能用來處理低功率的應用電源及體積無法再減小。為了提昇功率處理的能力、提高轉換效率及提高切換頻率來降低濾波元件的體積，軟切式轉換器便應運而生，發展得如火如荼，變成了電能處理器的主流。

軟切式轉換器的主要架構仍與硬切式的相同，主要的不同在於軟切式轉換器額外加上了開關轉態處理電路，使得開關在切換時能有很低的切換損失，如此不但可以提昇轉換效率，還可以降低 di / dt 與 dv / dt 的變化率，對於減少電磁干擾也有許多貢獻。本章將逐一探討軟切換特性，諧振轉換器、緩衝器及由硬切式轉換器與緩衝器所組合而成的軟切式轉換器。

6.1 軟切換特性

在前一章裡所說明的硬切換特性，可用圖 6.1(a)來表示(以 Buck 轉換器為例)，其中 i_{DS} 與 V_{DS} 的交越面積代表切換損失，面積Ⓐ為開關由導通轉到截止的切換損失，而面積Ⓑ則為開關由截止轉到導通的切換損失。另外，二極體由導通轉到截止時，其逆向恢復電流也會造成切換損失，如圖 6.1(b)所示，其中面積Ⓒ代表切換損失，V_F 為二極體之順向電壓，V_o 為其逆向偏壓；同樣地，當二極體由截止轉到導通時，也會有切換損失，如圖 6.1(b)中之面積Ⓓ所示。若能將這些電壓與電流的交越面積消除或降低，就是軟切換特性。

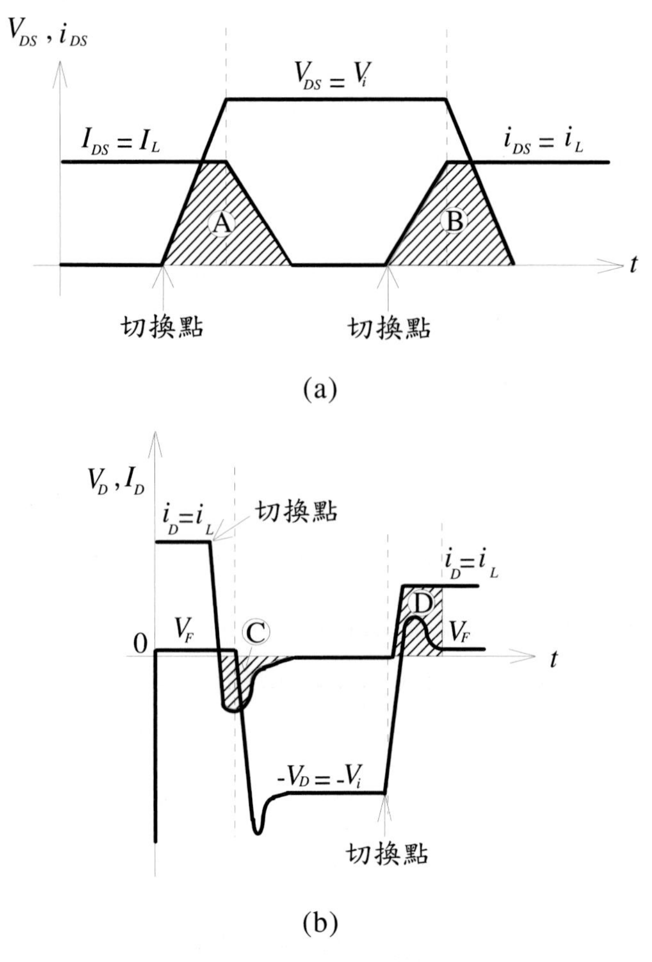

圖 6.1　硬切換特性與切換損失示意圖

軟切換特性主要分做四種：零電壓切換(Zero-Voltage Switching: ZVS)、零電流切換(Zero-Current Switching: ZCS)、近似零電壓切換(Near Zero-Voltage Switching: NZVS)、及近似零電流切換(Near Zero-Current Switching: NZCS)，其開關之跨壓和流通電流如圖 6.2 所示。圖 6.2(a)所示爲 NMOSFET 的符號，它具有一反向並聯的附體二極體 D_B 和 D-S 等效電容 C_{ds}；圖 6.2(b)所示爲在開關要切換時，先將 C_{ds} 上的電壓降至零，再讓電流 i_{DS} 流經 D-S 通道，以達到 ZVS 導通；圖 6.2(c)所示爲在開關要切換時，先將 D-S 通道的電流抽離，再讓開關的電容 C_{ds} 充電，以達到 ZCS 截止；圖 6.2(d)所示爲開關在切換點時，電壓 V_{DS} 與電流 i_{DS} 可以同時上升或下降，以減少切換損失，這是 NZVS 或 NZCS 切換；圖 6.2(e)

所示爲二極體電流 i_D 被緩慢抽離後，其逆向偏壓才慢慢建立，如此亦可降低截止時的切換損失，這稱爲 NZCS 截止；同樣地，在二極體要進入順偏時，若能緩慢的將-V_D 提升到零再進入順偏，則 V_F 的過射現象就可降低，如此也可以降低導通損失，而達到 NZVS 導通。簡而言之，軟切換特性就是讓開關上的電壓、電流能和緩變化，即有較低的 di / dt 和 dv / dt 變化率，使得切換損失能降低或消除。ZVS 和 ZCS 可以消除切換損失，而 NZVS 和 NZCS 僅能降低切換損失。

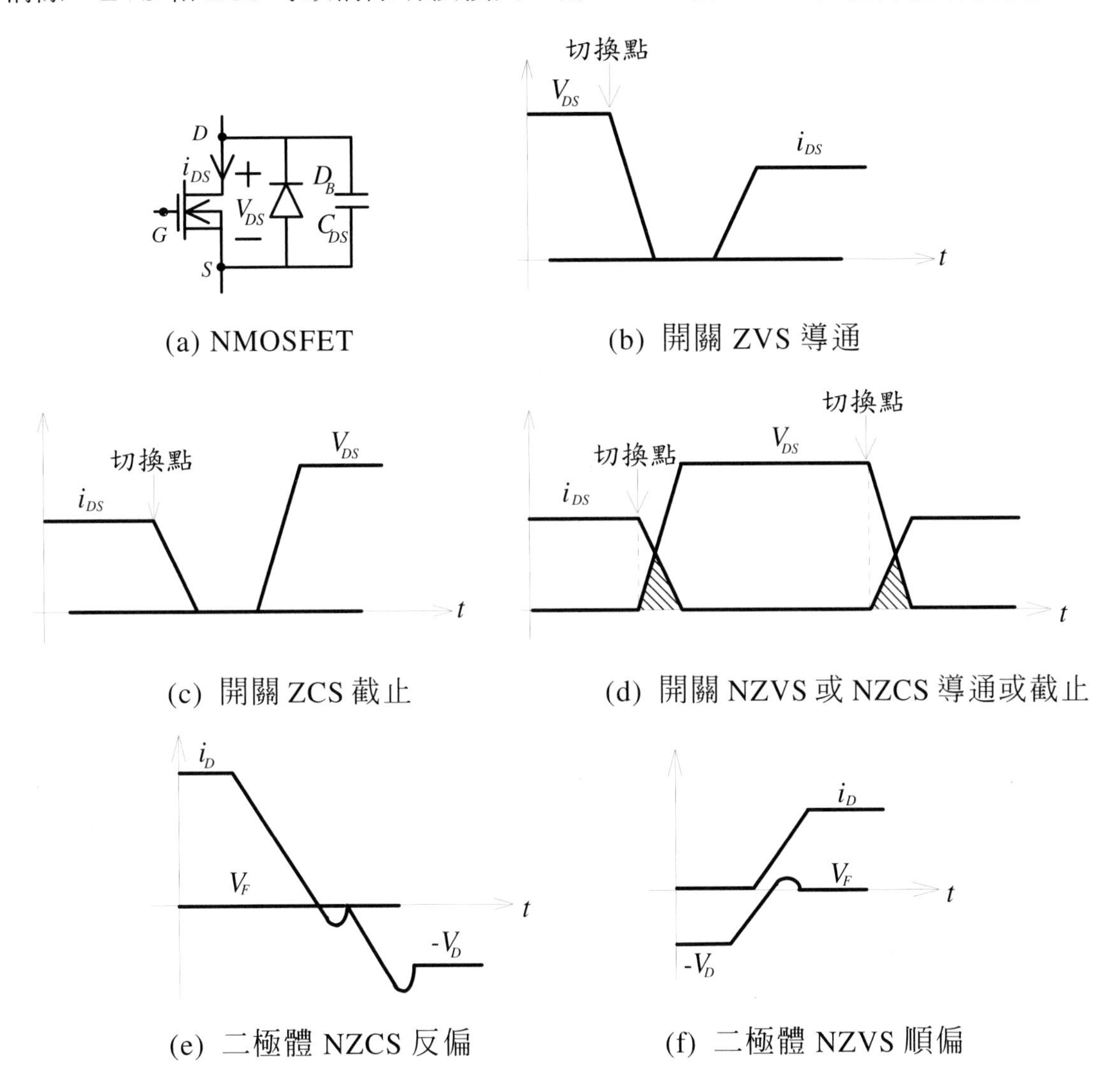

圖 6.2　NMOSFET 表示符號及在 ZVS，ZCS，NZVS 和 NZCS 等軟切換下之開關和二極體上的電壓、電流示意波形

硬切換與軟切換的 *V-I* 特性比較如圖 6.3 所示，從圖中可見，硬切換時很容易超出安全工作區(如虛線所示)，有潛在的崩潰問題；而軟切換時開關均能操作於安全區域內，降低開關轉態時的危險機率。

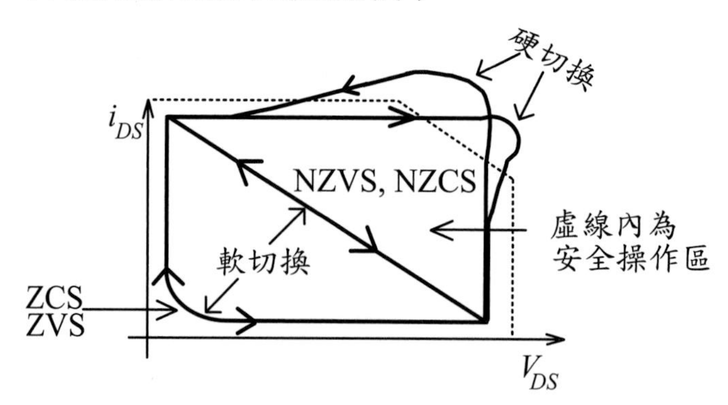

圖 6.3　硬切換與軟切換在轉態時之電壓與電流的變化走向曲線

在切換式電能處理器中，開關元件的切換損失大小影響轉換效率甚鉅。將開關操作在軟切換不但可以提升效率，還可以降低雜訊干擾，讓切換頻率可以大大提高，也因此而能降低濾波器的體積和重量。因此在許多的消費性商品，著重輕、薄、短、小，軟切式轉換器就扮演很重要的電能處理角色。如何操作開關來達到軟切換，或者如何加上額外電路讓硬切式轉換器變爲軟切式轉換器，正是本章後面幾節所要探討的重點。

6.2 諧振轉換器

在第五章中所談到的硬切式轉換器，其電感與電容的諧振頻率遠低於開關的切換頻率，因此其電感電流與電容電壓幾乎可近似爲定直流準位(漣波可忽略不計)，也因此，開關的電壓、電流波形爲近似方波。而在諧振轉換器中的電感與電容所形成之諧振網路的諧振頻率與開關的切換頻相接近，因而使得電感與電容的電壓、電流波形近乎弦波；電感與電容的諧振行爲，很明顯地可從波形看出，故取名此種具有諧振網路的轉換器爲「諧振轉換器」。適當地選擇諧振轉換器的開關操作頻率，可以達到 ZCS 或 ZVS，所以諧振轉換器是屬於軟切式轉換器的一種。

圖 6.4 所示為串聯諧振並聯負載之 Half-Bridge 轉換器，它是一個應用相當廣泛的諧振轉換器，是將直流轉成交流，舉凡電子安定器、壓電陶磁驅動器、超音波產生器...皆用到此轉換器。當其開關切換頻率 f_s 高於 L_r-C_r-R_o 之諧振頻率 f_r 時，其主要元件的電壓、電流波形示於圖 6.5(a)，而其等效電路如圖 6.5(b) ~ (e) 所示。

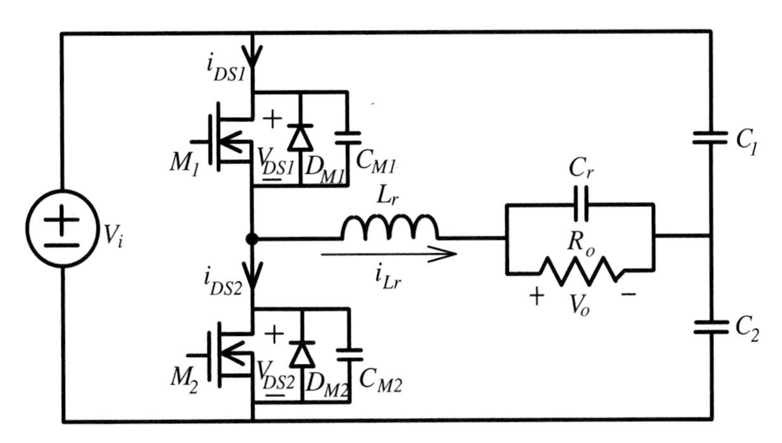

圖 6.4　串聯諧振並聯負載 Half-Bridge 諧振轉換器

當開關 M_1 首先導通，如圖 6.5(b)所示，諧振電感電流 i_{Lr} 為正向流入電容 C_r 和負載 R_o，在 M_1 之工作週期接近 50 %(約 48 %)時，M_1 截止；接著由於 i_{Lr} 繼續流向右側，所以電容 C_{M1} 被充電而 C_{M2} 被放電，如圖 6.5(c)所示，在此情況下，V_{DS1} 上升較緩慢，M_1 可以有 NZVS 截止；當 C_{M2} 被放完後，二極體 D_{M2} 導通，如圖 6.5(d)所示，建立一個可以 ZVS 導通的機會給開關 M_2，當 M_2 以 ZVS 導通後不久，i_{Lr} 則開始反流，如圖 6.5(e)所示。這是由於 $f_s > f_r$，只要適當設計，電感電流 i_{Lr} 一定會有一段時間先將 C_{M2} 放電、導通 D_{M2}，讓 M_2 有機會在零電壓時導通。整個動作到 Mode 4(圖 6.5(e))算完成了半週期；接著 M_2 會以 NZVS 截止，M_1 會以 ZVS 導通，完成另一半週期的操作，如此週而復始，隨時保有軟切器。在此特別要指出的是 D_{M1} 和 D_{M2} 是 M_1 和 M_2 的附體二極體，其逆向恢復時間很長，但由於在它導通後，其主開關也跟著導通，所以不擔心其會有很大的逆向電流發生，因此這些二極體仍然可用做為導通電感電流，一點都不浪費，可說是化腐朽為神奇。此種軟切式轉換器不需額外增加電路，只需適當的選擇切換頻率，是一項相當經濟又實惠的應用電路。

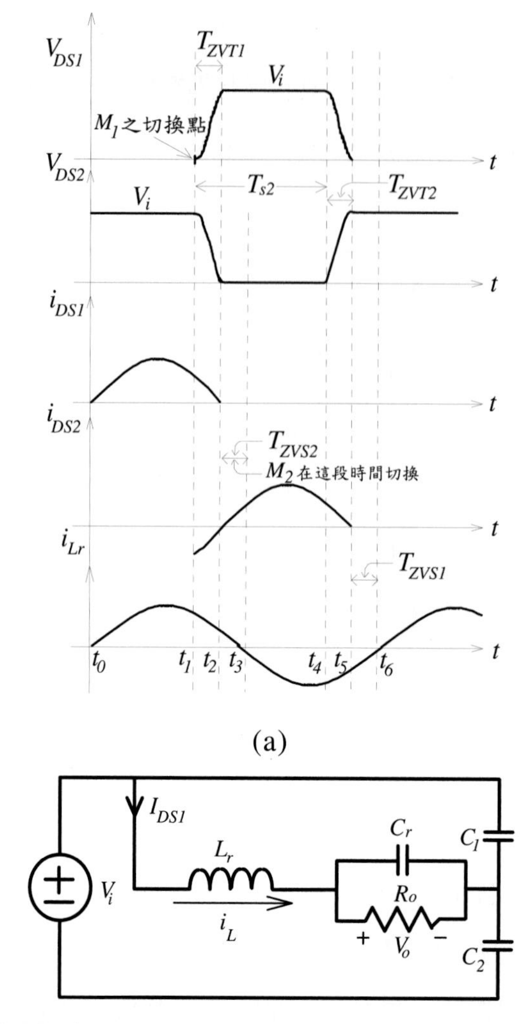

(a)

(b) Mode 1($t_0 \leq t < t_1$):M_1 conducting, $i_{DS1} > 0$

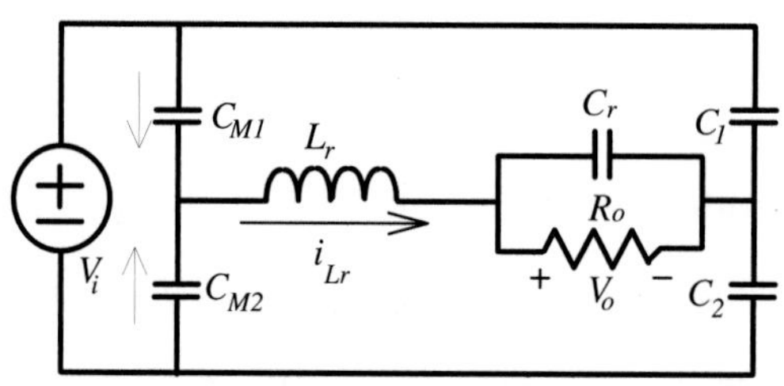

(c) Mode 2($t_1 \leq t < t_2$):M_1 turn-off with NZVS, $i_{DS1} > 0$ and $i_{DS2} < 0$

圖 6.5 (a)串聯諧振並聯負載 Half-Bridge 轉換器的主要元件之電壓、電流波形，(b) ~ (e)此轉換器在半週期內操作之等效電路

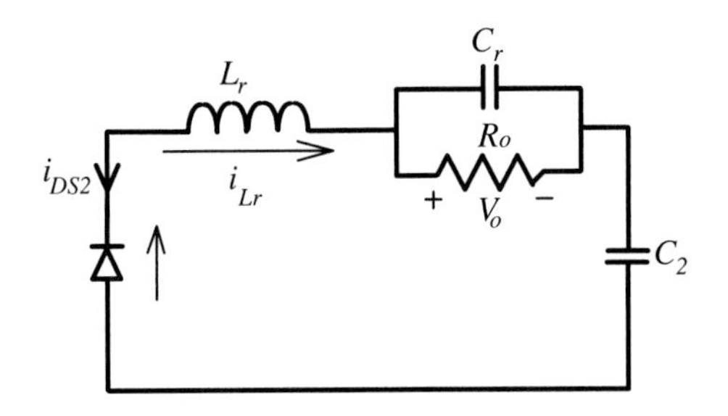

(d) Mode 3($t_2 \leq t < t_3$):D_{M2} conducting, M_2 turn-on with ZVS, $i_{DS2} < 0$

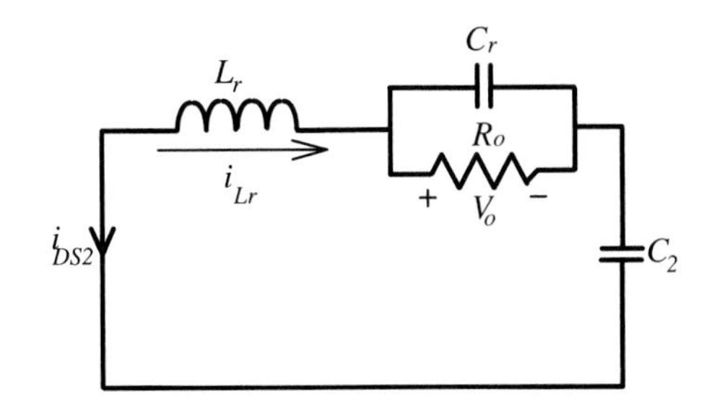

(e) Mode 4($t_3 \leq t < t_4$):M_2 conducting, $i_{DS2} > 0$

圖 6.5　(續)

串聯諧振並聯負載之 Half-Bridge 諧振轉換器可有另一個操作模式：切換頻率低於諧振頻率，($f_s < f_r$)，如此開關 M_1 和 M_2 可以 ZCS 截止，但卻以硬切換導通。此轉換器之主要元件的電壓、電流波形和其等效電路示於圖 6.6。當開關 M_1 首先導通，如圖 6.6(b)所示，i_{Lr} 流向右側 C_r 與 R_o；接著由於諧振行爲，i_{Lr} 電流逆向流經 D_{M1}，如圖 6.6(c)所示，在這段時間 M_1 可以 ZCS 截止；經過一小段死區(dead time)，當 M_2 導通時，由於 D_{M1} 屬於慢速二極體，會有大尖電流流經 M_2，造成 M_2 的硬切換導通，如圖 6.6(d)所示；接著 M_2 將繼續導通至約 48 % 的工作週期，再以 ZCS 截止，而由 M_1 導通，如此週而復始。在實際的電路應用，若將此 Half-Bridge 轉換器操作於 $f_s < f_r$ 的模式時，D_{M1} 所產生的大尖電流必須避開，因此往往要加上額外的快速二極體 $D_{F1} \sim D_{F4}$ 到開關 M_1 和 M_2 上，如圖 6.7 所示，其中 D_{F1} 和 D_{F3} 分別用來擋住 D_{M1} 和 D_{M2} 的導通，而由 D_{F2} 和 D_{F4} 來扮演 D_{M1} 和 D_{M2} 的角色，讓電流 i_{Lr} 可以回流。

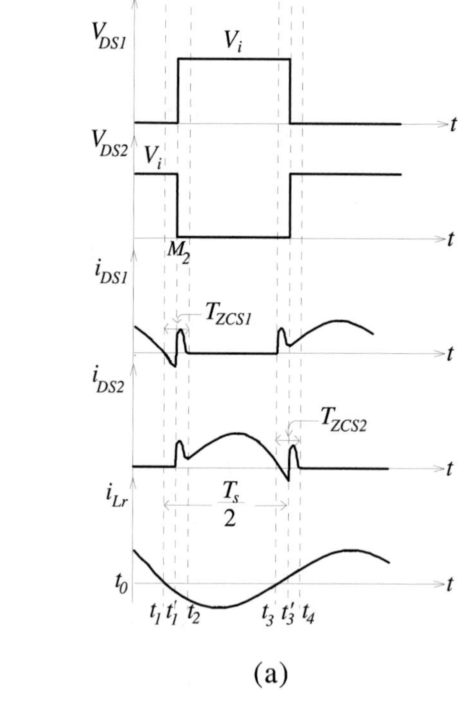

(a)

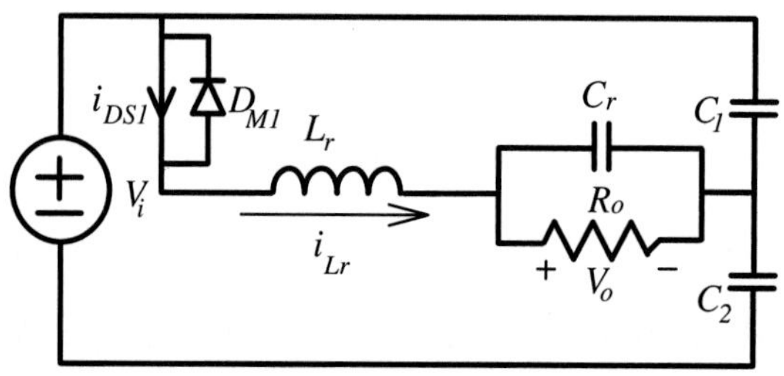

(b) Mode $1(t_0 \leq t < t_1)$: M_1 conducting, $I_{DS1} > 0$

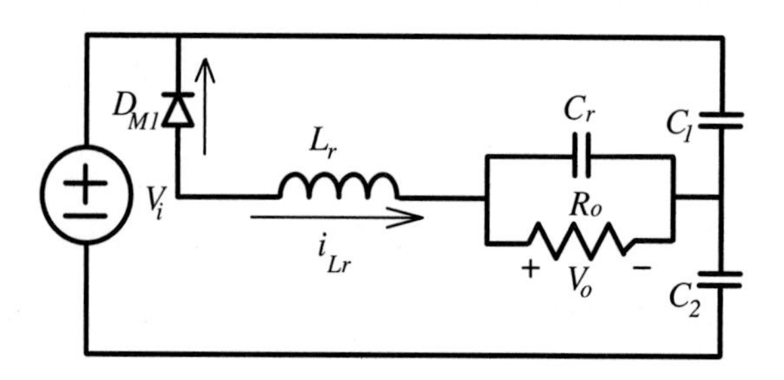

(c) Mode $2(t_1 \leq t < t_1')$:D_{M1} conducting, M_1 turn-off with ZCS

圖 6.6　(a)串聯諧振並聯負載之 Half-Bridge 轉換器主要元件的電壓、電流波形，(b) ~ (e)此轉換器操作於 $f_s < f_r$ 時之等效電路

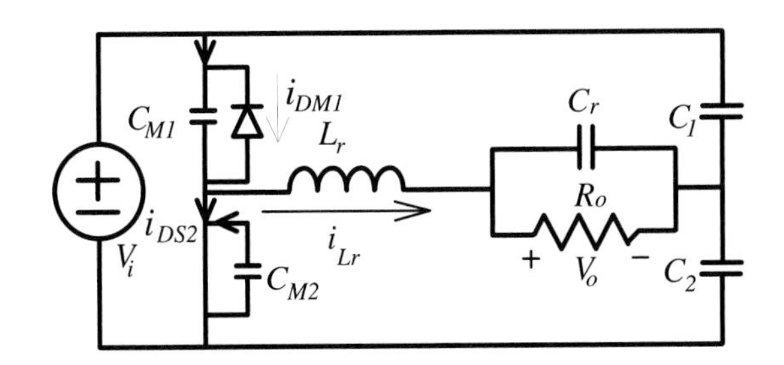

(d) Mode 3($t_1' \leq t < t_2$):M_2 turn-on with hard switching, $I_{DS2} > 0$

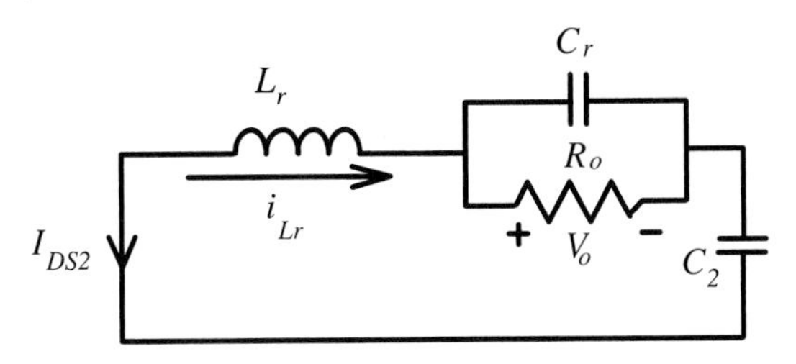

(e) Mode 4($t_2 \leq t < t_4$):M_2 conducting, $I_{DS2} > 0$

圖 6.6　(續)

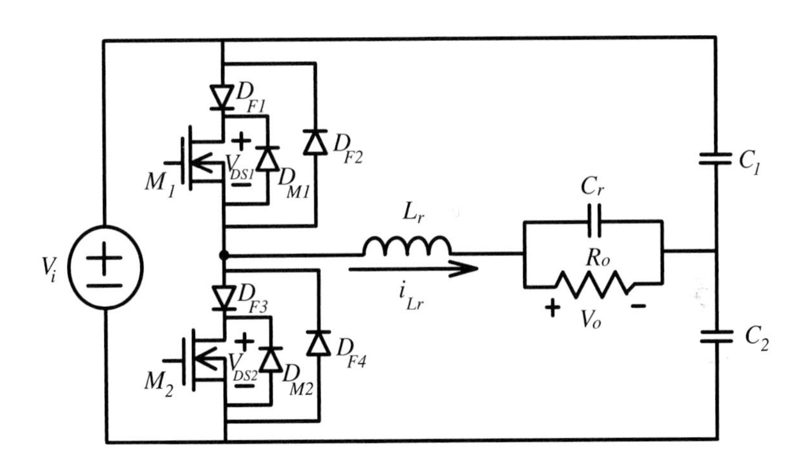

圖 6.7　加上快速二極體 $D_{F1} \sim D_{F4}$ 之串聯諧振並聯負載 Half-Bridge 諧振轉換器

由上面的兩種操作模式（$f_s > f_r$ 及 $f_s < f_r$）分析可知當 $f_s > f_r$ 時不需額外加上快速二極體，而當 $f_s < f_r$ 時則需外加四顆快速二極體，因此 $f_s > f_r$ 的操作模式較受歡迎，而且在 M_1 和 M_2 截止時還有 NZVS，其優點遠勝於 $f_s < f_r$ 的操作模式。在此要特別指出的是，若寄生電容 C_{M1} 和 C_{M2} 之容值不夠大而不能產生足夠大

的 NZVS 效應，可以加一小電容 C_a 並聯於 M_1 或 M_2 之 D-S 端點上，而且只需一顆電容就足以讓 M_1 和 M_2 有很好的 NZVS 效應，達到降低切換損失的效果。

類似的諧振轉換器在文獻上有許多不同的拓樸結構[15]-[27]，但其操作模式均大同小異，都是利用諧振電流來將開關上的寄生電容做充 / 放電以達到 ZVS、ZCS、NZVS 或 NZCS。圖 6.8 所示為其它幾個較常用的諧振轉換器，其中圖(a)所示為一個較特別的轉換器：*Class-E* 轉換器，只用到一主動開關，但需採用電流源，因此電感 L_i 之感值必須大大於 L_r 之感值；其餘之轉換器與圖 6.4 之轉換器的操作原理相似，必須考慮 $f_s > f_r$ 或 $f_s < f_r$ 的情形來控制和操作。

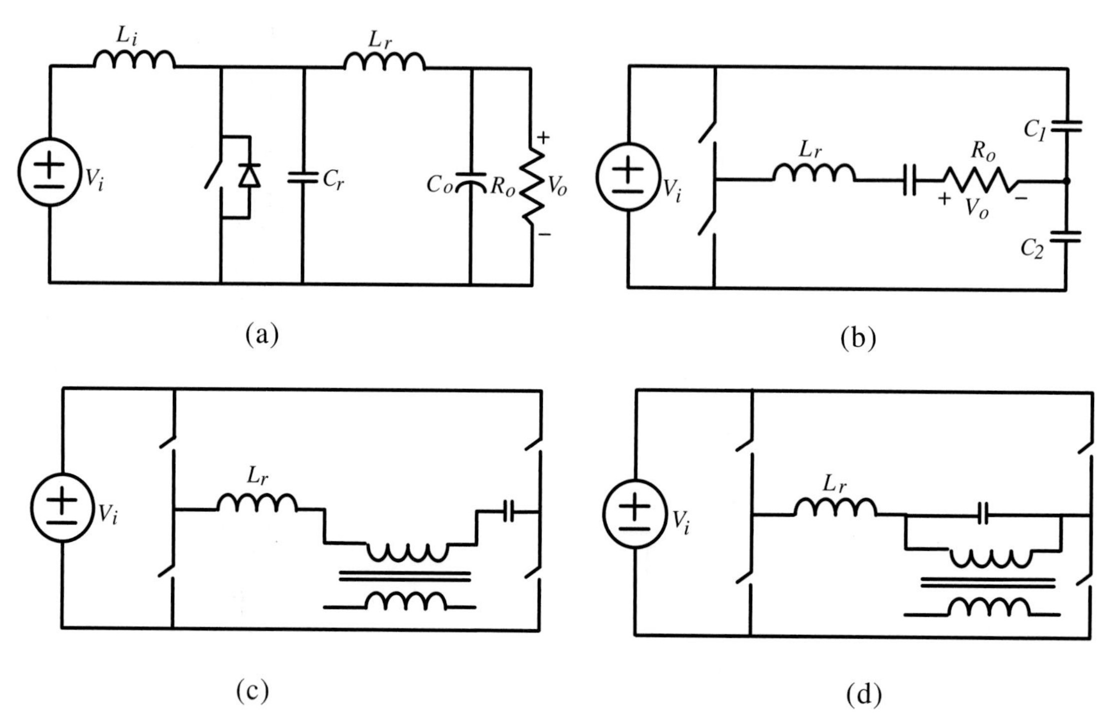

圖 6.8　其它常用的諧振轉換器：(a)*Class-E* 轉換器 (b)串聯諧振 Half-Bridge 轉換器 (c)串聯諧振 Full-Bridge 轉換器 (d)串聯諧振並聯負載 Full-Bridge 轉換器

儘管諧振轉換器可以達到軟切換特性，而且易於操作在高頻以降低 L_r-C_r 之體積，但其元件上的電壓或電流或兩者均為近似弦波波形，因此對開關增加許多額外的應力；另外其輸入 / 輸出的電壓或電流轉換比率並非簡單的線性關係而且與負載息息相關，因此其分析和控制均較複雜和困難，並非一般初學者所易切入的。讀者若有興趣諧振轉換器的分析，可參閱文獻[15]-[27]。

目前市面上大多的消費性產品所消耗的功率均在 300 W 以下，可以利用分析和控制均簡易的硬切式轉換器來處理其所需的電能，唯一要改進的是如何在切換轉態時降低切換損失和吸收由漏感和寄生、雜散元件所引起的突波；至於在穩態時則仍然保有近似方波的電壓和電流波形。這些需要在硬切式轉換器上外加轉態處理電路，在此稱做緩衝器(Snubber)。在下一節將介紹常用的緩衝器。

6.3 緩衝器（Snubber）

緩衝器也稱做緩振器，它的使用相當廣泛，藉由緩衝器的加入，可以壓低因功率元件和佈線之寄生和雜散元件所引起的高頻雜訊，讓電能處理的控制更順暢和提昇整體系統的可靠度。在深入說明緩衝器的分類和應用前，讓我們先來檢視非理想的硬切式轉換器，以做爲後續說明之例子。

圖 6.9 所示爲在理想 Buck 和 Flyback 硬切式轉換器電路中加入寄生和雜散元件的等效電路，其中由虛線所畫的元件符號代表著電力級元件的寄生和部分佈線的雜散元件。從圖中可看出處處都有等效之寄生和雜散 R-L-C 元件，而且還有些潛在於元件與元件和 PC 板上導線與導線的雜散元件尚未畫出。這些元件所產生的雜訊頻率遠高於開關的切換頻率，其主要產生的原因爲在開關切換時，會引起很高的 di/dt 和 dv/dt 變化率，連帶激發雜散元件，造成步階響應，而使得雜訊隨著寄生和雜散元件到處流竄，甚至擾亂了原有的理想電壓、電流波形，如圖 6.10 所示。

基本上，在圖 6.10 中的電壓振波和電流突波主要均來自於功率元件的寄生元件和 PC 板上的雜散元件。當開關由導通轉態至截止時，M_p 的引線電感 L_{D1} 和 L_{S1} 及佈線等效電感 L_e 會與 M_p 的輸出電容 $C_{ds}+C_{gd}$ 產生諧振，而引起高頻電壓振波並附加在原有的方波上，在 M_p 之 D-S 兩端增加許多電壓應力；此振波也同時使得 i_{DS} 的電流波形有振鈴現象；當開關由截止轉態至導通時，主要受這些

電感和 M_p 的輸入電容 $C_{gs}+C_{gd}$ 產生諧振的影響，而有電壓振波，不過這對轉換器的操作影響不大；然而在此時由二極體之接面電容所產生的 i_{DS} 突波，將會嚴重影響尖峰電流控制機制，甚至造成誤動作。同樣地，在二極體 D_p 上也會有類似的電壓、電流振鈴現象。要降低這些振波，減緩干擾，需要在原有理想轉換器上加入緩衝器。

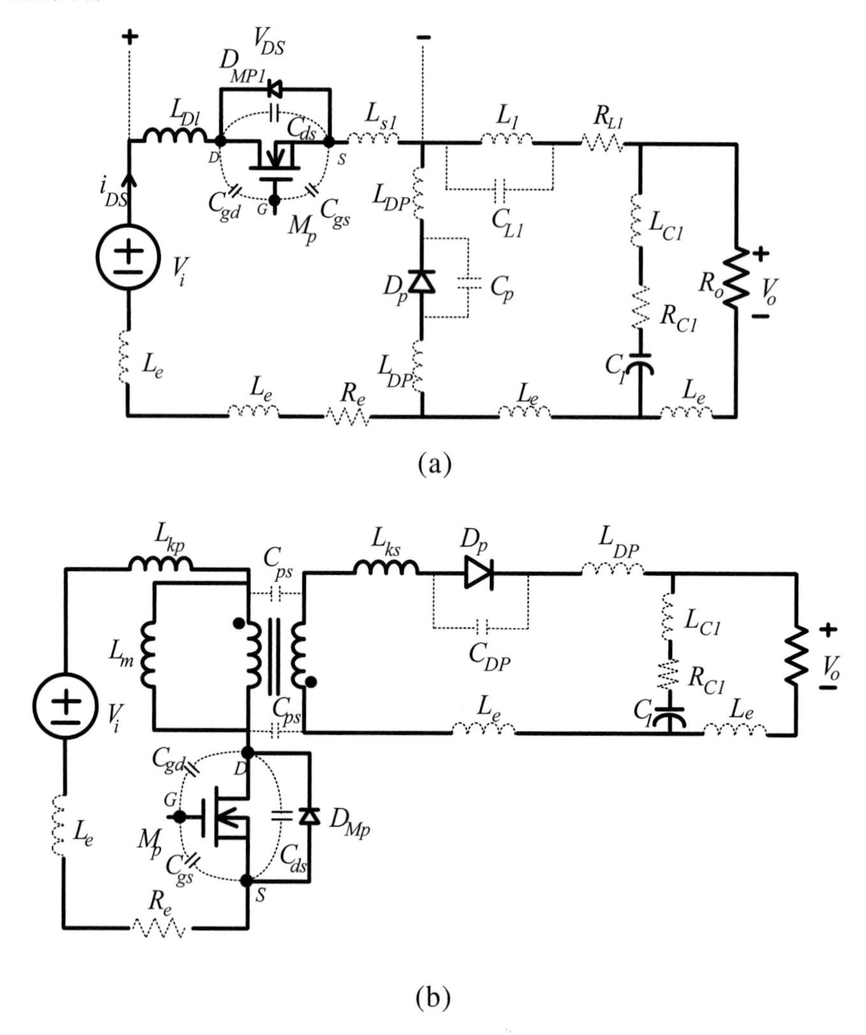

圖 6.9　考量寄生和雜散元件之 Buck 和 Flyback 轉換器等效電路

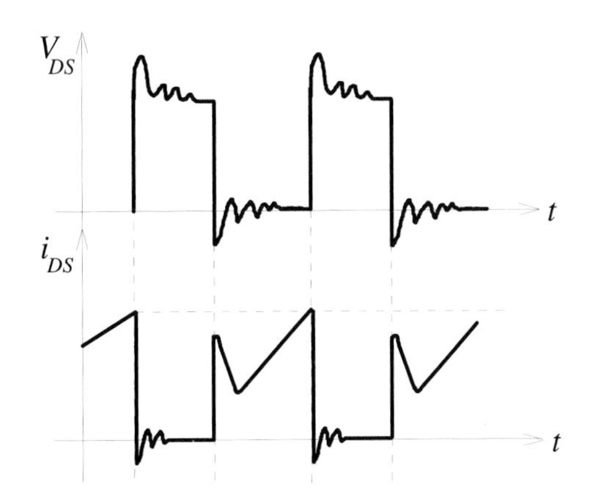

圖 6.10　包含寄生和雜散元件之 Buck 轉換器的開關電壓和電流示意波形

緩衝器除了降低雜訊、減少振鈴現象外，另一個重要功能是提供額外的路徑，幫開關分散電流或者幫開關分擔跨壓，以減少開關之切換損失，降低溫升，達到軟切換。當硬切式轉換器加上緩衝器，可以有上述之特點，也就是可以變爲軟切式轉換器。

緩衝器的分類，就效率考量，可分爲『有損耗緩衝器』(lossy snubber)與『無損耗緩衝器』(lossless snubber)；就操作型態來分，可分爲『被動式緩衝器』(Passive snubber)與『主動式緩衝器』(active snubber)；若就操作時機來分，則可分爲『導通型緩衝器』(turn-on snubber)與『截止型緩衝器』(turn-off snubber)。所以，一個緩衝器可有很長的稱呼，例如截止型被動式無損耗緩衝器，或者簡稱截止型緩衝器；另外，例如導通型主動式無損耗緩衝器可簡稱爲導通型緩衝器。在實際的應用，最大的考量是要把緩衝器用對時機，才能眞正發揮效果；至於是有無損耗或主、被動，則端賴成本考量；往往一個能達到 ZVS 或 ZCS 的主動式無損耗緩衝器，會比一個僅能達到 NZVS 或 NZCS 的被動式有損耗緩衝器貴得多，而無損耗緩衝器卻可以提昇效率，因此在選用時，一般會在成本與效率上做折衷。在低功率處理應用時，一般會用被動式有損耗緩衝器；反之則用主、被動式無損耗緩衝器。

在緩衝器裡含有電阻的稱爲有損耗緩衝器，不含電阻的稱爲無損耗緩衝器(在此假設除電阻外，其餘元件均無功率損耗)；在緩衝器裡僅包含被動元件的稱爲被動式緩衝器，而有主動開關元件的稱爲主動式緩衝器；能夠在導通時幫助達到軟切換的爲導通型緩衝器，而能夠在截止時幫助達成軟切換的爲截止型緩衝器。圖 6.11 所示爲常用的緩衝器，其中(a) ~ (d)、(f)及(g)爲截止型緩衝器，而(e)、(h)和(i)爲導通型緩衝器，(j)爲截止與導通複合型被動式有損耗緩衝器；(g)中的緩衝器也稱做主動箝位濾波器，(h)中的主動式緩衝由於其結構與 Boost 轉換器相同，所以也稱做 Boost 型緩衝器。此外，單一個 R,L,C 也可以做爲緩衝器。緩衝器的電路結構琳瑯滿目，不勝枚舉，但散落於文獻上，難以一一列舉，在此僅列出常用的十個。

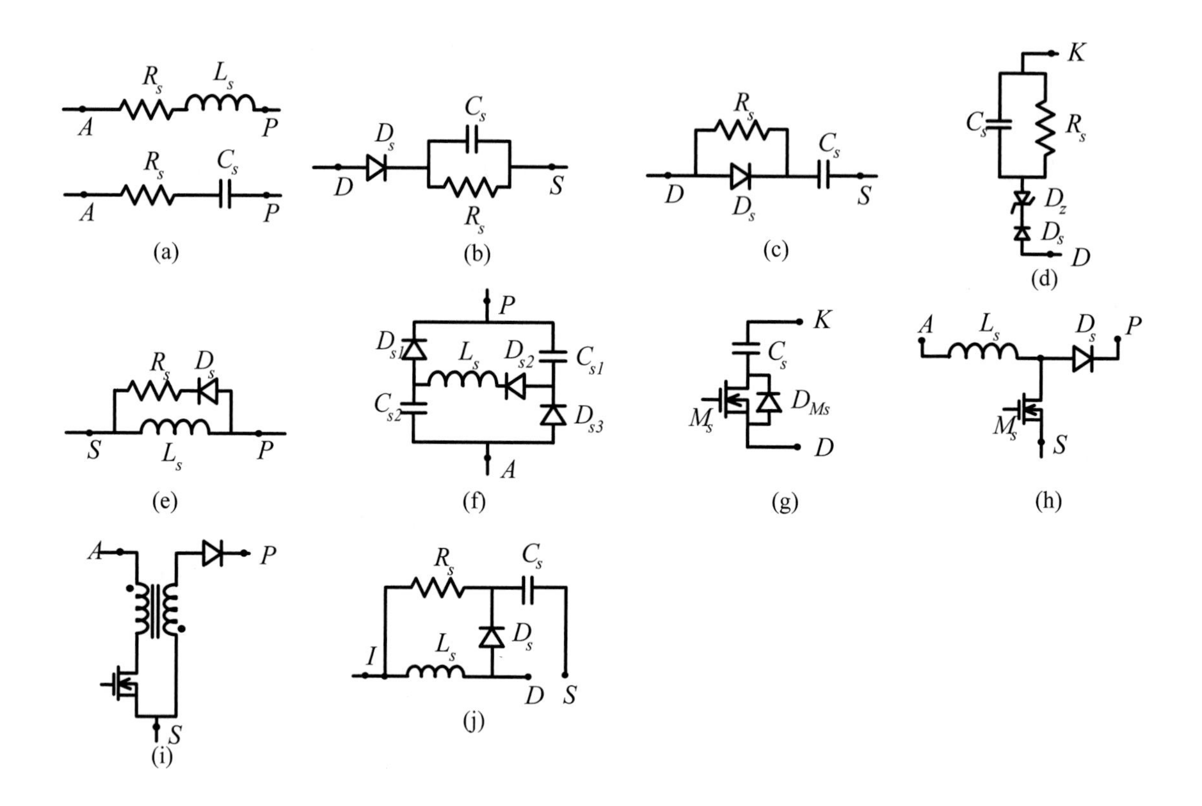

圖 6.11　常用的緩衝器：(a) ~ (d)截止型被動式有損耗緩衝器，(e)導通型被動式有損耗緩衝器，(f)截止型被動式無損耗緩衝器，(g)截止型主動式無損耗緩衝器，(h)與(i)導通型主動式無損耗緩衝器，(j)截止與導通複合型被動式有損耗緩衝器。

緩衝器的功能必須依附在主轉換器電路的動作上，它獨立存在時沒有特別意義，但沒有了它，則主轉換器元件上的電壓、電流波形將會是很雜亂。因此我們常將緩衝器比喻成大戶人家的傭人或童養媳，有了這些人，家裡的裡外打掃得乾乾淨淨，整理得有條不紊，但不會影響大戶人家的主要生活作息和生產營運；這也如同緩衝器只在處理開關切換轉態的電壓、電流，而不太會影響轉換器的輸入 / 輸出轉換特性。

緩衝器的動作原理與其所依附的主轉換器電路結構息息相關，必須一起說明才能清楚瞭解其動作原理和主要功能。在下面的小節裡將舉出常用的例子做分析。

6.4　組合型軟切式轉換器

軟切式轉換器的型式除了大家所熟悉的諧振轉換器外，最常見的應屬組合型軟切式轉換器，這是將硬切式轉換器加上適當的緩衝器，來達成開關軟切換，這也是廣義的軟切式轉換器型式。

在前章所介紹的硬切式轉換器中，PWM 轉換器是屬於同一類非隔離型的，因此我們將只舉其兩個基本 PWM 轉換器，Buck 和 Boost，加上緩衝器所組合而成的軟切式轉換器來做說明；而其它隔離型的將分別介紹 Flyback，Push-Pull 及 Half-Bridge 加上緩衝器所組合而成的軟切式轉換器。

6.4.1 Buck 轉換器 ＋ 緩衝器

A. R-C 緩衝器

圖 6.11 介紹了十種常用的緩衝器，適當的選擇型式及用對時機，這些緩衝器將對開關在切換轉態時有分流或分壓的功能，而達到軟切換效果。圖 6.12(a) 所示爲一個 Buck 轉換器結合 R_s-C_s 截止型緩衝器的電路圖，在未加 R_s-C_s 緩衝器前，開關 M_p 在截止轉態時之 V_{DS}-i_{DS} 變化波形如圖 6.12(b)之Ⓐ區所示，有很大的切換損失；當加上 R_s-C_s 緩衝器後，R_s-C_s 提供一條 i_{L1} 的分流路徑，使得在切

換點時，i_{DS} 可以開始隨 V_{DS} 上升而下降，因而可以降低切換損失，如圖 6.12(b)之B區所示。事實上，R_s-C_s 緩衝器是一種被動式有損耗緩衝器，它只是在幫忙開關 M_p 分散熱源和吸收由雜散電感 L_e 與寄生電容 C_{ds} 所引起的高頻雜訊，對於提昇整體的轉換效率來講，R_s-C_s 緩衝器並無助益，甚至還可能降低效率。

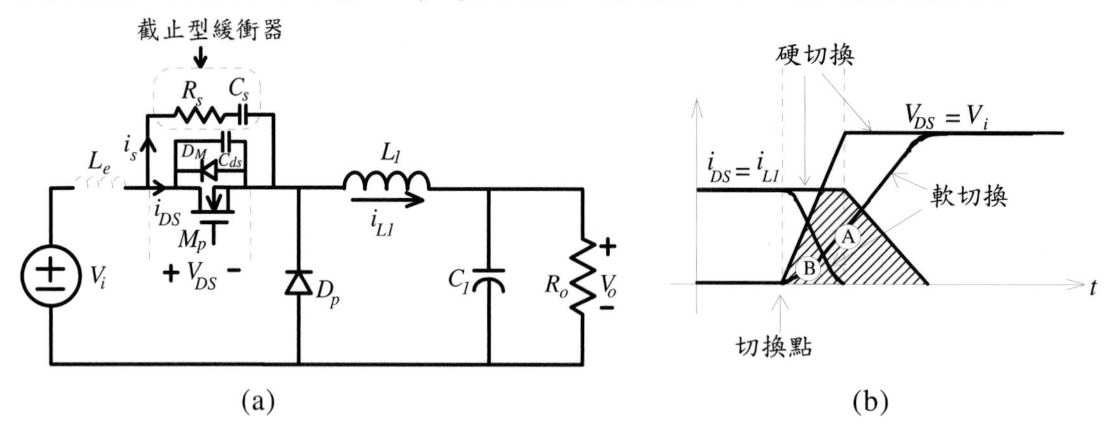

圖 6.12　(a)Buck 轉換器加上 R_s-C_s 緩衝器，(b)開關 M_p 在截止時之 V_{DS} 與 i_{DS} 變化示意波形

R_s-C_s 緩衝器的動作原理是在開關 M_p 截止時建立一條相對於 M_p 之 D-S 通道有較低或相當小阻抗的路徑，而且其品質因數 Q(Quality Factor)相對於 C_{ds} 路徑的 Q 也較低，如此才能有效幫助 M_p 分流和吸收雜訊振波。電阻 R_s 的阻值一般選在數拾歐姆，而電容 C_s 則選在 6 ~ 10 倍於 C_{ds} 的容值。在開關 M_p 導通的瞬間，電阻 R_s 還扮演 C_s 放電的限流電阻，由於此電流會流經 M_p，其準位必須做適當限制，以免損傷 M_p。R_sC_s 時間常數必須小於 $1/2t_{on}$(t_{on} 爲 M_p 導通時間)，以確保 C_s 上之電荷在每週期能放完，如此才能發揮緩衝器的功能。使用 R_s-C_s 緩衝器時，每一切換週期將造成 $C_sV_{DS}^2$ 的能量損耗，而由於 $V_{DS} = V_i$，所以在高輸入電壓 V_i 時，不適合使用此種電路。一般來講，R_s-C_s 緩衝器主要用在吸收漏感或佈線的雜散電感所儲存的能量，以避免造成雜訊流竄而影響控制或訊號處理。另外，由於有 R_s 的存在，C_s-R_s 路徑的阻抗往往也不可能太低，因此其雜訊吸收能力也會被打折扣；但若要降低 R_s 的阻值，則在 M_p 導通時會有很高的電流流徑 M_p 而引發另一個雜訊。所以在使用時會再加上一個二極體，形成 R-C-D 緩衝器。

B. R-C-D 緩衝器

圖 6.13 所示為 Buck 轉換器加上 R_s-C_s-D_s 緩衝器的電路圖，此緩衝器為一種截止型被動式有損耗緩衝器。當開關 M_p 由導通轉態至截止時，D_s-C_s 提供一個低阻抗的分流路徑，使得 i_{DS} 之電流可以迅速下降而減少 M_p 之切換損失，如圖 6.13(c)的ⓒ區所示。一般來講在相同的 C_s 下，面積ⓒ比圖 6.12(b)之面積Ⓑ來得小。若忽略 D_s 之等效阻抗，L_e-D_s-C_s 之特性阻抗為 $Z_o = \sqrt{L_e/C_s}$ ($C_s >> C_{ds}$，所以 C_{ds} 未列入計算)；由於 $C_s >> C_{ds}$，所以加上 R_s-C_s-D_s 後，其等效阻抗變低，因此對於吸收雜訊的能力也相對提高。

雖然同樣是 R_s-C_s-D_s 緩衝器，而且 R_s 均做為 C_s 的放電電阻，但 R_s 的連接可有兩種不同位置，如圖 6.13(a)和(b)所示。在(a)圖中 R_s 並聯於 D_s 上，其功能與 R_s-C_s 緩衝器相似，做為 C_s 之放電電阻及限流用，仍然在 M_p 導通時會有電流流經 M_p；而在(b)圖中 R_s 並聯於 C_s 上，做為 C_s 的放電電阻，但在 M_p 導通時不會有電流流經 M_p，減少對 M_p 的衝擊；不過在開關截止期間卻要額外付出 V_{DS}^2 / R_s 功率損耗的代價。圖 6.13(a)之緩衝器每週期消耗的能量為 $W_{d1} = C_s V_{DS}^2$，而圖 6.13(b)則要消耗 W_{d2}，

$$W_{d2} = C_s V_{DS}^2 + \frac{V_{DS}^2}{R_s} \cdot (1-D)T_s \text{，} \tag{1}$$

其中 D 為 M_p 之工作比率，T_s 為切換週期。在 Buck 轉換器上，當 M_p 截止時 $V_{DS} = V_i$，所以若 V_i 很高，則損耗將大大的增加；同樣地若 f_s (= 1 / T_s)提高時，功率損耗也會隨著增加。

在 R_s-C_s-D_s 緩衝器中，R_s 與 C_s 的選擇與前小節的 R_s-C_s 緩衝器相似，主要的考量為效率和限流。當 C_s 愈大時，V_{DS} 上升的速率就降低，使得開關切換損失可以降低，不過卻增加了 $C_s V_{DS}^2$ 之損耗；至於 D_s 的選擇，主要考量為速度和電流額定，大約在 2 A 額定以內及 50 *ns* 以內的逆向恢復時間。R-C-D 緩衝器一般搭配轉換器之切換頻率為 100 kHz 和功率額定 200 W 以內使用，其主要的目的仍然在分散開關的熱源，提升其可靠度和延長壽命。

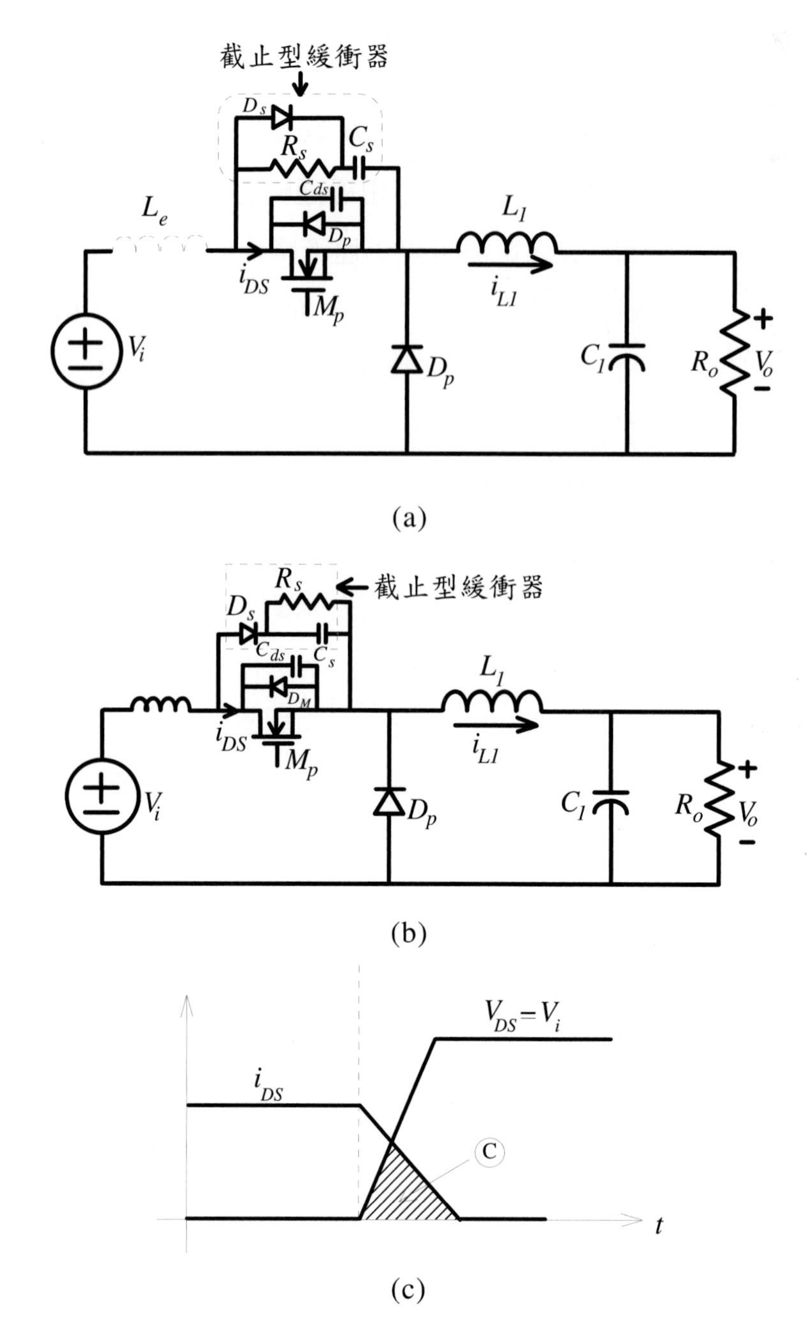

圖 6.13　兩種 R-C-D 緩衝器結合 Buck 轉換器之電路圖及其 V_{DS}-i_{DS} 在開關轉態時的變化波形

C. R-L-D 緩衝器

相對應於 R-C-D 的截止型緩衝器，R-L-D 是導通型被動式有損耗緩衝器。圖 6.14(a)所示爲結合 R_s-L_s-D_s 緩衝器的 Buck 轉換器，其開關 M_p 從截止轉態至導通的電壓、電流波形示於圖 6.14(b)，從圖中可見加入 R_s-L_s-D_s 緩衝器後，切換損失從面積Ⓐ降至Ⓑ。R-L-D 緩衝器的動作原理爲當 M_p 在導通轉態時，可以分散部分 V_{DS} (= V_i)的電壓，因此當 i_{DS} 上升時，V_{DS} 也隨之下降，達到 NZVS 軟切換，降低切換損失。當 M_p 由導通轉至截止時，電感 L_s 之電流 i_{Ls} 則流經 D_s-R_s，並在 M_p 截止時段內將其能量消耗在 R_s 上，所以 L_s / R_s 時間常數要小於 $1/2t_{off}$(t_{off} 爲 M_p 截止時段)。在每一切換週期，R_s-L_s-D_s 緩衝器的能量損耗爲 $L_s i^2_{Ls}$，其中在穩態時 $i_{Ls} = i_{L1}$，因此在大輸出電流的應用，將會有很高的能量損耗。

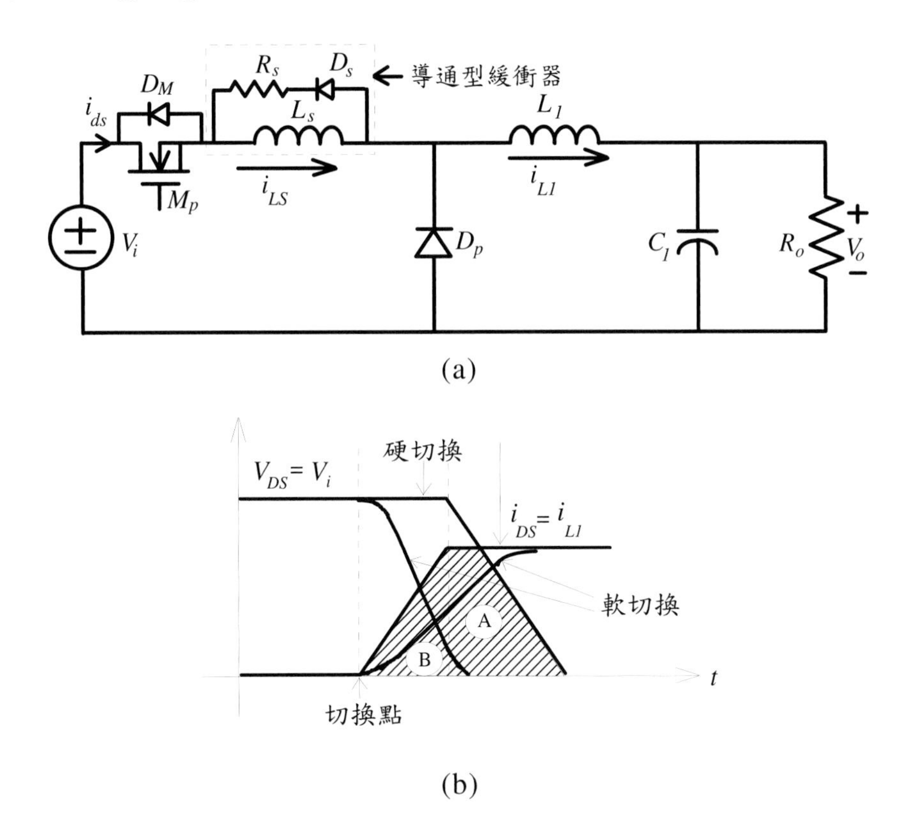

圖 6.14　(a)結合 R_s-L_s-D_s 緩衝器之 Buck 轉換器，(b)開關 M_p 由截止轉態至導通的 V_{DS}-i_{DS} 變化波形

在 R-L-D 緩衝器中，L 的選擇考量仍然是效率和電流上升斜率；而 R 的選擇爲放電時間的考量；至於 D 則是電流額定，其逆向恢復時間並不是一個決定性因素。當 L 愈大時 i_{DS} 或 i_{LS} 之上升速率就降低，因而可以降低 V_{DS} - i_{DS} 之交越面積，即降低切換損失，不過 $L_s i^2_{Ls}$ 之損耗卻增加。簡而言之，在設計時，需要同時考量 L_s / R_s 時間常數、$L_s i^2_{Ls}$ 損耗及 V_{DS} - i_{DS} 交越面積Ⓑ之損耗。前面兩者較易由計算求得，而最後一項需要藉由量測的輔助才能獲得，因往往需要有幾次的調整，才能得到較佳之 R-L-D 緩衝器設計。另外，從圖 6.14(b)中可看出，當 L_s 愈大時，i_{Ls} 的上升斜率會變慢，使得由輸入送能量到輸出的有效時間減少，即降低 M_p 有效的工作比率，所以這也是一項重要的考量因素。

D. R-C-L-D 複合型緩衝器

若需同時改善開關截止和導通時的切換損失，可採 R-C-L-D 複合型緩衝器，圖 6.15 所示爲 Buck 轉換器結合 R_s-C_s-L_s-D_s 緩衝器的電路圖，其動作原理與 R-C-D 和 R-L-D 相同。

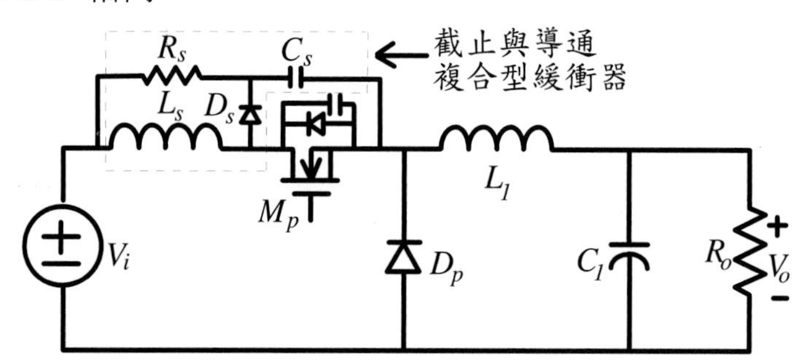

圖 6.15　結合截止與導通複合型緩衝器之 Buck 轉換器電路圖

當開關 M_p 由導通轉態至截止時，R_s 與 L_s-D_s 提供分流路徑，以降低 M_p 之截止切換損失；而當 M_p 由截止轉態至導通時，由 L_s 分壓、限流以降低 M_p 之導通切換損失。L_s 與 C_s 之放電路徑分別爲 D_s-R_s 與 R_s-L_s-M_p。

利用分流或分壓原理，緩衝器可以幫助開關分散熱源，但由於能量沒有回收，所以對轉換效率基本上沒有多大幫忙，甚至還可能有反效果。以下介紹 Buck 轉換器結合被動式無損耗緩衝器。

E. L-C-D 無損耗緩衝器

L-C-D 緩衝器不含電阻，理論上而言，它是一個無損耗緩衝器。圖 6.16 所示為 Buck 轉換器結合 L-C-D 截止型無損耗緩衝器，它包含了一個電感 L_s、兩個電容 C_{s1} 和 C_{s2}，以及三個二極體 D_{s1}，D_{s2} 和 D_{s3}。當主動開關 M_p 導通時，輸入電壓 V_i 經由 M_p、D_{s3} 和 L_s 對 C_{s1} 和 C_{s2} 充電，如圖 6.17(a)所示，電感 L_s 之功能為限流，其與 C_{s1} 和 C_{s2} 形成一個諧振網路，特性阻抗為 $Z_o = \sqrt{L_s(C_{s1}+C_{s2})/C_{s1}C_{s2}}$；在諧振半週期後，$C_{s1}$ 和 C_{s2} 被充電至 V_i，而 L_s 之電感電流則箝制在零安培，因此 L_s 並不儲存能量。當 M_p 截止時，儲存於 C_{s1} 和 C_{s2} 之能量則分別經由 D_{s2} 和 D_{s1} 放電，幫 M_p 分流以達到 NZCS，如圖 6.17(b)所示；當 C_{s1} 和 C_{s2} 完全放電後，則原 Buck 轉換器之 D_p 導通，如圖 6.17(c)所示。

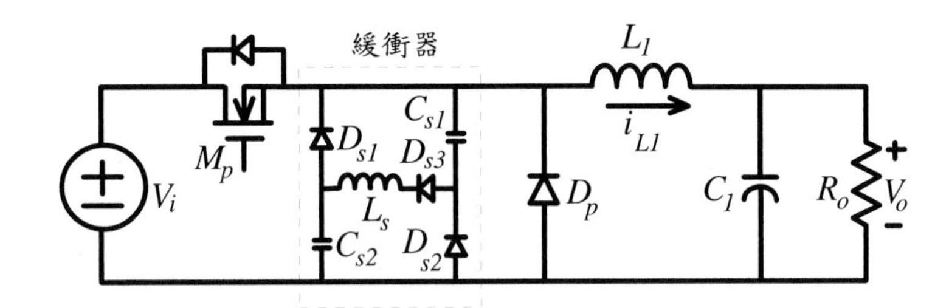

圖 6.16　結合 L-C-D 截止型無損耗緩衝器之 Buck 轉換器電路圖

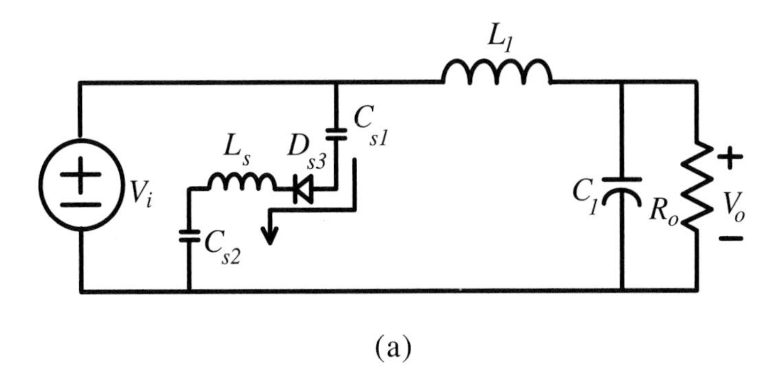

(a)

圖 6.17　(a) 主動開關 M_p 導通時之 L-C-D 緩衝器充電等效電路，(b) M_p 截止時之 L-C-D 緩衝器放電等效電路，(c) L-C-D 緩衝器之 C_{s1} 和 C_{s2} 放完電後的等效電路

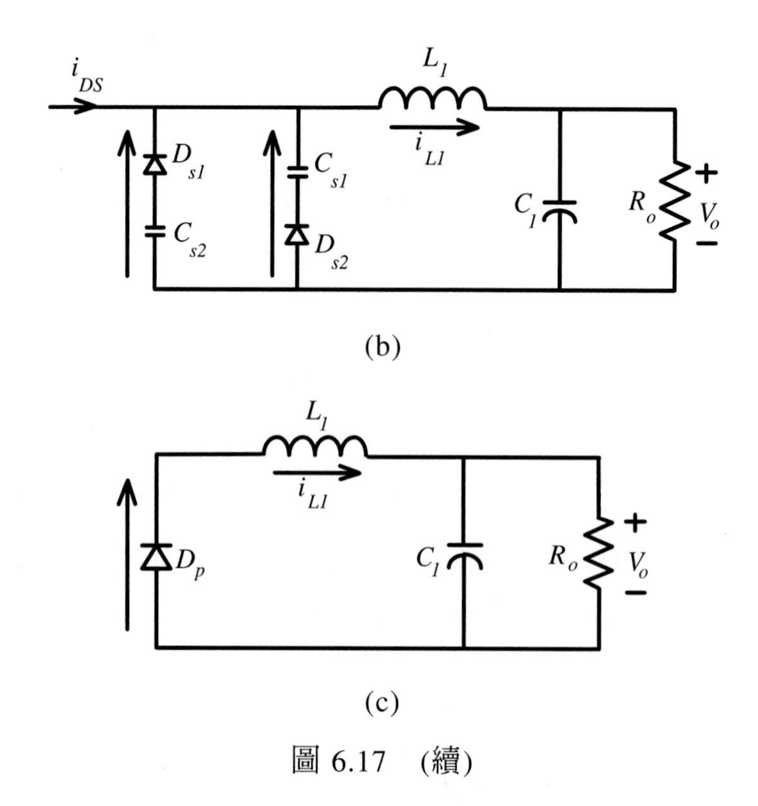

圖 6.17　(續)

為了確保 C_{s1} 和 C_{s2} 在每一 M_p 導通時能充電至 V_i，L_s、C_{s1} 和 C_{s2} 之諧振週期 T_r 必須滿足下列不等式：

$$\frac{1}{2}T_r \le T_{on} \text{，} \tag{2}$$

其中 $T_r = 2\pi\sqrt{L_s \dfrac{C_{s1}C_{s2}}{C_{s1}+C_{s2}}}$，

而 T_{on} 代表 M_p 之導通時間。假若 T_{on} 很小，則 T_r 就必須縮小，在固定的 C_{s1} 和 C_{s2} 下，則 L_s 必須降低感值，因此特性阻抗 Z_o 也跟著下降，如此將使得諧振尖峰電流變大，如圖 6.18 所示，其中 I_r 代表諧振尖峰電流加上原 I_{DS} 之初始電流。假若 I_r 接近或大於 I_p，在尖峰電流控制下，將可能造成誤動作，因此 L_s 和 C_s 之選擇必須同時考量到其與 M_p 之分流、尖峰電流和所使用之控制方法。在 M_p 截止的轉態瞬間，C_{s1} 和 C_{s2} 被電感電流 i_{L1} 放電，其放電時間可以約略估算為

$$t_D \approx \frac{(C_{s1}+C_{s2})V_i}{i_{L1}} \tag{3}$$

當 t_D 大於 M_p 之導通到截止的轉態時間，則切換損失可以大大降低。

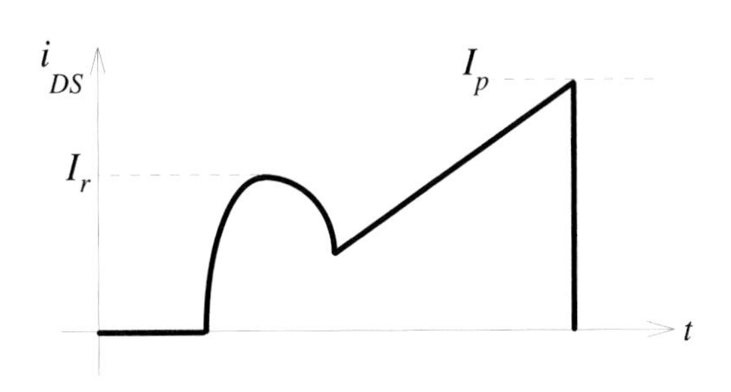

圖 6.18　開關 M_p 導通時之 i_{DS} 電流波形

L-C-D 截止型緩衝器並不能吸收 M_p 之導線電感和佈線等效電感所儲存的能量，因此在 M_p 截止時 V_{DS} 上仍會有振鈴現象。此外，在 M_p 導通時，二極體 D_p 會有逆向恢復電流，但此 L-C-D 緩衝器並不能協助限制電流，因此在 i_{DS} 上仍會看到電流突波。

6.4.2 Flyback 轉換器 ＋ 緩衝器

前面章節所介紹的緩衝器皆可以套用在 Flyback 轉換器上，唯一要特別考量的是 Flyback 轉換器的變壓器之漏感能量的吸收或回收。圖 6.19 所示為 Flyback 轉換器加上 R-C-D 緩衝器的電路圖，另外在二極體 D_p 也並聯一組 RC 電路以吸收二次側漏感所儲存之能量，以降低電壓振盪幅度。在主動開關上之 RCD 緩衝器主要用來吸收 L_{l1} 和 L_{k1} 所儲存之能量，以保護 M_p 免於過壓崩潰，所以在佈線和元件的擺放上要儘量接近 M_p 之 D-S 兩端。此 RCD 緩衝器是在 M_p 截止時動作，其動作原理與在 Buck 轉換器上之說明相同。另外，也可以將 RCD 緩衝器跨接在變壓器上，如圖 6.20 所示，此時要特別小心佈線之等效電感 L_t 上的能量並不能完全被 RCD 緩衝器吸收，因此要儘量降低 L_t 之感值。在圖 6.19 之 C_s 比起圖 6.20 之 C_s 需有較高的耐壓，而且圖 6.19 之 RCD 的接法會在 M_p 導通時有高電流突波流經 R_s 和開關本身，因此一般較喜歡圖 6.20 之 RCD 的接法；然而它也有一缺點就是在 M_p 截止時，有一 N_1 / N_2 · V_o 的電壓跨在電阻 R_s 上，而造成很高的損失，因此一般會在 D_s 上背串一個暫態脈波壓制器 D_z (TVS)，如圖 6.21(a)所示，經由 D_z 之箝制可以壓低振鈴之振幅至 V_z，如圖 6.21(b)所示，而且當 V_p 電壓降至低於 V_z 時，就不會有(N_1 / N_2)V_o 之電壓跨於 R_s 上，大大的降低在 R_s 上的損失。V_z 之選擇一般爲

$$1\cdot 2\frac{N_1}{N_2}V_o \quad < V_z < \quad 1\cdot 3\frac{N_1}{N_2}V_o \tag{4}$$

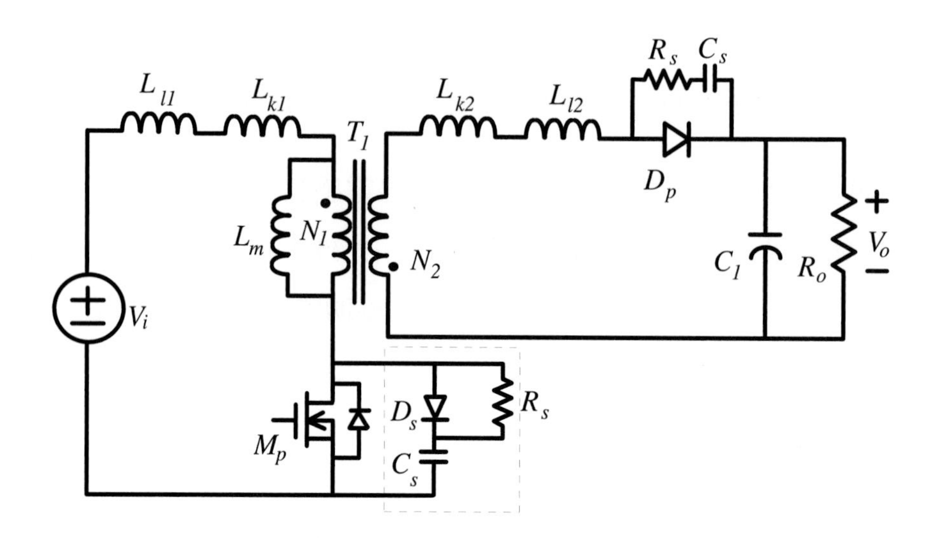

圖 6.19　RCD 緩衝器跨接於 M_p 上之 Flyback 轉換器

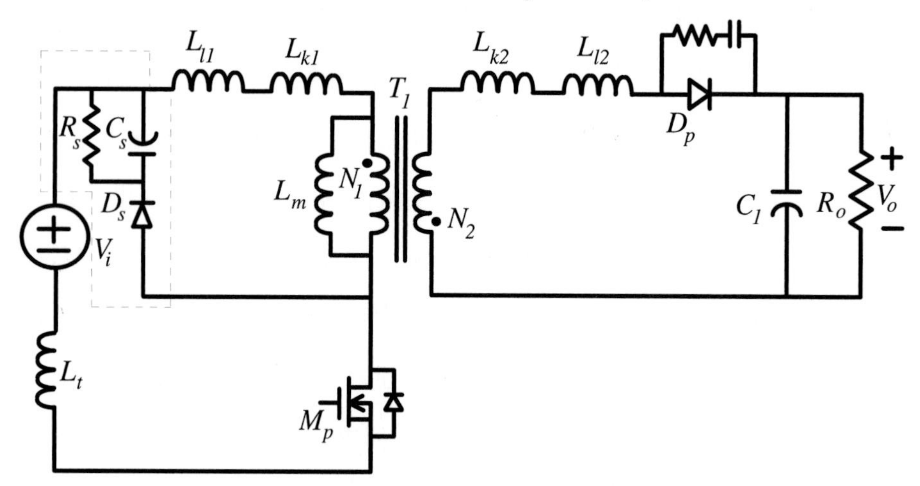

圖 6.20　RCD 緩衝器跨接於變壓器上之 Flyback 轉換器

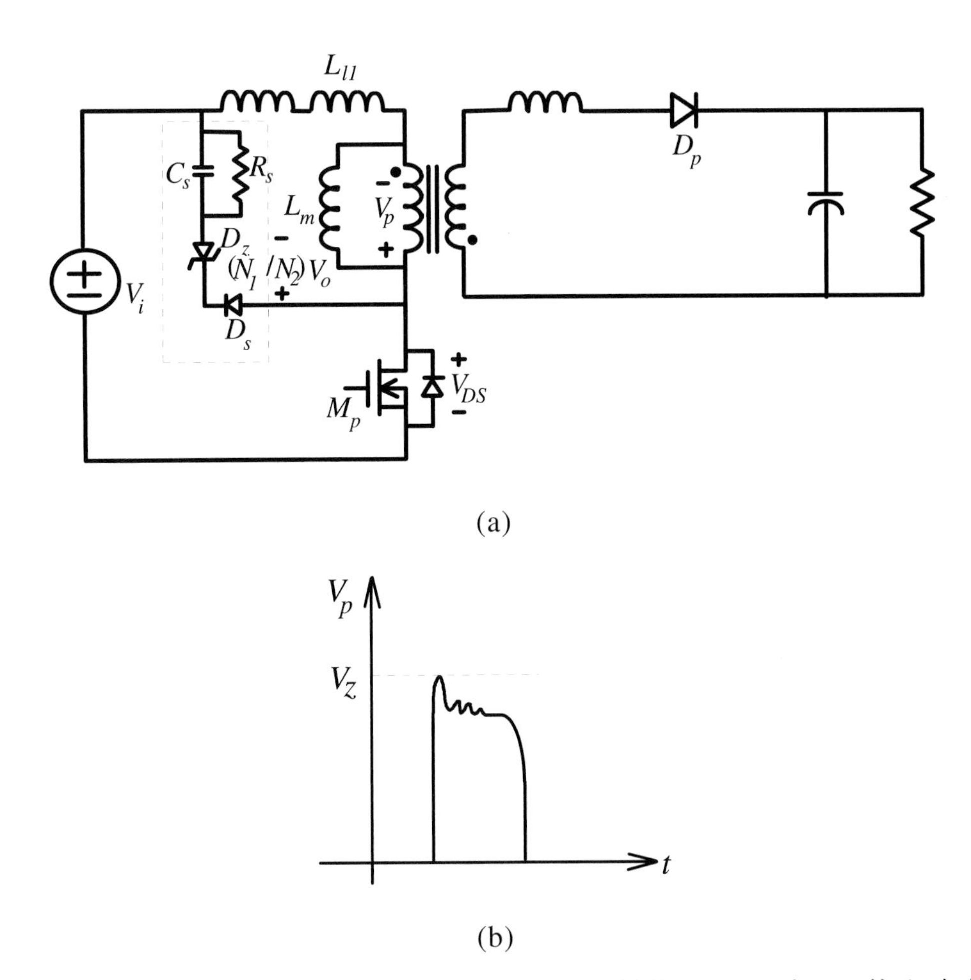

圖 6.21　(a)加上 TVS 和 RCD 緩衝器之 Flyback 轉換器，(b)在 M_p 截止時之 V_{DS} 電壓波形

以上所介紹之 RCD 緩衝器是屬於損耗型，仍然是把漏感上的能量消耗在電阻上。以下介紹一種主動箝位的緩衝器，如圖 6.22 所示。當主開關 M_p 截止時，D_c 導通將漏感 L_k 上的能量吸收到電容 C_c，由於 C_c 足以吸收 L_k 上之能量，因此 V_c 之電壓可以維持在接近 V_o / N，達到主動箝位的功能。在 M_p 導通之前先將 M_c 導通，則 C_c-T_1-L_k 形成一個諧振路徑，漏感 L_k 之電流流向左邊；當 M_c 截止時，爲了 L_k 之電流能連續，則 C_{ds} 開始與 L_k 諧振放電，且流經輸入 V_i，讓 M_p 有 ZVS 導通的特性；而由於在 M_c 導通之時，其 D_c 均屬於順偏狀態，因此 M_c 也有 ZVS 導通的特性。在此要進一步說明的是，當 M_c 導通時，電容 C_c 經變壓器對漏感

L_k反向充電，而當 M_c 截止時，利用 L_k 之電流的連續導通特性幫 M_p 之 C_{ds} 放電；因此 M_c 和 M_p 之導通時序適當控制。加上主動箝位之 Flyback 轉換器具有軟切換特性而且還能將漏感上之能量回收再運用，它是一種常用的緩衝器，尤其在有漏感的轉換器應用，其它例子還有使用中心抽頭電感之 Buck 轉換器，如圖 6.23 所示。因爲電感偶合不完全而有漏感，因此主動箝位緩衝器可以用來協助 M_p 和 M_c 開關達到 ZVS 和回收漏感上的能量。

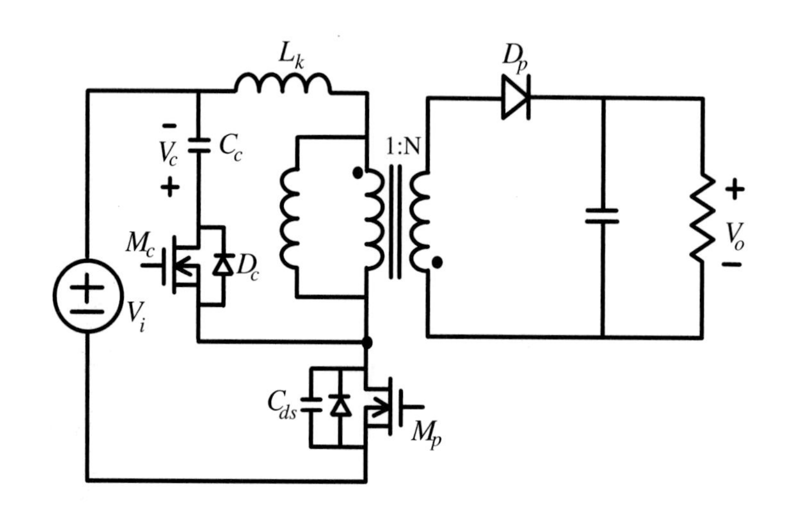

圖 6.22　結合主動箝位緩衝器之 Flyback 轉換器

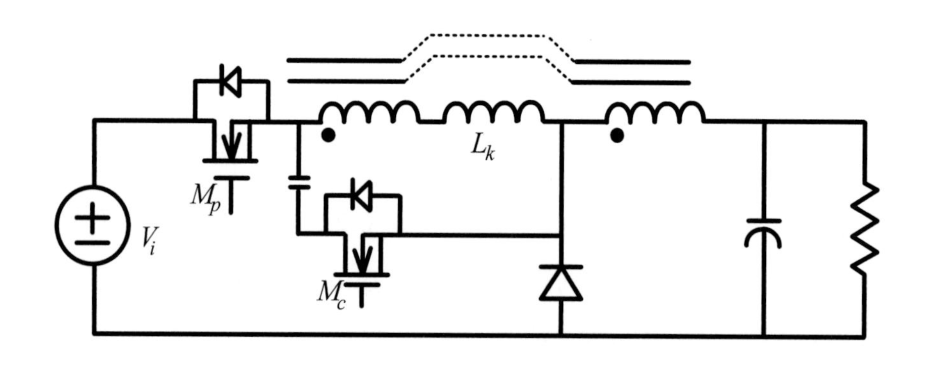

圖 6.23　結合中心抽頭電感和主動箝位緩衝器的 Buck 轉換器

6.4.3 Push-Pull 轉換器 ＋ 緩衝器

Push-Pull 轉換器的拓樸結構如圖 6.24 所示，它包含了兩個共源極的主動開關。在前面所提過的 RCD 緩衝器均可分別並聯在開關上，以達到軟切換的特性；不過以下將僅介紹加上其它主動開關的軟切換轉換器。

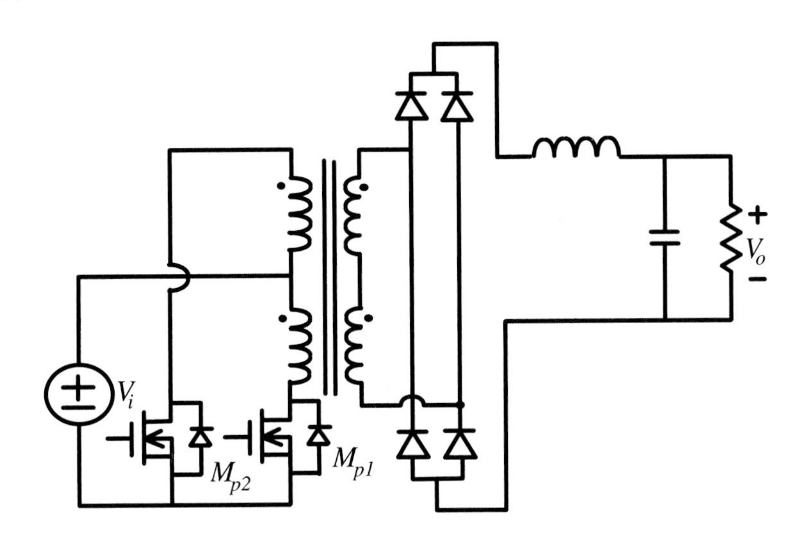

圖 6.24　Push-Pull 轉換器拓樸結構

圖 6.25 所示為一具有零電壓導通的 Push-Pull 轉換器[28]，圖中 Q_1 和 Q_2 是做為同步整流，以降低導通損耗。當 M_{p1} 和 M_{p2} 均截止時，電容 C_p 將與變壓器 T_r 的激磁感諧振，而將開關 M_{p2} 的 C_{ds} 電容放電(假設在這之前 M_{p1} 剛截止)，建立一個可以讓 M_{p2} 零電壓導通的機會，詳細的說明，可以參閱文獻[28]。

圖 6.26 所示為一具主動箝位的 Push-Pull 轉換器，利用變壓器之漏感和外加主動開關 Q_3 和 Q_4 及箝位電容 C_{c1} 和 C_{c2}，使得 Q_1 ~ Q_4 在導通時均具有零電壓切換，其詳細的操作模式，各主要元件的電壓和電流波形以及轉換增益，可參閱文獻[29]。

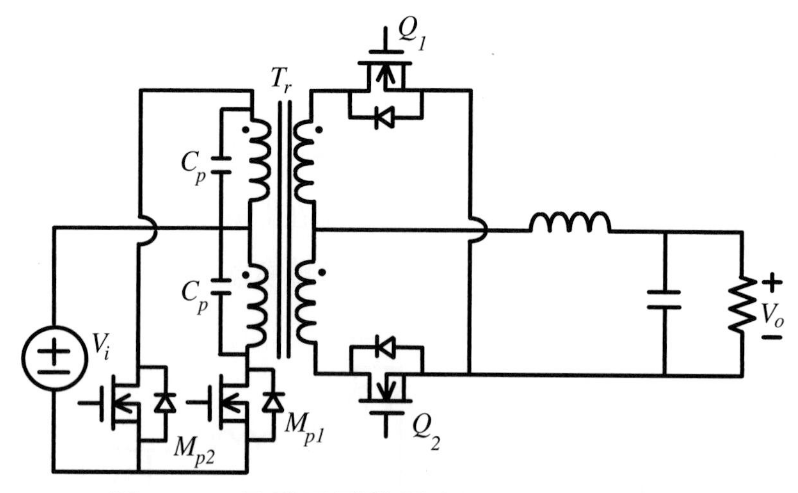

圖 6.25　具零電壓導通之 Push-Pull 轉換器

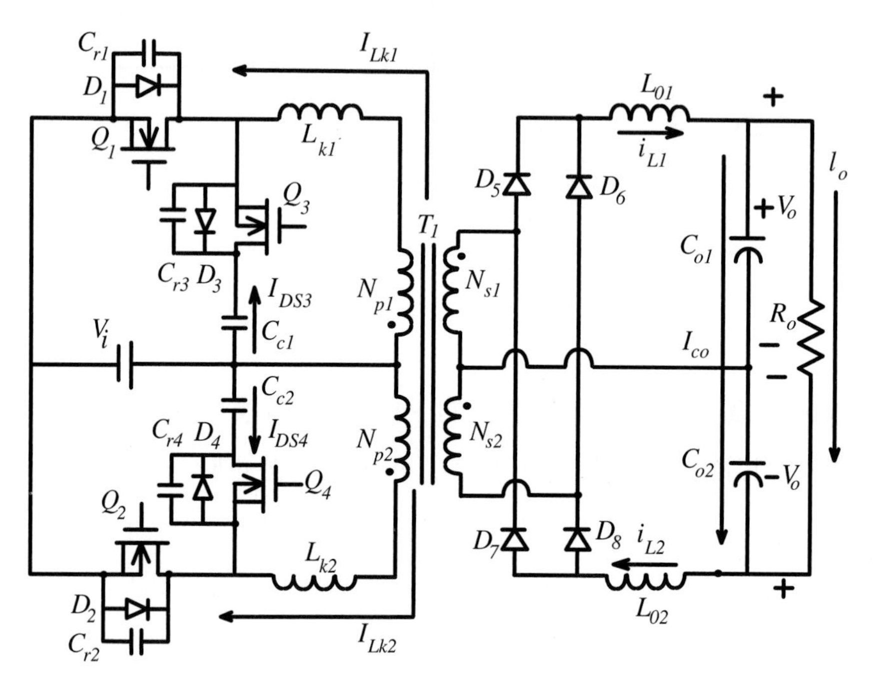

圖 6.26　具主動箝位與零電壓切換之 Push-Pull 轉換器

圖 6.27 所示為另一個具零電壓切換的 Push-Pull 轉換器，它利用雙主動開關來取代傳統的每一單開關，並且採用二極體來箝位，同樣地也是利用變壓器的漏感來與主動開關的 C_{ds} 電容諧振，而達成電壓切換。詳細的操作模式、各主要元件的電壓和電流波形以及重要的設計用方程式，可參閱文獻[30]。

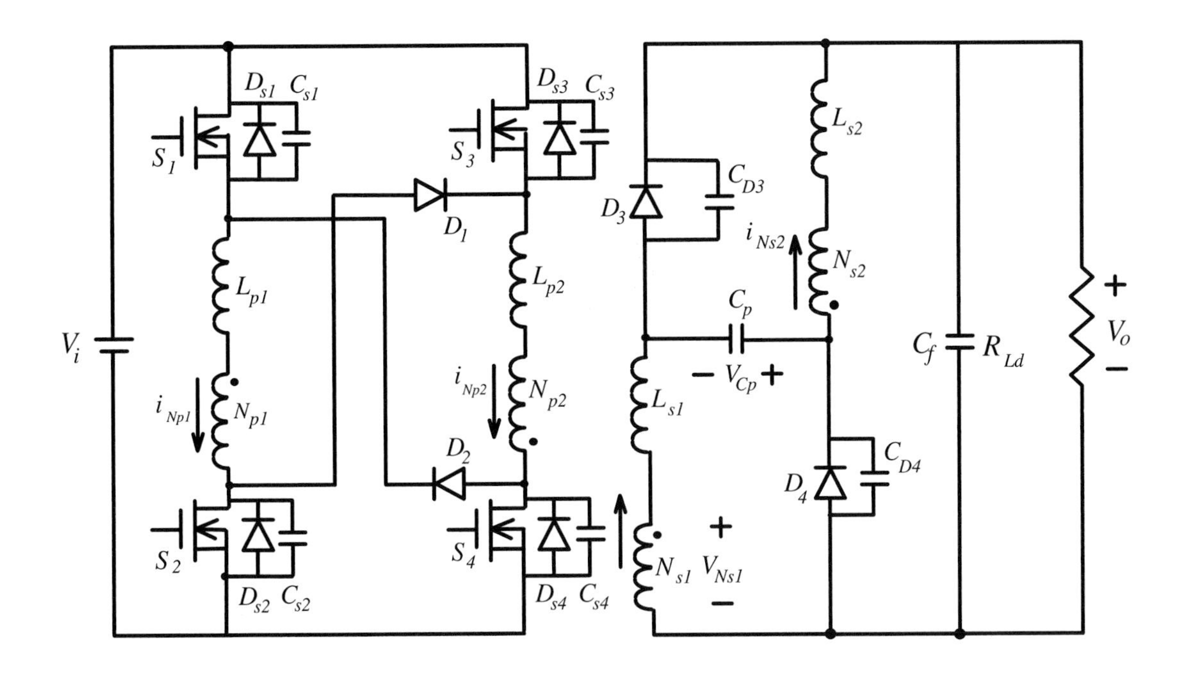

圖 6.27　具被動箝位與零電壓切換之 Push-Pull 轉換器

其它類似的軟切換 Push-Pull 轉換器仍有多個，可以上 IEL 電子圖書館找尋。

6.4.4　Half-Bridge 轉換器

在 6.2 節裡，Half-Bridge 轉換器是屬於諧振型轉換器，其電壓與電流波形均為近似弦波；而在本節所要探討的 Half-Bridge 轉換器是屬於 PWM 型，僅在切換轉態時藉由短暫的諧振來達到軟切換，其餘時間與傳統型的操作相同，因此整體看來，其電壓、電流波形較近方波。

圖 6.28 所示為一採用飽和電感串聯二極體可等同為一主動開關。由於飽和電感的作用，在兩主動開關 S_1 和 S_2 均為截止時，激磁感電流會把開關的 C_{ds} 電容放電，致使其 Body 二極導通，製造一個零電壓切換的機會給該主動開關。詳細的操作原理、主要元件之電壓、電流波形以及設計用的方程式，可以參閱文獻[31]。

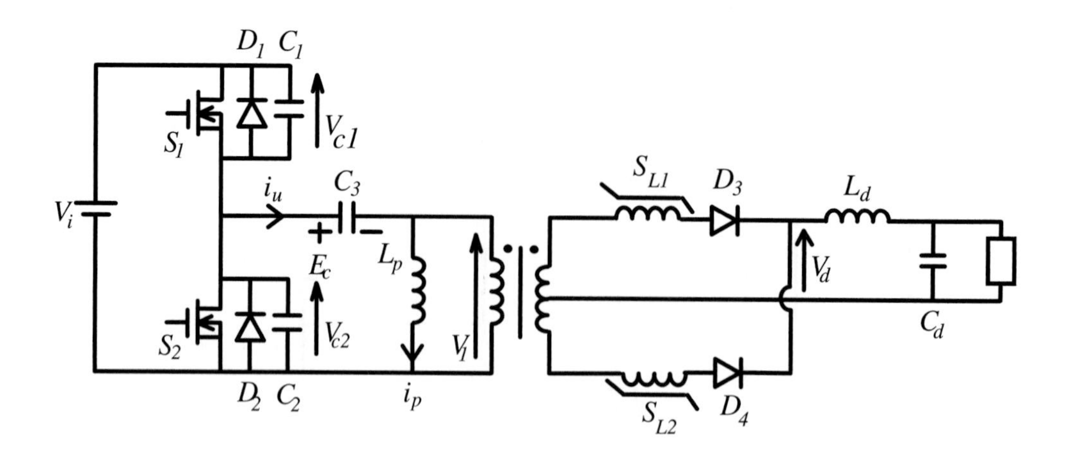

圖 6.28　採用飽和電感之零電壓切換 Half-Bridge 轉換器

由於圖 6.28 的轉換器中之磁放大器不能箝制電流波形使之成爲方波，另外，其整流二極體在截止時有切換損失，因此文獻[32]之作者提出一定頻控制與具有零電壓切換的方波型 Half-Bridge 直流 / 直流轉換器，如圖 6.29 所示。採用圖 6.29 的轉換器能夠減低其開關元件的應力和降低切換損失，其主動開關和輸出端的整流二極體均具零電壓切換。

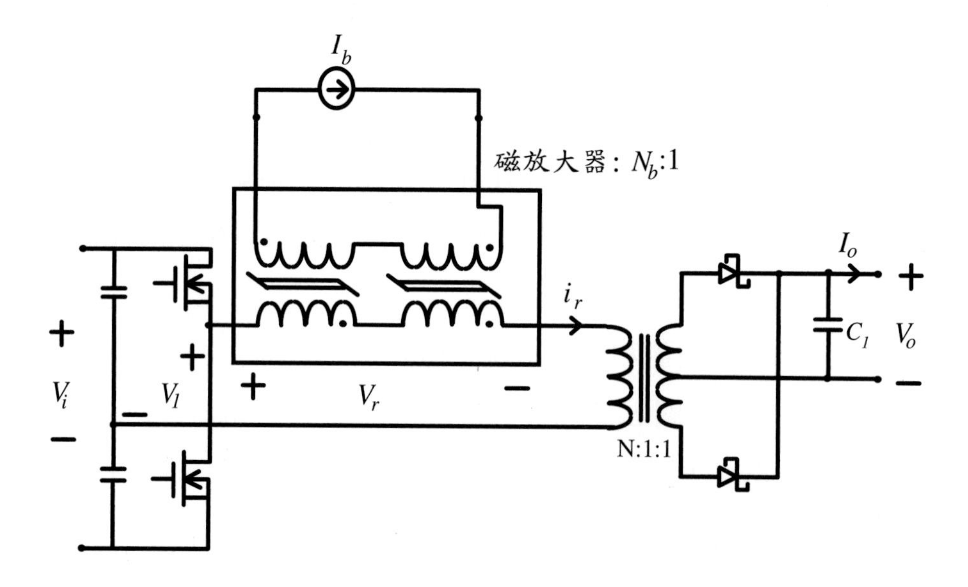

圖 6.29　具零電壓切換之方波型 Half-Bridge 轉換器

Half-Bridge 轉換器也可用來做爲功因校正，其功能就如同雙 Boost 轉換器，如圖 6.30 所示。當適當加上兩個額外的主動開關，再配合適當的操作程序，則可使兩個主動開關 S_1 和 S_2 具有近似零電壓切換(Zero Voltage Switching: NZVS)，而其副開關 S_{r1} 和 S_{r2} 則有零電流導通的性能，降低了切換損失。詳細的電路動作原理說明，主要元件之電壓與電流波形以及設計方程式，可參考文獻[33]。

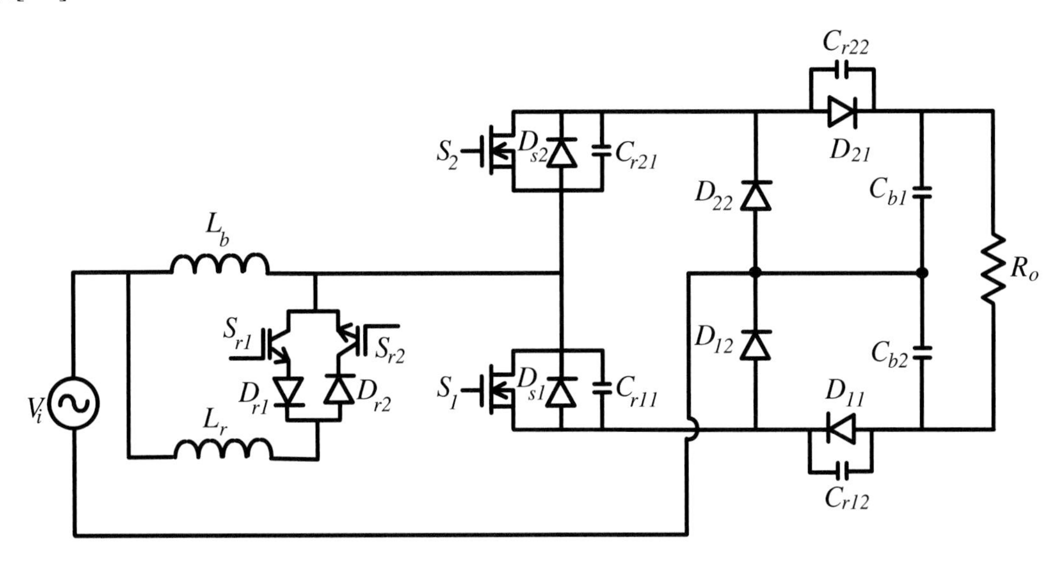

圖 6.30　具軟切換之 Half-Bridge 轉換器

6.5 重點整理

本章主要在探討軟切式轉換器，由軟切換特性切入，比較其與硬切換特性的差異，進而說明能達成軟切換的轉換器。軟切換特性主要分做四種：零電壓切換(ZVS)、零電流切換(ZCS)、近似零電壓切換(NZVS)及近似零電流切換(NZCS)，採用軟切換的轉換器主要在降低切換損失、提昇轉換效率，同時可以降低雜訊干擾，對於提高切換頻率而降低體積有很大的助益。

早期的軟切式轉換器探討以諧振轉換器爲主，轉換器的電壓、電流波形近乎弦波，或者其中之一爲近似弦波，主要的代表性轉換器爲二階的串聯諧振型和並聯諧振型，然後再衍生出其它的如 LCC 或 LLC 三階的諧振轉換器。這些轉換器又可分爲 Half-Bridge 和 Full-Bridge 型。在本章中我們針對幾種較常用的轉換器說明其操作原理，並指出其應用場合和可能的問題點。

諧振轉換器的分析與設計較複雜和困難，其元件的應力也較高；因此，在大多的應用場合仍較喜歡採用由硬切式轉換器加上緩衝器(Snubber)所形成的軟切式轉換器。常用的緩衝器大致上可分爲被動型的如 RCD、RLD 和 LCD，和主動型的如主動箝位電路，其主要功能爲協助開關在切換轉態時能減少切換損失、分散熱源、減少振盪、降低漣波振幅。採用被動式損耗型的緩衝器，主要在分散開關的熱源，對於提昇轉換效率往往助益不大，甚至會反效果；不過若採用無損耗型，則可以幫助降低切換損失和提昇轉換效率，但是其零件成本則相對會提高；若需進一步改善由雜散元件，如漏感和接面電容，所引起的振鈴現象，則需採用主動式的緩衝電路。

經由適當組合，可以把緩衝器加至硬切式轉換器以形成軟切式轉換器，在本章中我們舉出多個常用的轉換器結構，加以操作原理說明，並指出其優、缺點，讓讀者能容易抓住重點。

6.6 習題

1. 說明軟切式轉換器主要用來改善硬切式轉換器的哪些切換特性。
2. 以 Buck 轉換器爲例，說明其主動開關在導通與截止轉態時之開關上的電壓和電流波形。
3. 說明四種軟切換特性的切換機制，並且說明其與切換損失和雜散元件諧振的關係。
4. 舉出一個諧振轉換器的應用例子，說明其操作原理，並且畫出其開關上的電壓、電流波形。
5. 如圖 6.4 所示，証明其 L_r-C_r-R_o 諧振網路之諧振頻率爲 $\omega_r = \omega_o\sqrt{1-\frac{1}{Q^2}}$，其

中 $\omega_o = \dfrac{1}{\sqrt{L_r C_r}}$ 和 Q = $R_o \big/ \sqrt{L_r / C_r}$ 。(提示：在諧振頻率下，看進諧振網路的等效阻抗爲一純電阻。)

6. 以串聯諧振並聯負載 Half-Bridge 諧振轉換器爲例，比較其開關操作在高於和低於諧振頻率之優、缺點或應用限制。
7. 說明諧振轉換器之優點及潛在的問題點。
8. 舉例說明在一轉換器上會存在的寄生和雜散元件，並進一步說明其主要產生源和對開關切換所造成的影響。
9. 假設在 Boost 轉換器之主動開關元件上存有 C_{ds} = 2 nF 和 L_s = 40 nH，試說明其對切換頻率爲 100 kHz 之開關上的電壓、電流波形之影響。
10. 舉出一個可用來分散開關在截止時之熱源的 RCD 緩衝器，並且結合 Buck-Boost 轉換器來說明其操作原理。
11. 試著將圖 6.11(f)之 LCD 緩衝器加至 Boost 轉換器上，並且說明其操作原理，以驗証其所能達成之 NZCS 軟切換特性。
12. 試著將圖 6.11(h)之 Boost 緩衝器加至 Boost 轉換器上，並且說明其操作原理，以驗証其所能達成之 ZVS 軟切換特性。(提醒：在 IEL 上打入 Boost-Boost Converter 之關鍵詞，可以找到參考資料)
13. 圖 6.19 和圖 6.20 中之 RCD 緩衝器的擺放位置和連接方式均不同，從效率和電壓、電流應力的角度，比較其優劣點。
14. 如圖 6.21(a)之電路所示，估算其 RCD 緩衝器在一切換週期內的損耗。
15. 找出圖 6.26 所示電路之參考文獻，並說明其主動箝位電路如何幫助主動開關達成 ZVS 軟切換特性。
16. 試說明選擇緩衝器的原則。
17. 從效率的角度而言，Buck 轉換器的導通轉態損失和截止轉態損失何者較大?
18. 說明圖 6.11(b)和 6.11(f)中之電容值的選擇原則爲何?

第七章　轉換器分析與設計

在第五章中，我們已針對 PWM 轉換器的動作原理和輸入對輸出的轉換比率做說明和推導，並且對其操作注意事項也特別加以一一指出。在本章裡，我們將針對幾種常用的轉換器做進一步分析，探討如何決定其元件值。這些轉換器將包含 Buck、Boost、Flyback、Push-Pull、及 Half-Bridge 等轉換器。

7.1 Buck 轉換器

7.1.1 電感值之決定

Buck 轉換器是一個結構簡單、控制容易及應用廣泛的降壓型轉換器，爲了方便說明，將其電路圖(原示於圖 5.1)重畫於圖 7.1。在連續與不連續導通模式邊界，其電感電壓和電流波形如圖 7.2 所示，其中電感之平均電流 I_{LB}(即等於輸出電流 I_{OB})：

$$I_{LB} = I_{OB} = \frac{1}{2} I_{rp} \text{，} \tag{1}$$

在式(1)中，I_{rp} 代表漣波電流。從圖 7.2 中之 i_{L1} 波形可推得

$$I_{rp} = \frac{(V_i - V_o)}{L_1} \cdot t_{on} = \frac{V_o}{L_1} t_{off} \tag{2}$$

因此，式(1)可以表示如下：

$$I_{LB} = I_{OB} = \frac{1}{2} \frac{(V_i - V_o)}{L_1} t_{on} = \frac{V_i - V_o}{2L_1} DT_s \tag{3}$$

其中 $DT_s = t_{on}$；又式(1)可表示爲

$$I_{LB} = I_{OB} = \frac{1}{2} \frac{(V_o)}{L_1} t_{off} = \frac{V_o}{2L_1} (1 - D) T_s \tag{4}$$

其中 $t_{off} = (1\text{-}D)T_s$。從以上的式子可以看出，若要在連續導通模式下操作，也就

是電感電流不會降為零，則必須

$$I_o > I_{OB} = I_{LB} = \frac{V_o}{2L_1}(1 - D_{\min})T_s \tag{5}$$

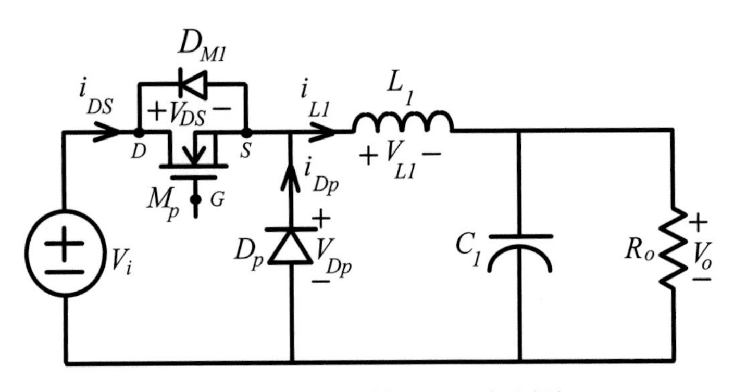

圖 7.1　Buck 轉換器電路圖

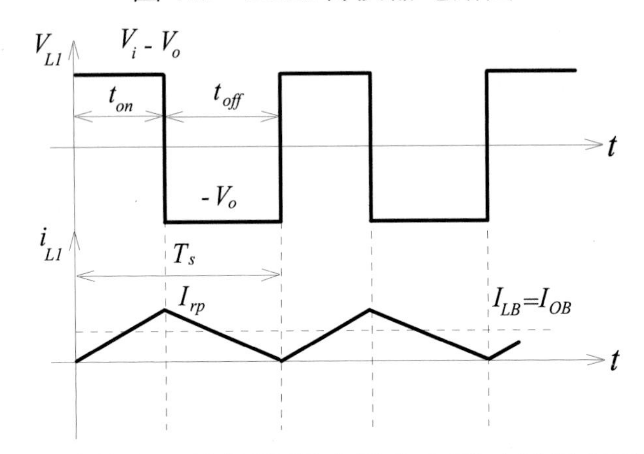

圖 7.2　在連續與不連續導通邊界時之電感電壓和電流波形

換句話說，電感值必須大於臨界感值 L_B，即

$$L_1 > L_B = \frac{V_o}{2I_{OB}}(1 - D_{\min})T_s$$

$$= \frac{V_o}{2(P_{o,\min}/V_o)}(1 - \frac{V_o}{V_{i,\max}})T_s$$

$$= \frac{{V_o}^2 T_s}{2P_{o,\min}}(1 - \frac{V_o}{V_{i,\max}}) \tag{6}$$

或者我們必須限制最小之負載，使其滿足下式：

$$R_o < R_{OB} = \frac{V_o}{I_{OB}} = \frac{2L_1}{(1-D_{\min})T_s} \tag{7}$$

若同時考慮到電感電流漣波的大小，則 L_1 的選擇還要滿足下式(由式(2)求得)：

$$L_1 = \frac{V_o}{I_{rp}}(1-D_{\min})T_s \tag{8}$$

一般而言，我們不會將轉換器全操作在連續導通模式，否則電感值將會變得不合理的大；而是在某低負載以下，將其操作在不連續導通模式，如此才不至於使得轉換器之體積變得過大。此低負載一般設計在全載的 20 %。

7.1.2 電容值之決定

在穩態分析時，我們假設輸出電壓 V_o 沒有漣波，然而在有限的電容值下，輸出電壓漣波是在所難免，其大小量與電感之電流漣波 I_{rp}、電容值 C_o 和切換週期 T_s 息息相關。圖 7.3 所示為電感電流和輸出電壓波形，其漣波 V_{rp} 大小可推導如下：

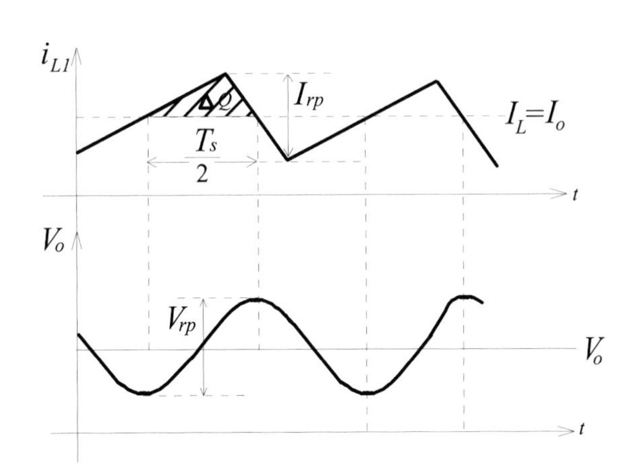

圖 7.3　電感電流和輸出電壓波形

$$V_{rp} = \frac{\Delta Q}{C_o} = \frac{1}{C_o}\cdot\frac{1}{2}\frac{I_{rp}}{2}\cdot\frac{T_s}{2} = \frac{I_{rp}T_s}{8C_o} \tag{9}$$

將式(2)代入(8)，得到

$$V_{rp}=\frac{V_oT_s(1-D)}{L_1}\cdot\frac{T_s}{8C_o}=\frac{V_o(1-D)T_s^{\ 2}}{8L_1C_o} \tag{10}$$

令 $f_o=1/(2\pi\sqrt{L_1C_o})$ 且 $f_s=1/T_s$ ，則式(10)可改寫如下：

$$V_{rp}=\frac{\pi^2V_o}{2}(1-D)(\frac{f_o}{f_s})^2 \tag{11}$$

由上式可知，L_1-C_o 之諧振頻率 f_o 愈小時愈可以降低輸出漣波，而所需付出之代價為其 L_1-C_o 的體積將會變大；另外，也可看出，其漣波大小與負載無關。電壓漣波的百分比可表示如下：

$$\frac{V_{rp}}{V_o}\times 100\%=\frac{\pi^2}{2}(1-D)(\frac{f_o}{f_s})^2\times 100\% \tag{12}$$

當電感已決定且定出輸出電壓漣波後，電容 C_o 可由式(10)求得

$$C_o=\frac{V_oT_s^{\ 2}}{8L_{1,\min}V_{rp}}(1-D_{\min}) \tag{13}$$

此外，由於電容有 ESR(Effective Series Resistor)，會影響輸出電壓漣波，因此也要將它列入考量。一般而言，ESR 可由下式來近似：

$$\text{ESR}=\frac{V_{rp}}{I_{rp}} \tag{14}$$

在轉換器中，L_1 和 C_o 的選擇除了以上的穩態考量外，還要考慮到其影響動態情形，例如品質因數(Quality Factor)，其表示如下：

$$Q=\frac{R_o}{\sqrt{L_1/C_o}} \tag{15}$$

當在輕載時 Q 值大，易造成系統振盪，因此必須調整 $\sqrt{L_1/C_o}$ 之阻抗來匹配負載，以穩定系統操作。此方面的探討將在控制器設計單元做進一步說明。另外，Co 的選擇還須考量到 Hold-up 時間的需求，一般會遠大於由(13)式所求得之值。

7.1.3 功率開關之決定

功率開關之決定須考慮其耐壓和耐流的額定值，由第五章之轉換器動作原理說明，可知 M_p 和 D_p 所須承受之最大電壓為輸入電壓 V_i，而電流則可由本章之式(4)和輸出電流 I_o 決定如下：

$$i_{DS} = I_p = I_o + \frac{I_{rp}}{2} = I_{o,\max} + \frac{V_o}{2L_{I,\min}}(1-D_{\min})T_s \tag{16}$$

例題 1：已知輸入電壓 $V_i = 36 \sim 60$ V，輸出電壓 $V_o = 24$ V，輸出最大功率 $P_{o(\max)} = 50$ W，切換頻率 $f_s = 80$ kHz。當 $P_o \le 10$ W 時，Buck 轉換器操作在 DCM，試求最小之電感值及在此電感值下之最大電阻各為何？

解：由式(6)可知電感 L_I 必須滿足下式：

$$L_I > \frac{V_o^{\,2} T_s}{2P_{o,\min}}\left(1-\frac{V_o}{V_{i,\max}}\right)$$

其中

$V_o = 24$ V，$T_s = 1/f_s = 12.5\mu\text{s}$，$P_{o,\min} = 10$ W，及 $V_{i,\max} = 60$ V，則

$$L_1 > \frac{24^2 \cdot (12.5\mu s)}{2\times 10W}\left(1-\frac{24V}{60V}\right) = 216\mu H$$

$L_I > 216$ μH，所以最小之感值為 216 μH。又由式(7)可得負載電阻必須滿足下式：

$$R_o < \frac{2L_I}{(1-D_{\min})T_s}$$

其中 $L_I = 216$ μH，$D_{\min} = V_o / V_{i,\max} = 0.4$，則

$$R_o < \frac{2\times 216\mu\text{H}}{(1-0.4)\cdot(12.5\mu s)} = 57.6\,\Omega$$

所以最大之負載電阻為 57.6 Ω

例題 2：接上題，假若漣波百分比定為 3 %，試求最小之電容值為何？另外試求

開關 MOSFET 之最大耐流爲何？

解：由式(13)可知，當 L_1 爲最小值且 D 也爲最小值時，可求得電容 C_o 之最小值，即

$$C_o \geq \frac{V_o T_s^2}{8L_{1,\min} V_{rp}}(1-D_{\min})$$

將已知值代入，可求得

$$C_o \geq \frac{24\cdot(12.5\mu s)^2}{8\times 216\mu H\times(0.03\times 24V)}(1-0.4)=1.8\mu\text{F}$$

所以最小之電容值爲 1.8 μF。另外，由式(16)可決定 i_{DS} 之最大值如下：

$$i_{DS} = I_{o,\max} + \frac{V_o}{2L_{1,\min}}(1-D_{\min})\,T_s$$

$$=\frac{50W}{24V}+\frac{24}{2\times 216\mu H}(1-0.4)\times 12.5\mu s$$

$$= 2.5 \text{ A}$$

7.2 Boost 轉換器

7.2.1 電感值之決定

Boost 轉換器是一種昇壓型轉換器，如圖 7.4 所示，在 CCM 與 DCM 的操作邊界下，其電感電壓與電流波形如圖 7.5 所示。

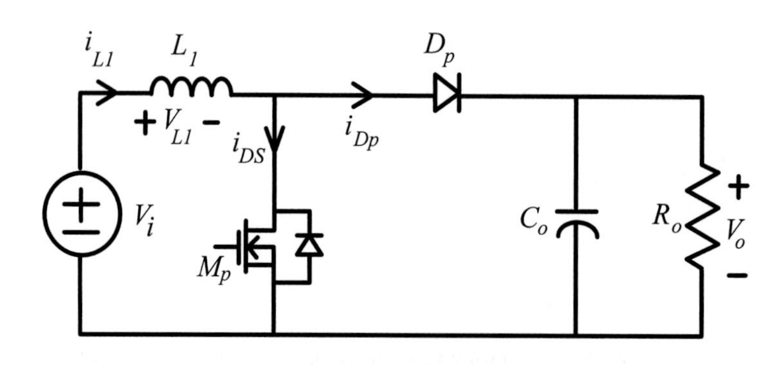

圖 7.4　Boost 轉換器電路圖

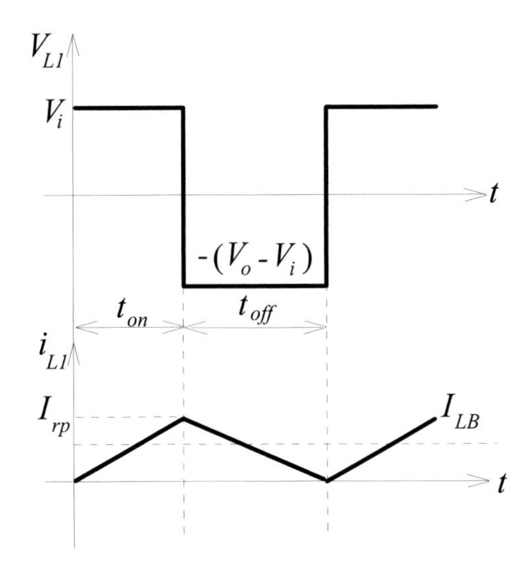

圖 7.5　在 CCM 與 DCM 邊界之電感電壓和電流波形

由圖 7.5 可知，在 CCM 與 DCM 邊界下之平均電感電流 I_{LB} 剛好等於一半的漣波電流 I_{rp}，即

$$I_{LB} = \frac{1}{2} I_{rp} \tag{17}$$

$$= \frac{V_i}{2L_1} t_{on} = \frac{V_i}{2L_1} DT_s \tag{18}$$

$$= \frac{V_o - V_i}{2L_1} t_{off} = \frac{V_o - V_i}{2L_1} (1-D)T_s \tag{19}$$

由式(18)之 Boost 轉換器輸出特性可推導出輸出電流的平均值

$$I_{OB} = I_{LB}(1-D) = \frac{V_i T_s}{2L_1} D\,(1-D) \tag{20}$$

又由於 $V_o = V_i / (1\text{-}D)$，因此式(20)可改寫爲

$$I_{OB} = \frac{V_o T_s}{2L_1} D\,(1-D)^2 \tag{21}$$

當輸出電流大於臨界電流時，轉換器則操作在連續導通模式，即

$$I_O > I_{OB} = \frac{V_o T_s}{2L_1} D(1-D)^2 \tag{22}$$

最大的 I_{OB} 發生在 $D = D_{min}$，也就是當輸入電壓最高時。在這些條件下，電感值必須大於 L_B 以確保 CCM 操作，即

$$L_1 > L_B = \frac{V_o T_s}{2I_{OB}} D_{\min}(1-D_{\min})^2 \tag{23}$$

7.2.2 電容值之決定

由於 Boost 轉換器的輸出電容必須濾除很大的漣波電流，其重要性比 Buck 轉換器的輸出電容來得高。在穩態方面，電容的容值選擇主要是根據所允許的最大輸出電壓漣波而定；不過若有 Hold-up 時間的考量，則要從其考量。圖 7.6 所示爲轉換器操作在 CCM 之二極體電流和輸出電壓波形，若假設只有平均電流會流到輸出負載，則所有漣波電流將會流入電容，因此根據安培－秒平衡原理，可知 $Q_A = Q_B$，而且電容之電壓漣波 V_{rp} 可求得爲

$$V_{rp} = \frac{Q_A}{C_o} = \frac{I_o D T_s}{C_o} \tag{24}$$

$$= \frac{V_o}{R_o} \cdot \frac{DT_s}{C_o} \tag{25}$$

由式(25)可將電壓漣波百分比表示爲

$$\frac{V_{rp}}{V_o} \times 100\% = \frac{DT_s}{R_o C_o} \times 100\% \tag{26}$$

若已知電壓漣波 V_{rp} 之值，則可求得電容值爲

$$C_o = \frac{I_{o,\max} D_{\max} T_s}{V_{rp}} \tag{27}$$

在此要特別指出，由於在 Boost 的輸出端是由二極體控制電流，是屬於脈衝型的電流，所以流過電容的電流會很大，也因此電容之 ESR 對輸出漣波的影響就

很大。一般而言，要選用低 ESR 之電容，一方面對降低漣波有助益，一方面對降低電容溫升也有幫助，所以也常採用多顆電容並聯的方式來降低 ESR 和分散熱源。

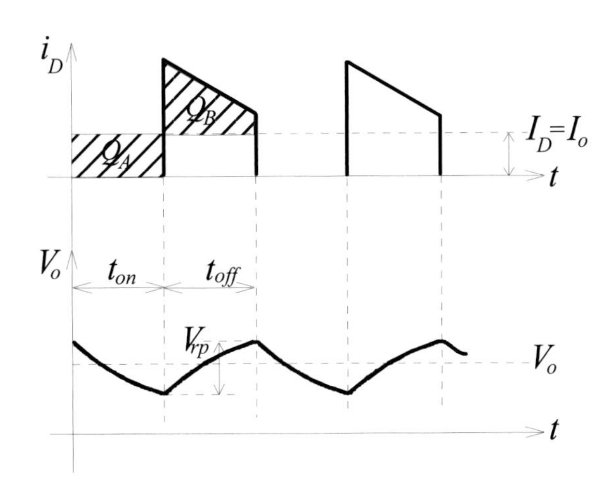

圖 7.6　二極體電流與輸出電壓波形

7.2.3 功率開關之決定

由圖 7.4 之 Boost 轉換器的動作原理可知，當主動開關 M_p 截止時，二極體 D_p 導通，此時 M_p 必須承受 V_o 之電壓，所以

$$V_{DS} = V_o \tag{28}$$

而所須承受之最大電流爲

$$i_{DS} = I_i + \frac{I_{rp}}{2} = I_i + \frac{V_i D T_s}{2L_1} \tag{29}$$

其中 I_i 爲輸入平均電流。要求最大電流時，必須分別代入最大和最小之輸入電壓，以決定 i_{DS} 之最大電流。至於二極體 D_p 之耐壓 V_D 與耐流 I_D 可求得如下：

$$V_D = V_o \tag{30}$$

和

$$I_D = I_i + \frac{V_i D T_s}{2L_1} \tag{31}$$

這些值與 M_p 之電壓、電流相同。一般在選取元件時，會選擇比理想值多出 25 % ~ 50 %的額定值。

例題 3：當輸入電壓 $V_i = 40 \sim 60$ V，輸出電壓 $V_o = 100$ V，切換頻率 $f_s = 50$ kHz，以及輸出功率 $P_{o,\max} = 200$ W 時，而且假設轉換效率爲 100 %，試決定

(1)若要在負載 20 %以上時，Boost 轉換器均操作在 CCM，則最小之電感值爲何？

(2)若輸出漣波電壓百分比爲 3 %以下，則最小之電容值爲何？

解：(1) $P_{o,20\%} = 200\ \text{W} \times 20\ \% = 40\ \text{W}$

即 $I_{OB} = \dfrac{40\text{W}}{100\text{V}} = 0.4\ \text{A}$

另外，由 $\dfrac{V_o}{V_i} = \dfrac{1}{1-D}$ 及在 $V_i = 60$ V 時可求得 $D_{min} = 0.4$

代入式(23)可求得最小電感值如下：

$$L_{1,\min} = \frac{V_o T_s}{2I_{oB}} D_{\min}(1-D_{\min})^2$$

$$= \frac{100V \cdot \dfrac{1}{50\,kHz}}{2 \times 0.4\,A} \times 0.4 \times (1-0.4)^2$$

$$= 360\,\mu H$$

(2) 已知所允許之漣波百分比爲 3 %，所以可求得漣波電壓

$$V_{rp} = 100\ \text{V} \times 3\ \%$$

$$= 3\ \text{V}$$

代入式(27)可求得最小電容值 $C_{o,min}$ 如下：

$$C_{o,\min} = \frac{I_{o,\max} D_{\max} T_s}{V_{rp}} ,$$

其中 D_{max} 可由 $V_i = 40$ V 及 $V_o / V_i = \dfrac{1}{1-D}$ 求得爲

$D_{max} = 0.6$

而且 $I_{o,\max} = 200\text{W}/100\text{V} = 2\text{ A}$

所以

$$C_{o,\min} = \frac{2A \times 0.6 \times \frac{1}{50\,\text{kHz}}}{3\text{V}}$$

$$= 8\mu\text{F}$$

例題 4：同上題之規格，試決定功率開關元件之耐壓和耐流值。

解：由式(28)可知主動開關 MOSFET 必須承受輸出之電壓，即

$V_{DS} = V_o = 200\text{ V}$，

再由式(30)可知，被動開關二極體也必須承受輸出之電壓 V_o，即

$V_D = V_o = 200\text{ V}$，

而耐流則如式(29)和(31)所示，主、被動開關均必須承受如下之電流：

$$i_{DS} = I_D = I_i + \frac{V_i D T_s}{2L_1}$$

當 $V_i = 40\text{ V}$ 時

$$i_{DS} = I_D = \frac{200\,\text{W}}{40\,\text{V}} + \frac{40\,\text{V} \times 0.6 \times 20\,\mu\text{s}}{2 \times 360\,\mu\text{H}}$$

$$= 5\frac{2}{3}\text{ A}$$

而當 $V_i = 60\text{ V}$ 時

$$i_{DS} = I_D = \frac{200\,\text{W}}{60\,\text{V}} + \frac{60\,\text{V} \times 0.4 \times 20\,\mu\text{s}}{2 \times 360\,\mu\text{H}}$$

$$= 4\text{ A}$$

所以，最大耐流爲

$$i_{DS,\max} = I_{D,\max} = 5\frac{2}{3}\text{A}$$

7.3 Flyback 轉換器

7.3.1 激磁電感值之決定

圖 7.7 所示為 Flyback 轉換器之電路圖，當操作在 CCM 與 DCM 之邊界時，其一次側激磁感電流和輸出二極體電流波形如圖 7.8 所示，其輸出平均電流即為二極體電流之平均值，即 $I_D = I_{OB}$，可求得為

$$I_D = I_{OB} = \frac{I_{Dp}(1-D)}{2} \tag{32}$$

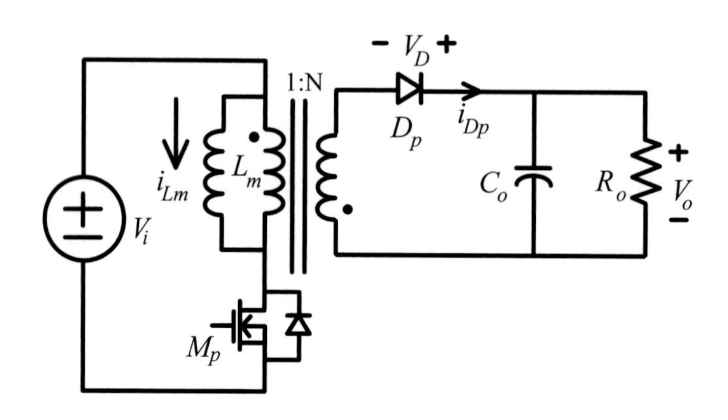

圖 7.7　Flyback 轉換器電路

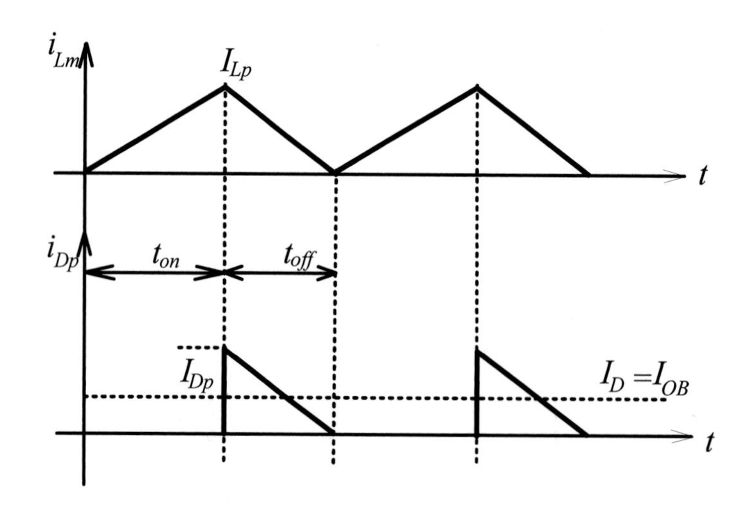

圖 7.8　一次側激磁感電流和輸出二極體電流波形

I_{Dp} 之電流是由一次側 i_{Lm} 之尖峰電流 I_{Lp} 經變壓器行為反應至二次側的電流，因此

$$I_{Dp} = \frac{V_i D T_s}{L_m} \cdot \frac{1}{N} \tag{33}$$

$$= \frac{V_o}{N^2 L_m}(1-D)T_s \tag{34}$$

所以

$$I_D = I_{OB} = \frac{V_o}{2N^2 L_m}(1-D)^2 T_s \tag{35}$$

由上式可知，Flyback 轉換器若要操作在連續導通模式，則輸出平均電流必須滿足下列不等式：

$$I_o > I_{OB} = \frac{V_o}{2N^2 L_m}(1-D)^2 T_s \tag{36}$$

換句話說，其一次側激磁感之感值必須為

$$L_m > L_{mB} = \frac{V_o}{2N^2 I_{OB}}(1-D)^2 T_s \tag{37}$$

在此要特別指出，由於 Flybcak 轉換器的變壓器在主動開關 M_p 導通時是當電感功能，而在 M_p 截止時才當變壓器功能，因此為了能儲存較多的能量，其鐵心往往會加入等效的氣隙，其設計比一般單純的電感或變壓器均較為困難，尤其是如何降低漏感。

7.3.2 電容值之決定

在 Flyback 轉換器中所需之輸出電容的特性與 Boost 轉換器相同，均需使用低 ESR 的電容以降低漣波和溫升。圖 7.9 所示為輸出二極體的電流和輸出電壓波形，在穩態時達到安培－秒平衡，所以 $Q_A = Q_B$，其漣波值 V_{rp} 可表示為

$$V_{rp}=\frac{Q_A}{C_o}=\frac{I_oDT_s}{C_o}=\frac{V_o}{R_o}\cdot\frac{DT_s}{C_o} \tag{38}$$

其對輸出電壓之漣波百分比可表示為

$$\frac{V_{rp}}{V_o}\times 100\%=\frac{DT_s}{R_oC_o}\times 100\% \tag{39}$$

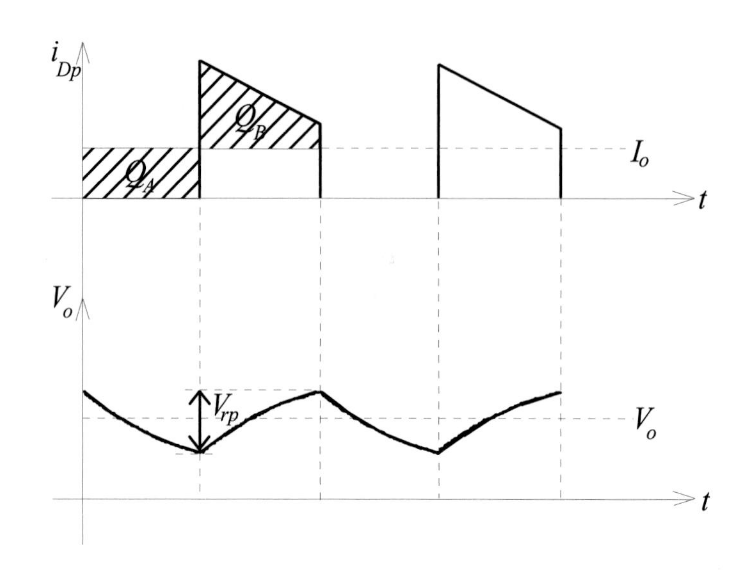

圖 7.9　輸出二極體電流和輸出電壓波形

若已知輸出電壓漣波的大小，則可決定出 C_o 之值為

$$C_o=\frac{V_oDT_s}{V_{rp}R_o} \tag{40}$$

不過若有 Hold-up 時間考量則從其考量。

7.3.3 功率開關之決定

從圖 7.7 的 Flyback 轉換器之動作原理可知，當主動開關 M_p 截止時，二極體 D_p 會導通，所以跨在 M_p 之 V_{DS} 上的電壓為

$$V_{DS}=V_i+\frac{1}{N}V_o \tag{41}$$

此即為 M_p 必須承受的電壓應力。而其電流 i_{DS} 則等於一次側激磁感的尖峰電流，可推導出為

$$i_{DS} = \frac{N(I_o + I_{OB})}{(1-D)} = \frac{NI_o}{(1-D)} + \frac{V_o}{2NL_m}(1-D)T_s \tag{42}$$

而輸出二極體 D_p 之耐壓為

$$V_D = NV_i + V_o \tag{43}$$

其耐流則為

$$I_D = \frac{I_o + I_{OB}}{1-D} = \frac{I_o}{(1-D)} + \frac{V_o}{2N^2L_m}(1-D)T_s \tag{44}$$

同樣地在選擇功率開關元件時，會選擇比所計算出之理想電壓、電流高 25 % ~ 50 %的額定值。

7.4 Push-Pull 轉換器

7.4.1 電感值之決定

圖 7.10 所示為 Push-Pull 轉換器的電路，其 CCM 與 DCM 臨界操作時之電感電壓和電流波形如圖 7.11 所示，從圖中可算出輸出平均電流 I_{OB} 為

$$I_{LB} = I_{OB} = \frac{I_{rp}}{2} = \frac{V_o}{2L_1} \times (\frac{1}{2} - D)T_s \tag{45}$$

其中 $0 < D < 0.5$。所以，若要將 Push-Pull 轉換器操作在連續導通模式，則

$$I_o > I_{LB} = I_{OB} = \frac{V_o}{2L_1}(\frac{1}{2} - D)T_s \tag{46}$$

也就是說電感值必須滿足下列不等式：

$$L_1 > L_B = \frac{V_o}{2I_{OB}}(\frac{1}{2} - D)T_s \tag{47}$$

一般而言，Push-Pull 轉換器均操作在連續導通模式，其動作原理與 Buck 轉換器相同，不過其輸出漣波的頻率為切換頻率的兩倍。

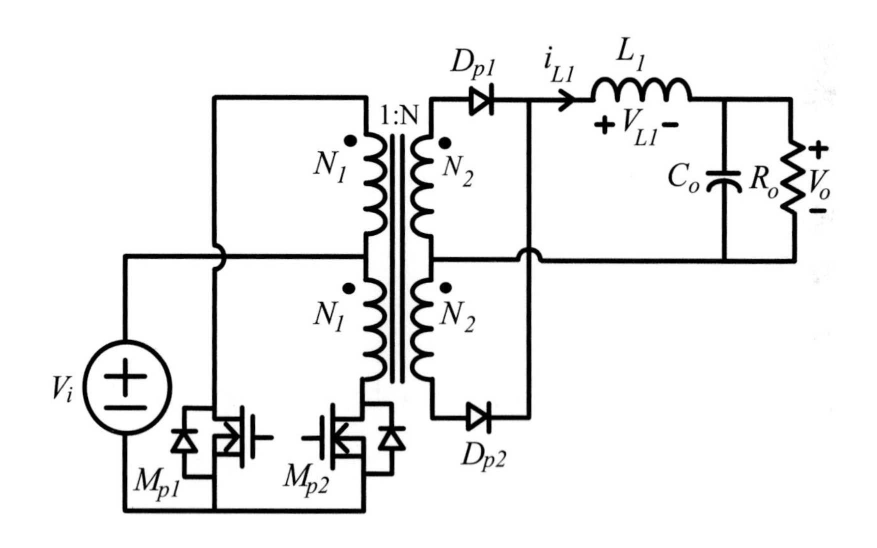

圖 7.10　Push-Pull 轉換器電路

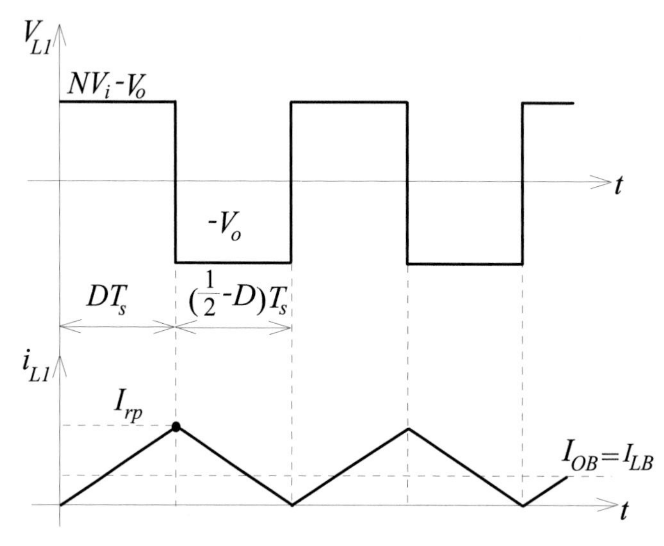

圖 7.11　電感 L_1 之電壓與電流波形

7.4.2 電容值之決定

由於輸出電壓漣波的頻率為切換頻率的兩倍，且動作原理與 Buck 相同，因此可仿照 Buck 轉換器之輸出電壓漣波值及參看圖 7.12 可求得 Push-Pull 轉換器的輸出電壓漣波 V_{rp} 為

$$V_{rp}=\frac{Q_A}{C_o}=\frac{1}{C_o}\cdot\frac{1}{2}\cdot\frac{I_{rp}}{2}\cdot\frac{T_s}{4}$$

$$=\frac{1}{C_o}\frac{T_s}{8}\cdot\frac{1}{2}\frac{V_o}{L_1}(\frac{1}{2}-D)T_s$$

$$=\frac{T_s^2V_o}{16C_oL_1}(\frac{1}{2}-D) \tag{48}$$

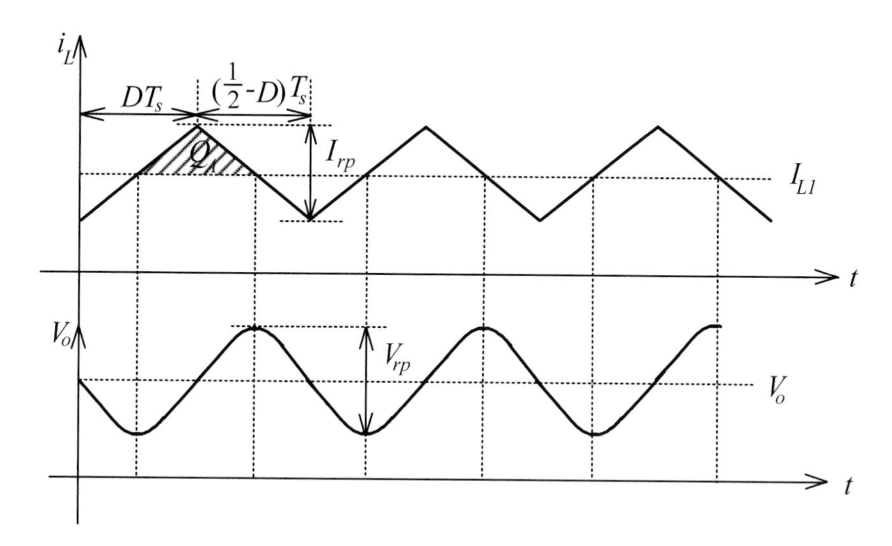

圖 7.12　電感電流和輸出電壓波形

由頻率與週期的關係和令 $f_o=\dfrac{1}{2\pi\sqrt{L_lC_o}}$，式(48)可改寫爲

$$V_{rp}=\frac{\pi^2V_o}{4}(\frac{1}{2}-D)(\frac{f_o}{f_s})^2\text{，} \tag{49}$$

其中 f_s 爲切換頻率。爲了降低輸出漣波電壓值，f_o 必須遠小於 f_s。假若電感 L_l 已經決定，而且定出電壓漣波值 V_{rp}，由式(48)可決定 C_o 之值爲

$$C_o=\frac{T_s^2V_o}{16V_{rp}L_1}(\frac{1}{2}-D) \tag{50}$$

至於 C_o 之 ESR 值則由於輸出電流爲連續型，因此允許有較大的阻值。

7.4.3 功率開關之決定

當一主動開關截止且另一主動開關導通時，跨在截止開關上的電壓 V_{DS} 爲

$$V_{DS} = 2V_i \tag{51}$$

而其電流 i_{DS} 爲

$$i_{DS} = N(I_o + \frac{I_{rp}}{2}) + I_{Lm} \tag{52}$$

其中 I_{Lm} 爲變壓器之磁化電流且 $N = \frac{N_2}{N_1}$

將式(45)代入式(52)且算出 I_{Lm}，則式(52)可改寫爲

$$i_{DS} = N\left[I_o + \frac{V_o}{2L_1}(\frac{1}{2} - D)T_s\right] + \frac{DT_sV_i}{2L_{p1}} \tag{53}$$

其中 L_{p1} 爲一次側 N_1 繞組之激磁感値。

至於輸出整流二極體的耐壓可求得如下：

$$V_D = 2NV_i \tag{54}$$

其流經之電流則爲

$$I_D = I_o + \frac{I_{rp}}{2} = I_o + \frac{V_o}{2L_1} \times (\frac{1}{2} - D)T_s \tag{55}$$

7.5 Half-Bridge 轉換器

除了開關的共地結構和輸入電壓準位的不同以外，Half-Bridge 與 Push-Pull 轉換器的動作原理和轉換關係均與 Buck 轉換器相似。尤其在輸出端，Half-Bridge 與 Push-Pull 完全相同。

7.5.1 電感值之決定

圖 7.13 所示爲 Half-Bridge 轉換器電路，其在 CCM 與 DCM 臨界操作之電感電壓與電流波形則如圖 7.14 所示，從圖中求得

$$I_{LB} = I_{OB} = \frac{I_{rp}}{2} = \frac{V_o}{2L_1} \times (\frac{1}{2} - D)T_s \tag{56}$$

其中 $0 < D < 0.5$。若要使 Half-Bridge 轉換器操作在 CCM，則輸出電流 I_o 必須滿足下列不等式，即

$$I_o > I_{OB} = \frac{V_o}{2L_1}(\frac{1}{2} - D)T_s \tag{57}$$

換句話說，電感值必須大於臨界感值，即

$$L_1 > L_B = \frac{V_o}{2I_{OB}}(\frac{1}{2} - D)T_s \tag{58}$$

一般來說，Half-Bridge 與 Push-Pull 轉換器一樣，大都操作在連續導通模式。

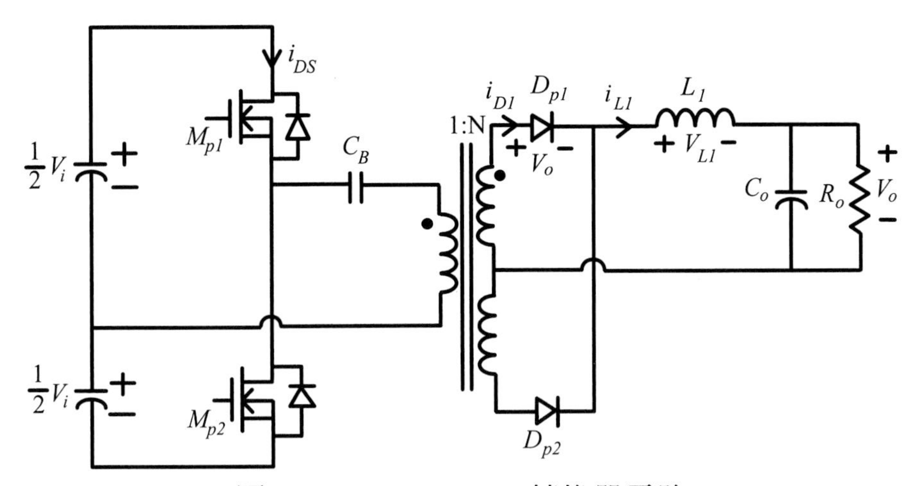

圖 7.13　Half-Bridge 轉換器電路

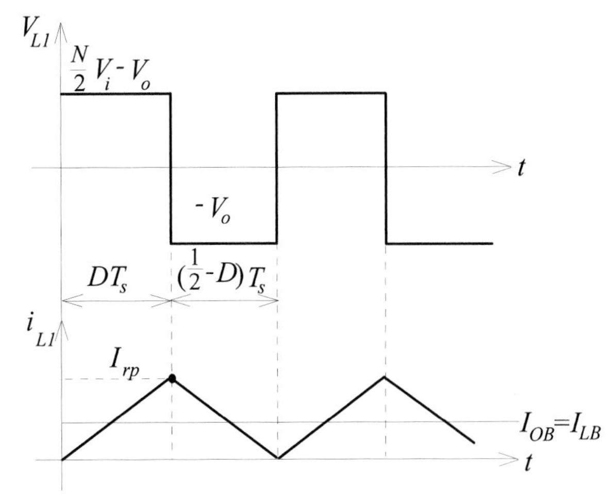

圖 7.14 操作在 CCM 與 DCM 臨界下之電感電壓和電流波形

7.5.2 電容值之決定

輸出電容之決定主要還是根據其輸出電壓漣波的要求來做定奪。由於 Half-Bridge 轉換器之輸出結構與 Push-Pull 相同，因此可由圖 7.12 之電感電流和輸出電壓波形求得輸出漣波電壓 V_{rp}

$$V_{rp} = \frac{Q_A}{C_o} = \frac{1}{C_o} \cdot \frac{1}{2} \cdot \frac{I_{rp}}{2} \cdot \frac{T_s}{4} = \frac{T^2{}_s V_o}{16 C_o L_1}(\frac{1}{2} - D) \tag{59}$$

若令 $f_o = \frac{1}{2\pi\sqrt{L_l C_o}}$，則式(59)可改寫為

$$V_{rp} = \frac{\pi^2 V_o}{4}(\frac{1}{2} - D)(\frac{f_o}{f_s})^2 \tag{60}$$

當 L_1 和 V_{rp} 選定後，電容值可求得如下：

$$C_o = \frac{T_s{}^2 V_o}{16 V_{rp} L_1}(\frac{1}{2} - D) \tag{61}$$

同樣地，由於輸出電流為連續型，因此 ESR 之影響相對較小。

7.5.3 功率開關之決定

當一主動開關導通而另一截止時，跨在截止開關之電壓 V_{DS} 為

$$V_{DS} = V_i \tag{62}$$

而其流經之電流 i_{DS} 為

$$i_{DS} = N(I_o + \frac{I_{rp}}{2}) + I_{Lm} \tag{63}$$

其中 I_{Lm} 代表變壓器在一次側激磁感 L_m 上之磁化電流，由式(56)及求得 I_{Lm} 後，式(63)可改寫為

$$i_{DS} = N\left[I_o + \frac{V_o}{2L_1}(\frac{1}{2} - D)T_s\right] + \frac{DT_s V_i}{4L_m} \tag{64}$$

至於在二次側之整流二極體的耐壓為

$$V_D = NV_i \tag{65}$$

$$= \frac{V_o}{D} \tag{66}$$

而其流經之電流為

$$I_D = I_o + \frac{I_{rp}}{2} = I_o + \frac{V_o}{2L_1}(\frac{1}{2} - D)T_s \tag{67}$$

同樣地，在選擇功率開關元件時，會選擇比理想值多加 25 % ~ 50 %的額定值。

7.6 重點整理

本章主要針對幾種常用的轉換器做分析，進而推導出決定元件值的方程式。Buck 轉換器的輸入對輸出電壓轉換比率為責任比率 D，只能做降壓轉換，其開關元件的電壓應力等於輸入電壓 V_i；而電感值主要係由操作模式和輸出電流來決定，如式(6)所示；至於電容值則是取決於輸出電壓漣波的高低，一般當輸出漣波百分比定出後，則可求得電容值如式(13)所示。Boost 轉換器是昇壓型轉換器，其 $V_o / V_i = 1 / (1\text{-}D)$，開關元件之耐壓為 V_o；特別要注意的是，其輸出電流為脈衝式，需要一個低 ESR 的大電容；至於電感值則仍是取決於輸出電流和輸出電壓的高低，當然與切換週期也息息相關，如式(23)所示。Flyback 轉換器具有隔離變壓器的調節，在連續導通模式下，其 $V_o / V_i = ND / (1\text{-}D)$，而主動開關的電壓應力為 $V_i + V_o / N$，二極體的電壓應力為 $NV_i + V_o$；Flyback 轉換器可以做昇 / 降壓轉換，其輸出電流為脈衝式，因此與 Boost 轉換器相同，需要低 ESR 的大電容。至於電感則與變壓器共同繞製於同一鐵心上，當開關導通時，它做為電感操作，其感值就等於變壓器在一次側所量到之激磁感，與輸出電壓 V_o、圈數比 N、切換週期 T_s 及責任比率 D 有關，如式(37)所示。

Push-Pull 和 Half-Bridge 轉換器，除了開關連接的方式不同外，其輸出的連接方式大致相同，因此在輸出側之元件的設計幾乎是相同。Half-Bridge 之開關元件的耐壓為輸入電壓 V_i，而 Push-Pull 則為 2 V_i；它們的輸出側電流為連續型，與 Buck 轉換器的相同，因此電感值和電容值的選擇也與 Buck 的相同。

7.7 習題

1. 已知輸入電壓 $V_i = 100 \sim 120$ V，輸出電壓 $V_o = 50$ V，輸出最大功率 $P_{o(max)} =$ 100 W，切換頻率 $f_s = 50$ kHz，當輸出功率低於 20 W 時，轉換器操作在不連續導通模式。若採用 Buck 轉換器做爲穩壓器時，最小之電感值爲何？
2. 同上題，當採用 Flyback 轉換器時，且當圈數比 $N = 1 / 2$ 時，最小之電感值又爲何？
3. 同上題，當輸出電壓改爲 180 V 時，且用 Boost 轉換器來穩壓，則最小之電感值爲何？若用 Flyback 轉換器且圈數比改爲 $N = 2$ 時，則最小之電感值又爲何？
4. 當輸入電壓 V_i、切換頻率 f_s、電感值 L_1、電容值 C_o 和輸出電流 I_o 皆相同時，若 Buck 轉換器之 $V_o = 1 / 2\ V_i$，而 Boost 轉換器之 $V_o = 2V_i$，計算其輸出電壓漣波百分比並討論之。
5. 依題 1 之條件且令圈數比 $N = 1 / 2$，計算二次側之最大尖峰電流。
6. 依題 1 之條件所求得之感值，再令 $N = 1 / 2$ 及 $C_o = 100\ \mu$F，當採用 Push-Pull 轉換器做穩壓時，輸出電壓漣波爲何？
7. 同上題，若採用 Half-Bridge 轉換器，則流經開關元件之最大電流爲何？
8. 同上題，若採用 Push-Pull 轉換器，則流經二極體之最大電流爲何？

第八章　轉換器衍生原理

電源轉換器拓樸結構琳琅滿目，有些用到相同的元件個數，但卻是有的只能昇壓，有的只能降壓，又有的可以昇壓也可以降壓；值得探討的課題是，這些元件是如何組合才能達到昇 / 降壓的功能。另外，有些轉換器僅有少數元件接點不同，看似不同結構，但其所能實現的功能卻相同。轉換器有些結構很簡單，但有些卻很複雜，其彼此間有何關係？有否所謂的基本轉換器？能否將它們合成而得到新轉換器？文獻上有些這方面的探討，在本章中我們將把幾種較能系統化推導電源轉換器拓樸結構的方法做介紹，其中包括接枝法(或稱為同步開關法)、壓條法、直流準位偏移法及直流變壓器植入法。

8.1 接枝法

接枝法是一種植物的栽培方法，可以將兩種不同的植物接枝而發展出新品種，產生新的水果口味，例如將水梨樹的枝枒接到含有根部的蘋果樹枝幹上，會產生“蘋果梨”；假如，把梨樹和蘋果樹的角色對調，則會產出“梨蘋果”，相信其口味將不同於“蘋果梨”。同樣地，把不同的轉換器相互接枝是否也可以產出新的轉換器？這又衍生出另一個問題，是否有基本轉換器存在？可以像把基本元素化合成新物質，例如把兩個氧原子(O)和一個碳原子(C)化合成二氧化碳(CO_2)，當然新的化合物可以與其他原子或分子再繼續化合成另一新物質，而且化合後的分子，其特性與個別的原子特性已大不相同。在此，我們先要公佈答案:是肯定的，轉換器可以相互接枝以產出新的轉換器。為了便於說明，我們將從基本轉換器談起，有了基本轉換器，就可以產出其它轉換器，再由這些轉換器來衍生。

8.1.1 基本轉換器

早期的發電設備主要是利用法拉第定律的感應發電機來發電，因此直流電源是以電壓源爲主，而直流負載又是以定電壓來供電，所以在電能處理上需要一輸入爲電壓源型及輸出穩壓型的轉換器，如圖 8.1(a)所示。在切換式電源轉換器的應用中，是利用開關來調節與控制輸入功率傳送到輸出端，所以轉換器必須包含有開關元件；另外，考量到在開關切換的過程中有可能產生無窮大電壓或電流，因此需要有限流、限壓或濾波元件：電感和電容，但不可有電阻，否則會降低轉換效率，其示意圖如圖 8.1(b)所示。若試著以最少的元件來連接輸入端和輸出端，如圖 8.1(c)所示，雖然開關 S_1 可以調節輸入功率以穩輸出電壓，但是由於 V_i 和 V_o 電壓準位不同，會造成在 S_1 導通的瞬間有無窮大電流流經 S_1 而燒燬，因此需要一個限電流元件：電感，則轉換器結構就圖 8.1(d)所示。然而當開關 S_1 截止時，由於電感電流沒有連續流通的路徑，而會感應出無窮大電壓，此電壓將會擊穿開關 S_1，因此必須另外提供一路徑讓電感電流流通，而且此路徑必須與 S_1 導通時間錯開以免造成輸入電壓源短路，能實現此一功能的元件只有開關元件。最後整體電路如圖 8.1(e)所示，圖中開關 S_1 和 S_2 爲互補導通和截止，即爲 Buck 轉換器。以實際的元件來實現開關 S_1 和 S_2，其典型的例子則如圖 8.1(f)所示，其中因 S_1 必須可控制，所以以主動型 MOSFET 來實現，而 S_2 僅在互補 S_1，所以可以用被動型二極體來實現；特別要說明的是 D_B 爲 MOSFET 之寄生的反向並聯二極體，並非外加的二極體。

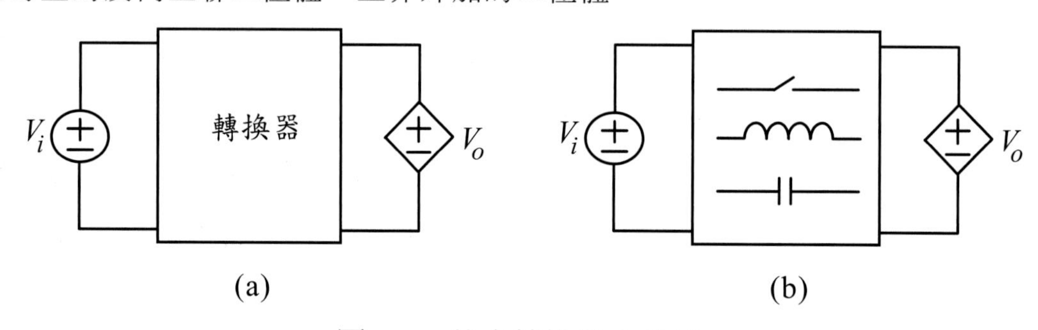

圖 8.1　基本轉換器之推演

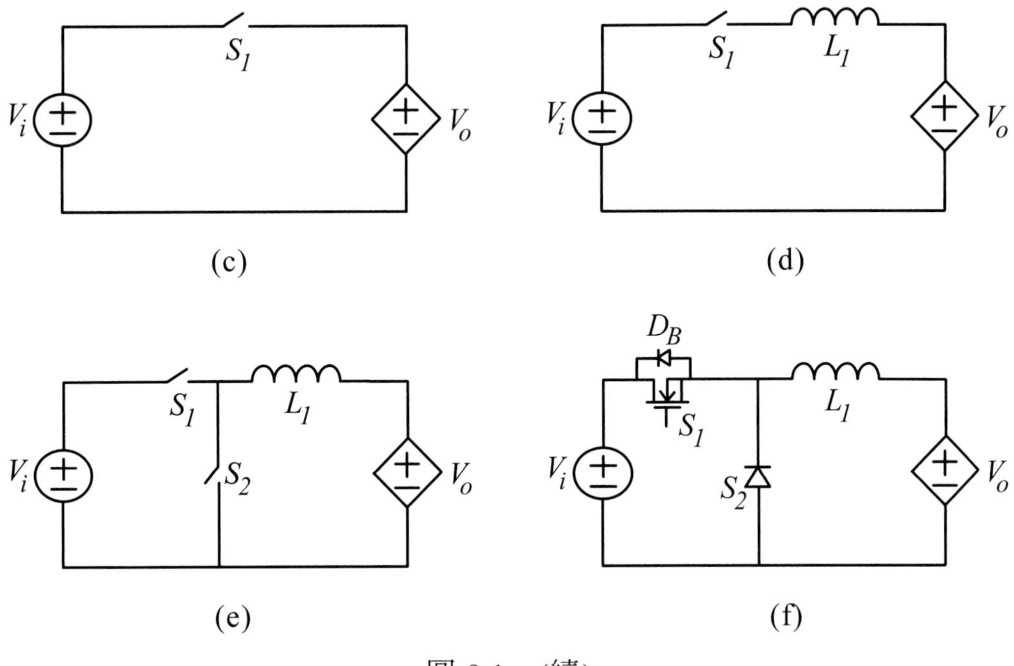

圖 8.1　(續)

從上面的說明和分析，我們可以將 Buck 轉換器定義爲『基本轉換器』，是屬於降壓型轉換器。在 Buck 轉換器的操作上，電感電流可視爲一定電流源，所以圖 8.1(e)之電路可等效成如圖 8.2(a)所示之電路；又由於定電流源串聯定電壓源可等效成一定電流源，因此電路可進一步退化成圖 8.2(b)所示之電路。利用對偶原理可以求得 Buck 轉換器之對偶轉換器 Boost，如圖 8.2(c)所示；在高頻操作下，實際的 Boost 轉換器例子如圖 8.2(d)所示，其中輸入電流源可由一電壓源串聯一大電感來實現，而開關 S'_1 和 S'_2 仍然分別爲主動型和被動型。綜上所述，Boost 轉換器是 Buck 的對偶型，因此 Boost 也可以認定爲是一個『基本轉換器』，它是一種昇壓型轉換器。

將上述的兩個基本轉換器相互接枝，可以衍生出能夠降 / 昇壓的轉換器，在介紹接枝的例子之前，我們必須先介紹同步開關，才能在接枝時用於合併開關元件。

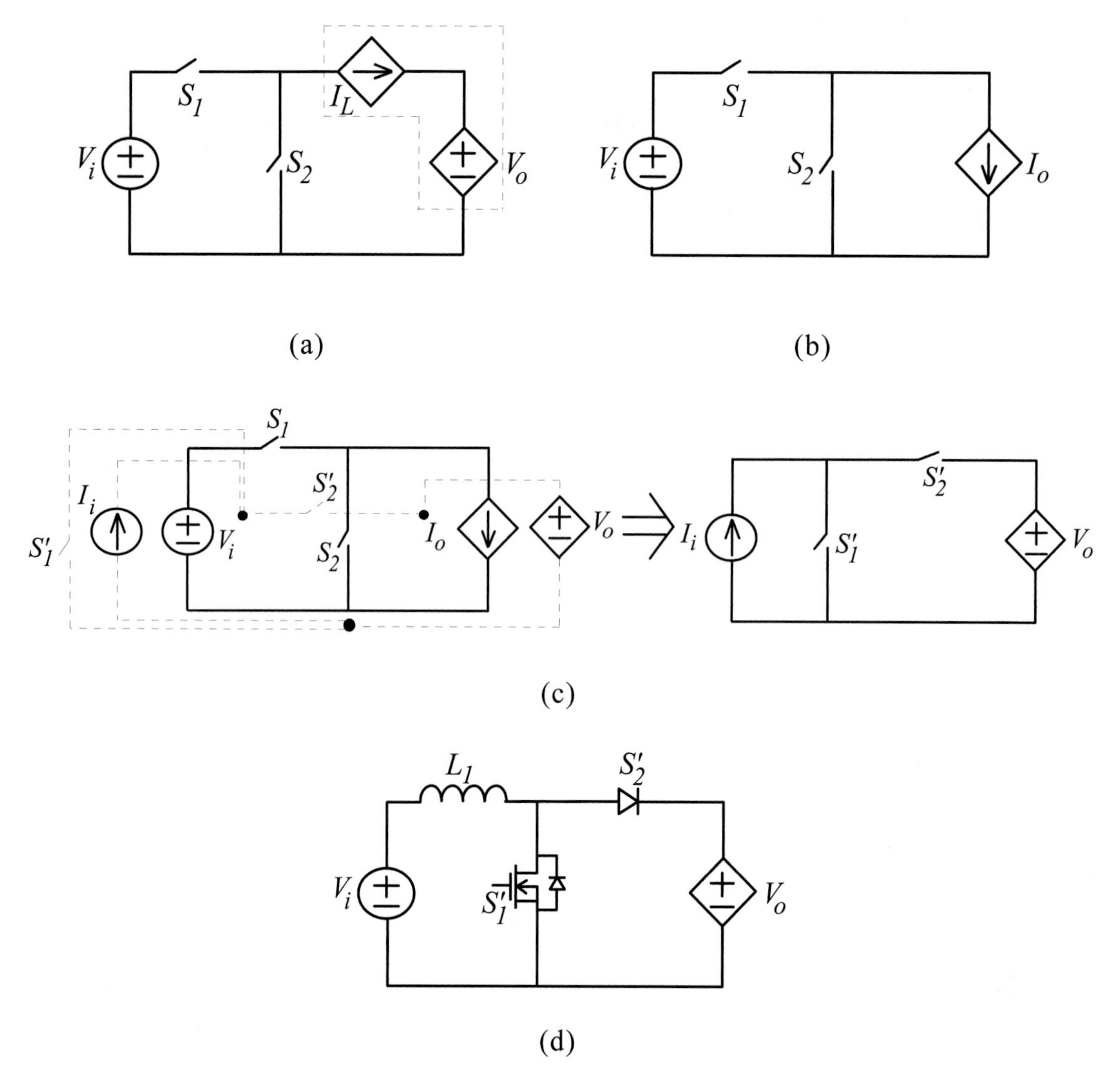

圖 8.2　利用對偶原理推演 Boost 轉換器之流程和其等效電路

8.1.2 同步開關原理

在每一轉換器裡均有主動開關元件，若能把要接枝的轉換器的開關同步操作，則有機會讓這些開關共用，以節省開關元件個數。圖 8.3 所示爲兩個轉換器的例子，其中在每一轉換器中只有一個主動開關元件 MOSFET，而且開關有共節點，依排列組合共有四種共節點的情形，如圖 8.3(a)~(d)所示，分別爲 *S-S*，*D-D*，*D-S* 和 *S-D* 等四種型。

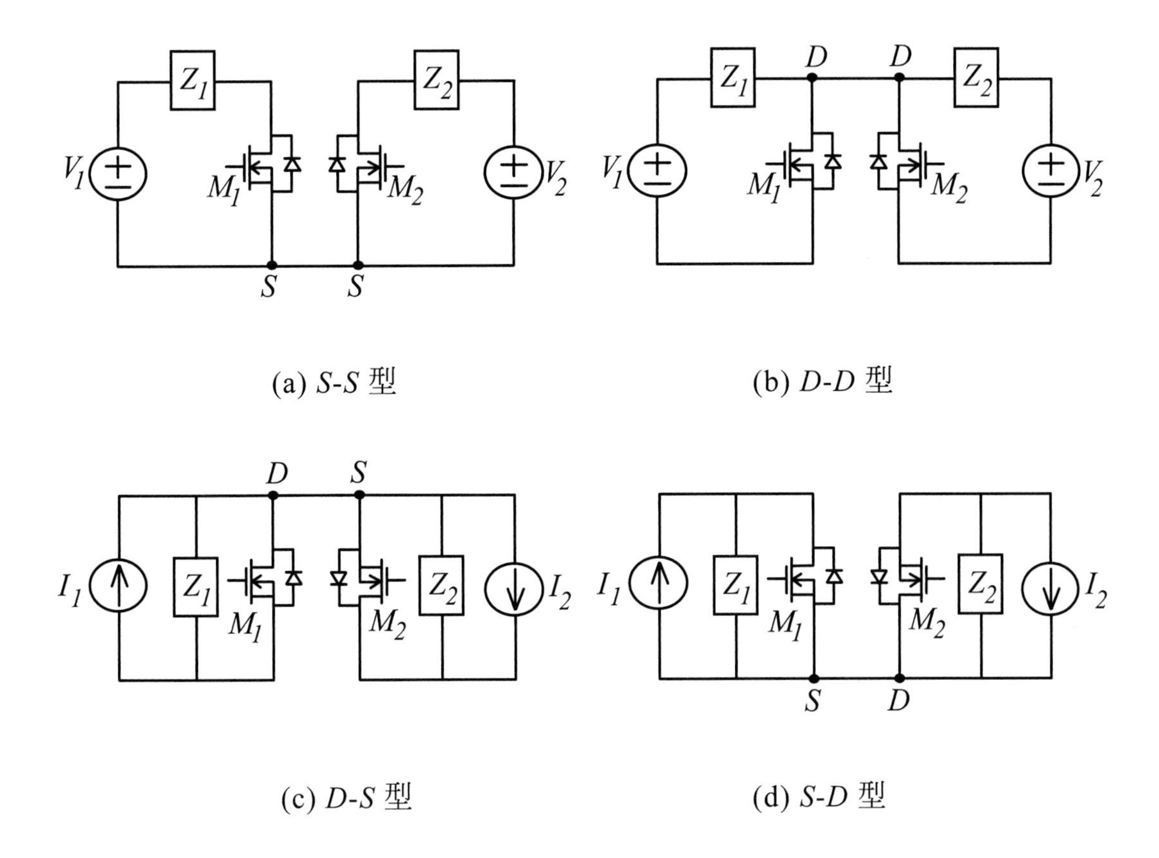

(a) *S-S* 型　　(b) *D-D* 型

(c) *D-S* 型　　(d) *S-D* 型

圖 8.3　在雙轉換器中之主動開關共節點的四種組合型

當開關同步操作時，則可共用，但必須阻檔轉換器兩邊的電壓差或者要提供兩電流差之通路，經合成後的同步開關如圖 8.4 所示，其與圖 8.3 所示之電路爲相互對映。例如:圖 8.3(a)之雙開關在同步操作時，即相互並聯，可用單一主動開關 M_{12}(示於圖 8.4(a))來取代，而二極體 D_{B1} 和 D_{B2} 是用來阻檔 V_1 和 V_2 之電壓差。同樣地，圖 8.4(b)爲圖 8.3(b)之開關同步操作時之對映的開關。依對偶原理，圖 8.4(c)和(d)則分別對映圖 8.3(c)和(d)，其中之 M_{12} 爲原 M_1 和 M_2 相串聯的等效開關，而二極體 D_{F1} 和 D_{F2} 則用來疏導 I_1 和 I_2 的差值。

比較圖 8.3 和圖 8.4 發現，在每一型的同步開關裡節省了一個主動開關，但卻增加兩個被動開關二極體，從成本的角度來看或許還算可以，但從零件個數或操作的自由度來看則有些得不償失。不過若進一步分析則可知道這兩個二極體並非永遠必須存在，例如:在圖 8.4(a)的 T-型同步開關，當在整個切換週期 V_1

永遠大於 V_2時，D_{B1}是永遠順偏，所以可拿掉，也就是直接短路；反之若 $V_2 > V_1$，則 D_{B2}可以拿掉；又若 $V_1 = V_2$，則 D_{B1}和 D_{B2}均可省略。同理，倒 T-型同步開關也是有同樣的特性。至於圖 8.4(c)和(d)之Π-型和倒Π-型同步開關則分別爲 T-型和倒 T-型的對偶開關，所以當 $I_1 > I_2$時，永遠沒有電流流過 D_{F1}，所以 D_{F1}可以省略，也就是開路；反之若 $I_2 > I_1$，則 D_{F2}可以省略；又若 $I_1 = I_2$，則 D_{F1}和 D_{F2}均可省略。總之，在許多轉換器的接枝過程，這些二極體很多時候都可省掉一顆或兩顆，因此採用同步操作以節省主動開關元件就顯得相當有意義。

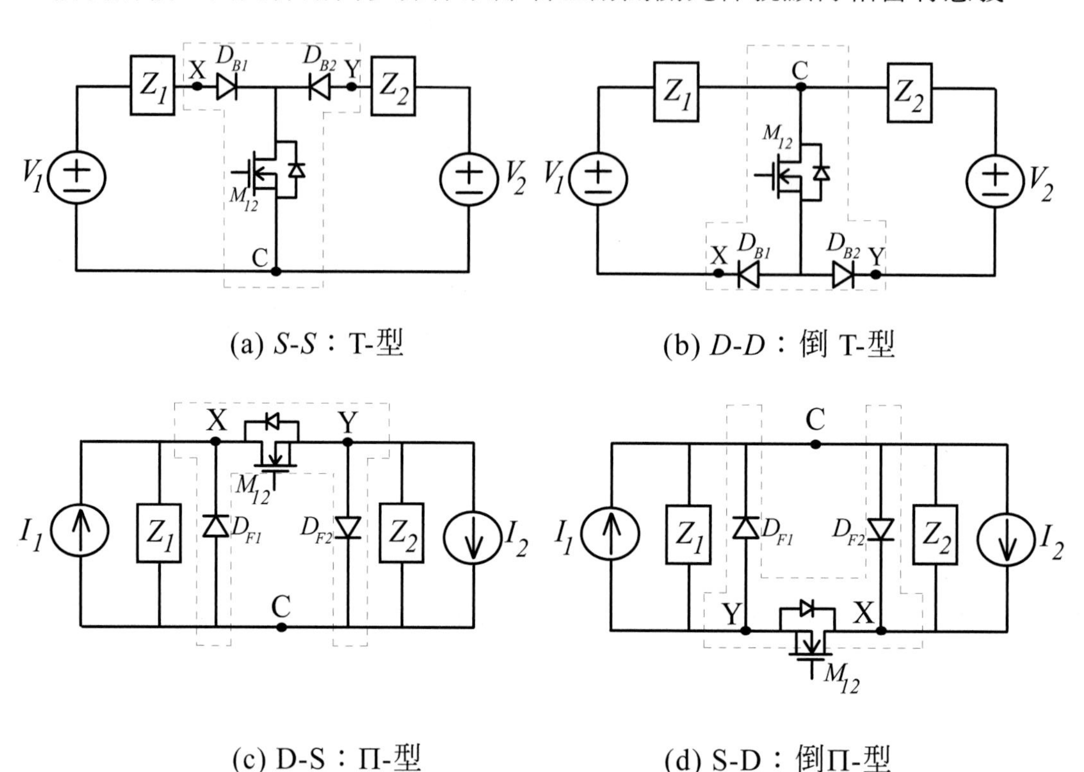

(a) *S-S*：T-型　　(b) *D-D*：倒 T-型

(c) D-S：Π-型　　(d) S-D：倒Π-型

圖 8.4　四種同步開關之等效電路架構

在此要特別指出的是，同步開關暨然是兩個主動開關合併成一個，其所需之耐壓和耐流往往會增加。在 T-型開關上，其耐壓變成 V_1和 V_2中較大者，或者是 $V_1 + V_2$電壓；而Π-型同步開關則需承受 I_1和 I_2中較大者之電流，甚至當 D_{F1}和 D_{F2}都省略之情況下，還會承受 $I_1 + I_2$之電流。因此，採用同步開關操作來合併轉換器，所衍生出之轉換器一般較適合低功率的應用，約在 100 W 以下較合適。

同步開關適用的條件有兩項：

1. 開關要有共節點(D 或 S，但不是 G)。
2. 開關要能同步操作。

同步開關原理可以延伸至 N 個開關，而且也可以以其它可控開關元件來替代，例如 BJT，只要將 D-S 以 C-E 替換即可。

8.1.3 Buck-Boost 轉換器推演

同步開關到底有多大能耐，我們將以 Buck 轉換器和 Boost 轉換器的接枝來做驗證，這也可以進一步說明 Buck-Boost 轉換器是如何推演出來的，而不需像 Buck 轉換器的推演，一個元件一個元件來拼湊。首先，我們已知道 Buck-Boost 轉換器的輸入對輸出的電壓轉換比率爲 D / (1-D)，可表示爲如圖 8.5(a)之方塊的兩項乘積。又已知 D 爲 Buck 轉換器的輸入對輸出之電壓轉換比率，而 1 / (1-D) 爲 Boost 之電壓轉換比率，因此可以試著把 Buck 和 Boost 依序串接，如圖 8.5(b)所示。在探討共節點和同步操作的可能性之前，先瞭解電路可否簡化。在圖 8.5(b)中，L_1 和 L_2 均爲大電感，可等效爲電流源，而電容 C_1 可等效爲電壓源，因此若 L_1 和 L_2 之電流相等，則可以將圖 8.5(b)中之電路簡化成如圖 8.5(c)所示之電路。要符合上述電流相等的條件，就必須把 M_1 和 M_2 同步操作，在導通時電流由 $V_i \rightarrow M_1 \rightarrow L_1 \rightarrow L_2 \rightarrow M_2 \rightarrow V_i$ 串成一條電流迴路(因 C_1 之電壓穩在一定值，故沒有電流進出)，確保電流相等；在 M_1 和 M_2 均截止時，電流則由 $D_1 \rightarrow L_1 \rightarrow L_2 \rightarrow D_2 \rightarrow (C_2 // R_o) \rightarrow D_1$ 串成另一迴路。M_1 和 M_2 已同步操作，但還看不出 M_1 和 M_2 有共節點。經適當的調動 M_1 擺放的位置，從前進路徑移至回退路徑，如圖 8.5(d)所示，不但沒有改變其原有電路之動作原理，還可製造一個與 M_2 的 D-S 共節點。經對照圖 8.4 可知可以使用Π-型同步開關來取代 M_1 和 M_2，並且採點對點替代，即圖 8.4(c)之 X-Y-C 對映至圖 8.5(d)之 X-Y-C，則可得到如圖 8.5(e)所示之電路。由於圖 8.5(d)之電流 I_L 會同時流經 M_1 和 M_2，也就是說 $I_1 = I_2$，因此二極體 D_{F1} 和

D_{F2} 均可省略，其等效電路如圖 8.5(f)所示；又從電路中可看出二極體 D_1 和 D_2 相串聯，因此可以用單一顆耐壓額定值較高之 D_{12} 來取代，如圖 8.5(g)所示；經整理元件之擺放位置後，可得到大家所熟知的 Buck-Boost 轉換器，如圖 8.5(h)所示。

由 Buck 與 Boost 接枝並且採用同步開關法，可以推演出 Buck-Boost 轉換器，由此可見同步開關法之功能於一斑。接下來將推演'Cuk 轉換器，其實它也只是一個 Boost-Buck 轉換器。

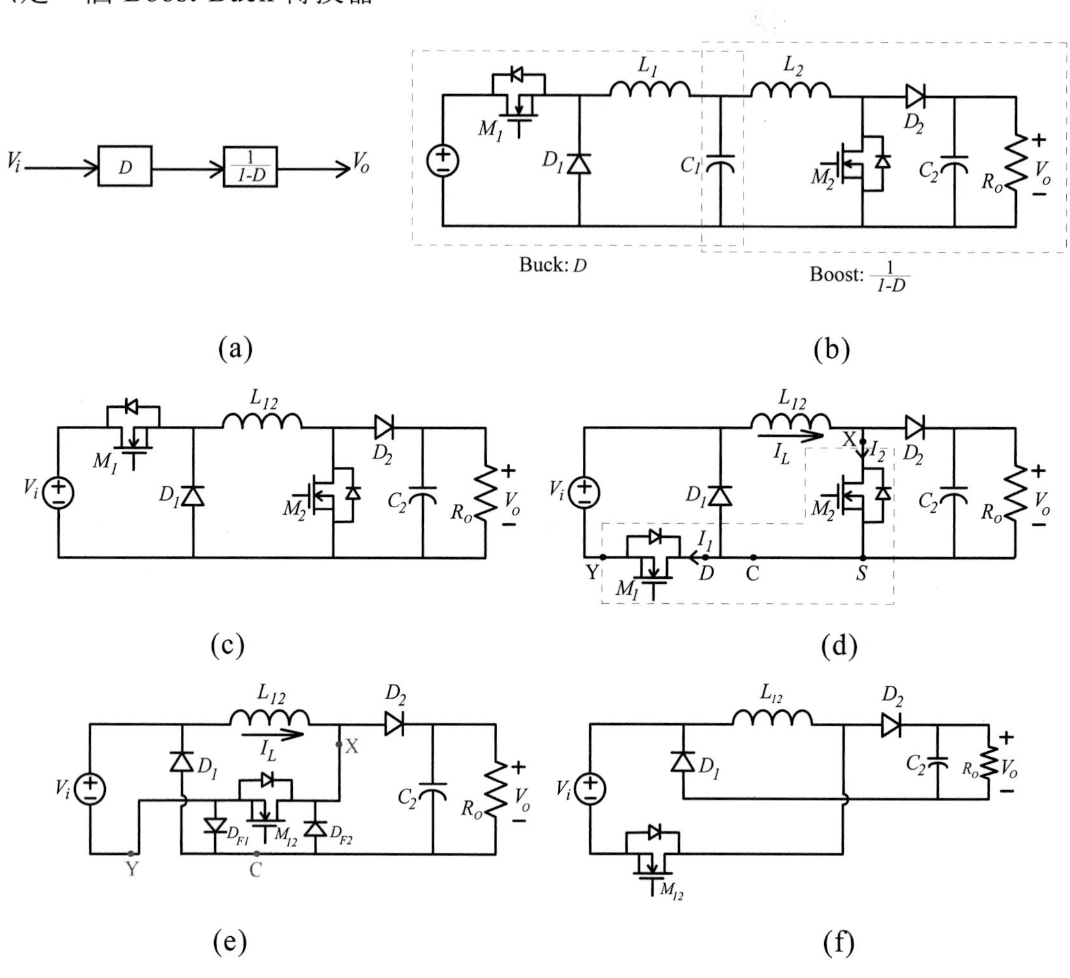

圖 8.5　Buck-Boost 轉換器之推演流程及其等效電路

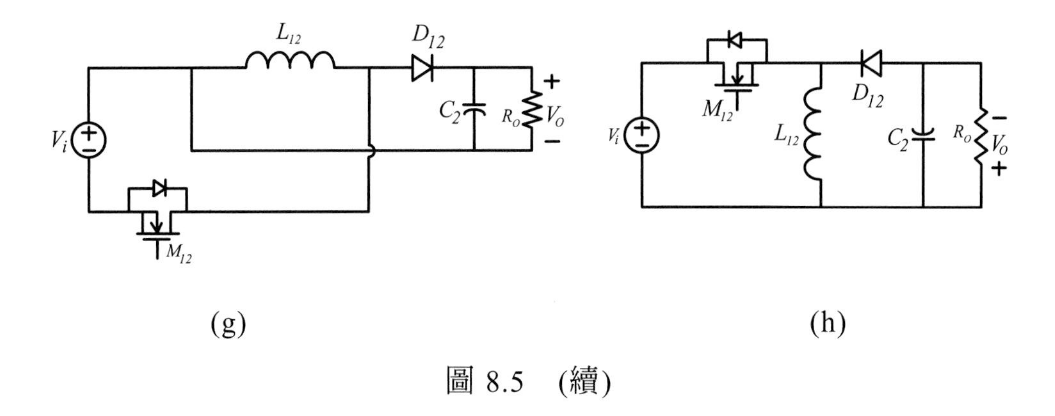

(g)　　　　(h)

圖 8.5　(續)

8.1.4 ′Cuk (Boost-Buck)轉換器推演

在上一小節裡，我們把 D / (1-D)拆成 D 與 1 / (1-D)的兩個方塊相乘積；事實上，乘法具有交換律，因此也可以把 D / (1-D)拆成 1 / (1-D)與 D 的相乘積，如圖 8.6(a)所示，其等效電路則如圖 8.6(b)所示。爲了能採用同步開關法來接枝，我們將 M_2 從前進路徑移至回退路徑(仍保有原有之動作原理)，如圖 8.6(c)所示，則會有 S-S 共節點。經與圖 8.4 比對，可用 T-型同步開關來取代 M_1 和 M_2，如圖 8.6(d)所示。由於在 M_1 與 M_2 截止時其 D-S 之跨壓 V_{DS} 均等於 V_{C1}，也就是 $V_1 = V_2$，因此圖 8.6(d)中之 D_{B1} 和 D_{B2} 均可短路省略，則其等效電路如圖 8.6(e)所示。很明顯地，其中 D_1 和 D_2 處於並聯情形，因此可以用一個具有較大電流額定值的二極體 D_{12} 來取代 D_1 和 D_2，如圖 8.6(f)所示；經適當整理後，可得到大家所熟知的′Cuk (Boost-Buck)轉換器，如圖 8.6(g)所示。

Buck-Boost 與 Boost-Buck 轉換器之輸入與輸出電壓不共地，這在原先的 Buck 與 Boost 或 Boost 與 Buck 串接時並沒此情形，可是在經由同步接枝後，卻自然產生不共地的情形，此結果是其它推演方法所不易得到的。因此從以上之應用實例更可見同步開關法之優越性。

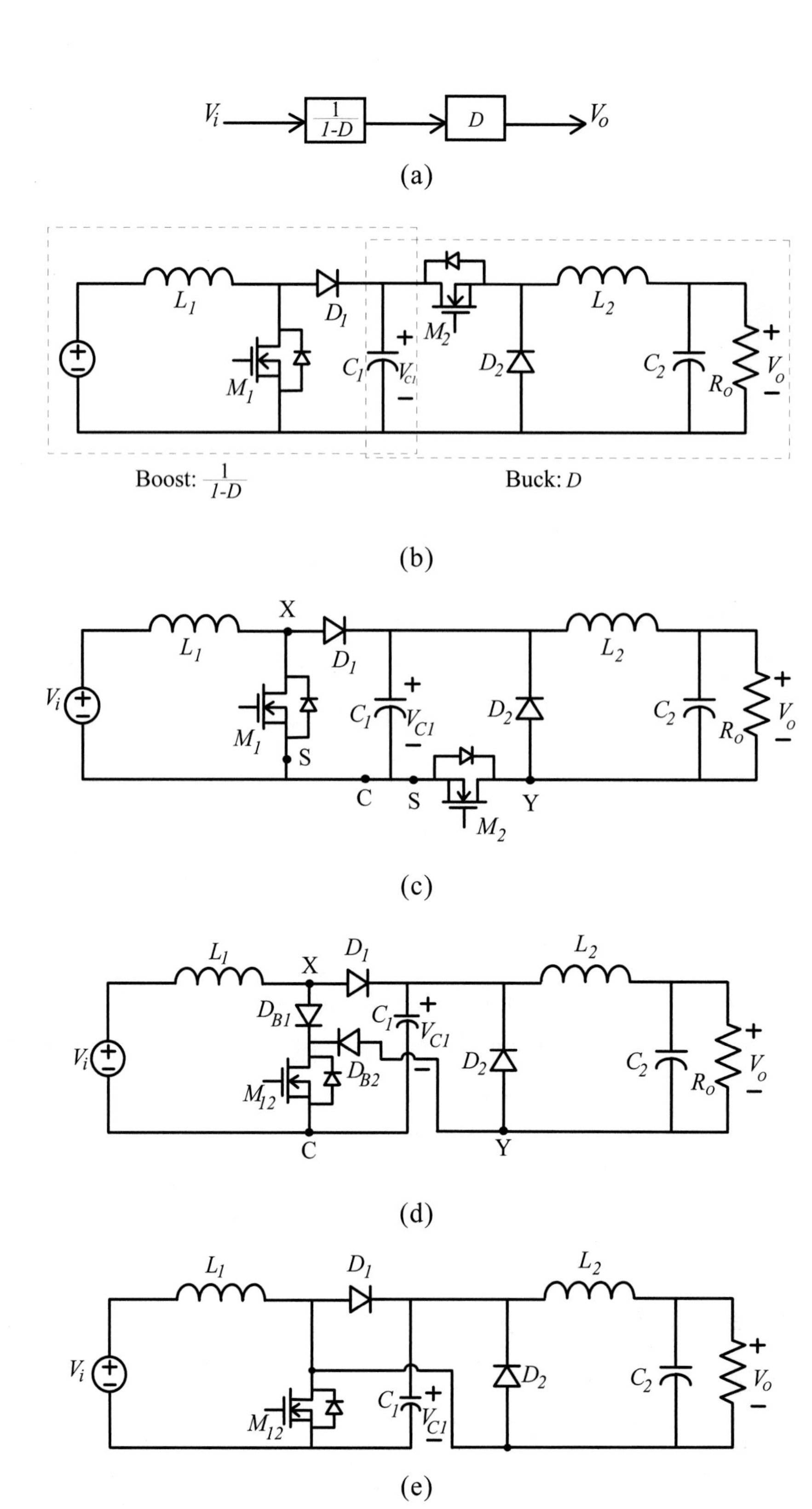

Vi
1
1-D
D
Vo
(a)
L1
D1
M1
C1
VC1
M2
D2
L2
C2
Ro
Vo
Boost: 1/1-D
Buck: D
(b)
X
L1
D1
Vi
M1
S
C1
VC1
C
S
M2
D2
Y
L2
C2
Ro
Vo
(c)
L1
X
D1
DB1
C1
VC1
Vi
DB2
M12
C
D2
Y
L2
C2
Ro
Vo
(d)
L1
D1
L2
Vi
M12
C1
VC1
D2
C2
Vo
(e)

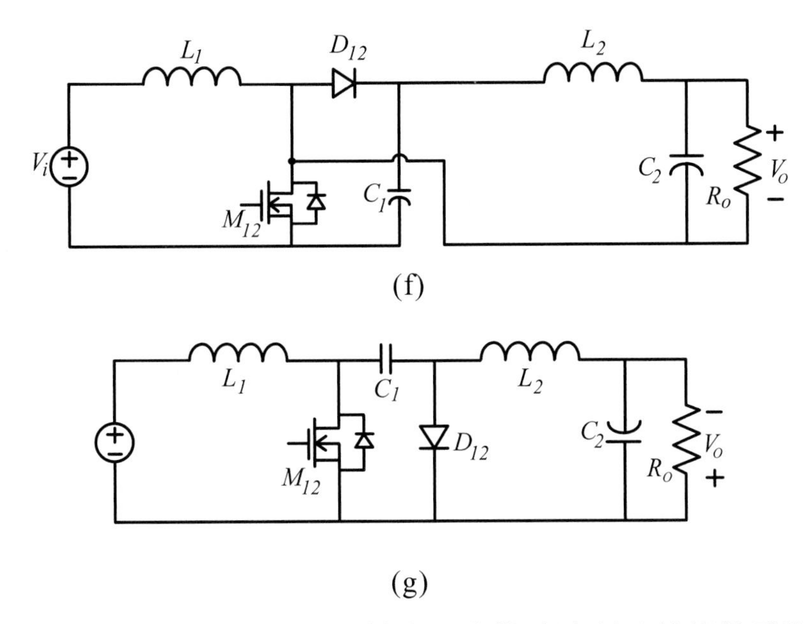

圖 8.6　′Cuk (Boost-Buck)轉換器之推演流程及其等效電路

8.1.5 Zeta (Buck-Boost-Buck)轉換器推演

Zeta 轉換器的輸入對輸出電壓轉換比率為 D / (1-D)，除了 D 和 1 / (1-D)的相互乘積以外，還可以有如圖 8.7(a)的方塊表示，其等效的轉換器連結如圖 8.7(b)所示。從圖中可知，M_1 與 M_2 有共節點 D-D，當同步操作時，可用倒 T-型同步開關來取代，如圖 8.7(c)所示。由於在截止時跨於 M_1 和 M_2 之電壓均為 $V_i + V_{C1}$，因此 D_{B1} 和 D_{B2} 均可省略(短路)，因而 D_1 和 D_2 為並聯，可以單一二極體 D_{12} 來取代，如圖 8.7(d)所示；經整理及調整元件位置，可以得到大家所熟知的 Zeta 轉換器，如圖 8.7(e)所示。

Zeta 轉換器是 PWM 轉換器的第六個被發現的，因此用希臘字母的第六個字母來表示其名字，事實上它是由 Buck-Boost-Buck 所合成的轉換器，只是前人沒有找到其合成原理而已。從以上的合成，我們已用過 T-型、倒 T-型和Π-型同步開關，還有一個倒π-型同步開關尚未用過，在下一小節裡，我們將用它來推演 Sepic 轉換器。

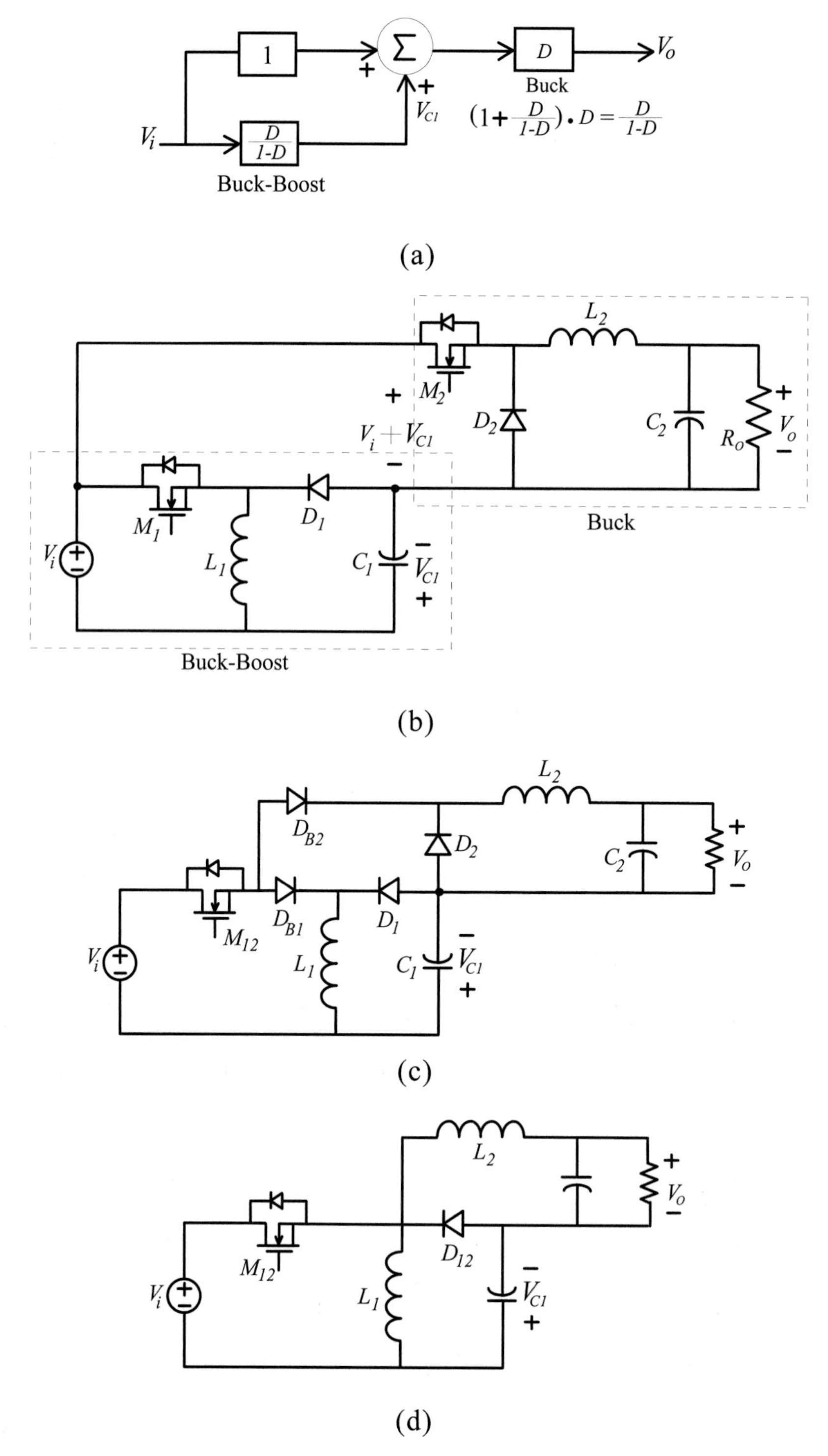

圖 8.7　Zeta (Buck-Boost-Buck)轉換器之推演流和及其等效電路

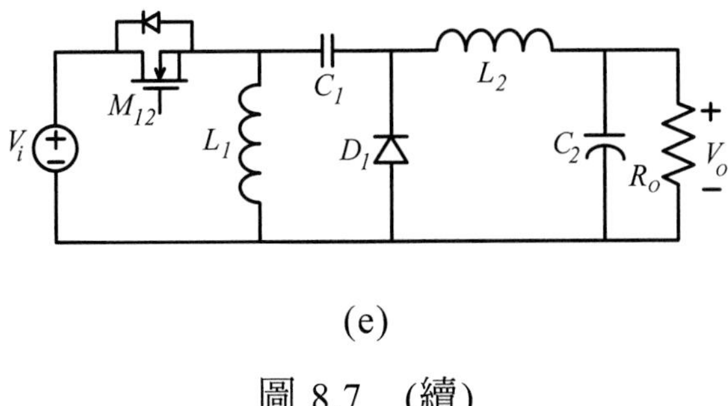

(e)

圖 8.7　(續)

8.1.6 Sepic (Boost-Buck-Boost)轉換器推演

Sepic 轉換器之名稱為 Single Ended Primary Inductive Converter 之字頭語，事實上它是 Zeta 轉換器的對偶型，其輸入對輸出電壓的轉換比率仍為 D / (1-D)，由功率守恆，可得

$$P_i = P_o \tag{1}$$

或是 $V_i I_i = V_o I_o$ (2)

已知 $\frac{V_o}{V_i} = \frac{D}{1-D}$，將之代入式(2)可得

$$\frac{I_o}{I_i} = \frac{1-D}{D} \tag{3}$$

同理可推導出 Buck、Boost 及'Cuk (Boost-Buck)之輸入對輸出電流的轉換比率分別為 1 / D，(1-D)及(1-D) / D。因此要得到式(3)之轉換比率除了(1-D)和(1 / D)的乘積外，還可由圖 8.8(a)之方塊來表示，其等效的轉換器連結如圖 8.8(b)所示。圖中 M_1 與 M_2 有共節點 S-D，當同步操作時，可用倒Π-型同步開關來取代，如圖 8.8(c)所示。由於流經 M_1 和 M_2 之電流相同，所以 D_{F1} 和 D_{F2} 可省略(即開路)，因而 D_1 與 D_2 形成串聯，可以用單一顆較高耐壓的 D_{12} 來取代，如圖 8.8(d)所示；經重新調整元件位置，可得到眾所熟知的 Sepic 轉換器，如圖 8.8(e)所示。

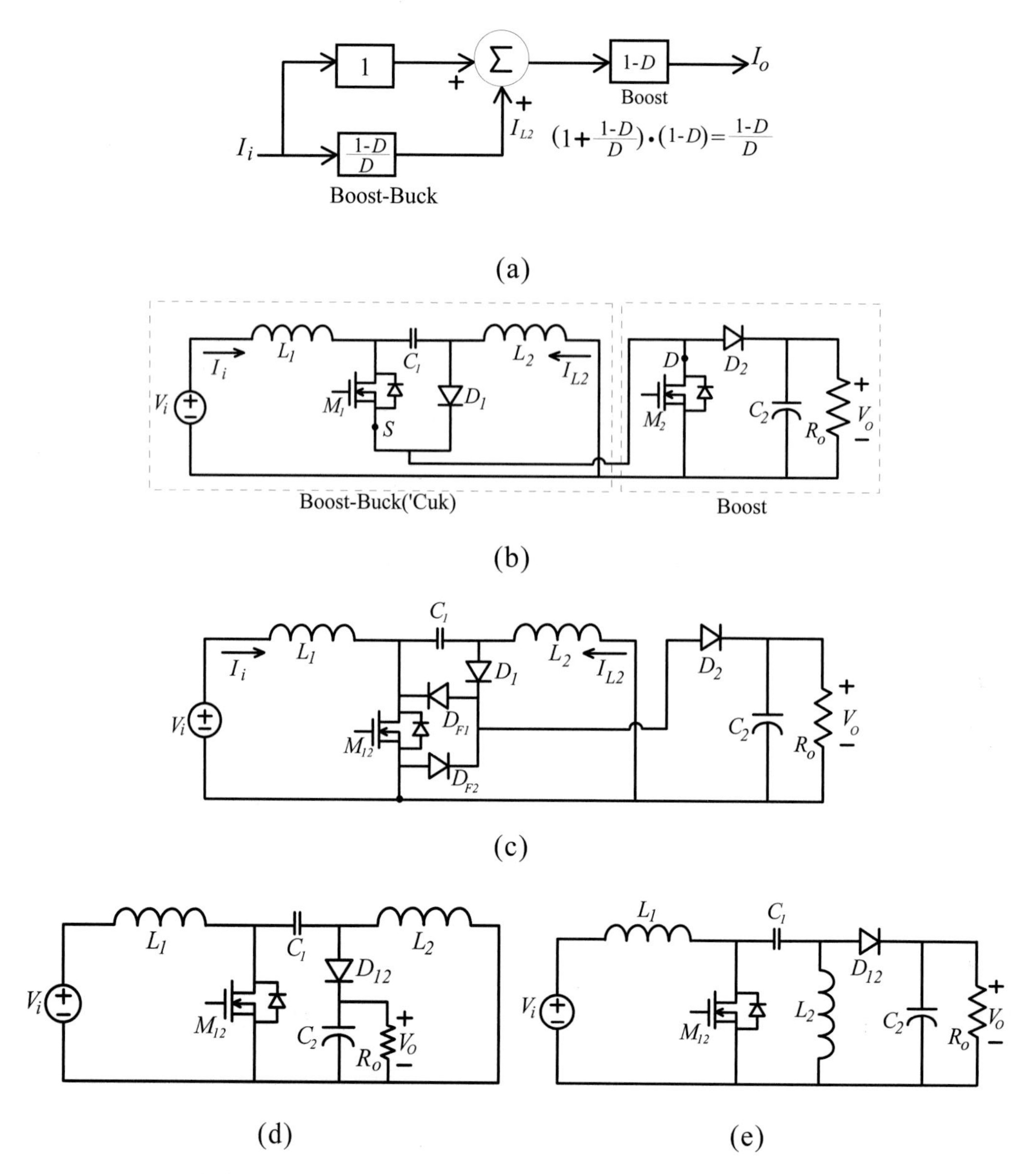

圖 8.8　Sepic 轉換器之推演流程及其等效電路

8.1.7 Boost + Half-Bridge 單級轉換器推演

在文獻上有許多單級的電子安定器具備功因校正的功能，其中之一典型的架構為由 Boost 轉換器與 Half-Bridge 換流器相結合，如圖 8.9(a)所示；經同步操作與接枝後可得一單級轉換器。在圖 8.9(a)之 M_1 與 M_3 有共節點 S-S，若同步操作，則可以 T-型同步開關來取代，如圖 8.9(b)所示。由於在 M_1 與 M_3 截止時，其 V_{DS} 跨壓均等於 V_{dc}，因此 D_{B1} 與 D_{B2} 均可短路省略，如圖 8.9(c)所示；從圖中，明顯可見 D_1 和 D_2 為並聯，因此可以進一步簡化成如圖 8.9(d)所示之單級轉換器。

同步開關的應用很廣，只要能將開關同步操作且有共節點，則所有轉換器都能接枝，因此理論上可以產生無數多個新轉換器，無法一一列舉；不過從上述的轉換器推演，更可見其功能之強盛於一斑。

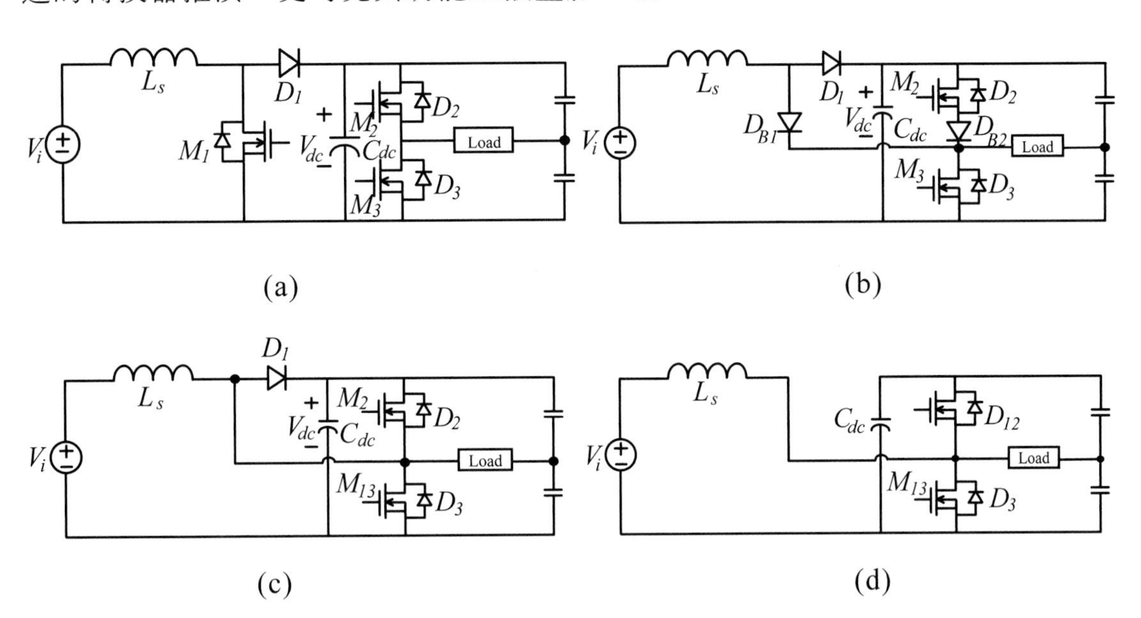

圖 8.9　Boost + Half-Bridge 單級轉換器之推演流程及其等效電路

8.2 壓條法

壓條法是植物衍生的一種方法，它將植物的枝椏壓到地上，並將其皮剝除且覆蓋泥土，讓它長出根來，然後將其切離母樹就成為一棵新樹，此樹具有新生命，可以增加壽命與抗菌能力...等性能。轉換器經壓條法處理後也有新功能出現。在上一節裡，我們已說明如何推演和衍生 PWM 轉換器(Buck，Boost，Buck-Boost，Boost-Buck，Buck-Boost-Buck 及 Boost-Buck-Boost)，在這一節中我們將採用壓條法來衍生這些 PWM 轉換器。

8.2.1 Buck 家族轉換器

Buck 轉換器爲一個基本轉換器，其輸入對輸出電壓的轉換比率爲 D，如圖 8.10(a)所示，經壓條迴授後，可以得到 D / (1-D)的轉換比率，如圖 8.10(b)所示，其等效的轉換器連結如圖 8.10(c)所示。經重新整理元件排列，可得到眾所知悉的 Buck-Boost 轉換器，如圖 8.10(d)所示。

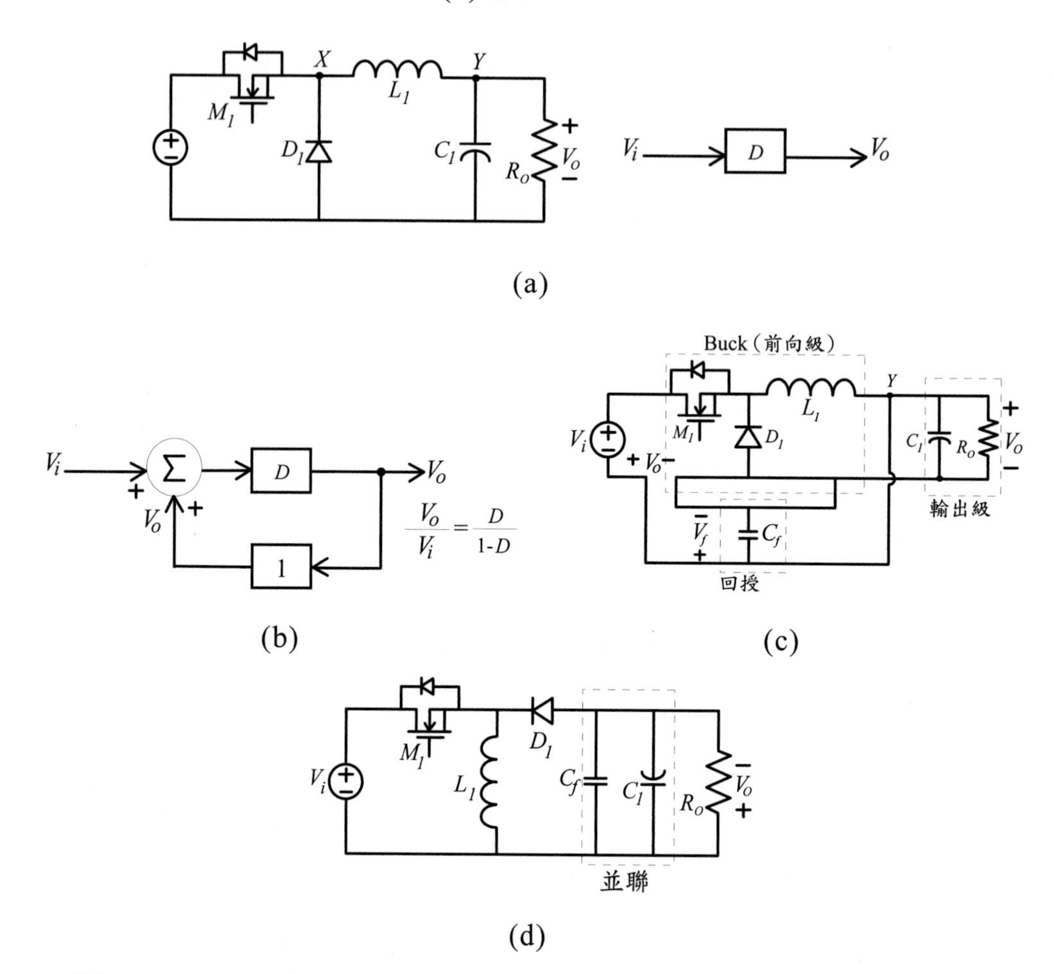

圖 8.10　Buck 家族之 Buck-Boost 轉換器的衍生流程及其等效電路

若進一步使用壓條法於 Buck 轉換器上，還可以求得 Zeta 轉換器。圖 8.11(a)所示爲經由 Buck 轉換器之壓條所得的等效電路，圖中由於迴授節點 X 對地之電壓爲脈衝型，因此其迴授電路採用 L_f-C_f 二階電路，其中 L_f 扮演與 L_1 相同之濾波功能，此迴授轉換比率方塊可表示如圖 8.11(b)所示。在圖中 D_p 代表脈衝比率，F_1 和 F_2 為濾波電路，其 V_o / V_i 之轉換比率可表示如下：

$$\frac{V_o}{V_i}=\frac{D_pF_1}{1-D_pF_2} \tag{4}$$

令 $F_1 = F_2$，且已知 $D_pF_1 = D$，則式(4)可簡化為

$$\frac{V_o}{V_i}=\frac{D}{1-D} \tag{5}$$

式(5)即為 Zeta 之輸入對輸出電壓的轉換比率。事實上將圖 8.11(a)之電路稍加整理其元件排列，即可得出眾所熟悉的 Zeta 轉換器，如圖 8.11(c)所示。

在圖 8.11(a)中，Buck 轉換器已不完整了，為何可以說 Zeta 是屬於 Buck 家族呢？此點將在後面專文討論。

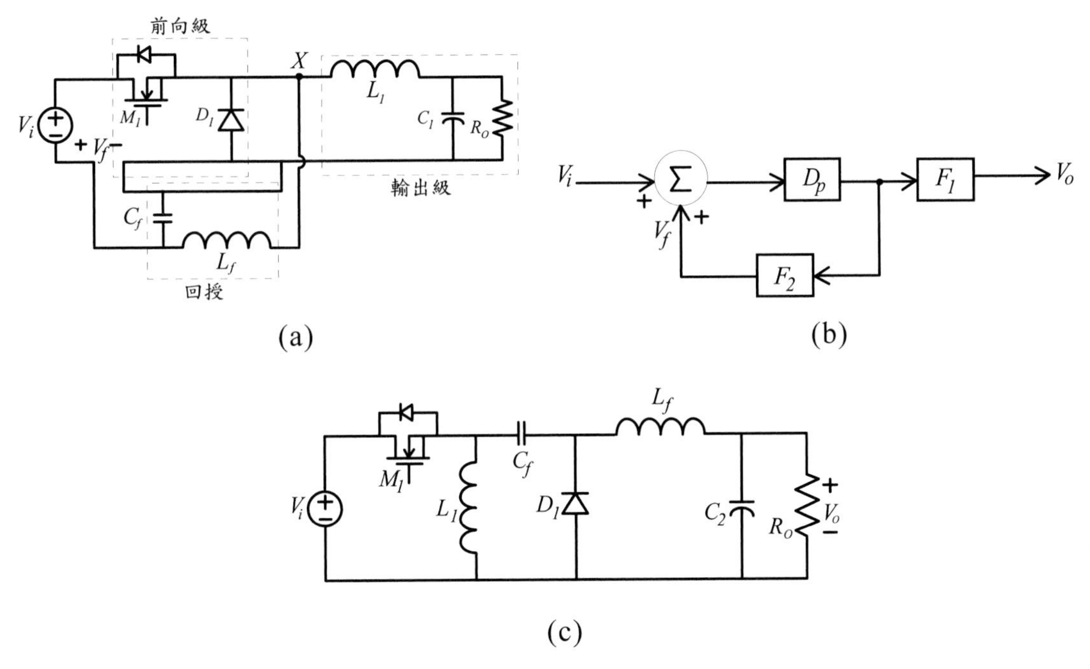

圖 8.11　Buck 轉換器家族之 Zeta 轉換器的衍生流程及其等效電路

8.2.2 Boost 家族轉換器

同樣地，利用對偶的觀念，將電壓迴授改成電流迴授，並且採用輸入對輸

出電流的轉換關係來表示，則可以找到 Boost 家族的轉換器′Cuk (Boost-Buck) 和 Sepic (Boost-Buck-Boost)轉換器。圖 8.12(a)所示爲 Boost 轉換器與其電流轉換比率，其中，爲了輸出電流 I_o 的迴授，將輸出電容一分爲二。經輸出電流迴授後，其轉換比率如圖 8.12(b)所示，其等效轉換器之連結則如圖 8.12(c)所示，經重新整理元件排列，可得到眾所知悉的′Cuk (Boost-Buck)轉換器，如圖 8.12(d)所示。

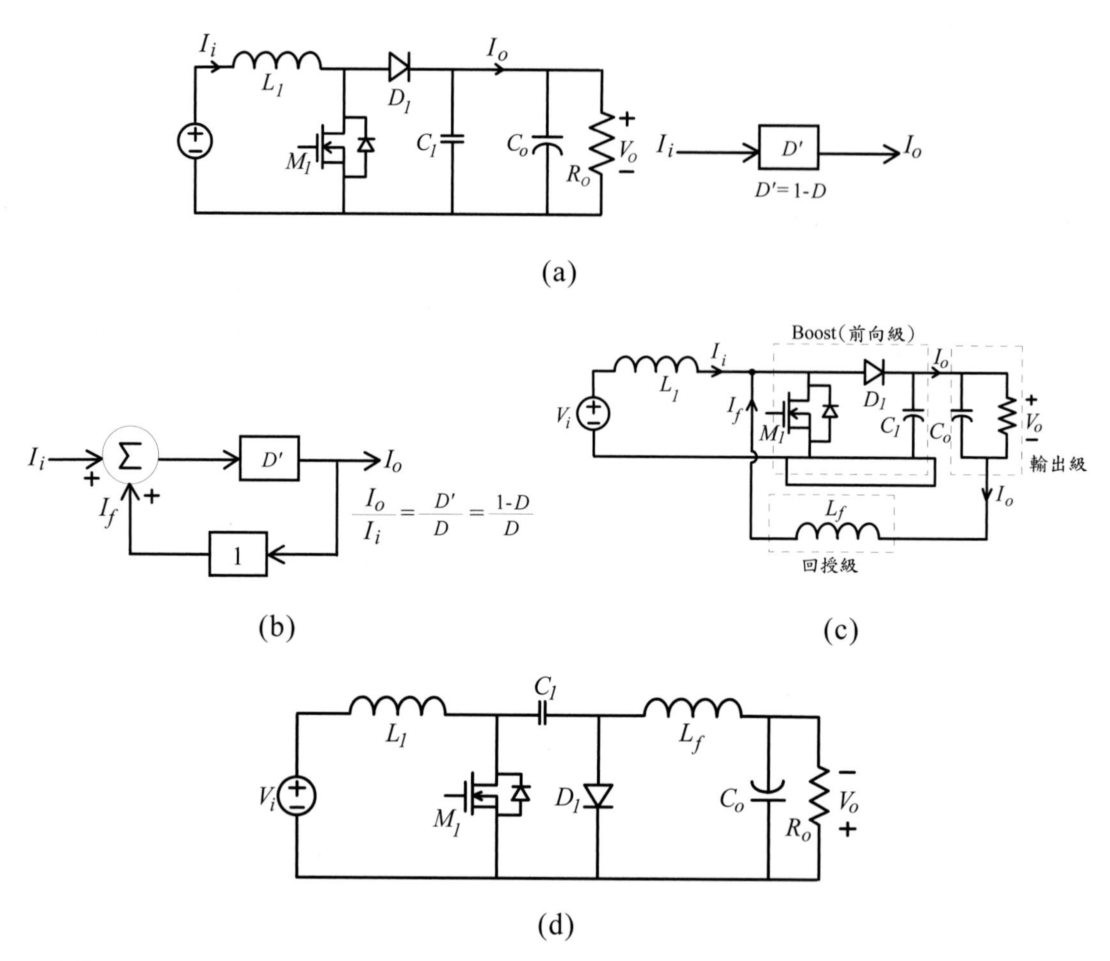

圖 8.12 Boost 家族之′Cuk (Boost-Buck)轉換器之衍生流程及其等效電路

同樣地，Boost 轉換器還可以有一個脈衝電流迴授的路徑，如圖 8.13(a)所示，由於 I_p 爲脈衝型電流，因此需要先有迴授電容 C_f 濾波，再饋入電感 L_f 並迴授至輸入端；其轉換比率方塊圖如圖 8.13(b)所示，由此可得

$$\frac{I_o}{I_i} = \frac{D'_p\,G_1}{1 - D'_p\,G_2} \tag{6}$$

令 $G_1 = G_2$，且已知 $D'_p \cdot G_1 = D'$，則

$$\frac{I_o}{I_i} = \frac{D'}{1 - D'} = \frac{1 - D}{D} \tag{7}$$

將圖 8.13(a)之電路中的元件重新整理，則可得到 Sepic 轉換器，如圖 8.13(c)所示。在此我們也發現圖 8.13(a)中之 Boost 轉換器已不完整了，爲何可以把 Sepic 歸類爲 Boost 家族呢？答案就在下一小節裡。

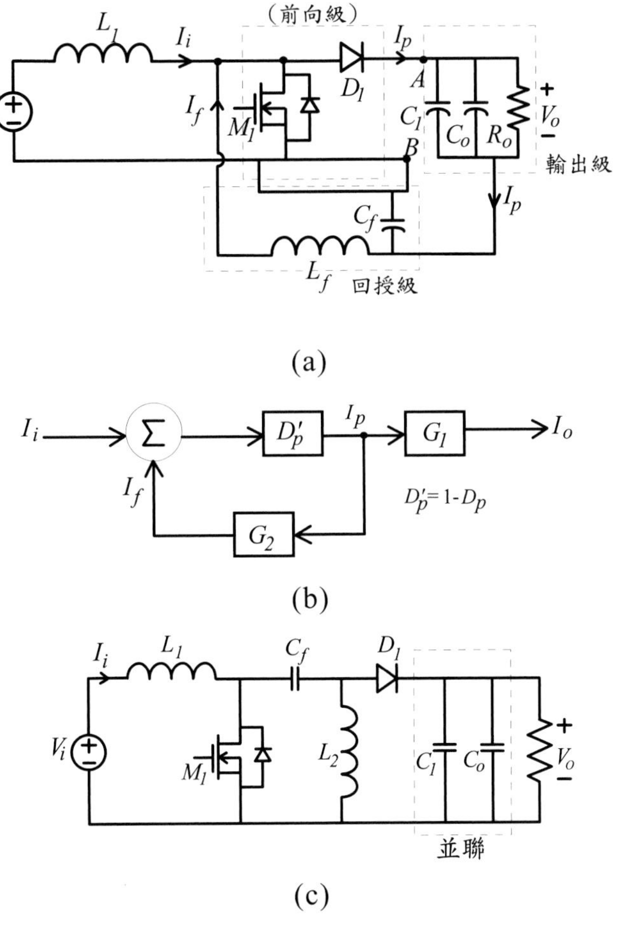

圖 8.13　Boost 家族之 Sepic (Boost-Buck-Boost)轉換器衍生流程及其等效電路

8.2.3 Buck 與 Boost 家族之通用結構

圖 8.10(c)包含了一個完整的 Buck 轉換器(一主動開關，一被動開關及一電感)，然而在圖 8.11(a)中之 Buck 轉換器，由於迴授節點之關係，電感 L_1 卻被歸至輸出級，因而僅 M_1 和 D_1 存在於前向級，看不到一個完整的 Buck 轉換器。不過仔細觀察圖 8.11(a)之電路，我們發現 L_1 和 L_f 共節點，因此若在 D_1 之 N 極到節點〝X〞中間串聯一個電感 L_x，如圖 8.14(a)所示，由於 L_x 之平均電壓爲零，穩態電流增益爲 1，而且三電感 L_x、L_1 和 L_f 共節點，L_x 爲相依電感，其階數仍只有二，因此 L_x 將不影響電路的穩態增益和動態階數，也就是說圖 8.11(a)之電路的輸入對輸出電壓或電流轉換比率與圖 8.14(a)之電路的輸入對輸出電壓或電流轉換比率相同；另外，動態特性也相同。由圖 8.14(a)之電路，若拿掉 L_x，則退化成 Zeta 轉換器；若拿掉 L_f 及 L_1 則退化成 Buck-Boost 轉換器；若拿掉所有迴授電路及電感 L_1，則退化成單純的 Buck 轉換器。因此圖 8.14(a)的電路可稱爲 Buck 家族的通用結構。

再回來檢視圖 8.14(a)的 Buck 家族通用結構，電感 L_x，L_1 和 L_f 共節點，彼此相依，已經分不清誰是外加的，因此可以任意拿掉一個電感(即短路)，而不會影響其動作原理。已知拿掉 L_x，則電路會退化成 Zeta (Buck-Boost-Buck)轉換器；若將 L_1 短路，則退化成圖 8.14(b)中之電路，此電路仍是一個 PWM 轉換器。當 M_1 導通時 D_1 一定截止；反之，M_1 截止則 D_1 導通。此轉換器尚未見於文獻中，是一個新轉換器。若將 L_f 短路，則退化成圖 8.14(c)中之電路，此電路事實上是一個 Buck-Boost 轉換器串接一個 L-C 濾波器，因此不算是新轉換器結構。

同樣地，Boost 家族也有對偶的通用結構。在圖 8.13(b)中，Boost 轉換器尚缺一個電容才算完整，但由於 C_f 與 C_1 在同一迴圈裡，當 C_1 與 C_f 之跨壓決定後，A-B 兩點間的跨壓也唯一決定，因此可以外加一個電容 C_x，如圖 8.15(a)所示。如此一來 C_x-C_1-C_f 三個電容形成一個迴路，彼此相依。當外加 C_x 後，Boost 轉換器就完整了。由圖 8.15(a)之電路可以退化成 Sepic (Boost-Buck-Boost)、′Cuk

(Boost-Buck)及 Boost 轉換器本身，因此，此電路可稱爲 Boost 家族之通用結構。

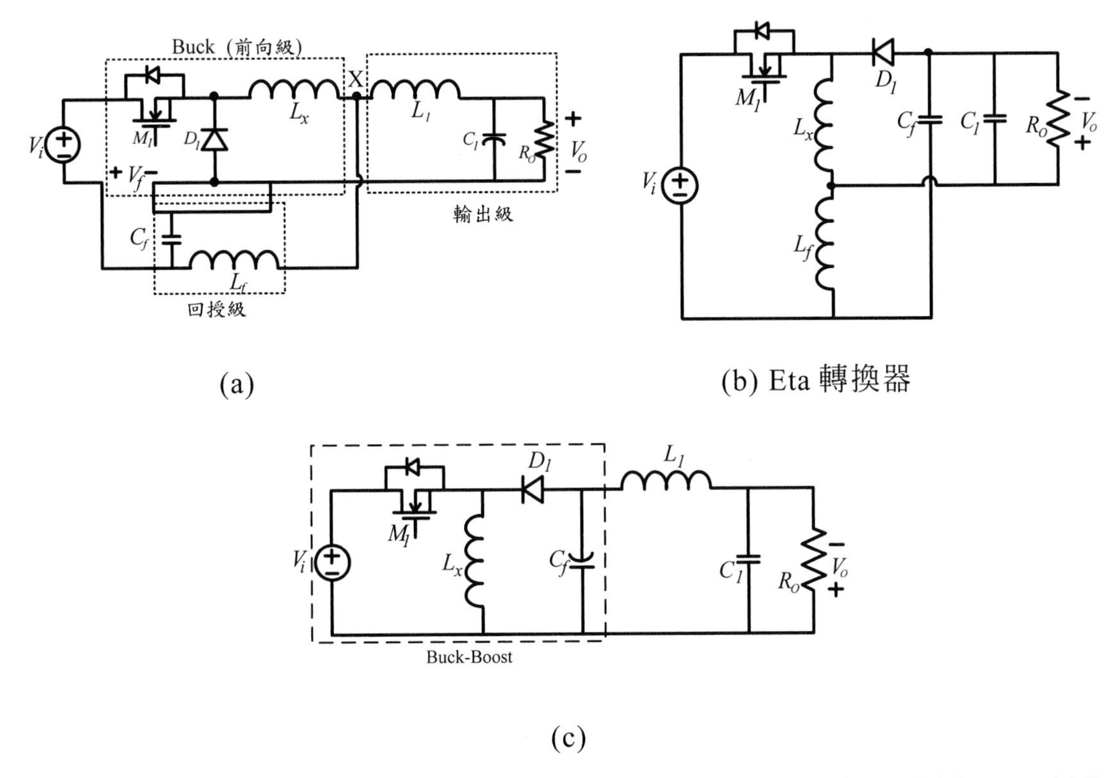

圖 8.14 Buck 家族之通用結構及其兩個退化型轉換器，其中(b)爲新 PWM 轉換器結構，取名 Eta(希臘字母的第七字)轉換器

在圖 8.15(a)之電路，C_x，C_1 和 C_f 形成一迴路，彼此相依，因此可以任意拿掉(即開路)一個電容而不會影響其動作原理和動態行爲。已知拿掉 C_x 將退化成 Sepic 轉換器；若拿掉(C_1 // C_o)，則將退化成如圖 8.15(b)之電路；若拿掉 C_f，則將退化成如圖 8.15(c)之電路。圖 8.15(b)中之電路尚未見於文獻中，是屬於新 PWM 轉換器；而圖 8.15(c)則僅只是′Cuk 轉換器，並非新結構。

從壓條法可以推演出 Buck 和 Boost 轉換器家族，進而可推演出其通用結構。最特別的是，由這些通用結構可以退化出兩個新的 PWM 轉換器，如圖 8.14(b)和圖 8.15(b)所示；不過這兩個轉換器也可以再退化成 Buck-Boost 和′Cuk。爲了方便說明及辨認起見，我們將圖 8.14(b)之轉換器命名爲希臘字母的第七個字母 Eta 轉換器；而將圖 8.15(b)之轉換器命名爲 Theta (第八字母)轉換器。Eta 和 Theta

轉換器的輸入對輸出電壓轉換比率為 D / (1-D)，而其動態特性分別與 Zeta 和 Sepic 相近。

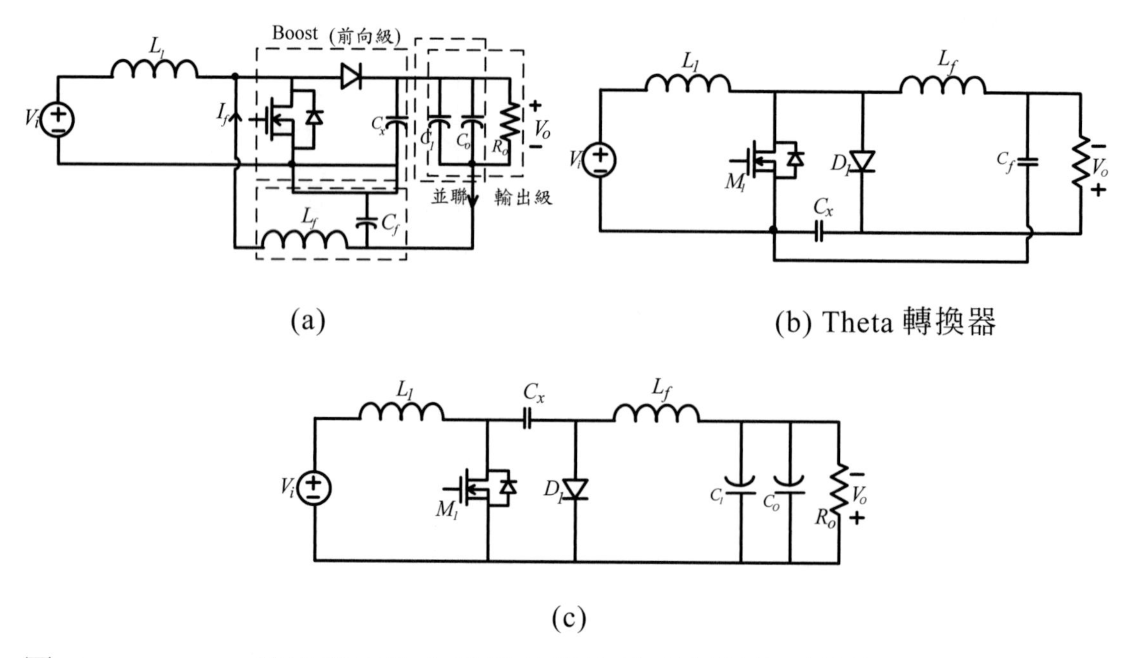

圖 8.15　Boost 轉換器家族之通用結構及其兩個退化型轉換器，其中(b)為新 PWM 轉換器，取名 Theta(希臘字母的第八字)轉換器

8.3 直流準位偏移法

轉換器的型式有些只是其濾波電感或電容上的直流偏流或偏壓改變而已，雖然其元件的連接位置不同，但其轉換特性卻完全相同，因此我們仍將其歸類為同一轉換器拓樸結構。以下介紹幾個利用偏壓或偏流方式來改變元件連結的轉換器。

8.3.1 Buck 準諧振轉換器

圖 8.16(a)所示為 Buck 準諧振轉換器電路，其中電容 C_1 是做為零電壓用之諧振電容，它的左端與輸入電源串接，因此可以畫成如圖 8.16(b)之等效電路。由於電壓源 V_i 為一個定電壓，等同一個直流準位，所以可以進一步簡化成如圖

8.16(c)之電路，其中 C_1 多了一個直流偏壓準位 V_i，對其諧振行爲不會有影響。接著來探討電容 C_1 之跨壓 V_{c1}，當主動開關 M_1 截止時，二極體 D_1 將導通，在圖 8.16(a)中之 V_{c1} 將等於 V_i，而在圖 8.16(c)中之 V_{c1} 等於零電壓。反之，當 M_1 導通時，D_1 截止，在圖 8.16(a)中之 V_{c1} 等於零電壓，而在圖 8.16(c)中之 V_{c1} 則等於 V_i。在整個週期的操作中，V_{c1} 之最大値皆等於 V_i，所以，雖然元件的接點改變了，但其最大耐壓卻不變。圖 8.16(a)與圖 8.16(c)之轉換器電路相互等效，可以說是屬於同一個拓樸結構。

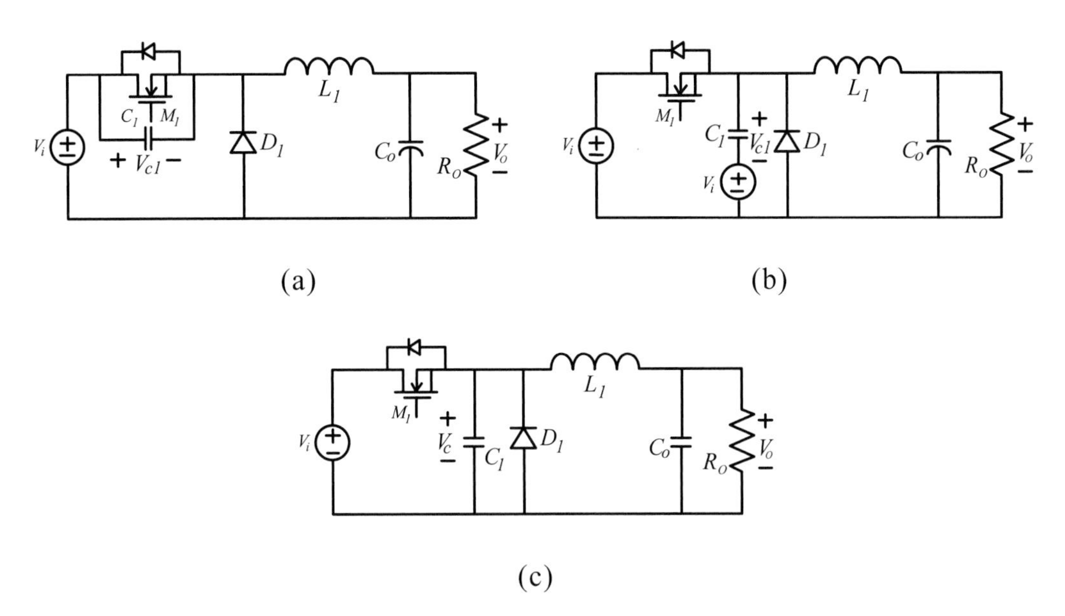

圖 8.16　Buck 準諧振轉換器之變化型式

8.3.2 Boost 準諧振轉換器

Boost 準諧振轉換器是 Buck 準諧振轉換器的對偶型，圖 8.17(a)所示爲其電路圖，圖中電感 L_1 是做爲零電流切換的諧振電感。由於直流源的特性，圖 8.17(a)之電路可以等效成如圖 8.17(b)之電路，其中兩電流源之電流値完全相同，因此在 A-B 兩點間沒有電流；又由於電流源兩端之電壓可以是任意值，因此 A-B 兩點間可以有連線，但不影響其原先之動作原理。接著可以將定電流源併入電感 L_1，成爲具有直流偏流的諧振電感，如圖 8.17(c)所示。而從圖 8.17(a)和(c)之動作原理，可得知電感 L_1 之最大電流皆爲 I_i，因此，其耐流均相同。圖 8.17(a)與 8.17(c)中之電路相互等效，是屬於同一個轉換器拓樸結構。

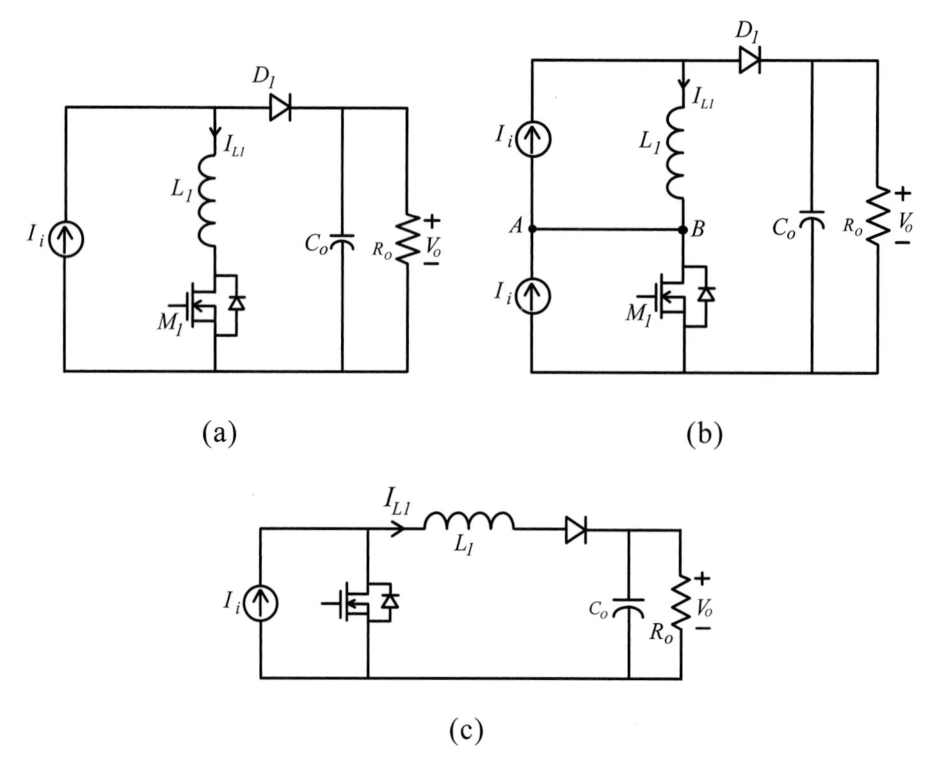

圖 8.17　Boost 準諧振轉換器之變化型式

8.3.3 Flyback＋主動箝位轉換器

圖 8.18(a)所示爲 Flyback 轉換器加上主動箝位電路(C_c 和 M_c)，其中 C_c 之跨壓爲一定電壓，圖中 C_c 之一端接至輸入電源的負端，若改接至其正端，如圖 8.18(b)所示，則僅改變 C_c 之偏壓而已，沒有改變其動作原理。若進一步將電容 C_c 一分爲二且分別串接到電源和漏感，如圖 8.18(c)所示。由於在原先路徑 $V_i \rightarrow L_l \rightarrow T_1$ 本來沒有電容，現在卻加上兩個電容，可能會影響其動原理；然而電容 C_{c1} 與 C_{c2} 之電壓和永遠爲零，即等同它們不存在，但若要經由路徑 M_c，則每一端卻各有一個電容串接，因此整體電路與圖 8.18(b)相同。另外，又由於 C_{c1} 之電壓可與輸入電壓源串接成一個新的電壓源 V'_i，因此電路可以化簡成如圖

8.18(d)所示。從以上的說明，事實上圖 8.18 的四個電路都是相互等效的，只是電容連接的位置改變而已，它們是屬於同一個轉換器。

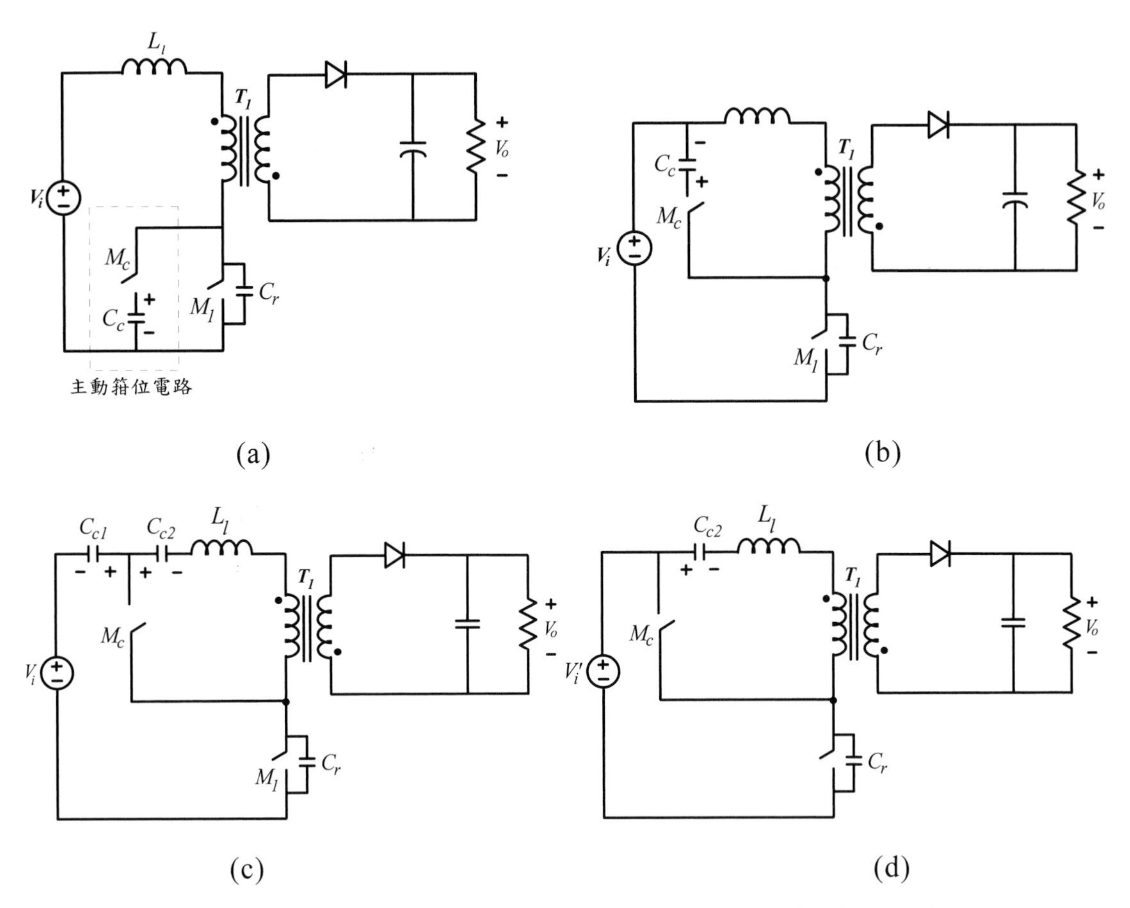

圖 8.18　Flyback 轉換器加上主動箝位電路之變化型式

8.4 直流變壓器植入法

在 Severns 與 Bloom 的書籍著作 Modern dc-to-dc Switch Mode Power Converter Circuits 裡，有兩個專章：第五章和第六章介紹由 Buck 加上『直流變壓器』及由 Boost 加上『直流變壓器』所衍生的轉換器。在本節裡將介紹所謂的『直流變壓器』及如何將其植入 Buck 和 Boost 以衍生轉換器。

8.4.1 Buck 衍生之轉換器

Buck 轉換器，如圖 8.19(a)所示，是眾所周知的基本轉換器，若在適當之處植入『直流變壓器』，如圖 8.19(b)所示，則可衍生出不同的轉換器。變壓器理論上都是交流型，若加上整流二極體就會有直流電壓或電流輸出，因此圖 8.19(b)之電路稱爲『直流變壓器』。在圖 8.19(a)之 Buck 轉換器中，我們將其分成五個區段，從 A-A′到 E-E′，可以將任一區段拉開並植入一個直流變壓器。例如圖 8.20(a)所示爲將直流變壓器植入 A-A′區段所衍生之轉換器。由於加入了變壓器，因此也適於有多組輸出，如圖 8.20(b)所示。其它在 C-C′與 D-D′區段植入直流變壓器之轉換器分別如圖 8.21(a)與(b)所示，事實上圖 8.21(b)中之 D_1 可以省略，因爲 D_2 與 D_3 的路徑可以讓電感電流 i_{L1} 連續導通，M_1 的功能也可以由 M_2 和 M_3 來取代，因此可以將 M_1 短路。所以整個電路就轉化爲一個 Push-Pull 轉換器。其餘還有一些例子及其衍生變化型，可直接參看文獻 Severns 與 Bloom 的著作[1]。

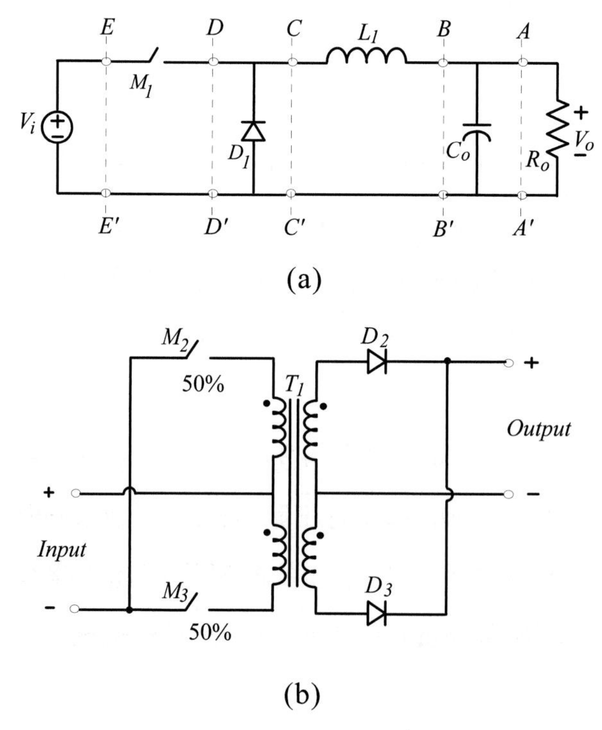

圖 8.19 (a) 分成五區段之 Buck 轉換器 (b) 直流變壓器

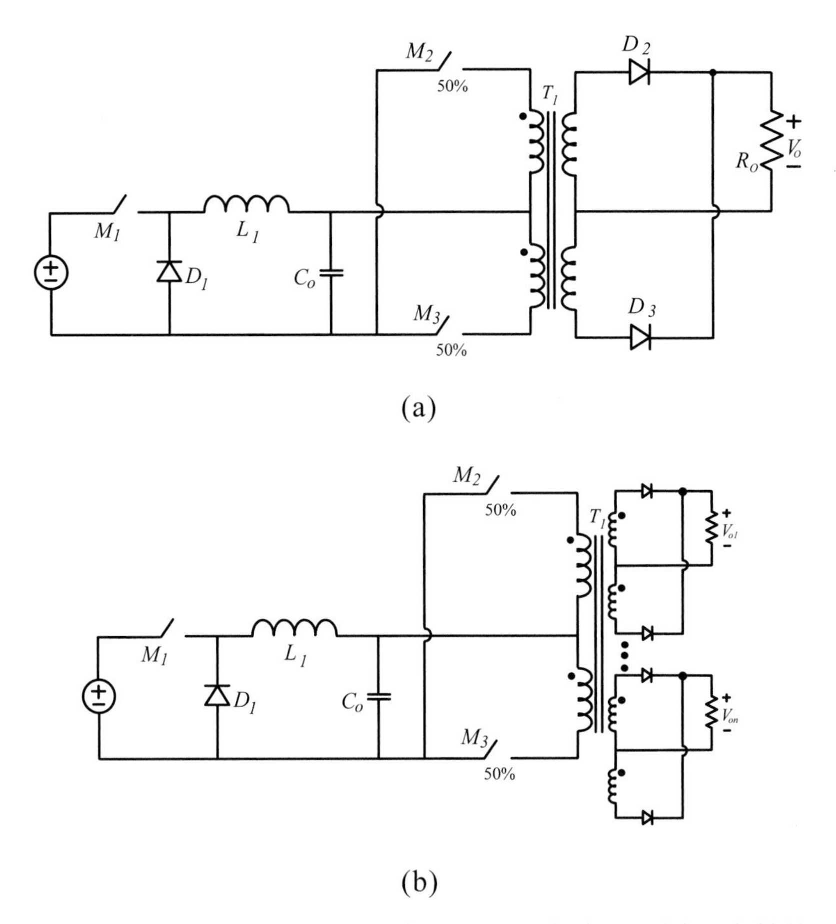

圖 8.20　於 Buck 之 A-A′區段植入直流變壓器所衍生之轉換器

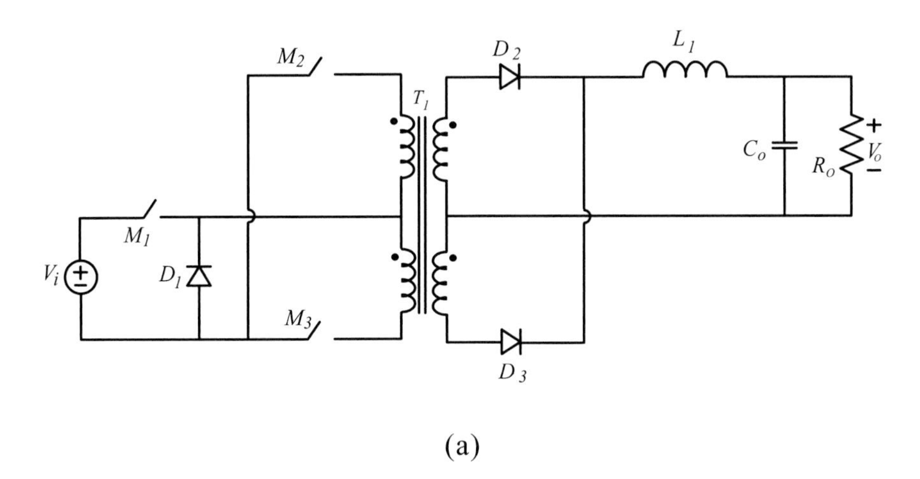

(a)

圖 8.21　(a)於 C-C′區段(b)於 D-D′區段植入直流變壓器所衍生之轉換器，其中(b)之電路與 Push-Pull 轉換器具有相同的結構(M_1 短路，D_1 開路)

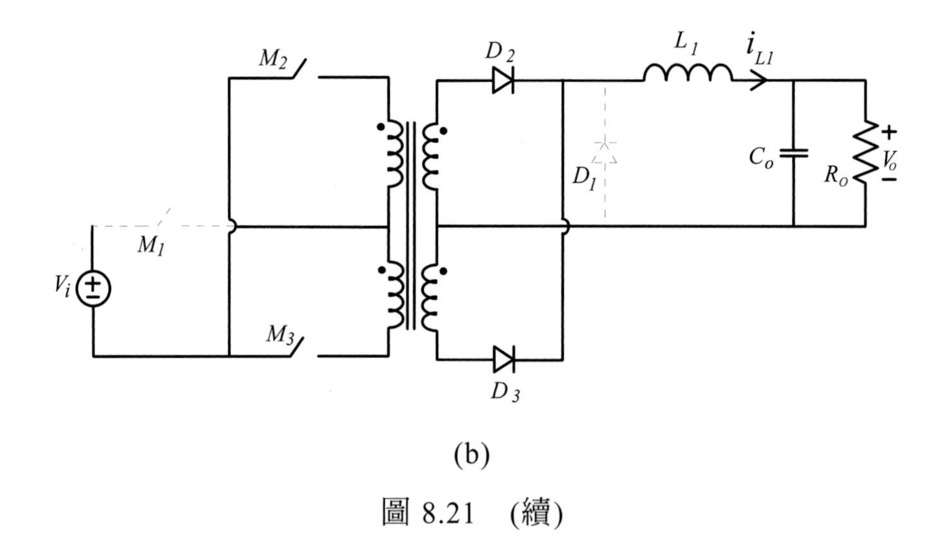

(b)

圖 8.21 (續)

8.4.2 Boost 衍生之轉換器

如同上一小節，我們也可以把 Boost 轉換器切割成五個區段，如圖 8.22 所示，從區段 A-A′到區段 E-E′，並且可在任一區段植入直流變壓器以衍生轉換器。圖 8.23 所示為在三個不同區段植入直流變壓器所衍生之三個轉換器，其中圖 8.23(c)之 M_1 的責任比率為 D，而 M_2 和 M_3 則皆為 50 %。當 M_2 與 M_3 的責任比率均改為 D，則可將 M_1 省略而仍可達到相同的 PWM 控制；另外，二極體 D_1 與 D_2 和 D_3 均為串接情形，因此 D_1 也可以省略。如此，整體電路可簡化成如圖 8.23(d)之 Clarke 轉換器。

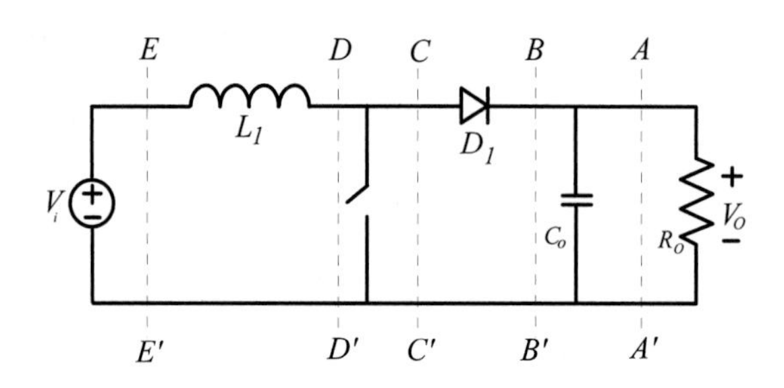

圖 8.22 分成五個區段 A-A′ ~ E-E′之 Boost 轉換器

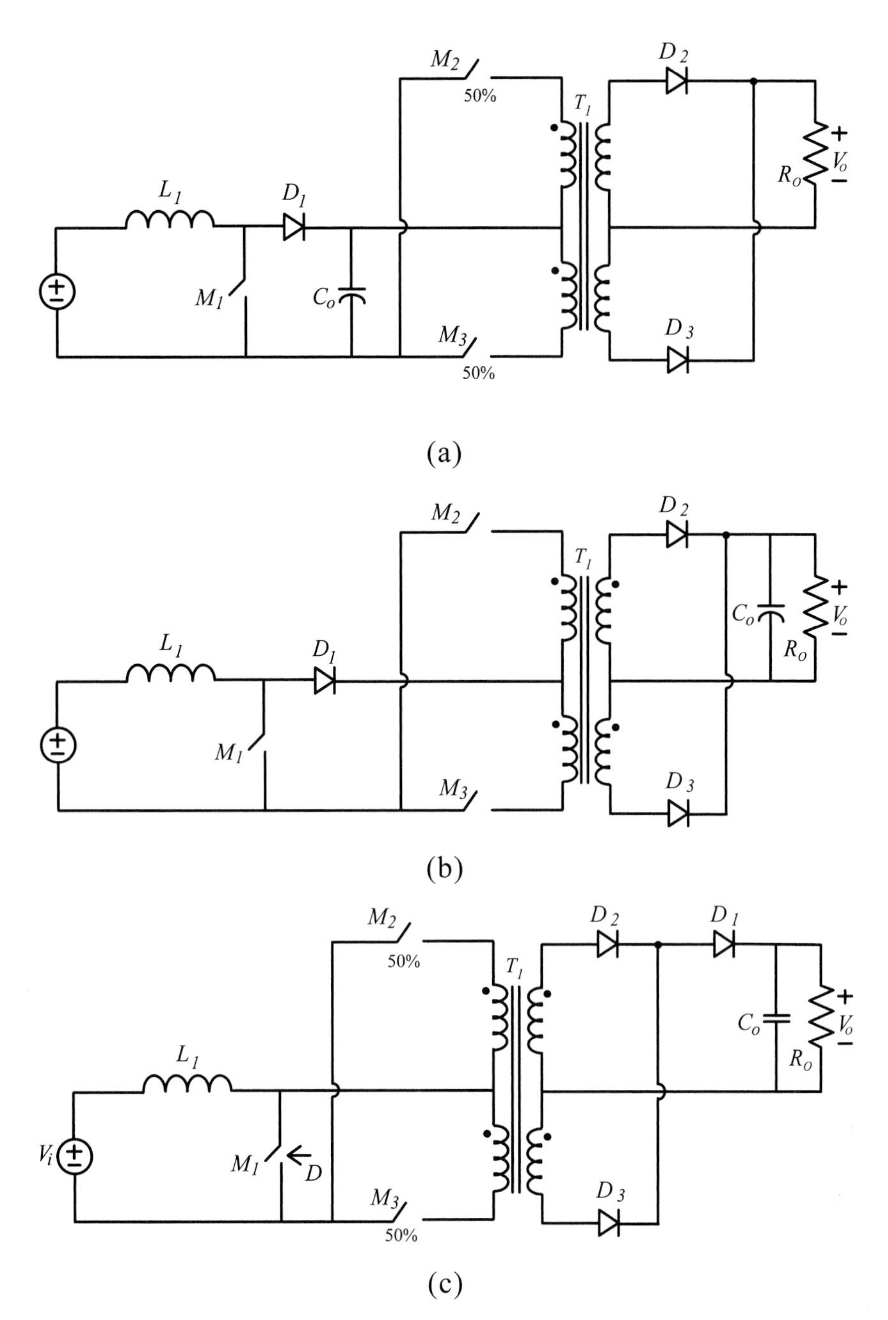

圖 8.23　在區段 A-A′，B-B′及 C-C′植入直流變壓器所衍生之轉換器，其中(d)為(c)之簡化型

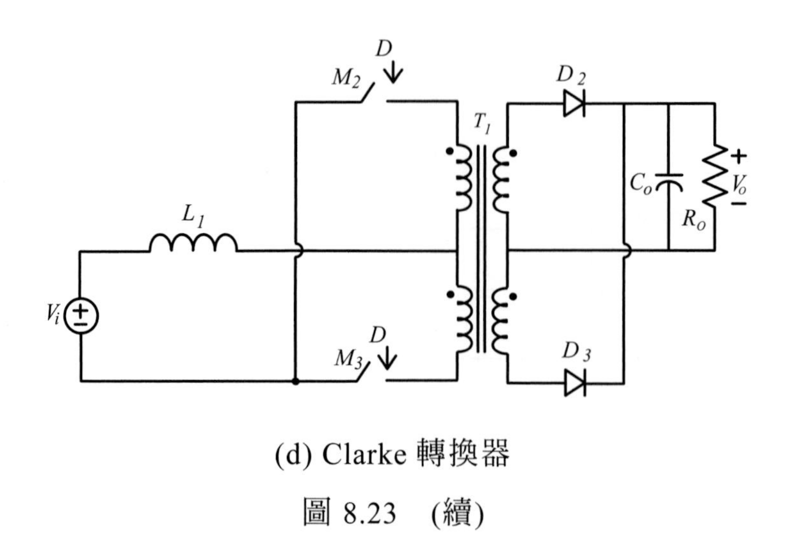

(d) Clarke 轉換器

圖 8.23 (續)

轉換器之結構表面上看來變化萬千，但仔細分析、探討，則仍有脈絡可尋，尤其是其中往往包含了基本轉換器(Buck 和 Boost)。同理，其餘的 PWM 轉換器(Buck-Boost，′Cuk，Sepic，Zeta，Eta 和 Theta)也可以切割成多區段，並且植入直流變壓器來衍生轉換器，這就留給讀者自行發揮了!

8.5 重點整理

本章介紹四種轉換器衍生原理。第一種為接枝法(或稱同步開關法)，我們提出四種同步開關：T-型、倒 T-型、Π-型、倒Π-型，可用來將轉換器中之主動開關接枝共用，不過這些開關必須有共節點和可同步操作。最佳的應用例子，如 PWM 轉換器 Buck-Boost，′Cuk，Sepic 和 Zeta 均可由基本轉換器 Buck 和 Boost，利用同步開關接枝而求得。第二種為壓條法，其基本原理為迴授控制理論，可以推導出 Buck 和 Boost 家族的通用結構，進而推導出第七個 PWM 轉換器(Eta 轉換器)和第八個轉換器(Theta 轉換器)。第三種為直流準位偏移法，此法主要的觀念在於諧振或箝位電容允許直流偏壓，而諧振或箝流電感允許直流偏流，因此可將多種看似不同結構的轉換器歸類成同一種，這對於轉換器的操作原理分析助益很大。第四種為直流變壓器植入法，這是由 Rudolf Severns 提出，將 Buck 和 Boost 轉換器的元件連接處切割成五段，每一次在其中一段植入直流變壓器，可以推導出一個轉換器，其操作原理與原先之 Buck 或 Boost 是相同的。由此方法可以衍生出許多文獻上已有或新的轉換器，方法相當簡易易懂。

8.6 習題

1. 利用接枝法推導 Buck-Boost 轉換器。
2. 利用接枝法推導 Buck + Buck 轉換器，並討論其結構與 PWM 轉換器之差異。
3. 利用接枝法推導 Boost + Boost 轉換器，並討論其結構與 PWM 轉換器之差異。
4. 試由 Buck 家族通用結構退化出 Eta，Zeta，Buck-Boost 和 Buck 轉換器。
5. 試由 Boost 家族通用結構退化出 Theta，Sepic，′Cuk 和 Boost 轉換器。
6. 試著由文獻上找出可用「直流準位偏移法」來衍生的轉換器。
7. 將直流變壓器植入 Buck 轉換器之 E-E′處，並討論可否簡化開關個數或其它電路。
8. 將直流變壓器植入 Boost 轉換器之 D-D′和 E-E′處，並討論可否簡化電路。

第二單元 參考文獻

[1] Switching Power Supply Design, A. I. Pressman, New York, McGraw-Hill, 1992.

[2] Fundamentals of Power Electronics, R. W. Erickson and D. Maksimovic, 2nd, Kluwer Academic, 2001.

[3] J. M. D. Murphy and M. G. Egan, "A Comparison of PWM Strategies for Inverter-fed Induction Motors," *IEEE Trans. on Ind. Appl.*, pp. 363-369, 1983.

[4] G. B. Kliman and A. B. Plunkett, "Development of a Modulation Strategy for a PWM Inverter Drive," *IEEE Trans. on Ind. Appl.*, pp. 702-709, 1979.

[5] T. G. Habetler and D. Divan, "Acoustic Noise Reduction in Sinusoidal PWM Drives Using a Randomly Modulated Carrier," *IEEE Trans. on Power Electron.*, pp. 356-363, 1991.

[6] J. Qian and F. C. Lee, "Charge Pump Power-Factor-Correction Technologies. I. Concept and Principle," *IEEE Trans. on Power Electron.*, Vol. 15, pp. 121-129, Jan. 2000.

[7] T. F. Wu, C. C. Chen, C. L. Shen, and C. N. Wu, "Analysis, Design and Practical Consideration of 500 W Power Factor Correctors," *IEEE Trans. on Aerospace and Electron. Systems*. Vol. 39, pp. 961-975, July 2003.

[8] C. Qiao and K. M. Smedley, "A Topology Survey of Single-Stage Power Factor Corrector with a Boost Type Input-Current-Shaper," *IEEE Trans. on Power Electron.*, Vol. 16, pp. 360-368, May 2001.

[9] L. Rossetto, G. Spiazzi, and P. Tenti, "Boost PFC with 100-Hz Switching Frequency Providing Output Voltage Stabilization and Compliance with EMC Standards," *IEEE Trans. on Ind. Appl.*, Vol. 36, pp. 188-193, Jan. / Feb. 2000.

[10] Power Electronics, N. Mohan, T. M. Undeland, and W. P. Robbins, 3rd, John

Wiley & Sons, Inc., 2003.

[11] 轉換式電源供給器原理與設計，梁適安，全華，1991。

[12] 高頻交換式電源供應器原理與設計，梁適安，全華，1995。

[13] Switching Power Supply Design & Optimization, Sanjaya Maniktala, New York, McGraw-Hill, 2006.

[14] Power Electronics Semiconductor Switches, R. S. Ramshaw, 1st, Chapman & Hall, 1993.

[15] Resonant Power Converters, M. K. Kazimierczuk and D. Czarkowski, John Wiley & Sons, Inc., 1995.

[16] R. L Steigerwald, "A Comparison of Half-Bridge Resonant Converter Topologies," *IEEE Trans. on Power Electron.*, Vol. 3, pp. 174-182, April 1988.

[17] T. F. Wu, S. Y. Tseng and J. C. Hung, "Generation of Pulsed Electric Fields for Processing Microbes," *IEEE Trans. on Plasma Science*, Vol. 32, pp. 1551-1562, Aug. 2004.

[18] P. C. Theron and J. A. Ferreira, "The Zero Voltage Switching Partial Series Resonant Converter," *IEEE Trans. on Ind. Appl.*, Vol. 31, pp. 879-886, July/Aug. 1995.

[19] K. D. T. Ngo, "Analysis of a Series Resonant Converter Pulse Width-Modulated or Current-Controlled for Low Switching Loss," *IEEE Trans. on Power Electron.*, Vol. 3, pp. 55-63, Jan. 1988.

[20] A. Ghahary and B. H. Cho, "Design of Transcutaneous Energy Transmission System Using a Series Resonant Converter," *IEEE Trans. on Power Electron.*, Vol. 7, pp. 261-269, April 1992.

[21] M. C. Tsai, "Analysis and Implementation of a Full-Bridge Constant-Frequency LCC-Type Parallel Resonant Converter," *IEE Proceedings of Electric Power Appl.*, Vol. 141, pp. 121-128, May 1994.

[22] V. Belaguli and A. K. S. Bhat, "Series-Parallel Resonant Converter Operating in Discontinuous Current Mode. Analysis, Design, Simulation, and Experimental Results," *IEEE Trans. on Circuits and Systems I: Fundamental Theory and Appl.*, Vol. 47, pp. 433-442, April 2000.

[23] G. Moschopoulos and P. Jain, "Single-Stage ZVS PWM Full-Bridge Converter," *IEEE Trans. on Aerospace and Electron. Systems*, Vol. 39, pp. 1122-1133, Oct. 2003.

[24] M. K. Kazimierczuk and J. Jozwik, "Resonant DC/DC Converter with Class-E Inverter and Class-E Rectifier," *IEEE Trans. on Ind. Electron.*, Vol. 36, pp. 468-478, Nov. 1989.

[25] S. C. Wong and C. K. Tse, "Design of Symmetrical class E Power Amplifiers for Very Low Harmonic-Content Applications," *IEEE Trans. on Circuits and Systems I: Regular Papers*, Vol. 52, pp. 1684-1690, Aug. 2005.

[26] R. Redl, B. Monar and N. O. Sokal, "Class E Resonant DC/DC Power Converters: Analysis of Operation and Experimental Results at 1.5 MHz," *IEEE Trans. on Power Electron.*, Vol. PE-1, pp. 111-120, April 1986.

[27] M. K. Kazimierczuk and J. Jozwik, "DC/DC Converter with Class E Inverter and Rectifier," *Proceedings of the IEEE High Frequency Power Converter Conf.*, pp. 383-394, May 1989.

[28] M. Shoyama and K. Harada, "Zero-Voltage-Switched Push-Pull DC-DC Converter," *IEEE PESC'91*, June 1991, pp.223-229.

[29] J. C. Hung, T. F. Wu, J. Z. Tsai, C. T. Tsai and Y. M. Chen, "An Active-Clamp Push-Pull Converter for Battery Sourcing Applications," *IEEE APEC'05*, Mar. 2005, Vol. 2, pp. 1186-1192.

[30] S. Mao, H. Wang, Y. Yan, "A Novel Zero-Voltage-Switching Push-Pull DC-DC Converter for High Input Voltage and High Power Applications," *IEEE*

ICEMS'05, Sept. 2005, Vol. 2, pp. 1152-1156.

[31] J. Sun, S. Hamada, J. Yoshitsugn, B. Guo, and M. Nakaoka, "Zero Voltage Soft-Commutation PWM DC-DC Converter with Saturable Reactor Switch-Cascaded Diode Rectifier," *IEEE Trans. on Circuits and Systems-I: Fundamental Theory and Appl.*, Vol. 45, no. 4, April 1998.

[32] C. R. Sullivan and S.R. Sanders, "Soft-Switched Square-Wave Half-Bridge DC-DC Converter," *IEEE Trans. on Aerospace and Electronic Systems*, Vol. 33, no. 2, April 1997.

[33] R. M F. Neto, F. L. Tofoli, and L. C. de Freitas, "A High-Power-Factor Half-Bridge Doubler Boost Converter without Commutation Losses," *IEEE Tans. on Ind. Electronics.*, Vol. 52, no. 5, Oct 2005.

[34] 轉換式電源供給器原理與設計，梁適安，全華，1991。

[35] Modern DC-TO-DC Switch Mode Power Converter Circuits, R. P. Severns and G. E. Bloom, New York, Van Nostrand Reinhold, 1985.

[36] T. F. Wu, T. H. Yu and Y. H. Chang, "A Systematic Illustration of the Applications of Grafted Converter trees," *Proceedings of the IEEE IECON 22nd International Conf.*, Aug. 1996, Vol. 3, pp. 1536-1541.

[37] T. F. Wu and Y. K. Chen, "A Systematic and Unified Approach to Modeling PWM DC/DC Converters Based on the Graft Scheme," *IEEE Trans. on Ind. Electron.*, Vol. 45, no. 1, pp. 88-98, Feb. 1998.

[38] T. F. Wu and Y. K. Chen, "Modeling PWM DC/DC Converters out of Basic Converter Units," *IEEE Trans. on Power Electron.*, Vol. 13, no. 5, pp. 870-881, 1998.

[39] T. F. Wu and Y. K. Chen, "Modeling of Single-Stage Converters with High Power Factor and Fast Regulation," *IEEE Trans. on Ind. Electron.*, Vol. 46, No. 3, pp. 585-593, 1999.

[40] Fundamentals of Power Electronics, R. W. Erickson and D. Maksimovic, 2nd, Kluwer Academic, 2001.

[41] D. Maksimovic and S. Cuk, "Constant-Frequency Control of Quasi-Resonant Converters", *IEEE Trans. on Power Electron.*, Vol. 6, pp. 141-150, Jan. 1991.

[42] W. A. Tabisz, P. M. Gradzki and F. C. Y. Lee, "Zero-Voltage-Switched Quasi-Resonant Buck and Flyback Converters-Experimental Results at 10 MHz," *IEEE Trans. on Power Electron.*, Vol. 4, pp. 194-204, April 1989.

[43] I. Barbi, J. C. O. Bolacell, D. C. Martins and F. B. Libano, "Buck Quasi-Resonant Converter Operating at Constant Frequency: Analysis, Design, and Experimentation," *IEEE Trans. on Power Electron.*, Vol. 5, pp. 276-283, July 1990.

[44] N. P. Polyzos, E. C. Tatakis and A. N. Safacas, "A Novel Method Oriented to Evaluate the Real Characteristics of Practical Buck Zero-Voltage Switching Quasi-Resonant Converters," *IEEE Trans. on Power Electron.*, Vol. 16, pp. 316-324, May 2001.

[45] C. C. Chan and K. T. Chau, "A New Zero-Voltage Switching DC/DC Boost Converter, *IEEE Trans. on Aerospace and Electronic Systems*, Vol. 29, pp. 125-134, Jan. 1993.

[46] L. H. S. C. Barreto and *etc.*, "A Quasi-Resonant Quadratic Boost Converter Using a Single Resonant Network," *IEEE Trans. on Ind. Electron.*, Vol. 52, pp. 552-557, April 2005.

[47] E. Tatakis, N. Polyzos and A. Safacas, "Predicting Real Characteristics of Boost Zero-Voltage Switching quasi-Resonant Converters," *Proceedings of the IEEE International Symposium on Ind. Electron.*, Vol. 2, pp. 759-765, July 1995.

[48] G. Moschopoulos and G. Joos, "A Single Phase Quasi-Resonant Rectifier with

Unity Power Factor," *Proceedings of the IEEE Telecommunications Energy Conf.*," Oct./Nov. 1994, pp. 351-358.

[49] T. F. Wu and S. A. Liang, "A Systematic Approach to Developing Single-Stage Soft Switching PWM Converters," *IEEE Trans. on Power Electron.*, Vol. 16, No. 5, pp. 591-593, Sep. 2001.

[50] 譚順文，陳裕愷，吳財福， "具高功因、可調光之 Boost 及半橋 SRC 接枝電子安定器"，吳鳳學報，No. 4, pp. 20-24, May 1996.

[51] 何佩怡，張耀暉，吳財福， "單級轉換器之原理、衍生及應用" ，電機月刊， No. 76, pp. 185-200, April 1997.

第三單元

開關驅動電路與 PWM IC

第九章　驅動電路放大器

在一個電源轉換器中，一般包含有主動開關、被動開關及能量儲存元件電感與電容，在這些元件中唯一需要額外驅動電路才能工作的，就是主動開關元件，也唯有它才能達到功率調節的功能。因此瞭解它的特性就顯得格外必要了。此外，瞭解被動開關元件之特性也有助於轉換器整體操作的順暢與降低切換損失。

9.1 開關元件特性

半導體開關並非理想元件，包含了許多等效的 RLC 電路和元件，必須深入探討其特性及潛在的危險性，才能設計適當的驅動電路，降低驅動損失、電磁干擾以及切換損失。以下將依序就其寄生元件、等效電路及切換機制做說明。

9.1.1 寄生元件與等效電路

高頻操作的開關元件是由半導體製成，其 *P-N* 結構、電子與電洞的濃度及每一層的厚度常因公司製程而有異，然而其相通且較重要的等效元件大致上相同。圖 9.1 所示爲二極體之等效電路及所含之重要寄生元件，而圖 9.1(b)則爲主動開關 NMOSFET 之等效電路和所含之重要寄生元件，其中 L_l爲等效之導線電感，C_d、C_{gd}、C_{gs}及 C_{ds}則爲接面電容，R_d代表二極體之等效導通電阻，而 $r_{ds(on)}$則爲 NMOSFET 之導通電阻。在電路操作時，這些寄生元件會在開關轉態時產生共振，而造成雜訊流竄，將會貢獻大部分的共模雜訊。另外，由於這些元件的存在，尤其是電容，在切換轉態時，必須對其充 / 放電，因此增加在切換時的電壓、電流交越面積，也就是會造成切換損失和驅動損失。開關是半導體元件，電阻係數大，在其電荷通道會有很顯著的等效電阻 R_d或 $R_{ds(on)}$，導致導通損失。凡是有引線就會有等效電感 L_l，這是不可避免的，只能儘量縮短其長度或加粗線徑，以降低感値。在功率型 NMOSFET，由於採用垂直擴散結構，所以會有寄生二極體 D_B 的存在，它是屬於慢速恢復型二極體。

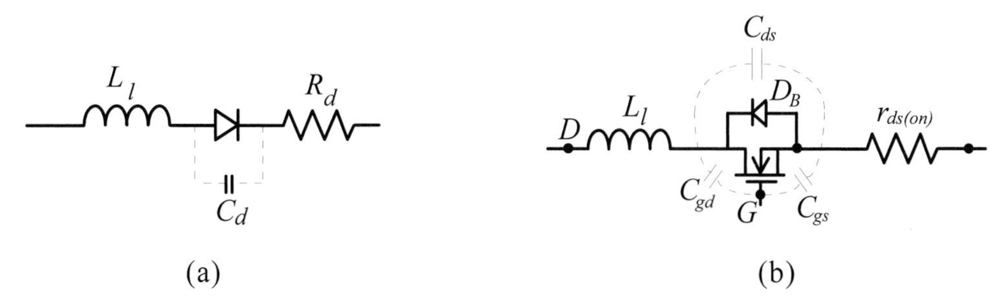

圖 9.1　二極體與 NMOSFET 之等效電路及所含之重要寄生元件

MOSFET 的寄生電容有幾個專有名詞，在此特別做介紹。輸入電容 C_{iss} 之定義爲把輸出埠 D-S 短路所量測到之電容，即 $C_{iss} = C_{gs} + C_{gd}$；而輸出電容 C_{oss} 之定義則爲將輸入埠 G-S 短路所量測到之電容，即 $C_{oss} = C_{ds} + C_{gd}$；另外，有一個迴授電容 $C_{rss} = C_{gd}$。由於 C_{gd} 的存在及在導通時 V_{ds} 不等於零，因此在開關驅動時還有一個由 Miller 效應所產生的 Miller 等效電容，計算如下：

$$C_M = (1 + K)C_{gd} \tag{1}$$

其中

$$K = \frac{V_{ds}}{V_{gs}} \tag{2}$$

這個 Miller 電容大大的增加驅動的困難度；尤其是在開關截止且 D-S 兩端有很高的 V_{ds} 跨壓時，其驅動電流更需加大，才能降低切換損失。

9.1.2 切換機制

開關的切換分成兩態，從截止轉至導通與從導通轉至截止。當開關原本處在截止狀態，若要使其導通，則必須對其 C_{gs} 和 Miller 等效電容 C_M 充電，一般而言充電至 V_{gs} = 15 V(不可高於 20 V，也不可低於 8 V)，如圖 9.2 所示。從 t_o 到 t_1，由於 V_{gs} 電壓還低於 NMOSFET 之臨界電壓 V_{th}，其電荷通道尚未建立，電流 I_g 主要在對電容 C_{gs} 充電，其 V_{gs} 的爬升速率很快；但是到了 t_1 之後，由於通道逐漸建立，電容 C_{gd}有放電路徑(因 $V_{gd}>0$)，Miller 效應變得顯著，造成 I_g 電流不足於應付 C_{gs}之充電與 C_M之放電所需，因此 V_{gs}幾乎停頓不上升，甚至有可能下降，一直到 t_2時，Miller 電容效應才正式呈現，I_g主要對 C_{gs}和 C_{gd}充電，V_{gs}再度上升，但斜率比 t_o-t_1之斜率小。一直到 t_3，開關完全導通，而且 V_{gs}箝制到驅動器的電源電壓 15 V。當開關有零電壓切換(導通)時，沒有 Miller 電容效應，V_{gs}波形之上升速率將可以很快；換句話說，可以降低驅動電路的電流額定值。

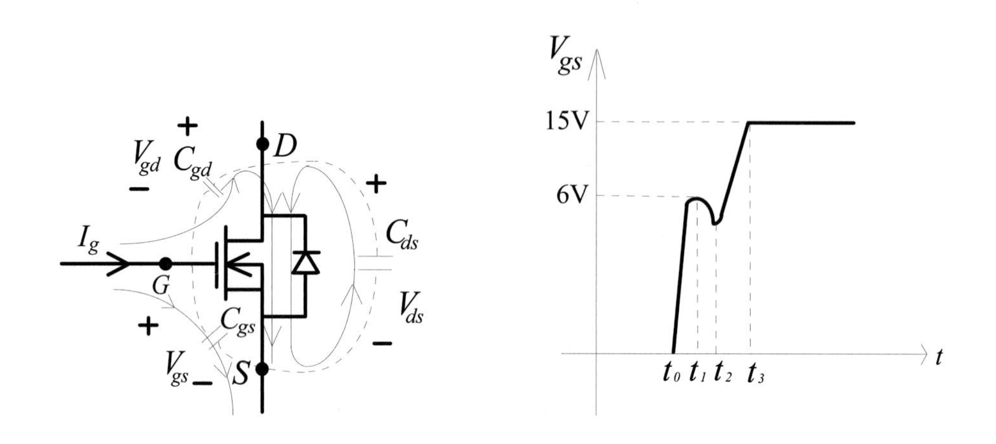

圖 9.2　開關從截止切換至導通時之充 / 放電路徑及 V_{gs}之上升時序

當開關從截止切換至導通時，I_g會對 C_{gs}和 C_{gd}充電，而且 C_{ds}會放電，在這過程中，會有以下的損失：

$$\begin{aligned} W_{l1} &= \frac{1}{2}C_{gs}V_{gs}^{\ 2} + \frac{1}{2}C_{gd}V_{gs}^{\ 2} + \frac{1}{2}C_{gd}V_{ds}^{\ 2} + \frac{1}{2}C_{ds}V_{ds}^{\ 2} \\ &= \frac{1}{2}C_{iss}V_{gs}^{\ 2} + \frac{1}{2}C_{oss}V_{ds}^{\ 2} \end{aligned} \tag{3}$$

另外，還會有 V_{ds}與 I_{DS}的交越損失 W_{c1}，所以總轉換損失表示如下：

$$W_{T(\mathrm{on})} = W_{l1} + W_{c1} \tag{4}$$

當開關之 V_{gs}達到穩態時，I_g電流就會下降至零，不需再對電容充電，這也是採用電壓驅動開關的優點之一。接著若開關要從導通切換至截止時，驅動電路又要開始動作，把先前提到之雜散電容充 / 放電，如圖 9.3 所示。此時，原先流過 MOSFET 通道之 I_{DS}電流會對 C_{gd}和 C_{ds}充電，而-I_g將 C_{gs}放電，因此開關驅動電路的電流回沈(sink)能力要夠強。假若-I_g足以回沈來自 C_{gd}和 C_{gs}的電流，則 V_{gs}之下降斜率就能維持在一定值，如圖 9.3 所示。

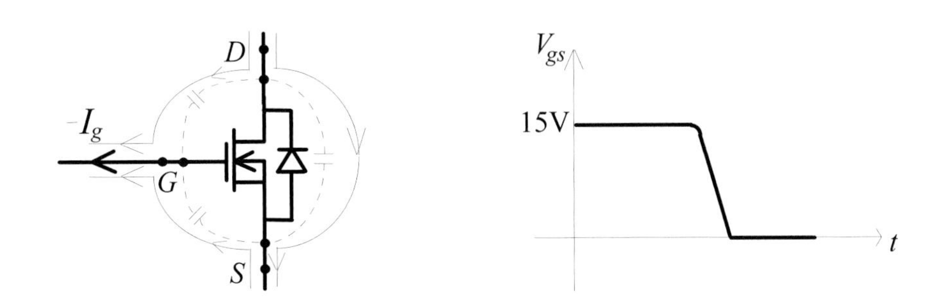

圖 9.3　開關從導通切換至截止時之充/放電路徑及 V_{gs}之下降時序

在這個切換過程所消耗的能量爲

$$W_{T(\text{off})} = W_{l2} + W_{c2} \tag{5}$$

其中

$$\begin{aligned} W_{l2} &= \frac{1}{2}C_{gs}V_{gs}{}^2 + \frac{1}{2}C_{gd}V_{gs}{}^2 + \frac{1}{2}C_{gd}V_{ds}{}^2 + \frac{1}{2}C_{ds}V_{ds}{}^2 \\ &= \frac{1}{2}C_{iss}V_{gs}{}^2 + \frac{1}{2}C_{oss}V_{ds}{}^2 \end{aligned} \tag{6}$$

而 W_{c2}爲 V_{DS}與 I_{DS}之交越損失。很明顯地，$W_{l2} = W_{l1}$，因此在一個切換週期，總共的切換能量損耗爲

$$W_T = W_{T(\text{on})} + W_{T(\text{off})} = 2W_{l1} + W_{c1} + W_{c2} \tag{7}$$

若只看開關驅動器所造成的損耗則爲

$$\begin{aligned} W_{SD} &= W_{SD(on)} + W_{SD(off)} \\ &= \left[\frac{1}{2}C_{gs}V_{gs}{}^2 + \frac{1}{2}C_{gd}(V_{gs}{}^2 + V_{ds}{}^2)\right] + \left[\frac{1}{2}C_{gs}V_{gs}{}^2 + \frac{1}{2}C_{gd}(V_{gs}{}^2 + V_{ds}{}^2)\right] \\ &= (C_{gs} + C_{gd})V_{gs}{}^2 + C_{rss}V_{ds}{}^2 \\ &= C_{iss}V_{gs}{}^2 + C_{rss}V_{ds}{}^2 \end{aligned} \tag{8}$$

其中 $C_{iss} = C_{gs} + C_{gd}$及 $C_{rss} = C_{gd}$。C_{iss}和 C_{rss}的值都可以從開關元件之 Data Sheet

上找得到。

在此必須特別說明的是，當開關由截止切換到導通時，開關驅動器必須提供等同 W_{SD} 的能量，其中一半儲存在輸入電容 C_{iss} 上，另一半則消耗在充 / 放電路徑上；而當開關由導通轉至截止時，儲存在 C_{iss} 的 $1/2W_{SD}$ 將經由回洩路徑全部消耗完畢。所以總共的驅動能量消耗在一切換週期內仍爲 W_{SD}，只不過必須由驅動電路在由截止切換至導通時一次提供出來，這等同於必須加大驅動電路的功率額定，否則會造成相當顯著的切換損失。

9.2 電流放大電路

功率開關的驅動往往沒辦法只由 CPU 或邏輯閘的輸出直接驅動，而必須經由電流放大電路，從以下的例子可瞭解所需電流的大小。例如：從截止切換至導通只允許 $t_{on} = 0.2\ \mu s$，$V_{gs} = 15$ V，$C_{iss} = 1$, $C_{rss} = 0.5$ nF 及 $V_{ds} = 300$ V，則所需之充電電流 I_g 爲

$$I_g = \frac{(C_{iss} + \frac{V_{ds}}{V_{gs}} \cdot C_{rss}) \cdot V_{gs}}{t_{on}} = 0.825A \tag{9}$$

假若 V_{ds} 再提高或 t_{on} 再縮短，則需更高的電流才能驅動開關。因此一般皆需要電流放大器。

9.2.1 B 類電流放大器

B 類(或 Push-Pull)電流放大器，其電路結構如圖 9.4 所示，當 V_i 爲高準位時，NPN 電晶體 Q_N 導通，但 PNP 電晶體 Q_p 截止，電流由 V_{cc} 流經 Q_N 對功率開關元件充電。在沒有零電壓切換的情形下，將會有約 1 ~ 2 A 的瞬間電流流經 Q_N，因此其電流額定值必須增大；不過若有零電壓切換，則沒有 Miller 電容效應，Q_N 之電流額定就可以大幅下降，甚至比 Q_p 的值還小。當 V_i 爲低準位時，Q_N 截止但 Q_p 導通，此時將會把功率開關元件之輸入電容放電，這個放電電流將流經

Q_p，因此 Q_p 之額定電流與此放電電流息息相關，切換的快慢也與此電流有關；另外還有切換頻率也會與它有關。當切換頻率高時，Q_N 與 Q_p 之電流導通的頻率也相對提高，這會造成驅動電晶體的溫升，因此在選擇 Q_N 和 Q_p 時不但要注意其電流額定值，也要注意其最大的功率消耗，以免工作溫度過高，當然也要瞭解其工作頻率範圍。

B 類電流放大器之輸出僅有兩態，高準位和低準位，因此不能與其它 B 類放大器共同連接來依序驅動同一開關元件。

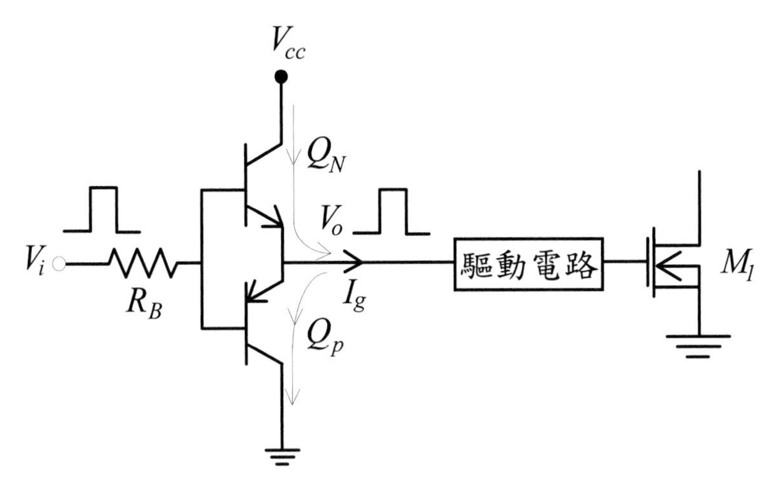

圖 9.4　B 類(或 Push-Pull)電流放大器電路結構

9.2.2 D 類電流放大器

D 類電流也稱爲 Half-Bridge 型電流放大器，其電路結構如圖 9.5 所示，圖中 Q_{N1} 和 Q_{N2} 均爲 NPN 電晶體，並且分別有輸入控制訊號 V_{i1} 和 V_{i2}，但它們不可同時爲高準位，否則會上、下臂導通而燒燬晶體。Q_{N1} 和 Q_{N2} 除了分別導通以提供和回沈充 / 放電電流外，還可以都處在截止狀態，此時其輸出爲高阻抗，這提供了一個自由度，允許其它的驅動訊號進入來驅動開關元件 M_l。

Q_{N1} 和 Q_{N2} 的選擇跟 B 類的電晶體選擇相同，要考量到其電壓、電流、溫度的額定值和操作頻率的上限。由於這些電晶體均爲 BJT，是由少數載子在導通電流，其電荷儲存時間將會嚴重影響操作頻率，這一點必須特別留意。

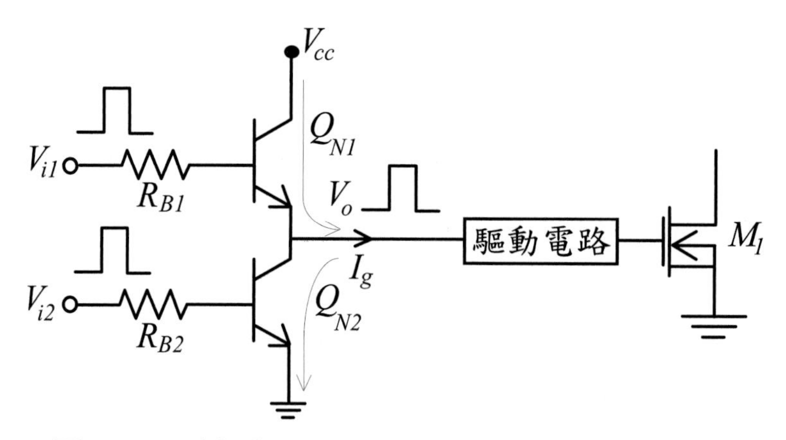

圖 9.5 D 類(或 Half-Bridge)電流放大器電路結構

以上所提到的兩類電流放大器，仍以 B 類最爲常用，尤其是在 PWM IC 裡幾乎都是採用 B 類電流放大器。至於由分散式元件所組成的則會依不同需求而有不同的選擇，例如開關的截止和導通是由不同的兩個訊號控制時，則常採用 D 類放大器；另外，若需快速回沈放電電流時也會採用兩顆皆爲 NPN 的 D 類放大器。此外，還有一個考量，由於在相同的尺寸下，NPN 的電流額定值一般都會比 PNP 來得大，若需大回沈電流也會採用 D 類放大器。若只是單純的導通與截止控制，則配對的 NPN 與 PNP 所組成的 B 類放大器是較佳的選擇。

9.2.3 準位提昇電路

在 B 類或 D 類放大器中的電源 V_{cc}，一般均要高於 8 V，因此，TTL 邏輯閘的輸出不能直接驅動電晶體使其操作在飽和區，也因此不能驅動功率開關元件。所以，需要一個準位提升電路，如圖 9.6(a)所示，在圖中 Q_R 電晶體負責準位提升，不過其輸出 V_i'與 V_i 恰互爲反相；而 R_c 爲限流電阻，在 Q_R 導通時限制流經 Q_R 之電流；當 V_i 爲低準位，則 V_i'爲高準位，而 V_o 之電壓約等於 V_{cc} - $V_{BE(\mathrm{sat})}$，一般若 V_{cc} 爲 15 V，則 V_o 約爲 14 V，已足以驅動功率開關元件。

假若要使 V_i'與 V_i 同相，則需再加一電晶體，把 V_i'再反相一次。在圖 9.6 中之 Q_R 也可以具有低臨界電壓之 NMOSFET 來取代，如圖 9.6(b)所示，其動作原理基本上與圖 9.6(a)之電路相同。

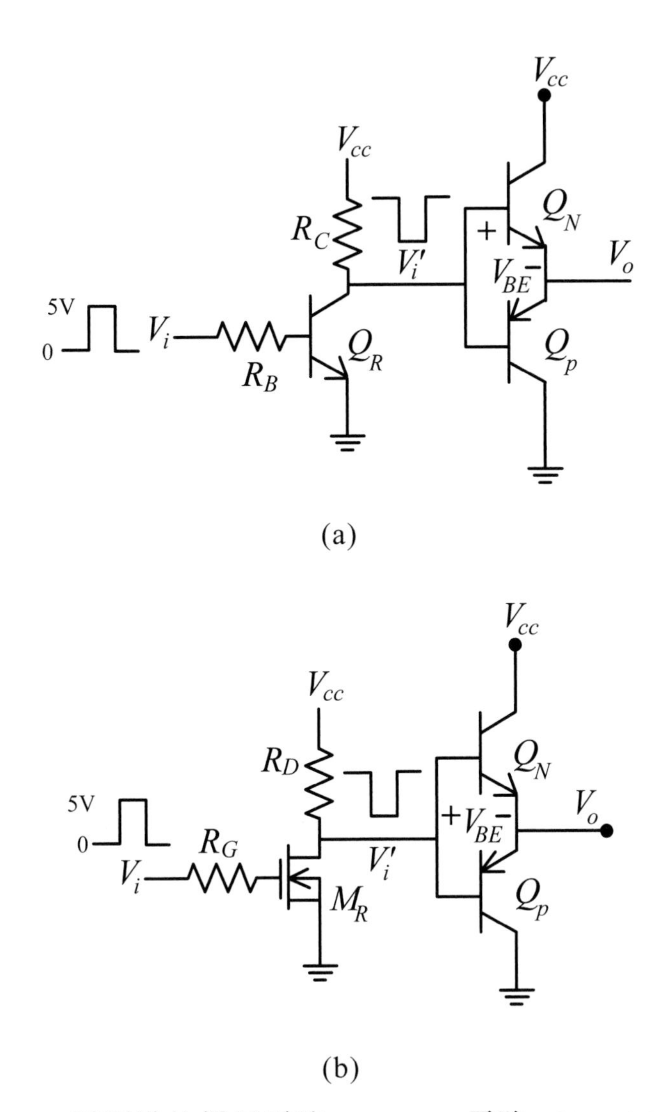

圖 9.6　電壓準位提昇電路：(a) BJT 電路 (b) MOSFET 電路

9.3 重點整理

半導體開關元件並非理想元件，存在接面電容和出腳電感，因此在驅動時需要有瞬間大電流的驅動器才能將它快速切換。以 MOSFET 為例，一般除了三個接面電容：C_{gs}、C_{gd} 和 C_{ds} 外，還要考慮在沒有 ZVS 切換的情況下，存在有等效 Miller 電容，因此需要更大的驅動電流；換言之，若能有 ZVS 導通轉態，則不需瞬間大電流驅動，不但可以降低切換損失，還可以降低電磁干擾。不過在有 ZVS 情況下，雖不需要高驅動電流，但驅動器仍需要有高回沈電流的能力，才能將開關快速截止。

爲了具備高驅動能力，PWM 控制 IC 在訊號處理完後，都會在其輸出級配有電流放大電路，一般有 B 類(Push-Pull)和 D 類(Half-Bridge)電流放大器。B 類放大器採用一顆 NPN-BJT 和一顆 PNP-BJT 配對而成，其輸出狀態只有 High 和 Low 兩態；而 D 類放大器則採用兩顆 NPN-BJT 串接而成，其輸出除了 High 和 Low 外，還可以有高阻抗狀態，即兩顆 BJT 都處於截止態。D 類放大器適於多組驅動器分時驅動同一開關元件。另外，爲了考量驅動電壓準位的匹配，有時還需有 Open-collector 的輸出電路，如圖 9.6 所示。

9.4 習題

1. 說明 MOSFET 之接面電容對開關切換的影響。
2. 以 Buck 轉換器之開關的驅動情形爲例，說明 Miller 電容效應。
3. 在硬切換的情況下，且在導通和截止轉態時，說明驅動器如何對 MOSFET 開關充 / 放電。
4. 當 MOSFET 開關導通時 $V_{gs} = 15$ V，$V_{DS} = 0$ V，當截止時 $V_{gs} = 0$ V，$V_{ds} = 300$ V，且令 $C_{iss} = 10$ nF，$C_{oss} = 2$ nF，試估算每一切換週期之總驅動能量的損耗。
5. 說明 B 類和 D 類電流放大器的操作原理及異、同處。
6. 說明準位提昇電路之功用和操作原理。

第十章　驅動電路

在第九章裡，我們介紹了開關特性與電流放大器，在開關元件與電流放大器間還需有一個驅動電路，如此功率開關元件之驅動器才算完整，如圖 10.1 所示。驅動電路的功能在於控制電流的上升與下降變化率和流向或者控制電壓參考準位的變換，使得開關能順利、快速的切換。驅動電路的型式有多種，因應不同場合的需求，有很簡單的只需一個電阻，也有很複雜的需要電容、二極體、光耦合器及變壓器，以下的小節將一一來介紹。

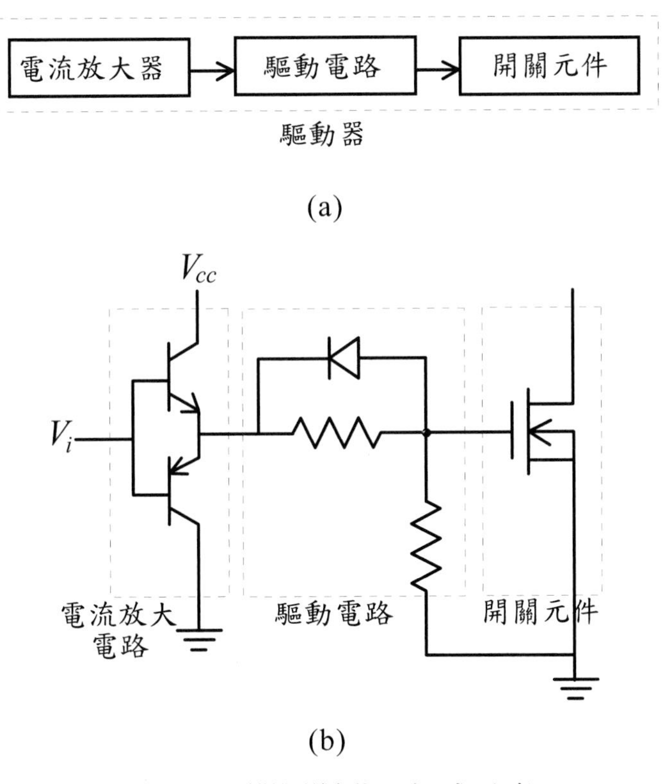

圖 10.1　開關驅動器組成元素

10.1 R-D-C 電路

圖 10.2 所示爲幾種常用的 R-D-C 驅動電路，在圖 10.2(a)中的電阻 R_1 是用來限制開關元件之輸入電容的充 / 放電電流，而 R_2 並接於 G-S 間，當主動開關 M_1 不受控制，可能在 G-S 間會有靜電荷累積，此時 R_2 可以提供一個放電路徑，不會讓 M_1 產生誤動作。R_1 的阻值一般選在 10 ~ 33 Ω，而 R_2 則爲 10 k ~ 47 kΩ。R_1 小則可讓開關導通或截止加速，以降低切換損失；不過就必須選擇電流放大器具有高電流輸出能力的電晶體，而且還可能引起較大的共模雜訊。因此，在切換速度與雜訊干擾間必須做個折衷，也就是電阻 R_1 的選擇需要做適當的挑選，並經實驗驗証來決定一較佳的阻值。電阻 R_2 的選擇是在保護和效率間做折衷。

在開關的驅動，有時候導通與截止的轉態時間需求不同。當由導通轉態至截止時，若需要較快的速率，則會在電阻 R_1 上並聯一個串接電阻的二極體，如圖 10.2(b)所示，此電路常應用在具有零電壓切換的開關驅動。由於有零電壓切換，所以從截止轉態到導通時沒有 Miller 電容效應，又不需擔心 V_{ds} 和 I_{ds} 的交越損失，因此可用較大的 R_1 來限流，還有降低雜訊干擾的效果，可說是一舉數得。當開關由導通轉換至截止時，因沒有軟切換，所以採用 D_1 來快速把 C_{iss} 放電，以降低切換損失；不過要考慮電流放大器之回沈電晶體的電流額定值是否過大，若需稍加限流，可以在 D_1 上串聯一個小於 R_1 的電阻 R_3。

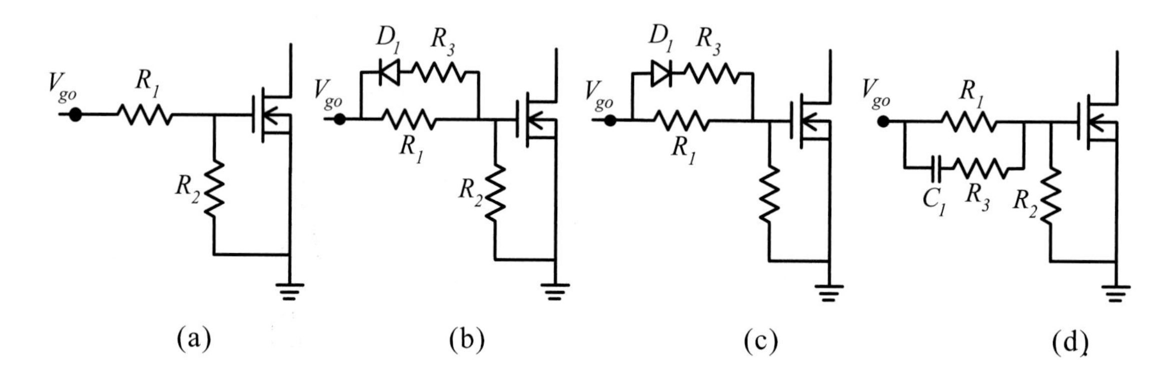

圖 10.2　幾種常用的 R-D-C 驅動電路

另外，若需加速開關由截止轉態至導通的時間，則可在 R_1 上反並聯一個二極體，如圖 10.2(c)所示，其目的也是在降低切換損失，特別適用於具有零電流截止，但沒有零電壓導通的狀況。同樣地，若需在對 C_{iss} 充電時稍加限流，則可在 D_1 上串聯一顆小電阻 R_3。

在開關的驅動，若需在切換轉態加速導通或截止，則可在 R_1 上並聯一小電容(nF 級)，如圖 10.2(d)所示。此電路除了在轉態瞬間有較大電流外，其餘時間則受 R_1 限流，因此相當適用於硬切換開關，不過要特別留意雜訊干擾的程度，有時需在電容上串聯一小電阻 R_3 來稍加限流。

R-D-C 驅動電路只能用在不需隔離而且有共地的轉換器，也就是說開關元件的地必須與電流放大電路的接地連接在一起，如圖 10.1 中之電路所示。然而在許多的電源轉換器拓樸結構中，開關元件的源極對地的電壓是浮動變化的，如圖 10.3 中之 Buck 轉換器，其源極沒有接到參考地。當 M_1 導通時 $V_s = V_i$，但當 M_1 截止且 D_1 導通時，$V_s = 0$，因此若要正常驅動開關 M_1，V_G 必須隨著 V_s 變動，使 V_{GS} 維持在一定值。所以只有使用隔離型或浮動型的驅動電路才能勝任此驅動工作。

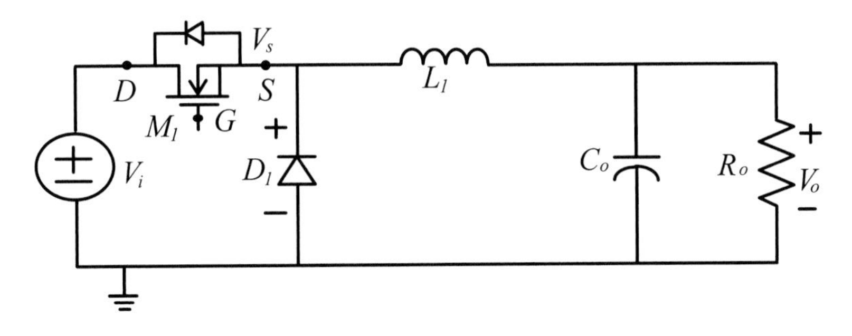

圖 10.3　Buck 轉換器之開關源極對地電壓爲浮動變化

10.2 脈衝變壓器電路

脈衝變壓器電路是一種利用磁隔離電的驅動電路，如圖 10.4 所示，其中電容 C_B 是用來阻擋直流電壓成分，以避免變壓器的飽和，Zener 二極體 D_{z1} 和 D_{z2} 是用來箝制 V_{gs} 電壓在±18 V 的範圍，變壓器具有電氣隔離的功能，因此允許訊號地∇_1和∇_2有不同的電位，適於驅動圖 10.3 中 Buck 轉換器的開關 M_1；至於 R_1與 R_2的功能與 R-D-C 驅動電路相同，因此也可以圖 10.2 中之電路來取代。圖 10.4 中變壓器 T_p存在漏感 L_k，因此會在切換的瞬間造成振盪，Zener 二極體 D_{z1}和 D_{z2}可以協助抑制突波。

一般而言，MOSFET M_1的輸入電容再加上 Miller 電容之總和約在 10 nF 以下，爲了使驅動電壓的漣波不要太大，我們選擇 C_B之容值要大於 10 倍之上述容值，即 $C_B > 10\times10$ nF，一般的選擇在 0.1 μF < C_B < 1 μF；至於變壓器 T_p之一、二次側的圈數比 N 之選擇，與輸入訊號 V_{go}之責任比率 D 息息相關。例如：當 D 在 10 % ~ 50 %之間變化時，V_{CB}之電壓變化則在 1.5 V ~ 7.5 V 間變化，因此跨在繞組 N_1上之電壓將在 13.5 V ~ 7.5 V 之間變化，若希望在 T_p之二次側繞組維持約 15 V 之驅動電壓，事實上圈數比 N 是很難決定的，除非靠 D_{z1}和 D_{z2}來箝制，然而實務上因消耗功率太大是不可取的方法。如前所述，驅動電壓應選在 8 V < V_{GS} < 20 V，所以可選 N = 1.1 ~ 1.4。以上所述之 V_{go}、V_{CB}、V_{N1}、V_{N2}之變化如圖 10.5 所示，其中令 N = 1.2。

從圖 10.5 可觀察到電容 C_B之電壓 V_{CB}會隨著責任比率變動，但由於容值大於開關元件之輸入電容總和，因此其電壓的變化是緩和的；不過 V_{CB}不會影響責任比率的調變，只是跨在 N_1繞組的電壓會隨著變動，最後致使驅動電壓也跟著飄動。在實際的應用上，這樣的飄動範圍仍可以接受的。

假若再把責任比率從 0.5 放寬到 0.9，則會出現驅動電壓不足的問題。例如當 D = 0.9 時且依原先之設計 N = 1.2，則 V_{CB} = 13.5 V，V_{N1} = +1.5 V ~ -13.5 V 及 V_{N2} = +1.8 V ~ -16.2 V，可見 V_{N2}之正電壓僅爲 1.8 V，遠低於 8 V，不足以驅動開關 M_1。若要驅動，則繞線 N_1與 N_2之打點必須改爲打對角處，不過 D 仍然只限用在 0.5 ~ 1 之間。由以上討論可見使用脈衝變壓器驅動電路時，其責任比率必須限制在一小範圍變動，一般只可以選擇 D = 0 ~ 0.5 或 0.5 ~ 1。

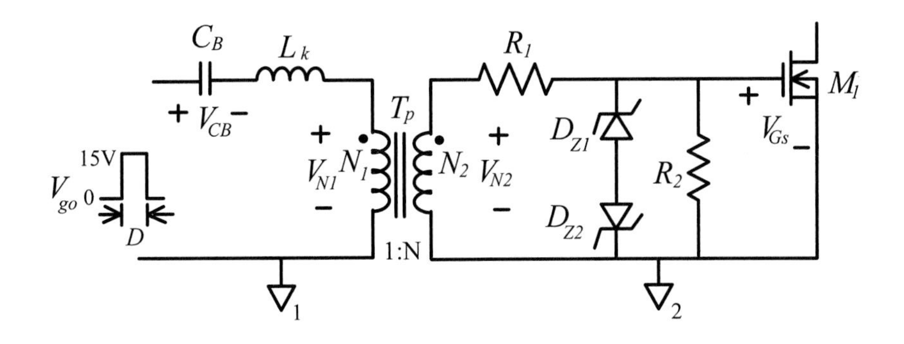

圖 10.4　脈衝變壓器驅動電路

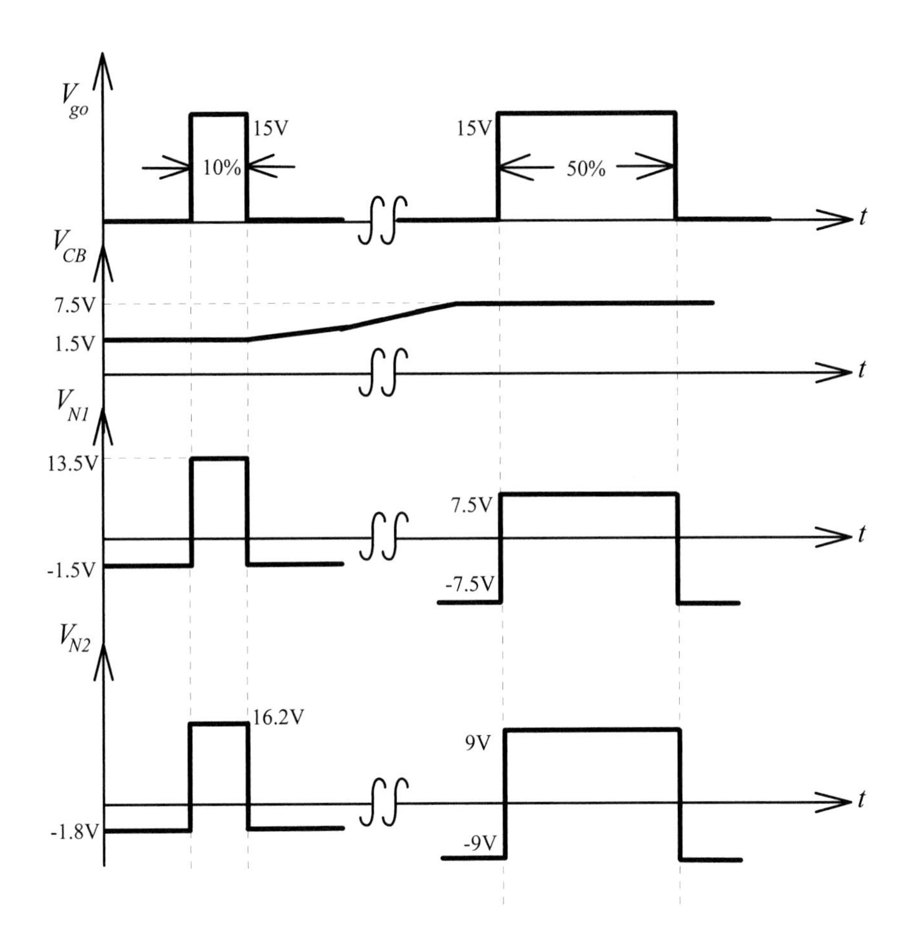

圖 10.5　脈衝變壓器驅動電路之電壓波形。

圖 10.6 所示爲一可以放寬責任比率的脈衝變壓器驅動電路，除了多加 C_2 與 D_1 以外，其餘與圖 10.5 之電路相同，此電路之動作原理說明如下：首先當輸入脈衝訊號之電壓爲 15 V 時，其跨越在一次側 N_1 繞組的電壓 V_{N1} 爲

$$V_{N1} = 15\text{ V} - V_{C1} \tag{1}$$

由於 $N_2 / N_1 = N$，則

$$V_{N2} = (15\text{ V} - V_{C1})\, N \tag{2}$$

最後，假設 D_{z1} 和 D_{z2} 尚未達崩潰點，則

$$V_{GS} = (15\text{ V} - V_{C1})\, N + V_{C2} \tag{3}$$

其中 V_{C1} 之電壓可由下式求得

$$V_{C1} = 15\text{ D} \tag{4}$$

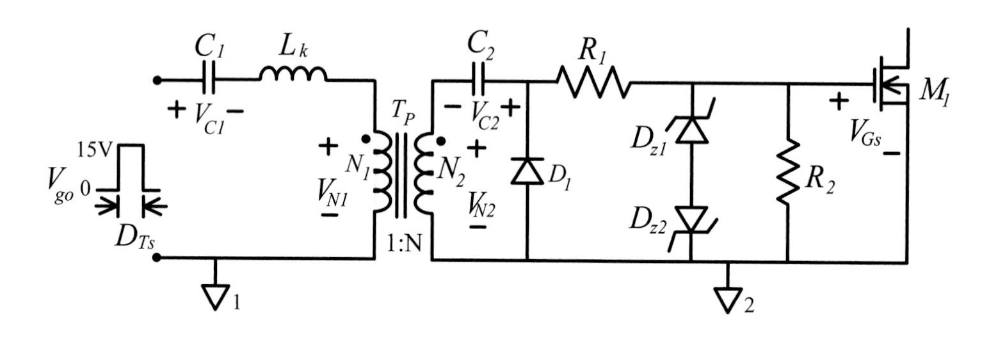

圖 10.6　具固定高準位電壓之脈衝變壓器驅動電路

D 爲輸入訊號 V_{go} 之責任比率。而 V_{C2} 之電壓爲當 $V_{go} = 0$ 時，V_{C1} 反向跨於 N_1，並且耦合至二次側，經二極體 D_1 對 C_2 充電。假設 D_1 之前向壓降爲 0，則

$$V_{C2} = NV_{c1} \tag{5}$$

將式(5)代入式(3)，可得到

$$V_{GS} = 15\,N - NV_{c1} + NV_{c1} = 15\,N \tag{6}$$

所以只要取 $N = 1$，在穩態時則不管責任比率爲何，V_{GS} 之高準位電壓永遠等於所設定之 15 V。在圖 10.6 的電路中，C_2 與 C_1 扮演類似的角色，都是在維持一個穩定的直流電壓準位，因此容值選在 0.1 μF ~ 1 μF。在此情況下，當責任比率需快速變化時，例如從 0.9 變化至 0.1，電容 C_1 之電壓 V_{c1} 與電容 C_2 之電壓

V_{C2} 必須等速從 13.5 V 降至 1.5 V，否則有可能使 V_{GS} 之電壓變動而超出額定值；一般而言，由於 C_2 缺乏低阻抗的放電路徑，而且鐵心 T_p 會造成短暫飽和，因此 V_{C2} 下降的速率會比 V_{c1} 慢，假如 V_{c1} 已下降至 1.5 V，而 V_{c2} 卻只降至 8 V，則當 V_{go} 爲高準位 15 V 時，

$$
\begin{aligned}
V_{GS} &= (15 - V_{c1})\, N + V_{C2} \\
&= (15 - 1.5) \times 1 + 8 \\
&= 21.5 \text{ V} \qquad (7)
\end{aligned}
$$

此值必須靠 D_{z1} 把它箝制在 20 V 以內，不過對 D_{z1} 會造成很大的電流應力。總而言之，圖 10.6 的電路僅適合於責任比率變化慢的驅動應用。一般若選 $C_1 = C_2 = 0.33\ \mu\text{F}$，則其變動率應限制在 1 kHz 以下。實際的情形仍然需依開關特性與負載變動情形來考量此電路是否適用。

圖 10.7 所示爲一 Half-Bridge 轉換器的上臂開關採用脈衝變壓器驅動電路，而其下臂則只需使用無隔離的 R-D-C 驅動電路，如此 V_{goh} 與 V_{gol} 的訊號可以共地，不過要注意脈衝變壓器 T_p 之一、二次側的耐壓必須高於 V_{dc}，即直流鏈電壓。在對稱型 Half-Bridge 轉換器應用，開關 M_1 和 M_2 都操作在責任比率低於 50 %，因此圖 10.4 之驅動電路即可適用。

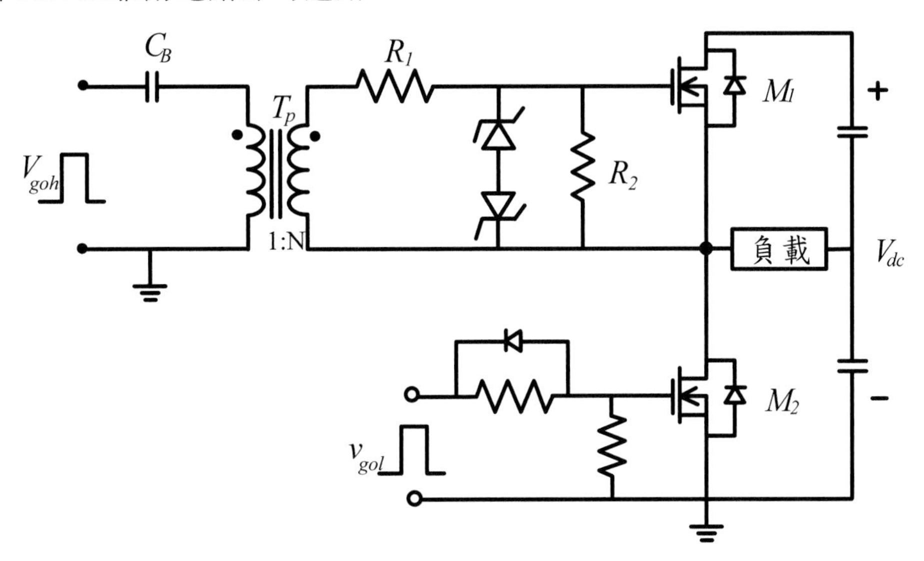

圖 10.7　結合脈衝變壓器驅動電路之 Half-Bridge 轉換器

10.3 光耦合電路

光耦合驅動電路是以光來隔離電，它不受責任比率高低的影響，都能驅動開關元件，並且允許責任比率快速變化。圖 10.8 所示爲光耦合驅動電路，其中(a)圖爲反相輸出，而(b)圖爲同相輸出。光耦合驅動電路本身具有準位提昇與電流放大功能，因此可以直接由邏輯閘或 CPU 來驅動其發光二極體，因此可以簡化整體驅動電路；不過要特別注意的是其隔離耐壓最高約爲 600 V，其電晶體由於是大電流型的 NPN-BJT，因此受儲存電荷的影響很大，所以最高操作頻率約爲 100 kHz，甚至有些只到 40 kHz。另外，光耦合驅動電路之價格均高於其相當驅動等級的脈衝變壓器驅動電路，但是其對雜訊的隔離或免疫力均高於脈衝變壓器型。

在圖 10.8 之電路，其 R_s 阻值約在 220 Ω左右，而 R_c 爲 2.2 kΩ左右，R_1 與 R_2 之選擇與 R-D-C 驅動電路相同。使用光耦合電路比較麻煩的是需要一組隔離電源 V_{cc}，因此也增加其使用限制和降低使用場合。

圖 10.8(a)之電路爲反相型，需要加上電阻 R_c 做爲 Q_N 導通時之限流電阻；然而當 Q_N 截止時，卻由於 R_c 的限流(15 V / 2.2 kΩ ≈ 7 mA)，不足以快速驅動開關 M_1，會造成高切換損失，因此一般都使用圖 10.8(b)之射極隨耦電路。

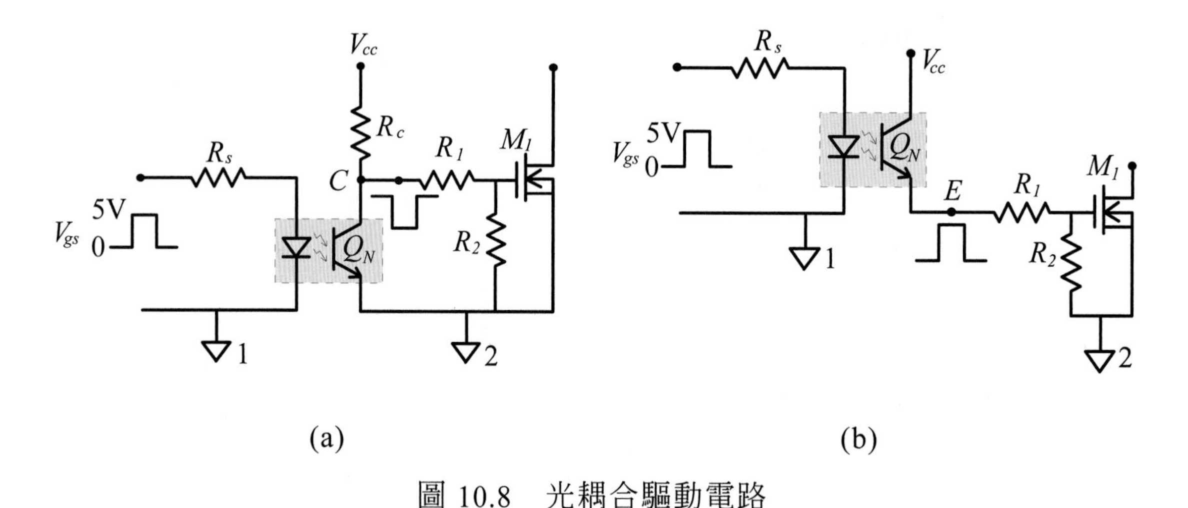

圖 10.8　光耦合驅動電路

10.4 浮動電壓變換電路

有些時候不需電氣隔離，只需浮動電壓驅動。圖 10.9 所示為 Buck 轉換器結合浮動電壓變換驅動電路，其功率開關元件為 PNP 電晶體。當閘極訊號 V_{go} 為高準位時，就將 M_d 導通，也因此造成 Q_M 導通；由於 V_i 通常為高電壓，而 V_{EB} 約僅為 1 ~ 2 V，在 M_d 導通時會有大電流，因此需要限流電阻 R_3。當 V_{go} 為低準位時，M_d 截止，Q_M 也因沒有 I_B 電流而截止，此時 M_d 必須承受(V_i - V_{EB})之電壓，所以開關 M_d 必須採用可耐高壓之 MOSFET，這也是本驅動電路所需付出的代價；另外，由於採用 PNP 電晶體，電流額定值也受限，因此此種電路較適合低功率處理之應用。

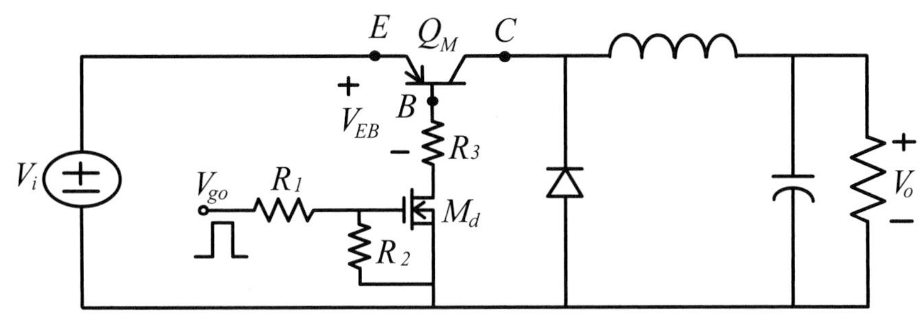

圖 10.9　結合浮動電壓變換驅動電路之 Buck 轉換器

10.5 靴帶電路

靴帶電路是一種沒有電氣隔離的驅動電路，主要是結合有上、下臂之橋式轉換器來應用，而且是做為上臂有浮動源極的開關之驅動，如圖 10.10 所示是其中一例。此電路之操作必須先導通 M_2，讓電容 C_b 能充電至 V_{cc}，接著在 M_2 截止後，才有能力驅動 M_1 使之導通。為了方便說明，B 類電流放大電路也於圖中畫出。在 M_2 導通時，節點 P_x 接至零準位，V_{cc} 經由 D_b 對 C_b 充電；而當 M_2 截止且上臂驅動訊號 V_{gh} 變為高準位時，Q_N 導通，致使 M_1 也會逐漸導通，此時節點 P_x 之電位逐漸上升。但由於 D_b 阻擋電容 C_b 之放電，且由於 C_b 大大於開關 M_1 之輸入電容 C_{iss}，所以 C_b 能維持幾乎等於 V_{cc} 之電壓。二極體 D_b 所承受的電壓為 V_{dc}；同樣地，B 類電流放大器 IC 內部也要能承受 V_{dc} 之電壓，否則會造成崩潰燒燬。D_b 之電流不大，而且只需一般的快速型二極體即可。由於 M_1 會有 C_b 的充電電流流過，因此若使用尖峰電流迴授控制時要特別注意其準位是否會造成誤動作。

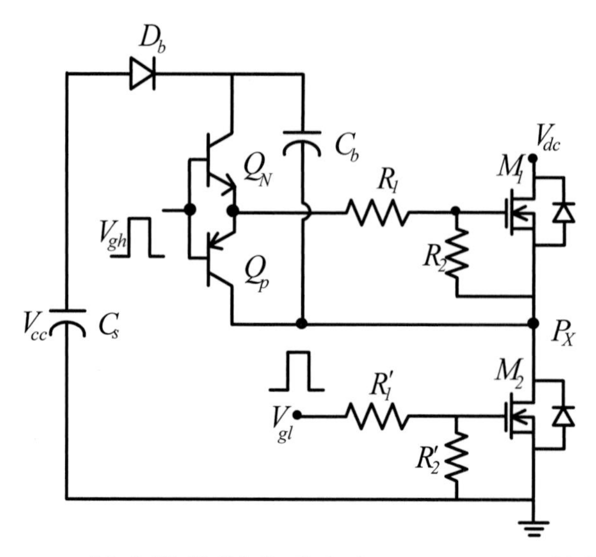

圖 10.10　結合靴帶驅動電路之 Half-Bridge 轉換器

10.6 充放電電路

有些開關元件之源極連接至一個固定的直流電壓，因此可以採用充放電驅動電路來驅動，如圖 10.11 所示為 NMOSFET 開關之充放電驅動電路，其中電容 C_1 之容值大大於開關 M_1 之輸入電容 C_{iss}，電阻 R_1 和 R_2 之考量與 R-D-C 驅動電路相同，而 Zener D_z 扮演兩種角色，一方面讓 V_{dc} 對 C_1 充電，一方面箝制 V_{GS} 之電壓。圖 10.11 充放電驅動電路之操作必須先讓 B 類電流放大器的回沈電晶體 Q_p 導通，使電容 C_1 能充電至 $V_{C1} = V_{dc}$，接著再把供電電晶體 Q_N 導通，以驅動 M_1；由於 $C_1 >> C_{iss}$，C_1 能維持幾乎等於 V_{dc} 之電壓，所以當 V_{cc} 加至 C_1 的左端，在右端則會有 $V_{dc} + V_{cc}$ 的電壓，可以在 M_1 的 G-S 兩端產生一個 V_{cc} 的跨壓。假若 V_{dc} 有變動，則將會對電容 C_1 充放電。由於電流會流經 Q_N 和 Q_p，若電壓變動幅度過大或太頻繁，則會燒燬 B 類放大器(Q_N 和 Q_p)。

當使用 PMOSFET 做為開關元件時，其充放電驅動電路之接法如圖 10.12 所示。在所有 PWM 調變之前的第一發必須讓 Q_p 導通，接著 V_{dc} 會使 Zener 二極體 D_z 崩潰並對 C_1 充電至 $V_{c1} = V_{dc} - V_z$。採用 PMOSFET 做爲開關時，V_{GS} 爲負電壓，因此 B 類放大器之輸入訊號 V_{gi} 也以負邏輯來調整責任比率；也就是說，要採用 PWM 控制時，先讓 Q_N 導通，把電容 C_1 之左端的準位提升至 V_{cc} ($= V_z = 15$ V)，則其右端就會由原先的 $V_{dc} - V_z$ 提升至$(V_{dc} - V_z) + V_{cc} = V_{dc}$，接著將 Q_p 導通，在切換瞬間由於 V_{C1} 一直維持在一固定値 V_{dc}，但是電容 C_1 的左端已由 V_{cc} 降至 0，因此會在 S-G 兩端產生 $V_{SG} = V_{cc} = 15$ V 之跨壓，而把 PMOSFET 開關導通；Q_p 導通的時間就是責任比率(D)乘上切換週期 T_s 的時間，即 $DT_s = t_{on}$。特別要注意的是 C_1 之容値也是要大大於 M_1 之 C_{iss}；與圖 10.11 之電路相同，在圖 10.12 之 C_1 也是要維持一個固定電壓値 V_{dc}；所不同的是圖 10.11 之 Zener 二極體 D_z 主要爲順向操作，而圖 10.12 之 Zener 二極體必須順、反向都要操作。

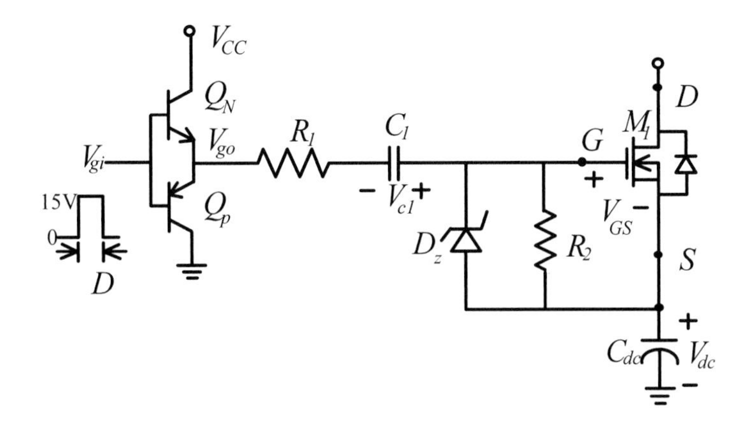

圖 10.11　NMOSFET 開關之充放電驅動電路

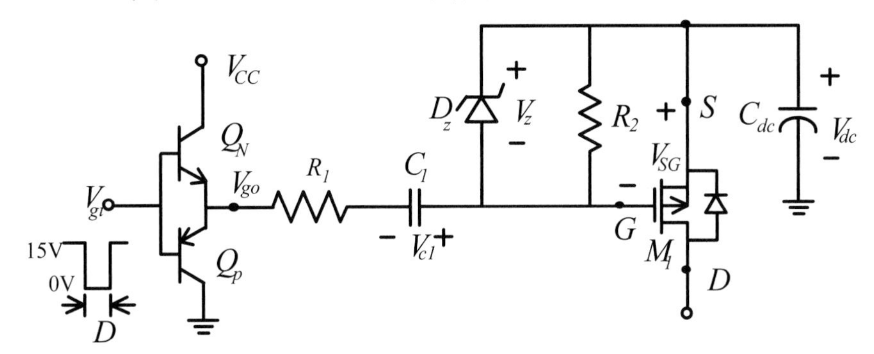

圖 10.12　PMOSFET 開關之充放電驅動電路

10.7 自激電路

自激驅動電路是一個結合電流放大電路及驅動電路於一身的簡單電路，常用於 Half-Bridge 轉換器且採用 BJT 做爲開關的系統，如圖 10.13 所示，其中 T_{11}，T_{12} 和 T_{13} 三組繞線共繞在一個飽和鐵心，並且與 R_1 和 R_2 共同組成自激驅動電路。一般的應用，T_{11} 只繞一或二圈，而 T_{12} 和 T_{13} 則爲 6 ~ 8 圈，而 R_1 和 R_2 爲限流電阻，約爲 10 ~ 15 Ω。由於 BJT 之 V_{BE} 的跨壓約爲 1 V，因此不會在 Q_1 與 Q_2 的導通造成太大的 dead zone；不過若使用 MOSFET 做爲開關，由於其臨界導通電壓太高(> 6 V)，所以會有較大的 dead zone。因此在大多數的自激驅動電路應用均使用 BJT 做爲開關元件，也因此開關操作頻率均在 40 kHz 以下，最常見的應用爲電子安定器。

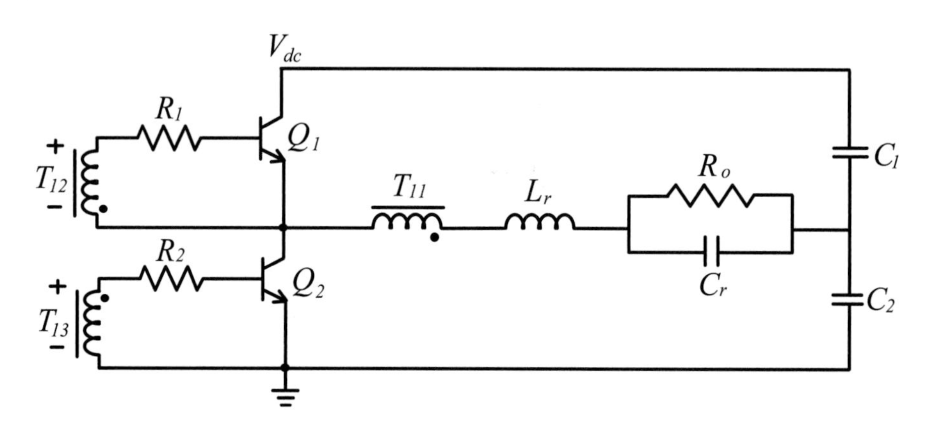

圖 10.13　結合自激驅動電路之 Half-Bridge 轉換器

10.8 重點整理

驅動電路是開關驅動器的靈魂電路，它介於電流放大器和開關元件間，電路結構可從很簡單的單一電阻到很複雜的包含電阻、二極體、變壓器、電晶體、光耦合器，甚至需要額外的 IC。驅動電路不但會影響開關切換的快慢與切換損失，還會影響 EMI 的高低，因此選擇適當的電路和設計正確的元件值是相當重要的課題。

R-D-C 驅動電路最常用，一般都直接接至 PWM 控制 IC 的閘極訊號輸出端，做爲限流或快速導流，讓開關能依時序導通或截止。R-D-C 電路結構簡單，僅能用於驅動非浮動源極電壓的開關；因此若需驅動有浮動源極電壓的開關，則需使用脈衝變壓器電路或光耦合電路。不過要特別留意的是脈衝變壓器電路中有直流阻隔電容，一般其容值均大大於開關元件之輸入電容，當責任比率快速變化時，有可能會產生誤動作或甚至燒毀 PWM 控制 IC；而光耦合電路一般受限在 100 kHz 以內操作，否則也會有責任比率損失或驅動太慢的問題發生。在某些特殊的轉換器結構，其開關的源極接到某一固定電壓源，則可用充 / 放電電路來驅動開關；另外，在半橋或全橋的結構，開關元件上下臂串接，此時可用靴帶電路來驅動上臂開關，而下臂開關則仍可用 R-D-C 電路來驅動；不過要注意的是下臂開關要先導通一段時間，讓上臂之靴帶電容能充飽，接著才有能力驅動上臂開關。

上述所提的驅動電路是屬於它激電路，一般都要有額外的電流放大器；然而自激電路就可以自給自足的提供開關所需的充 / 放電能量，讓開關能順利導通或截止。不過自激電路的操作頻率與電力轉換器的元件和負載功率，甚至雜散元件都息息相關，因此相當不易設計電路以使開關操作在固定頻率。

10.9 習題

1. 假設 MOSFET 開關元件之 C_{iss} = 2 nF、C_{rss} = 0.5 nF、V_{DS} = 300 V、V_{GS} = 15 V 爲導通、切換頻率爲 100 kHz、切換轉態從截止到導通爲 0.2 μs，從導通到截止 0.1 μs，設計一 R-D-C 電路使開關能符合轉態時間要求，並且算出驅動電流。
2. 如題 1，若 V_{DS} 改爲 500 V，則 R-D-C 電路元元件值又如何選擇，驅動電流大小又爲何？
3. 如圖 10.4 所示之脈衝變壓器驅動電路，當輸入閘極訊號 V_{go} 之責任比率變化範圍爲 0.1 ~ 0.6，決定一 N 值，使開關能正常操作，即 8 V < V_{gs} < 20 V，並

第十一章　PWM IC

在本章中，我們將介紹 PWM 控制 IC，包括 TL494、UC3525 和 UC384x，以及其相關的配合控制 IC TL431 和電晶體開關驅動 IC，包括 IR2111、IR2117 和 IR2153。

11.1 TL494-電壓型

11.1.1 腳位介紹

TL494 之腳位配置及功能描述分別如圖 11.1 及表 11.1 所示。TL494 為電壓型脈波寬度調變控制 IC，其內部結構如圖 11.2 之方塊圖所示，圖 11.3 為 TL494 內部各訊號的時序圖。TL494 內部具有一個可調整頻率的鋸齒波，控制的元件包含 R_T、C_T，其振盪頻率可由(1)式來近似：

$$f_s \approx \frac{1.1}{R_T \cdot C_T} \tag{1}$$

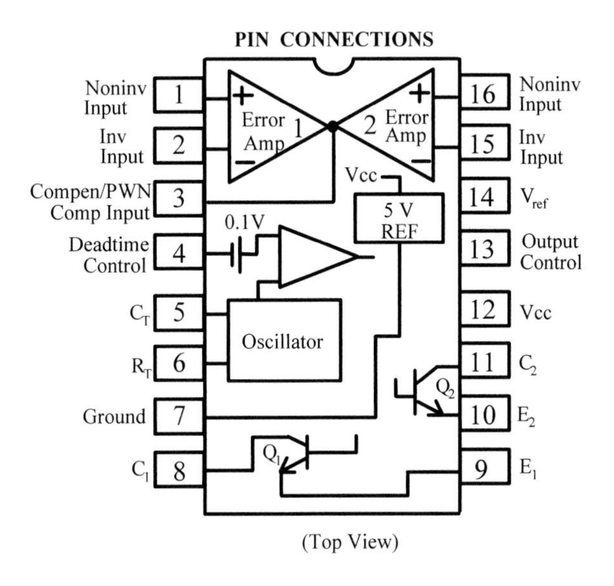

圖 11.1　TL494 腳位配置圖

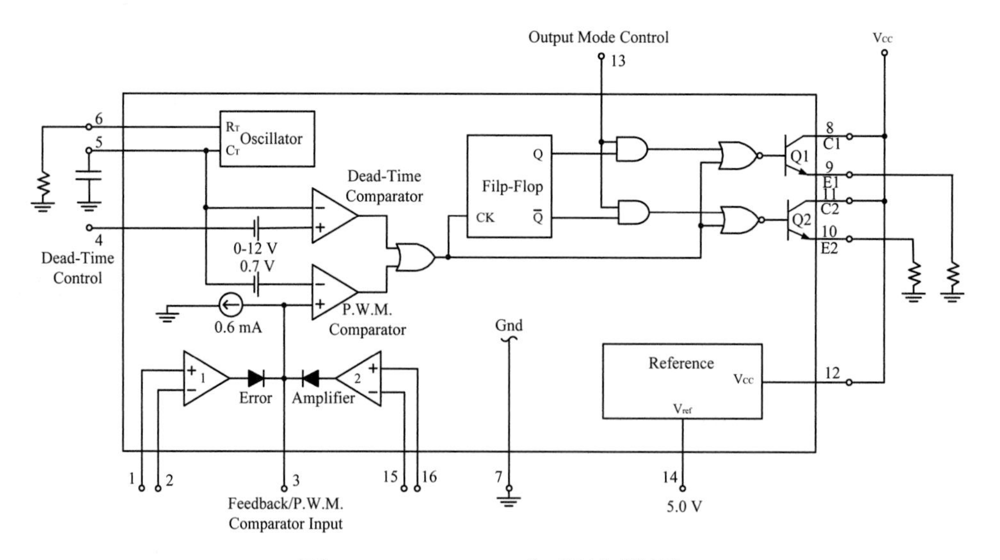

圖 11.2　TL494 內部結構圖

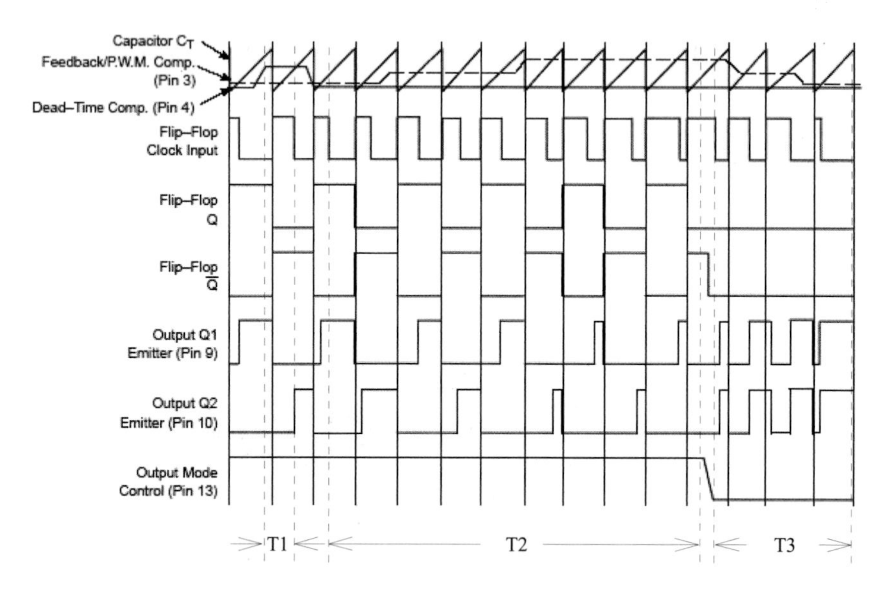

圖 11.3　TL494 各腳位訊號的時序關係圖

當外部迴授訊號輸入至誤差放大器輸入端，將與放大器另一輸入端的參考電壓(此參考電壓可由腳位 14 提供)比較，線性放大以產生誤差控制訊號。誤差控制訊號再與經 C_T 產生之正向鋸齒波比較，比較後輸出 PWM 控制訊號，PWM 控制訊號只發生於鋸齒波大於誤差控制訊號的部分時間。因此，增加誤差控制訊號的大小會使得脈波寬度減少。

表 11.1　TL494 之腳位功能描述

腳位	名稱	功能描述
1	Noninv Input	誤差放大器 1 之正相輸入端
2	Inv Input	誤差放大器 1 之反相輸入端
3	Compen / PWM Comp Input	誤差放大器的公共輸出端
4	Deadtime Control	休止時間控制端
5	C_T	外接振盪電容端
6	R_T	外接振盪電阻端
7	Gound	IC 的接地端
8	C1	輸出電晶體 Q1 之集極端
9	E1	輸出電晶體 Q1 之射極端
10	E2	輸出電晶體 Q2 之射極端
11	C2	輸出電晶體 Q2 之集極端
12	V_{CC}	工作電源輸入端
13	Output Control	輸出模式控制端
14	V_{REF}	5 V 參考電壓輸出端
15	Inv Input	誤差放大器 2 之反相輸入端
16	Noninv Input	誤差放大器 2 之正相輸入端

PWM 控制訊號經由 OR 邏輯閘連接至兩個 NOR 邏輯閘,只有在 NOR 邏輯閘另一輸入端爲低準位時，才會有訊號產生來控制輸出電晶體 Q1 或 Q2。若輸出模式控制端爲低準位時，則輸出電晶體 Q1 及 Q2 同時被 PWM 訊號控制，如圖 11.3 之 T3 時段波形，且最大工作比率(Duty Ratio)約爲 0.96，其工作頻率如(1)式表示。若輸出模式控制端爲高準位時，則因受正反器輸出訊號影響，輸出電晶體 Q1 及 Q2 不會同時受到 PWM 訊號控制，而是交互地受到 PWM 訊號控制，因此輸出電晶體 Q1 及 Q2 工作頻率降爲(1)式的一半(f / 2)，最大工作比率

約爲 0.48，如圖 11.3 之 T2 時段波形。

PWM 控制訊號連接至兩個 NOR 邏輯閘前，先經 OR 邏輯閘控制，當休止時間控制端外加電壓訊號時，會使得 PWM 控制訊號的最大脈波寬度受到限制，在 IC 內部休止時間控制有內加補償電壓 0.12 V，所以在誤差放大器的輸出控制訊號與休止時間控制信號兩者有相同電壓時，會以休止時間控制訊號爲優先控制，如圖 11.3 之 T1 時段波形。

11.1.2 應用設計

以控制昇壓型電力轉換器爲例，其電路如圖 11.4 所示。

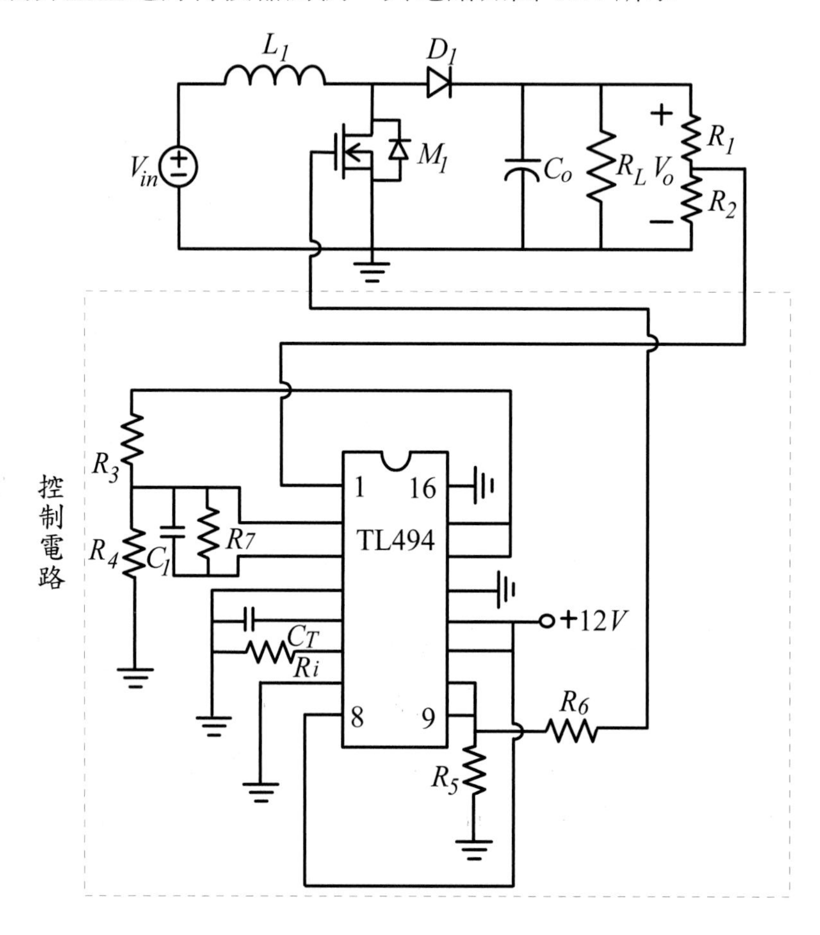

圖 11.4　TL494 應用電路

電力轉換器的工作頻率由 R_T、C_T決定，輸出電壓 V_o 以迴授電阻 R_1、R_2降壓後接至誤差放大器 1 的腳位 1，並以 TL494 腳位 14 所提供的+5 V 電壓由電阻 R_3、R_4降壓後作爲誤差放大器 1 的參考電壓，在 IC 的腳位 2、腳位 3 接補償器 R_7、C_1 作爲改善電力轉換器的頻率響應及增加穩定度。如此，當輸出電壓過高時，會使工作比率變小，輸出電壓得以降低；反之，輸出電壓過低時，工作比率變大，輸出電壓升高。在電路中將 TL494 的兩個輸出電晶體並聯使用，增加對功率開關的驅動能力，但須將輸出模式控制腳位接至低準位，使兩個輸出電晶體能同步操作。另外，因只需一個誤差放大器即可完成迴授控制穩壓的目的，則將誤差放大器 2 正相輸入端接至低準位，反相輸入端接至高準位，誤差放大器 2 即毫無作用。但若需要保護電路，則可利用誤差放大器 2 來達成。

11.2 UC3525

11.2.1 腳位介紹

UC3525 之腳位配置及功能描述分別如圖 11.5 及表 11.2 所示。UC3525 爲電壓型脈波寬度調變控制 IC，圖 11.6 爲其內部方塊圖，其鋸齒波振盪頻率可規劃。在腳位 5 連接振盪電容 C_T，腳位 6 連接振盪電阻 R_T，腳位 7 連接放電電阻 R_D，則 C_T、R_T與 R_D和工作頻率 f_s 依循下列關係式：

$$f_S = \frac{1}{C_T \times 0.7(R_T + 3R_\mathrm{D})} \tag{2}$$

先依照所需的休止時間設計 R_D，再設計 R_T與 C_T值，即可產生所需頻率之鋸齒波。圖 11.7(a)爲 R_D與鋸齒波下降時間之關係曲線圖，亦即爲 R_D與輸出訊號休止時間之關係曲線圖。由圖中之曲線可得知，R_D與 C_T越大，休止時間就越長。但 R_D有最大值限制，其限制隨 R_T變化，兩者之關係曲線如圖 11.7(b)所示。

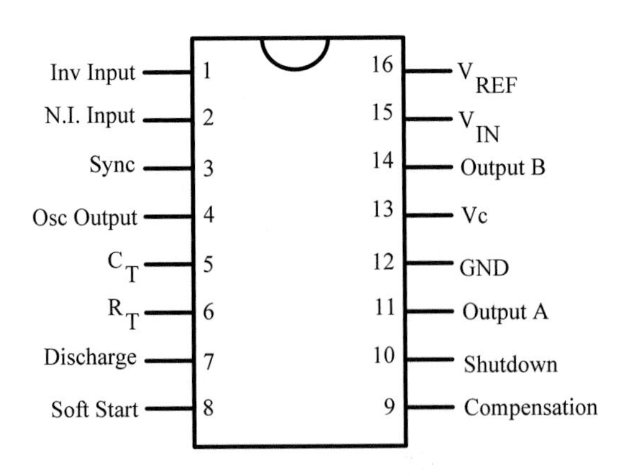

圖 11.5　UC3525 腳位配置圖

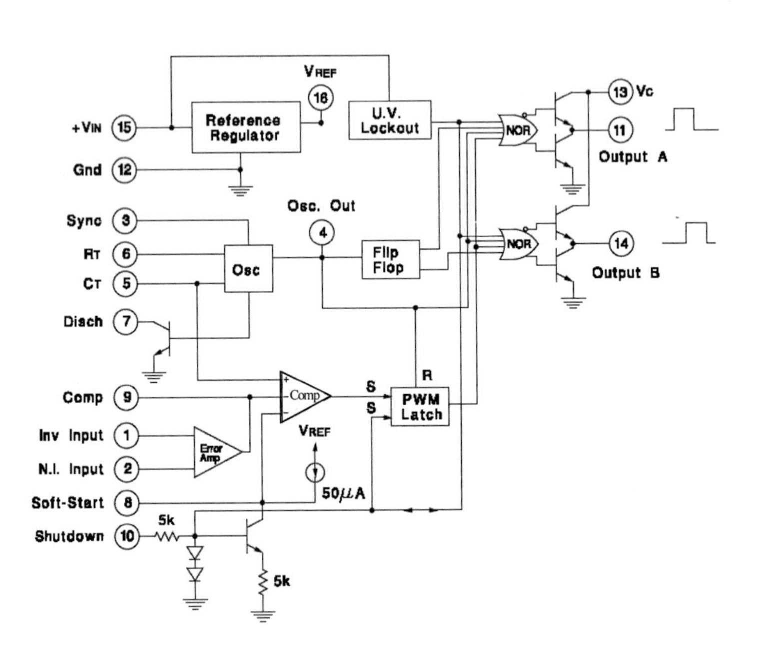

圖 11.6　UC3525 之內部方塊圖

在實際應用上，參考電壓準位接在腳位 2，腳位 1 則連接電壓迴授訊號，則在誤差放大器輸出端有電壓誤差訊號產生，此一誤差訊號再與鋸齒波比較而產生 PWM 控制訊號。最後 PWM 控制訊號經由電流放大器輸出以驅動功率開關，而兩組輸出驅動訊號爲互補的訊號。若當電壓迴授訊號升高時，輸出電壓誤差訊號量下降，PWM 控制訊號之工作比率亦隨之下降，進而達到負迴授控制。

爲避免剛開機時，負迴授控制使工作比率調變將近 1，產生電壓電流突波，在腳位 8 串聯電容後接地，工作比率會由小慢慢變大並趨於穩定，即有軟啓動的功能，在這段期間定義爲軟啓動時間 T_{ss}，而軟啓動的時間 T_{ss} 與該電容值呈正比關係。

腳位 10 爲關機腳位，當其爲高準位時會截止比較器，因此若將外部過壓、過流或過溫保護訊號連接至此接腳，即可達到保護的功用。另外，腳位 3 爲振盪器之同步訊號輸入端，而腳位 4 爲輸出端，因此若將一顆 UC3525 的腳位 4 連接至其它 UC3525 的腳位 3，如圖 11.8 所示，即可使多顆 UC3525 同步動作。

表 11.2　UC3525 之腳位功能描述

腳位	名稱	功能描述
1	Inv Input	誤差放大器之反相輸入端
2	N.I. Input	誤差放大器之正相輸入端
3	Sync	同步振盪時脈訊號輸入端
4	Osc Output	同步振盪時脈訊號輸出端
5	C_T	外接振盪電容端
6	R_T	外接振盪電阻端
7	Discharge	放電電阻端
8	Soft-Start	軟啓動端
9	Compensation	誤差放大器的輸出端
10	Shutdown	關機控制訊號端
11	Output A	輸出訊號 A 端
12	GND	IC 的接地端
13	V_C	輸出電晶體之集極端
14	Output B	輸出訊號 B 端
15	V_{IN}	工作電源輸入端
16	V_{REF}	5.1V 參考電壓輸出端

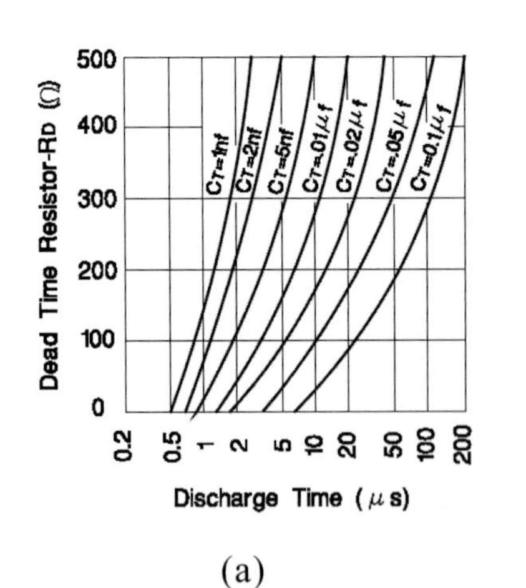

(a)

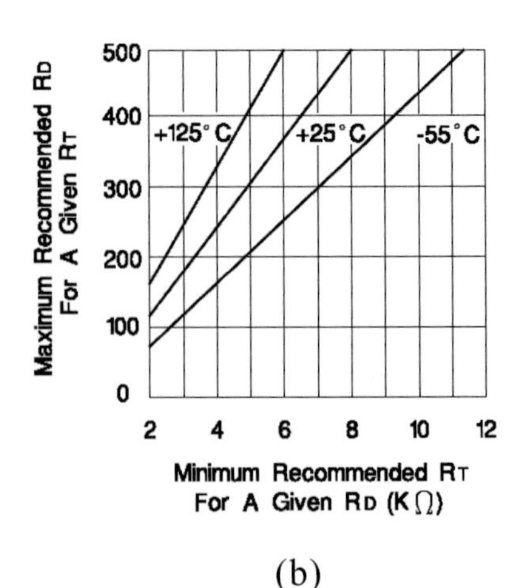

(b)

圖 11.7　(a) R_D 對休止時間之關係曲線圖

(b) R_D 對 R_T 限制之關係曲線圖

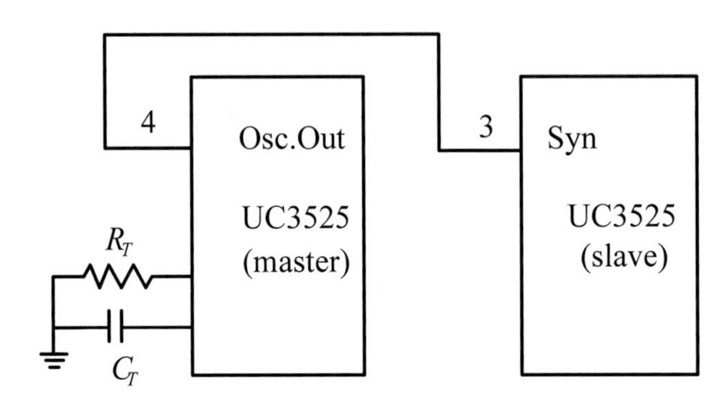

圖 11.8　UC3525 同步控制之接線示意圖

11.2.2 應用設計

以控制推挽式電力轉換器爲例，其電路如圖 11.9 所示，電路由 C_T、R_T 與 R_D 決定工作頻率及休止時間。輸出端以迴授電阻 R_1、R_2 降壓後接至誤差放大器的反相輸入端，並以 IC 腳位 16 所提供的+5.1 V 電壓由電阻 R_3、R_4 降壓後接至誤差放大器反相輸入端，作爲參考電壓。在 IC 的腳位 2、腳位 9 接補償器 R_7、C_1，同樣作爲改善推挽式電力轉換器的頻率響應及增加穩定度。此 UC3525 控制電路接線原理與 TL494 大致相同，故可將圖 11.9 中之控制電路取代圖 11.4 之控制電路，並選擇 PWM 驅動訊號Ａ或 B 接至功率開關 M_1 即可。

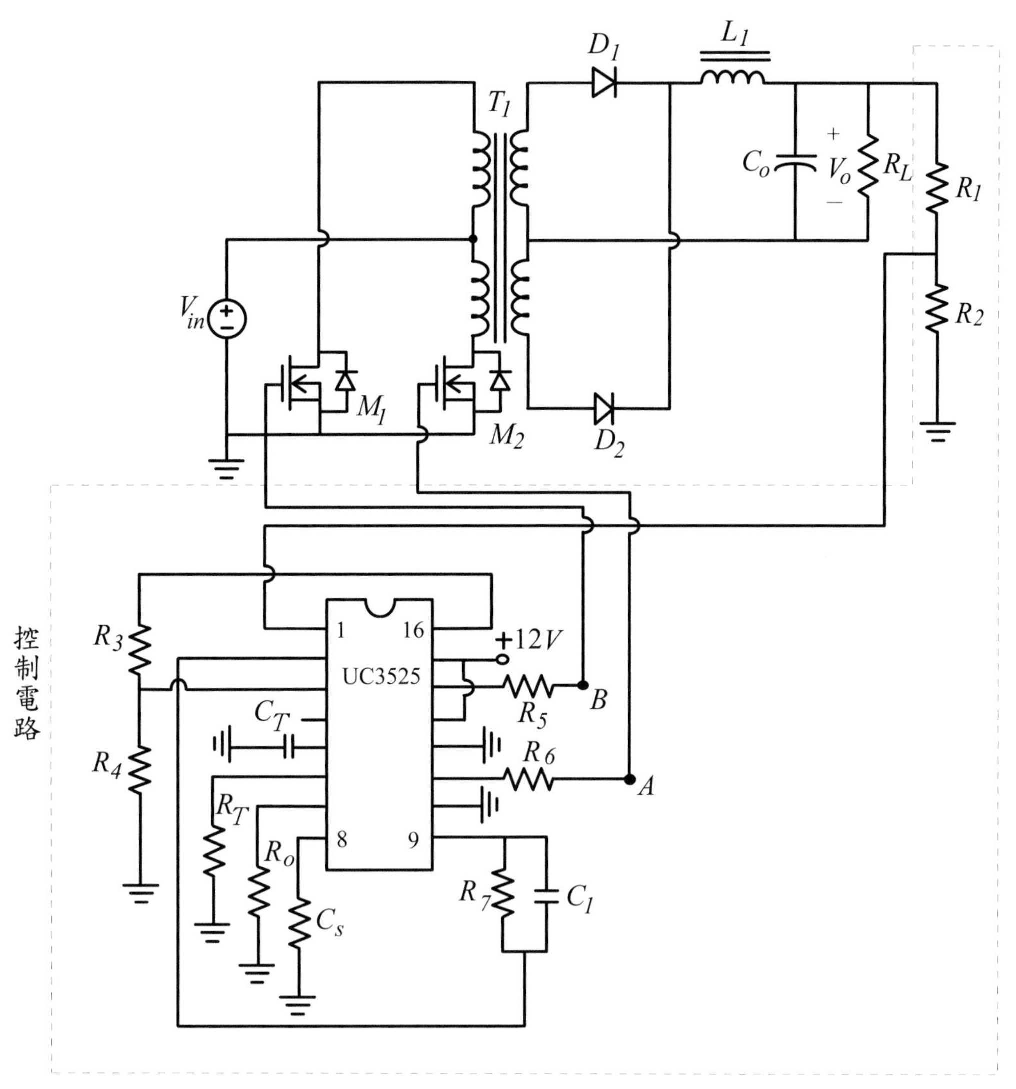

圖 11.9 UC3525 應用電路

11.3 UC384x

11.3.1 腳位介紹

UC3842 / 3 / 4 / 5(UC384x) 系列爲電流型脈波寬度調變控制 IC，其 IC 之腳位配置及功能描述分別如圖 11.10 及表 11.3 所示，與 TL494 及 UC3525 不同的是，UC384x 應用的控制法則爲電流峰值模式控制，而 TL494 及 UC3525 多用於電壓模式控制。UC384x 提供 DC-DC 定頻電流模式控制，內部功能方塊如圖

11.11 所示，其內部電路包括欠電壓保護、低啓動電流操作，PWM 比較器也提供電流控制，圖騰級輸出用以增加輸出電流能力，使適用於驅動 N 通道 MOSFET。

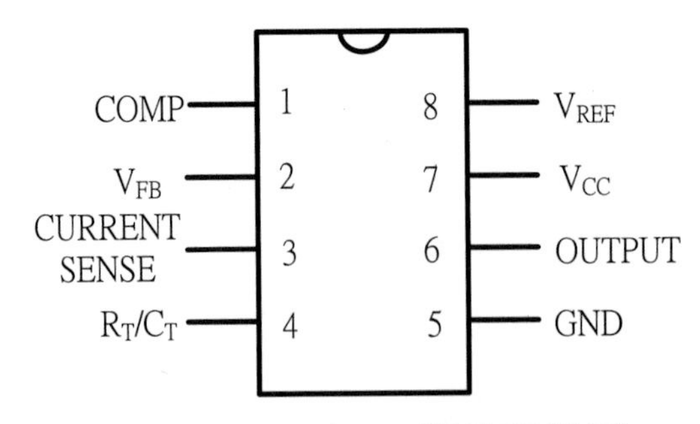

圖11.10　UC384x腳位配置圖

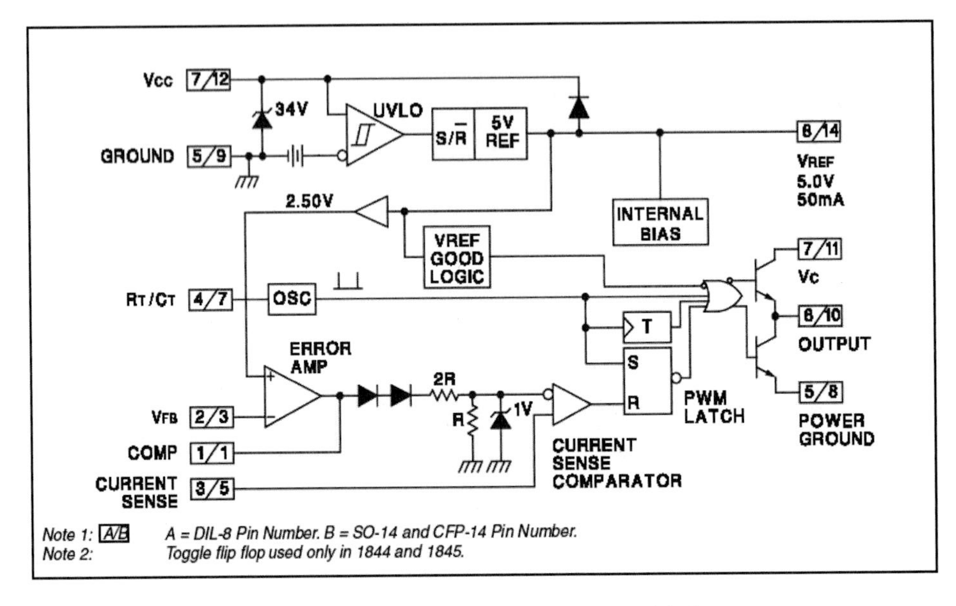

圖11.11　UC384x之內部方塊圖

UC384x 在使用上將電壓迴授訊號，經由 Z_f 及 Z_i 與誤差放大器形成反相放大器，如圖 11.12 所示。因在 IC 內部已將誤差放大器的正相輸入端連接 2.5 V 的參考電壓，所以無須外加參考電壓，這與 TL494 及 UC3525 不相同。反相放大器的輸出訊號與電流偵測電路之輸入訊號一起送至 PWM 比較器的輸入端，如圖 11.13 所示，產生可調變的 PWM 脈波訊號。

表11.3　UC384x之腳位功能描述

腳位	名稱	功能描述
1	COMP	誤差放大器的輸出端，應用於迴授補償。
2	V_{FB}	誤差放大器的反相輸入端。
3	Current Sense	偵測電流訊號端，用來控制 PWM 驅動訊號的工作比率。
4	R_T / C_T	連接振盪電阻 R_T 及電容 C_T 端。
5	GND	IC 的接地端
6	Output	輸出 PWM 訊號端，可輸出高達 1.0 A 的尖峰電流。
7	V_{CC}	工作電源輸入端
8	V_{ref}	5 V 參考電壓輸出端

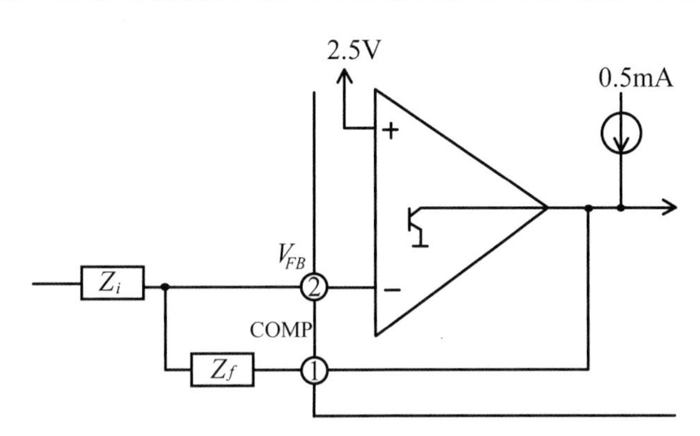

圖11.12　UC384x之誤差放大器內部電路

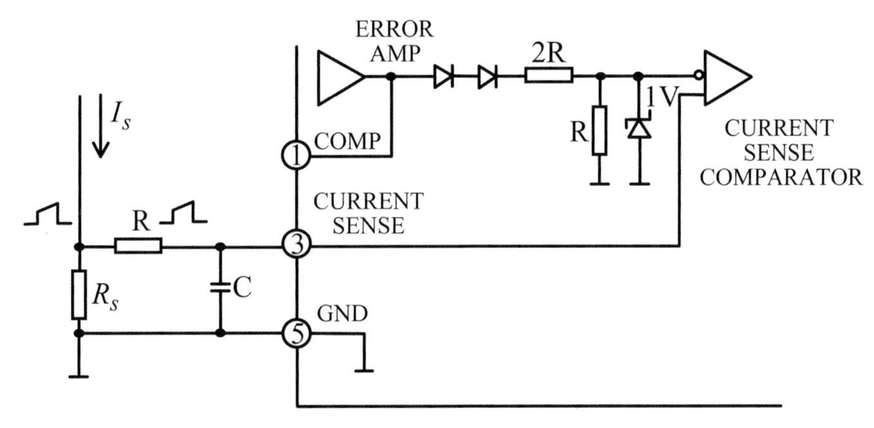

圖11.13　UC384x之電流偵測電路

電流偵測電路主要是將偵測到之電流訊號先經低頻濾波器濾除雜訊再送入IC。當電流訊號大於反相放大器的輸出訊號時，即關閉 PWM 脈波訊號，亦即是達到限制功率開關的尖峰電流之目的。電流峰值模式控制的最大特色就是藉著簡單的限制誤差電壓的最大值，來限制開關的尖峰電流。

UC384x 的工作頻率可由腳位 4、腳位 5 及腳位 8 連接一組 RC 電路作爲振盪電路使用，如圖 11.14 所示，其振盪頻率 f_s 約爲

$$f_s = \frac{1.72}{R_T C_T} \tag{3}$$

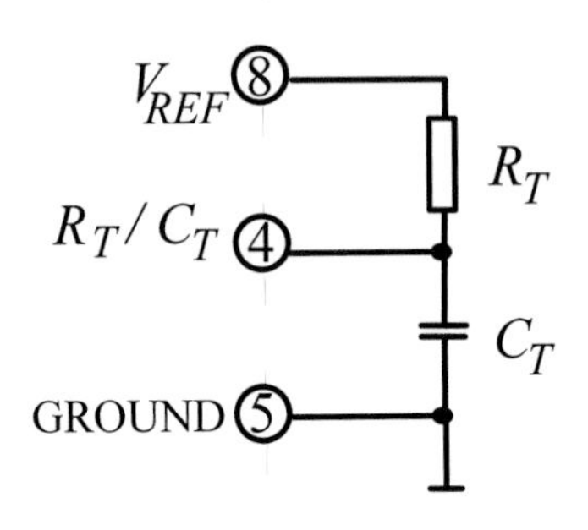

圖 11.14　UC384x 之振盪電路

11.3.2 應用設計

以控制返馳式電力轉換器爲例，其電路如圖 11.15 所示，電路由 C_T、R_T 決定工作頻率。輸出端以迴授電阻 R_1、R_2 降壓後接至誤差放大器的反相輸入端，在 IC 的腳位 2、腳位 1 接補償器 R_4、C_1，同樣作爲改善返馳式電力轉換器的頻率響應及增加穩定度。在功率開關 M_1 串接電阻 R_S 做爲檢測流過功率開關 M_1 之 i_D 電流用，經 R_5、C_2 構成之低通濾波器濾除雜訊後送至 IC 的腳位 3；誤差放大器的輸出誤差訊號與此電流訊號比較，以調變 PWM 訊號，幫助輸出穩壓及限制 i_D 尖峰電流。

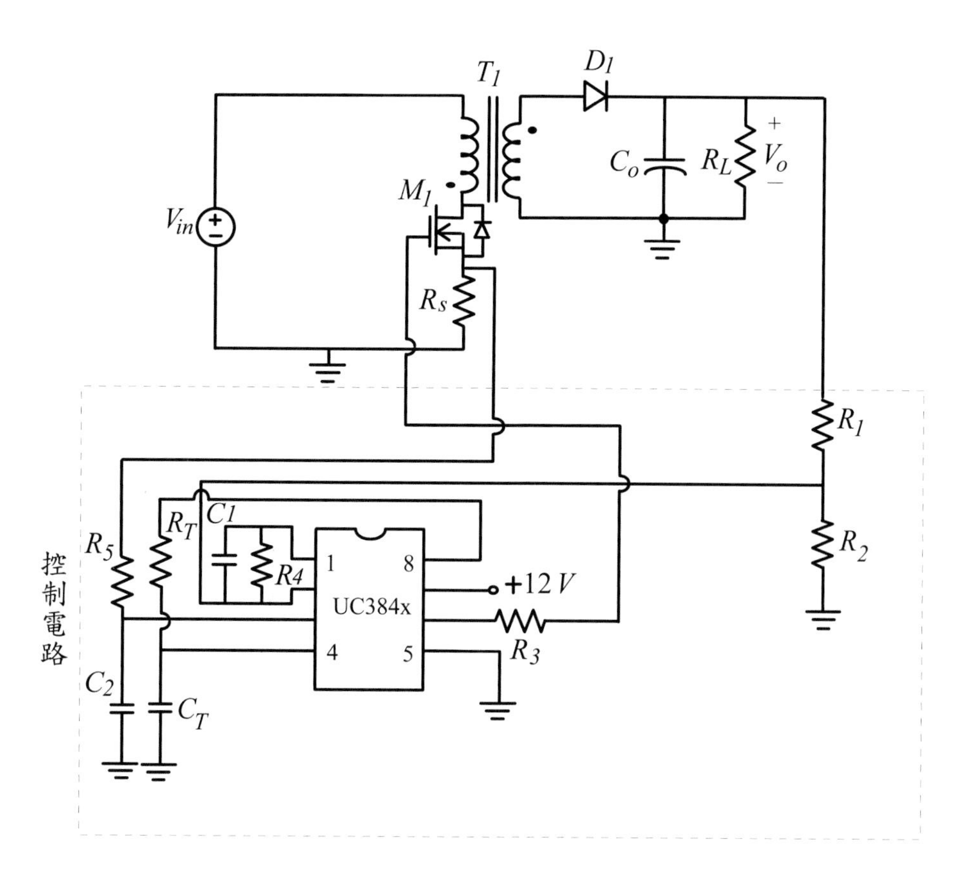

圖 11.15　UC384x 應用電路

11.4 TL431 & TL432

11.4.1 腳位介紹

TL431 爲一個可規劃的低溫度係數的穩壓器，具有汲入電流能力 100 mA 的誤差放大器，其電路符號、腳位配置及功能描述分別如圖 11.16 及表 11.4 所示。TL431 內部有 2.5 V 參考電壓、放大器及電晶體，內部結構如圖 11.17 所示。當外部迴授訊號接至參考端，也就是放大器的正相輸入端，經與 TL431 內部 2.5 V 參考電壓比較，放大器產生輸出訊號，使得電晶體導通或截止，亦即是使陰陽兩極間成短路或斷路狀態。TL432 與 TL431 的功能及電路符號相同，差別在 TL432 僅有 SOT-23-5、SOT-23-3 及 SOT-894 等三種封裝型態。

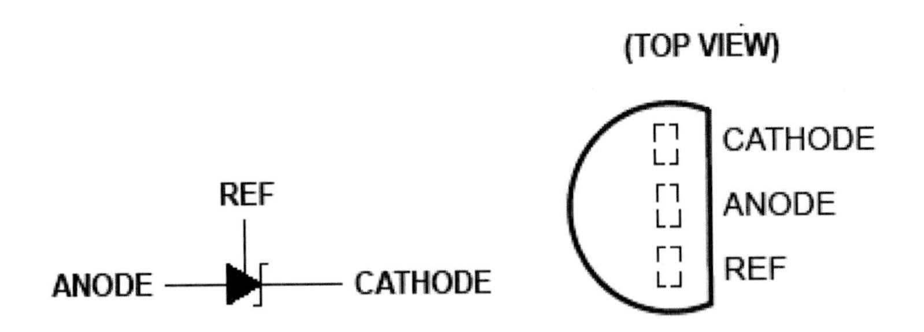

圖 11.16　TL431 之電路符號及腳位配置

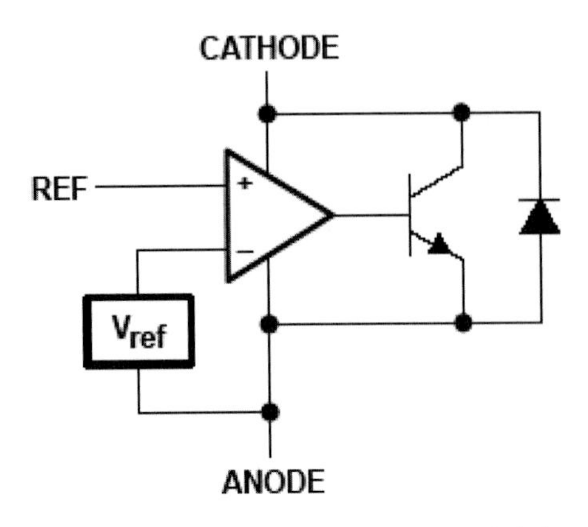

圖 11.17　TL431 之內部結構圖

表11.4　TL431 & TL432之腳位功能描述

腳位	名稱	功能描述
1	Ref	參考端
2	Anode	輸出電晶體的射極端
3	Cathod	輸出電晶體的集極端

11.4.2 應用設計

TL431 大多作爲穩壓器，其應用電路如圖 11.18 所示。在轉換器的輸出端以迴授電阻 R_1、R_2 降壓後接至 TL431 的參考端，而迴授的電壓訊號即與 TL431 內部的 2.5 V 參考電壓比較，若轉換器的輸出電壓較高，則使得 TL431 內部的輸出電晶體導通，此時使光耦器 OC_1 一次側被驅動，光耦器 OC_1 二次側的電晶體即導通，因此有一較高電壓訊號送至 PWM 控制 IC 的誤差放大器，PWM 訊號因此受到調變以穩定轉換器輸出電壓。在電路中，加入 C_1、R_4 可作爲補償轉換器的頻率響應。

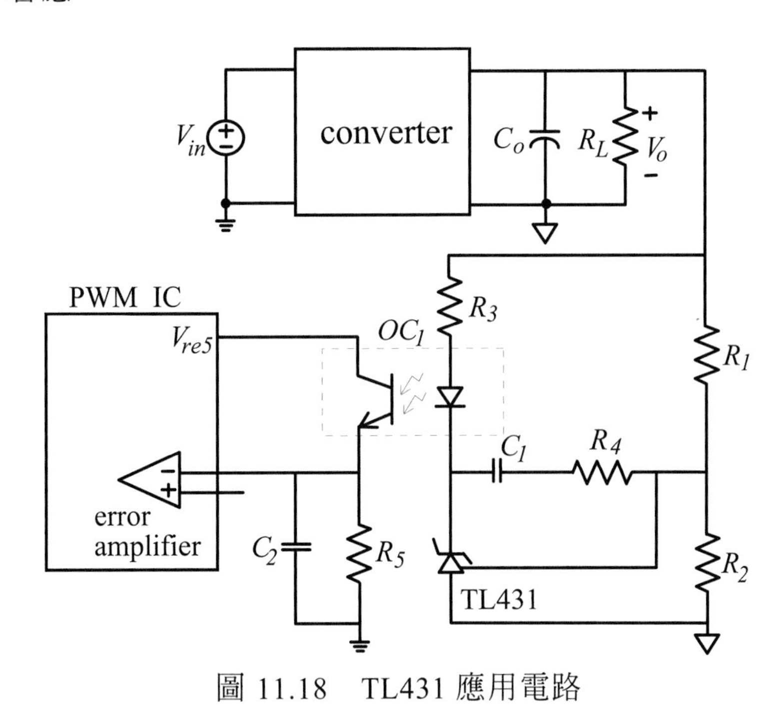

圖 11.18　TL431 應用電路

11.5 IR2111 & IR2117

11.5.1 腳位介紹

IR2111 爲半橋式電路的驅動器，其 IC 之腳位配置及功能描述分別如圖 11.19 及表 11.5 所示。半橋式電路的特色是電路中兩個功率開關串接，但也因爲如此，驅動上臂的功率開關無法由前面所介紹的 TL494 或 UC3525 PWM 控制 IC 輸出直接驅動，必須再透過變壓器或光耦合器方能驅動上臂的功率開關，這造成電路更加複雜及成本增加。IR2111 則針對此問題加以改善，IR2111 內部結構圖如圖 11.20 所示，IR2111 由 pin 2 接受外來的控制訊號，由腳位 7 及腳位 4 輸出半橋式電路之兩個功率開關的驅動訊號，兩組輸出驅動訊號相位相差 180°，且具有 650 ns 的休止時間及工作比率接近 0.5，輸出入訊號時序圖如圖 11.21 所示。特別要注意的是腳位 7 的輸出與輸入訊號同相。

表11.5　IR2111之腳位功能描述

腳位	名稱	功能描述
1	Vcc	工作電源輸入端及下臂功率開關驅動電源輸入端
2	IN	邏輯訊號輸入端，且 HO 端的輸出訊號與 IN 端同相位。
3	COM	下臂功率開關驅動電源返回端
4	LO	下臂功率開關驅動訊號輸出端
5		不使用
6	Vs	上臂功率開關驅動電源返回端
7	HO	上臂功率開關驅動訊號輸出端
8	V_B	上臂功率開關驅動電源輸入端

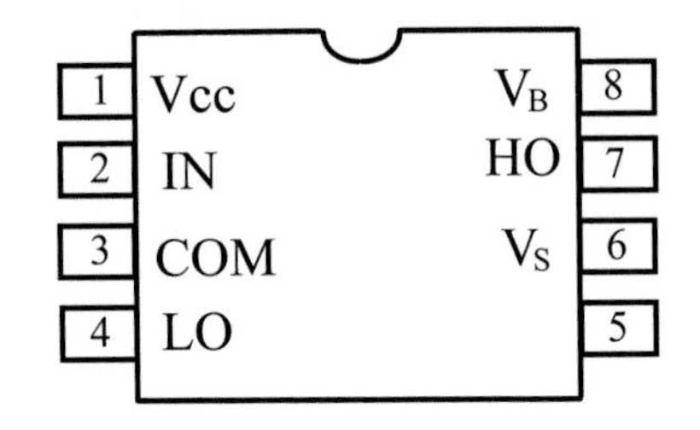

圖 11.19　IR2111 腳位配置圖

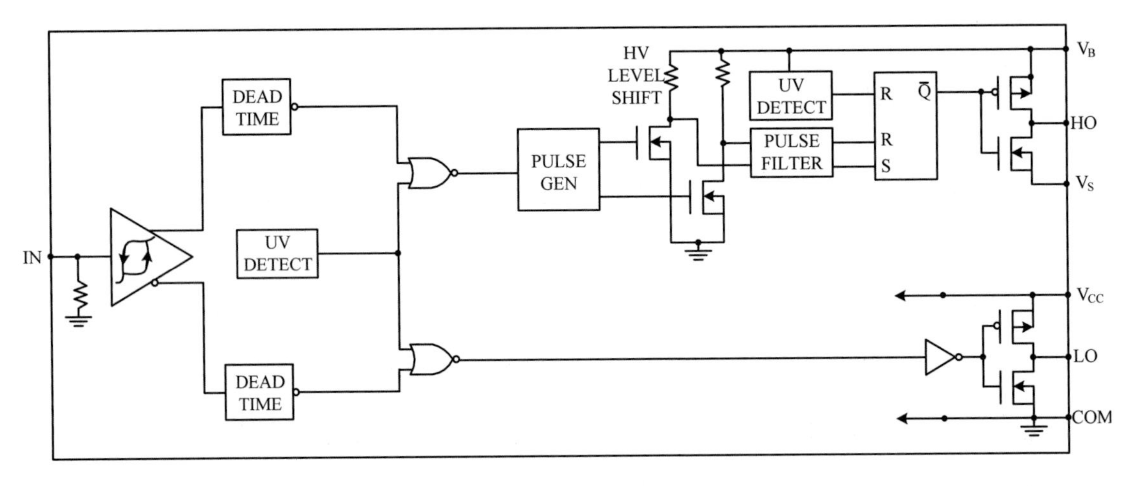

圖 11.20　IR2111 之內部結構圖

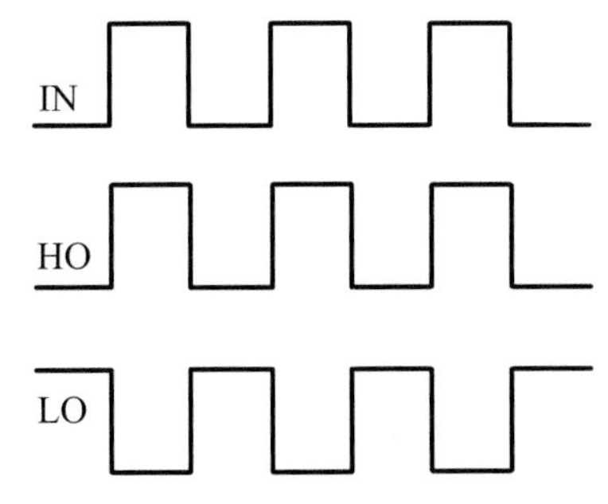

圖 11.21　IR2111 輸出入訊號時序圖

IR2117 不像 IR2111 可同時驅動 2 個功率開關，爲單一功率開關的驅動器，其 IC 之腳位配置及功能描述分別如圖 11.22 及表 11.6，內部結構如圖 11.23 所示。IR2117 由腳位 2 接受外來的控制訊號，在腳位 7 輸出功率開關的驅動訊號且與輸入訊號同相，輸出入訊號時序圖如圖 11.24 所示。IR2117 其內部結構圖與 IR2111 的上臂驅動電路結構相似，故也可用來驅動半橋式電路的上臂功率開關，其耐壓可達 600 V。

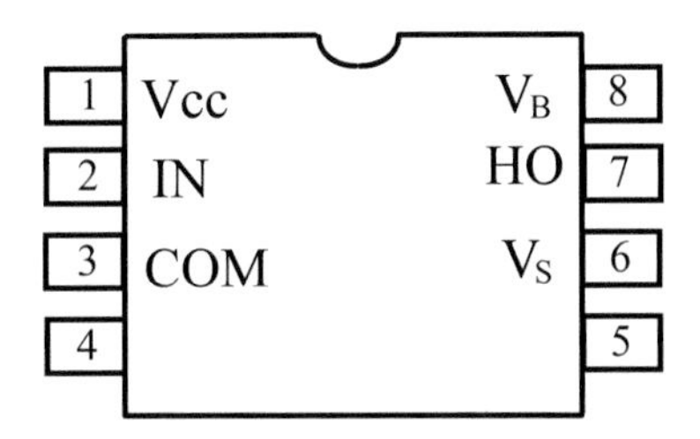

圖11.22　IR2117腳位配置圖

表11.6　IR2117之腳位功能描述

腳位	名稱	功能描述
1	Vcc	工作電源輸入端及功率開關驅動電源輸入端
2	IN	邏輯訊號輸入端，且 HO 端的輸出訊號與 IN 端同相位
3	COM	接地端
4		不使用
5		不使用
6	V_S	上臂功率開關驅動電源返回端
7	HO	上臂功率開關驅動訊號輸出端
8	V_B	上臂功率開關驅動電源輸入端

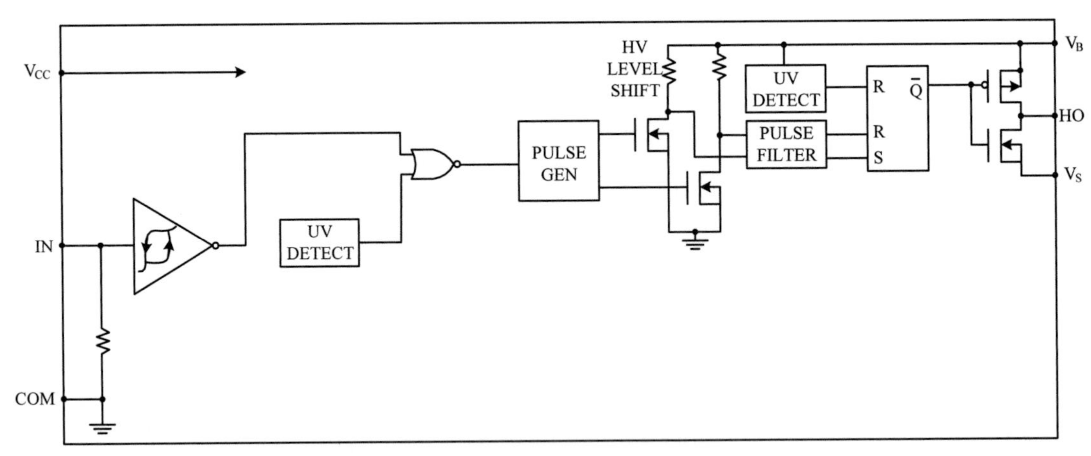

圖 11.23　IR2117 之內部結構圖

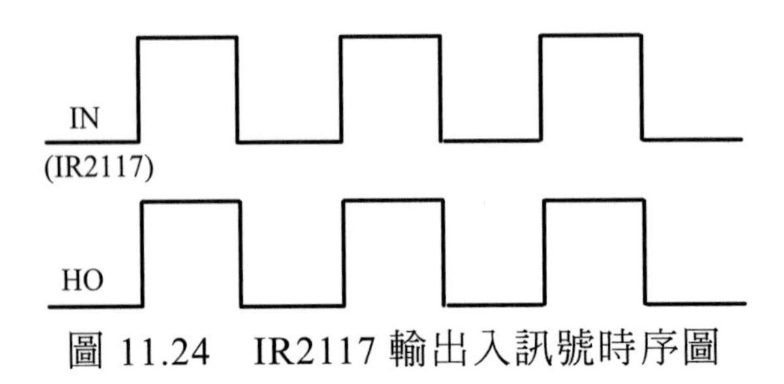

圖 11.24　IR2117 輸出入訊號時序圖

11.5.2 應用設計

IR2111 及 IR2117 的應用電路分別如圖 11.25、11.26 所示，其中在腳位 8 及腳位 6 所並接之電容 C_1，其作用為儲存驅動上臂功率開關的電源。

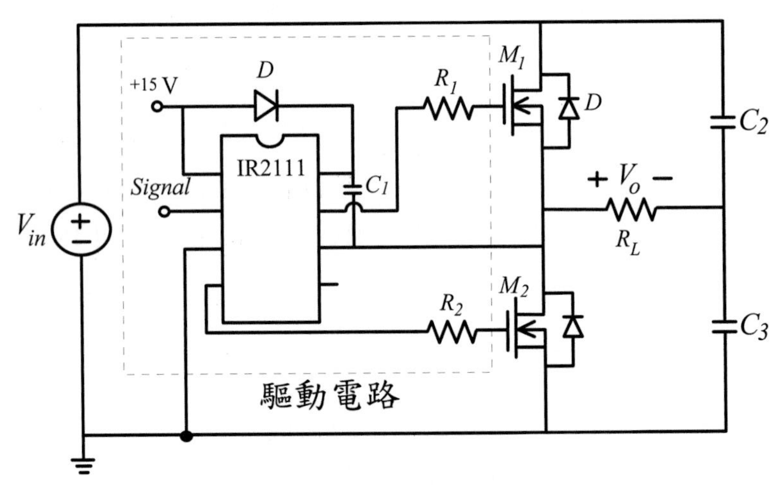

圖 11.25　IR2111 應用電路

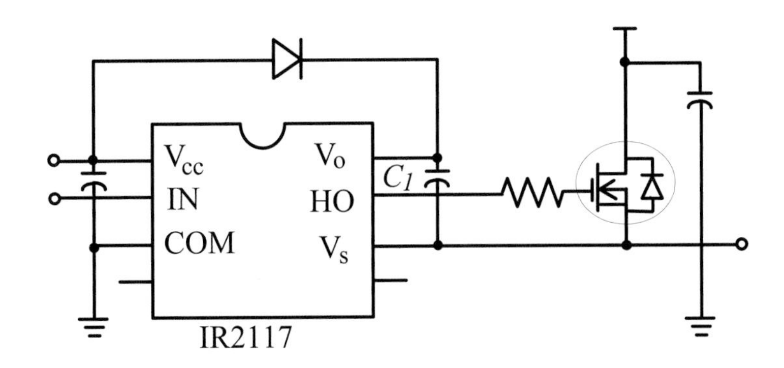

圖 11.26　IR2117 應用電路

11.6 IR2153

11.6.1 腳位介紹

IR2153 之腳位配置及功能描述分別如圖 11.27 及表 11.7 所示。IR2153 的功用與 IR2111 相似，同樣可作爲半橋式電路的驅動器，但其 IC 內部具有振盪電路，如圖 11.28，只要外接 C_T、R_T 即可產生工作頻率並經由功率放大器輸出，用以驅動功率開關。若半橋式電路的工作頻率固定，則使用 IR2153 較爲方便。IR2153 的兩組輸出驅動訊號相位相差 180°，且具有 1.2 μs 的休止時間，較 IR2111 的休止時間長。

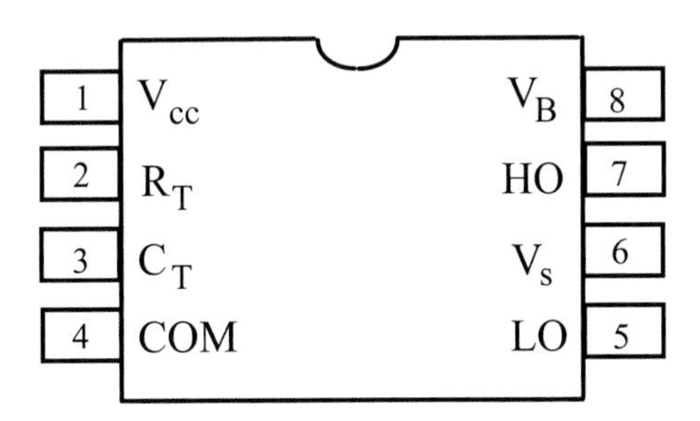

圖 11.27　IR2153 腳位配置圖

表11.7　IR2153之腳位功能描述

腳位	名稱	功能描述
1	Vcc	工作電源輸入端及功率開關驅動電源輸入端
2	R_T	外接振盪電阻端
3	C_T	外接振盪電容端
4	COM	接地端
5	LO	下臂功率開關驅動訊號輸出端
6	Vs	上臂功率開關驅動電源返回端
7	HO	上臂功率開關驅動訊號輸出端
8	V_B	上臂功率開關驅動電源輸入端

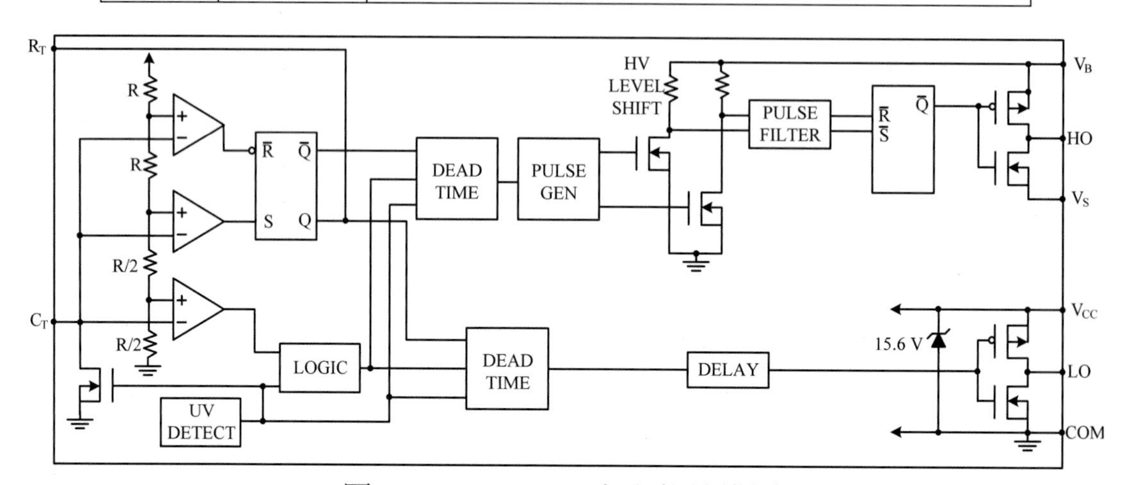

圖 11.28　IR2153 之內部結構圖

11.6.2 應用設計

IR2153 的應用電路如圖 11.29 所示，在腳位 8 及腳位 6 所並接之電容 C_1，作爲儲存驅動上臂功率開關的電源。

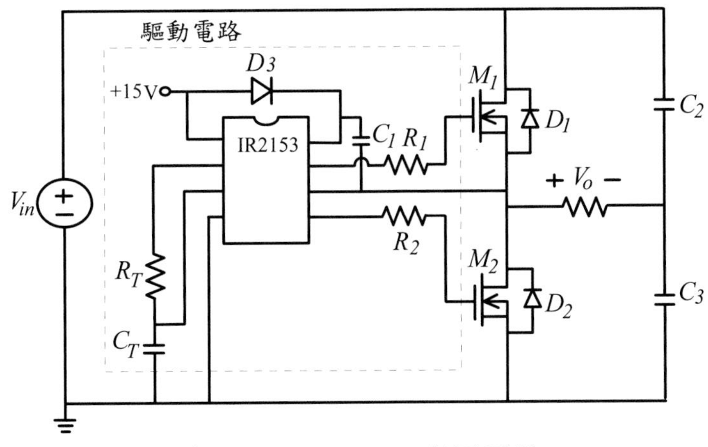

圖 11.29 IR2153 應用電路

11.7 重點整理

本章介紹電力電子電路常用的 IC，分別有產生 PWM 控制訊號的控制 IC，如 TL494、UC3525 及 UC384x 等，其中 TL494、UC3525 屬於電壓控制型 IC，UC384x 系列屬於電流控制型 IC；另外，有用於檢測輸出電壓，產生迴授訊號的 IC—TL431，TL431 應用電路較簡單，但只能用以產生迴授訊號，無法輸出 PWM 訊號。

因應控制 IC 輸出 PWM 驅動訊號功率不足，無法直接驅動功率開關，或半橋、全橋式電路之上臂功率開關驅動較困難等問題，本章亦介紹幾種驅動 IC—IR2111、IR2117 及 IR2153。IR2111 及 IR2153 可驅動半橋、全橋式電路之上下臂兩個功率開關，但 IR2117 則只能驅動一個功率開關。

11.8 習題

1. TL494 PWM IC 產生 PWM 訊號的原理爲何?
2. UC384x 系列 IC 產生 PWM 訊號的原理爲何?及如何控制 PWM 訊號的工作比率。
3. IR2111 與 IR2153 的功能區別爲何？
4. 如何應用 TL494 PWM IC，使電力轉換器具有過壓保護功能。

第三單元 參考文獻

[1] Microelectronics, J. Millman and A. Grabel, New York, McGraw-Hill, 1987.

[2] Power MOSFET Basics, V. Barkhordarian, International Rectifier.

[3] Power MOSFETS :Theory and Applications, D. A. Grant and J. Gowar, New York, John Wiley, 1989.

[4] TL494 data sheet

[5] UC3525 data sheet

[6] UC384x data sheet

[7] TL431 data sheet

[8] IR2111 data sheet

[9] IR2117 data sheet

[10] IR2153 data sheet

第四單元

控制器

第十二章　控制系統介紹

電力電子之相關領域中，均以處理電能之各種展現型式為主。不論其電壓或電流為交流、直流型式，或其相對應之準位和頻率，均輔以其相對的控制訊號，改變其驅動電路來達到設計之需求。

以控制的角度而言，均為希望能快速改變其輸出的型式及準位以符合系統之規格要求；但其穩定性及元件之電壓與電流突波亦是十分重要的考量，否則將會造成電路之異常損毀。系統之穩定性及可靠度於設計電路及設計控制器時均必須列為首要之目標，再來才是考量系統之規格及響應。

12.1 控制系統簡介

以控制系統的架構而言，可分為開迴路控制系統及閉迴路控制系統兩種。一般而言，當系統的負載固定不變化時，開迴路乃是一個相當適合的控制架構。然而，若系統的負載是會改變的，則以閉迴路控制系統的架構才是合理且適合的。若以電力電子相關領域來分類，舉例來說，若以電源供應器而言，一般負載均會隨著系統不同的操作模式而有所變動，故必需以閉迴路來實現。然而，若以電子安定器而言，因其燈管負載為固定，故其控制器則以開迴路來設計即可，並不需要以閉迴路來實現，除非所設計的電子安定器是針對不同的燈管且均可以達到相同的輸出效果；然而實際上因考慮成本及特性，一般而言，均不會以此種設計目標為出發點。

以下將針對開迴路及閉迴路兩種不同控制系統的架構來說明。開迴路及閉迴路之系統架構圖如圖 12.1(a)及 12.1(b)所示。

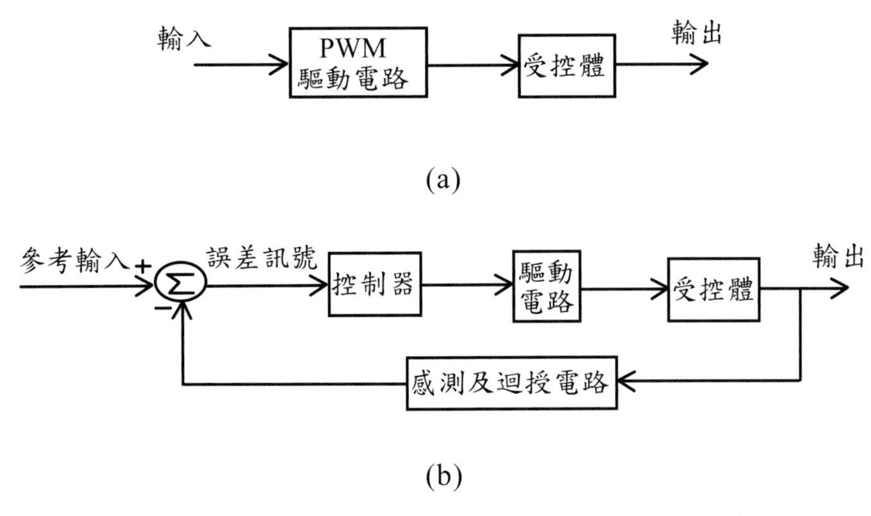

圖 12.1　(a) 開迴路 (b) 閉迴路系統方塊圖

由圖 12.1(a)可知，一個開迴路系統其脈波寬度調變(PWM)驅動電路乃根據固定的輸入來作改變，因其無感測電路來迴授其輸出訊號，所以均以相同的責任比率來實現本系統的輸出控制。但若以閉迴路而言，則其參考輸入會與實際輸出相減以得到誤差訊號，藉由負迴授控制，以達到能隨著時間增加而逐漸拉近輸出與參考輸入的誤差值。因此必須適當地設計控制器，使其誤差訊號可以很快的減少誤差值，最終可以達到零誤差。

圖 12.2 爲一它激式電子安定器之電路圖，由其電路可知，因在設計時已考慮到燈管的特性，故不需要閉迴路控制，詳細的電路說明及設計方法，可參閱本著作群所著之「電力電子實習手冊」。不過有時驅動特殊的燈管，如金屬鹵化物燈，考慮其燈管特性會隨時間而改變，故會以定功率控制來符合系統規格要求，此時則需要以閉迴路來實現系統之控制功能。另一例子爲一般電源轉換器的應用，其轉換器結構爲返馳式轉換器(Flyback Converter)，因需考慮負載和輸入電源會隨時改變，故必須以閉迴路來實現，如圖 12.3 所示。

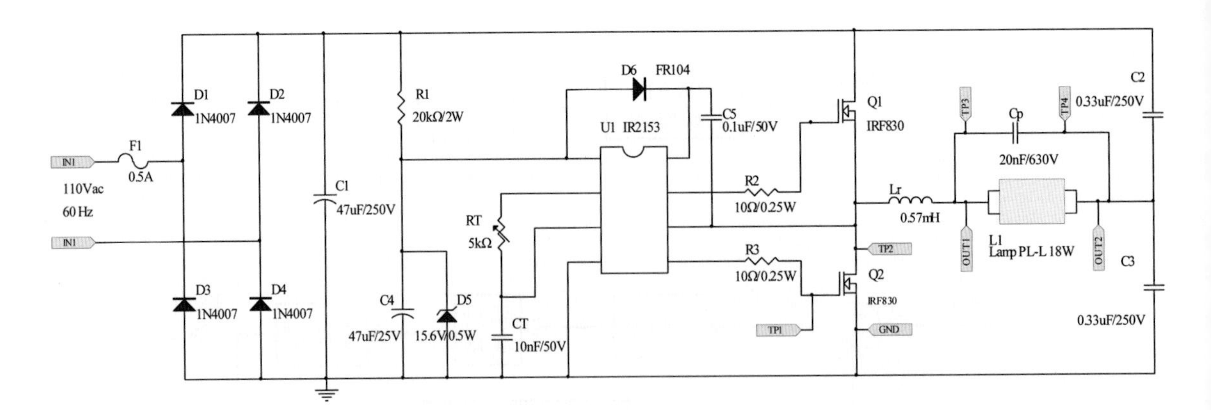

圖 12.2　以開迴路控制之它激式電子安定器電路圖

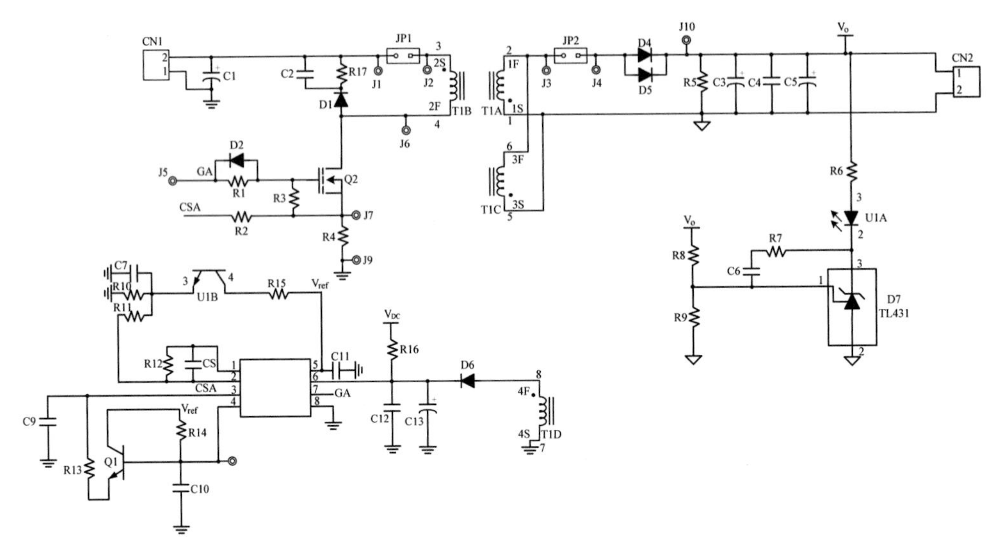

圖 12.3　以閉迴路控制之電源供應器電路圖

12.2 閉迴路控制系統架構

如上一節所述，閉迴路控制系統之目的乃在透過實際的輸出訊號與所設定的參考輸入作相減，再經由控制器使受控體的輸出可以快速的達到所設定的值。一般而言，以圖 12.1(b)之系統架構來實現閉迴路控制爲最多，但有時需考慮如輸入電源的變動因素，即輸入穩壓率(Line Regulation)、系統靈敏度(Sensitivity)，故大致上在電力電子相關領域的應用上，還有其它幾種不同的閉迴路架構，如圖 12.4 所示。

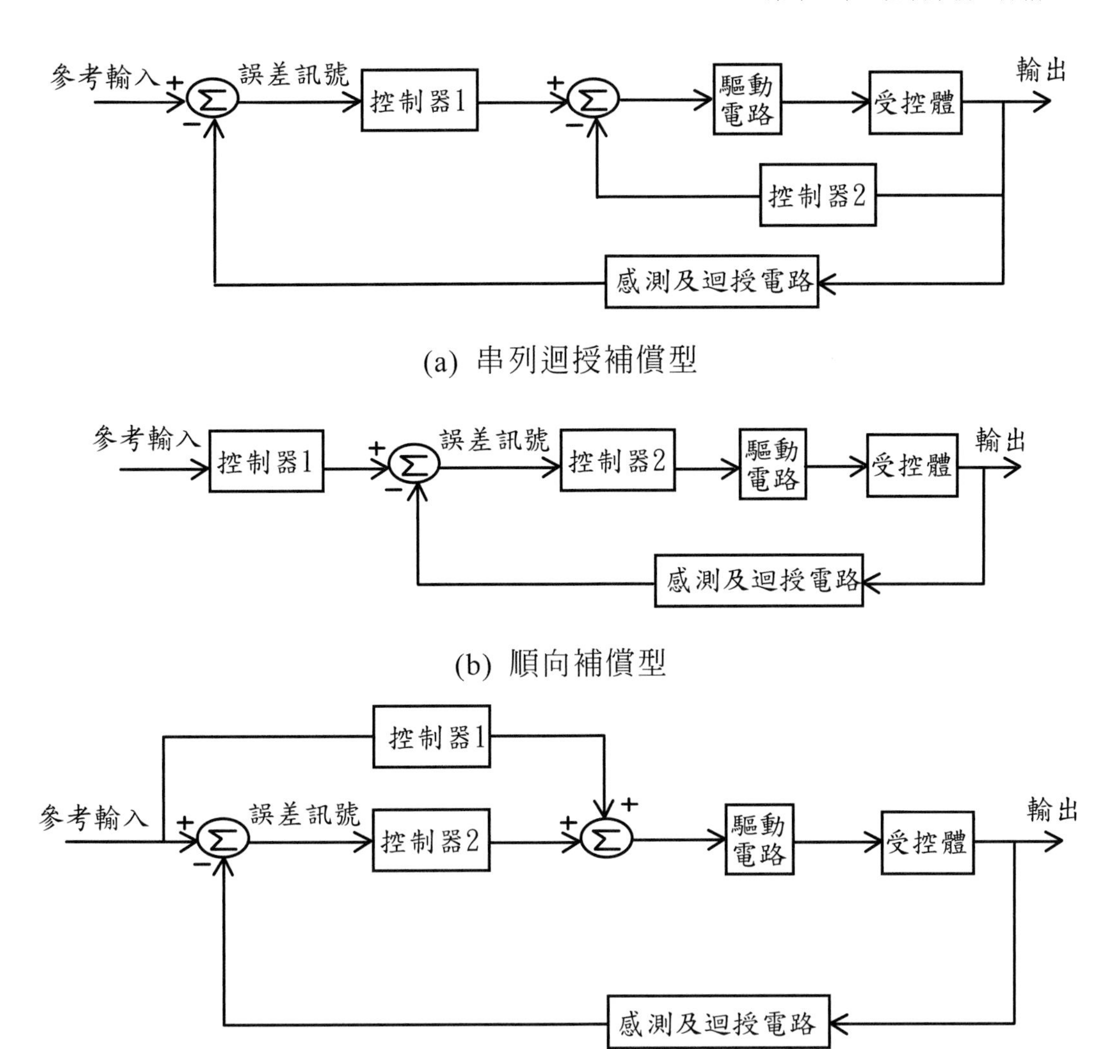

(a) 串列迴授補償型

(b) 順向補償型

(c) 前置順向補償型

圖 12.4　閉迴路控制系統架構圖

12.3 切換式電源轉換器之閉迴路控制

在電力電子系統之閉迴路控制應用中，以切換式電源轉換器最爲常見，在此以一輸入爲 36 ~ 57 V，輸出爲 3.3 V、額定功率爲 6.6 W 之直流 / 直流轉換器爲例。一般而言，完整的動態及穩態測試規格如下所示：

1. 穩壓率：穩壓率一般分爲兩種，一種爲輸入穩壓率，另一種爲負載穩壓率。

   輸入穩壓率共需根據兩種不同的輸入狀況來檢測，在最低輸入及最高輸入下來量測其輸出電壓之數值，並求得其穩壓率。負載穩壓率則需根據負載之額定輸出及所要求之最小輸出來量測其輸出電壓值，並求得負載穩壓率。

2. 漣波及雜訊：必須量測系統的漣波及雜訊大小。切換式電源轉換器之輸出電壓漣波如圖 12.5 所示。

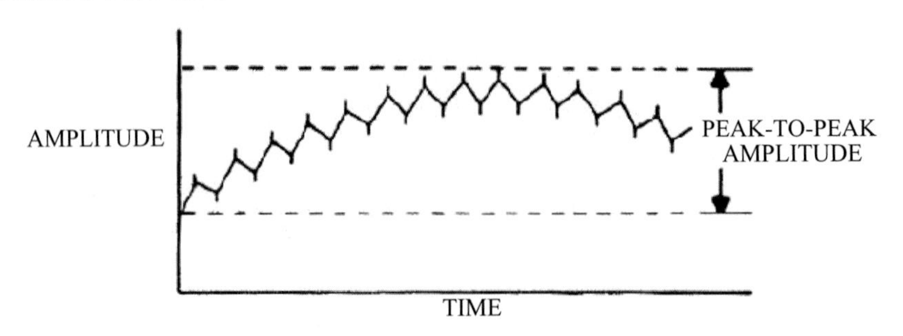

圖 12.5　切換式電源轉換器之輸出電壓漣波量測圖

3. 負載變動之響應：根據實際系統之需求，訂定負載變動之範圍及變化時間。負載變動之響應最好以最差的狀況來量測，其實際量測波形如圖 12.6 所示。圖 12.6(a)爲最低輸入電壓之響應圖，上方的波形爲負載電流，下方的波形爲輸出電壓，而圖 12.6(b)則爲系統操作於最高輸入電壓之負載變動量測圖。

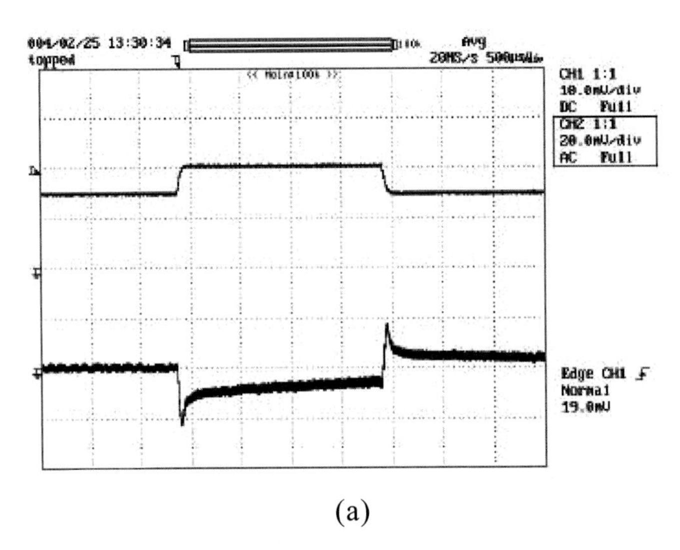

(a)

圖 12.6　(a) 系統操作於最低輸入電壓時，以 75 %滿載－滿載－75 %滿載之負載變動的響應圖 (b) 系統操作於最高輸入電壓時，以 75 %滿載－滿載－75 %滿載之負載變動的響應圖

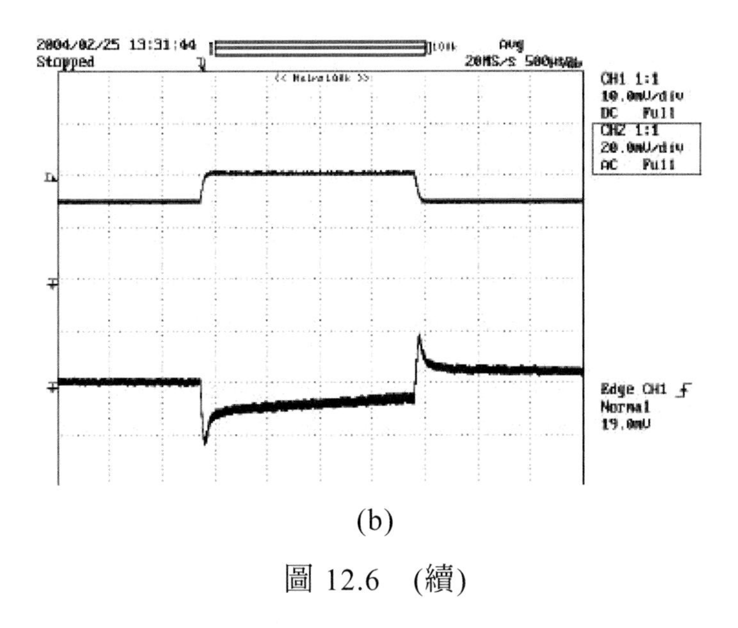

(b)

圖 12.6　(續)

4. 零組件溫度特性：電力轉換器之散熱問題相當重要，其會影響系統的穩定性，一般均以熱電耦線或紅外線熱影像儀來量測系統的溫度變化，量測之數據及畫面如圖 12.7(a)及(b)所示。

Measured Temperature(℃)			
Item	36 VDC	48 VDC	57 VDC
Ambient	22	22	22
DPA423G(U1)	51	51	53
Transformer core(T1)	75	75	75
Output Rectifier(D1)	63	61	61
Output Capacitor(C7)	45	43	43

(a)

圖 12.7　系統於室溫及滿載之條件下以紅外線影像儀所量測之溫度變化

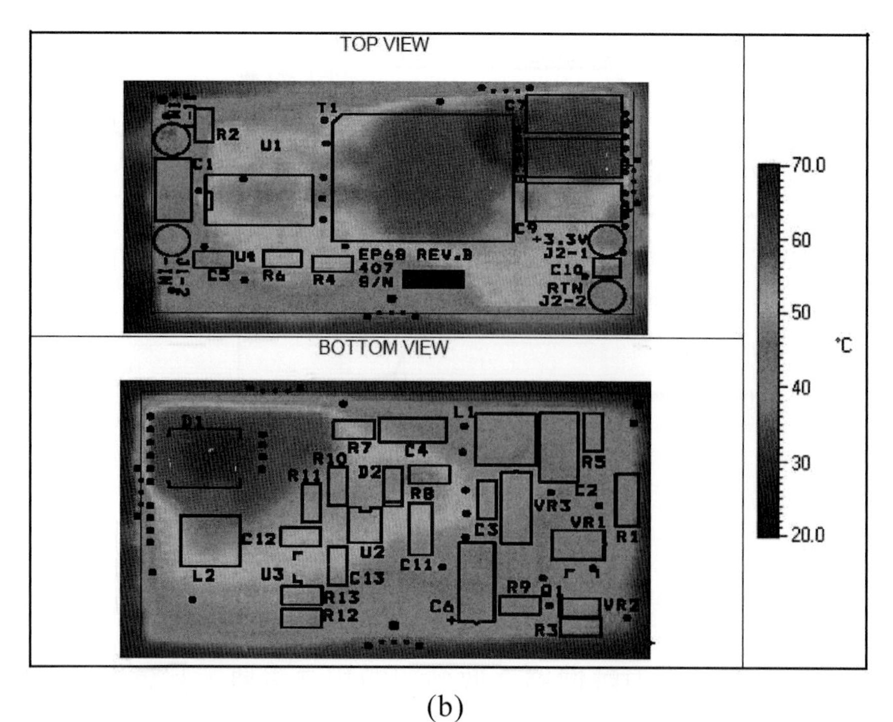

(b)

圖 12.7 (續)

5. 轉換效率：轉換器之輕、薄、短、小乃是電力電子相關研究領域中之不變的追求目標，主要的影響因素爲系統的轉換效率，此亦爲相當重要的量測重點，其數據如圖 12.8 所示。

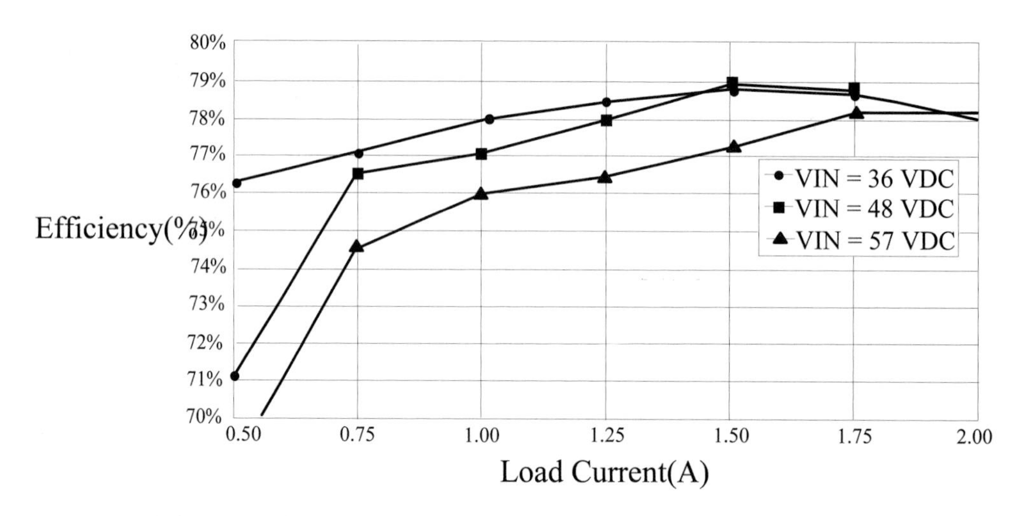

圖 12.8 操作於不同條件下之系統轉換效率量測曲線

6. 輸出啓動波形：系統的誤動作或損壞皆在操作環境變化或在啓動時最常發生，所以此部份亦需觀察量測，圖 12.9(a)及(b)爲啓動時之輸出電壓(上面波形)及開關之 V_{ds} 波形(下面波形)。

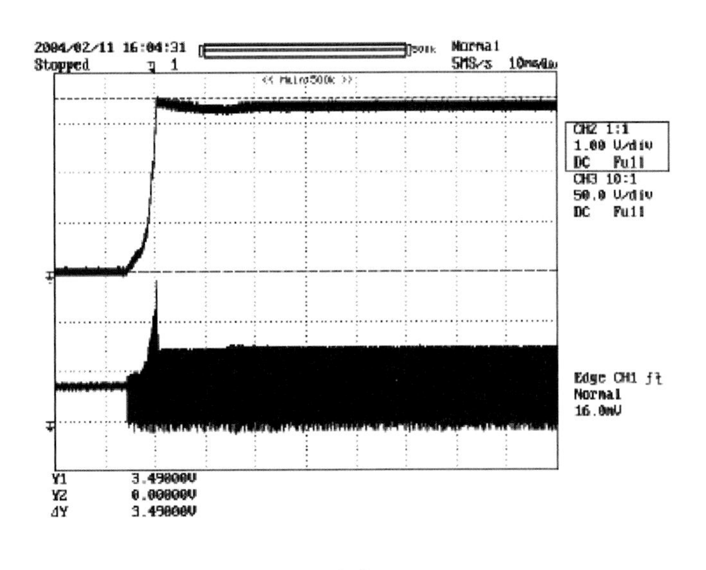

(a)

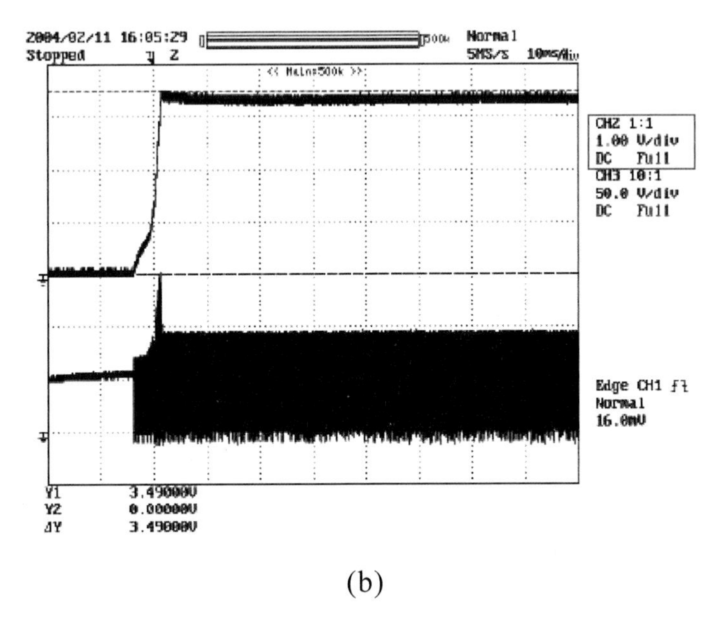

(b)

圖 12.9　(a) 在輸入最低壓且無載時之啓動相關波形

(b) 在輸入最高壓且無載時之啓動相關波形

7. 控制 / 輸出迴路增益圖：控制效果之好壞，除了以第 3 項所提的負載變動之時域來量測外，頻域之量測亦相當的重要，這可以從系統之增益邊限(Gain Margin)及相位邊限(Phase Margin)來得知穩定性，亦可由頻寬(Bandwidth)來得知系統的動態特性。目前，很多業界廠商均會要求此項迴路增益的量測，量測結果如圖 12.10 所示。

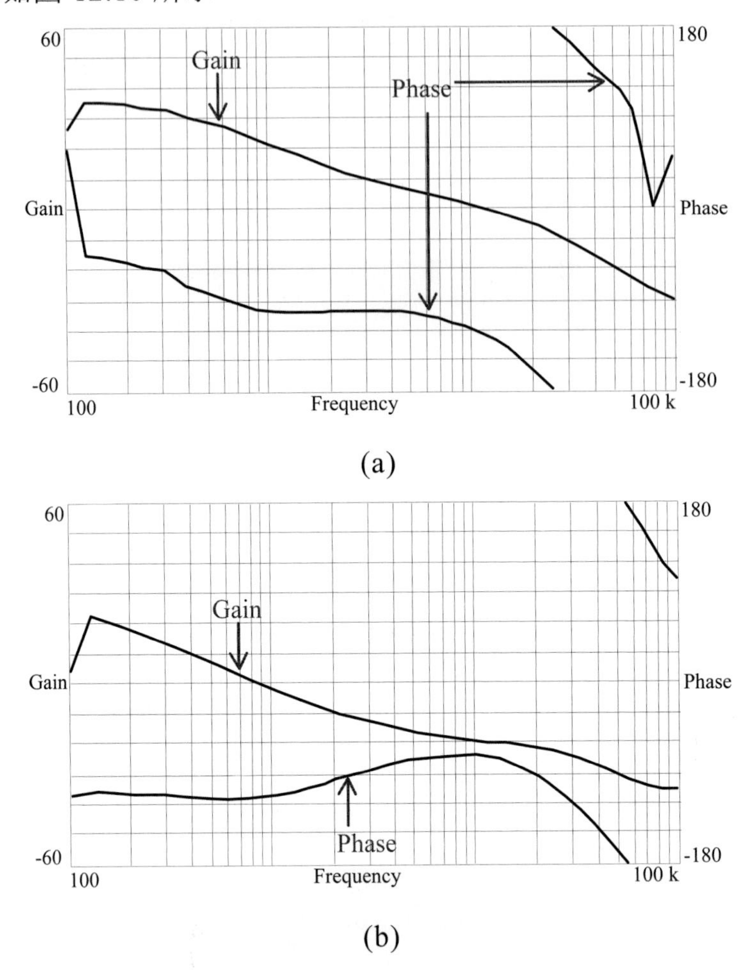

圖 12.10　控制 / 輸出之迴路增益圖 (a)滿載 (b)輕載

由以上可知，系統之控制與很多項目的量測均有關係，詳細之控制技術將於第 13 章 ~ 第 15 章中作說明。以尖峰電流控制之切換式電源轉換器而言，其完整電路圖如圖 12.11 所示。

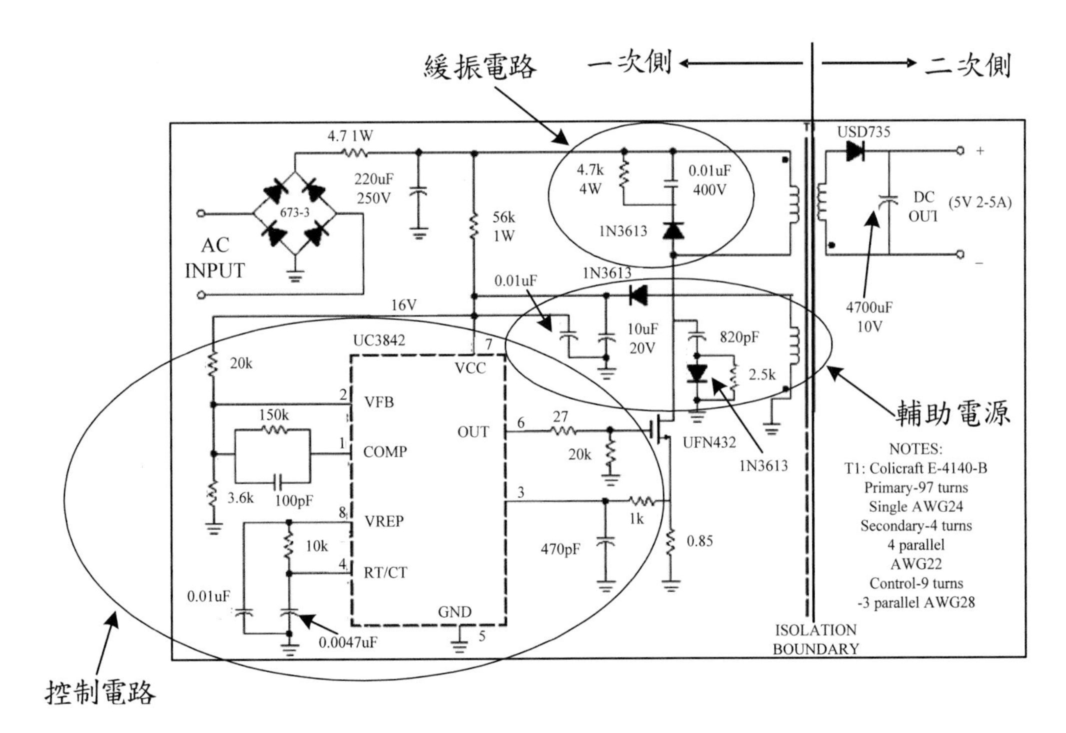

圖 12.11　以尖峰電流控制之切換式電源轉換器電路

12.4 重點整理

以控制系統的架構而言，可分為開迴路控制系統及閉迴路控制系統兩種。一般而言，當系統的負載固定不變時，開迴路乃是一個相當適合的控制架構。然而，若系統的負載是會改變的，則以閉迴路控制系統的架構才是合理且適合的。完整的動態及穩態測試規格如下所示：1.穩壓率，2.漣波及雜訊，3.負載變動之響應，4.零組件溫度特性，5.轉換效率，6.輸出啓動波形，以及 7.控制 / 輸出迴路增益圖。

12.5 習題

1. 比較開迴路及閉迴路控制之優缺點。
2. 試舉二個例子說明於電力電子相關領域中只需利用開迴路控制之例子，並簡單說明原因。
3. 試舉二個例子說明於電力電子相關領域中需利用閉迴路控制之例子，並簡單說明原因。
4. 在圖 12.4 中，若以不斷電系統中之直流 / 交流換流器爲例，所使用之控制器有何作用。
5. 在圖 12.6(a)中，爲何輸出負載變動時會造成系統輸出電壓暫態之上昇及下降。
6. 在圖 12.9(a)中之下方波形 V_{ds}，爲何會有突波發生，如何解決。
7. 在圖 12.11 之系統電路方塊圖中，其控制電路爲何種型態的控制器。
8. 以圖 12.10 爲例，試說明於設計控制器時，爲何須以系統操作於輕載爲設計之準則。

第十三章　控制系統分析

閉迴路動態控制是以轉移函數之型式來表示，如同第十二章所表示的，在此再將其系統方塊圖表示於圖 13.1。通常於電力電子應用系統中，均以頻域 s-domain 來設計控制器，而以時域 t-domain 來驗證系統之動態特性，故本章節將分成二部分來介紹。

13.1 頻域分析

為能適當的設計控制器 $G_c(s)$，首先我們必須先得到系統的動態數學模式，並且在頻域 s-domain 上以轉移函數來表示，接著才能分析系統的穩定性和動態特性。在圖 13.1 中，參考輸入 $R(s)$及輸出 $Y(s)$之間的轉移函數可由下面的數學方程式推導出來。

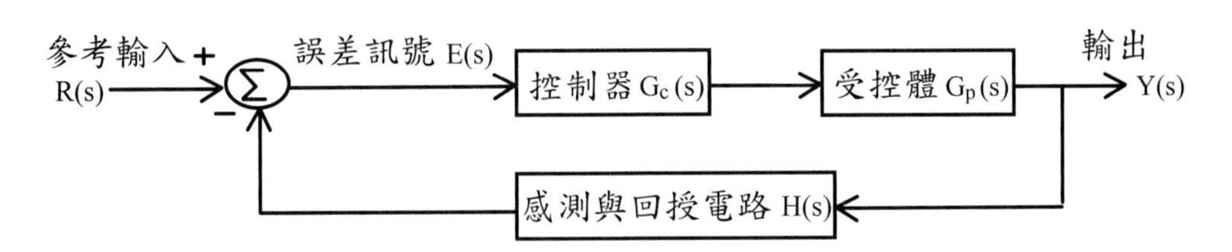

圖 13.1　閉迴路控制方塊圖

$$Y(s) = E(s)\ G_c(s)\ G_p(s) = [R(s)\text{-}Y(s)\ H(s)]G_c(s)\ G_p(s) \tag{1}$$

$$= R(s)\ G_c(s)\ G_p(s)\text{-}Y(s)\ G_c(s)\ G_p(s)\ H(s)$$

經過整理後

$$Y(s)[1+ G_c(s)\ G_p(s)\ H(s)] = R(s)\ G_c(s)\ G_p(s) \tag{2}$$

如此即可求得其輸入對輸出之轉移函數 $T(s)$，如方程式(3)所示

$$T(s) = \frac{Y(s)}{R(s)} = \frac{G_c(s)G_p(s)}{1+G_c(s)G_p(s)H(s)} \tag{3}$$

一般而言，圖 13.1 之方塊圖中的控制器 $G_c(s)$、受控體 $G_p(s)$及感測與迴授電路 $H(s)$皆可以分式之型式來表示。舉例來說，$T(s)$可表示成類似如(4)式之型式，

$$T(s)=\frac{K(s+Z_1)(s+Z_2)(s+Z_3)\cdots(s+Z_m)}{(s+P_1)(s+P_2)(s+P_3)\cdots(s+P_n)} \tag{4}$$

若以通式來說明，則如下式所示

$$T(s)=\frac{K\Pi_{i=1}^{m}(s+Z_i)}{\Pi_{i=1}^{n}(s+P_i)} \tag{5}$$

其中

$$\Pi_{i=1}^{m}(s+Z_i)\overset{\Delta}{=}(s+Z_1)(s+Z_2)\ldots\ldots(s+Z_m)$$

和

$$\Pi_{i=1}^{n}(s+P_i)\overset{\Delta}{=}(s+P_1)(s+P_2)\ldots\ldots(s+P_n)$$

而 Z_1、$Z_2 \ldots . Z_m$ 爲轉移函數 $T(s)$之零點，P_1、$P_2 \ldots . P_n$ 爲轉移函數 $T(s)$之極點，K 爲系統的增益。

若以系統的輸入對輸出轉移函數 $T(s)$爲例，如(3)式所示，令其分母 $=0$ 時得到方程式 $1+G_c(s)\,G_p(s)\,H(s)=0$，稱爲特徵方程式。此乃因爲其可以描述系統之動態及穩態特性，所以稱之爲特徵方程式。在電力電子應用的相關理論中，控制器的設計均依據波德圖(bode plot)的分析爲主，因此在本章節將也會根據波德圖的分析來設計控制器；至於根軌跡或其他相關控制理論則不會多作介紹。若讀者對於其他控制理論有興趣，可參照自動控制之相關書籍。如同前面所提，在電力電子相關應用系統中，轉移函數之型式可以表示如(5)式所示，在此將其擴大成如下式所示：

$$T(s)=\frac{K\Pi_{i=1}^{m}(s+Z_i)}{s^l\,\Pi_{i=1}^{n}(s+P_i)} \tag{6}$$

上式可改寫爲

$$T(s)=\left(\frac{K'\Pi_{i=1}^{m}Z_i}{\Pi_{i=1}^{n}P_i}\right)\left[\frac{\Pi_{i=1}^{m}(1+{}^{s}/_{Z_i})}{s^l\,\Pi_{i=1}^{n}(1+{}^{s}/_{P_i})}\right] \tag{7}$$

爲求方便製作波德圖，本節將針對方程式(6)及(7)作一解釋並針對一階極點及零點的波德圖畫法做介紹：

假設轉移函數 $T(s)$可表示成(8)式

$$T(s)=\frac{K(s+Z_1)}{s(s+P_1)} \tag{8}$$

將 $s=j\omega$代入上式即可得

$$T(j\omega)=\frac{K(j\omega+Z_1)}{j\omega(j\omega+P_1)} \tag{9}$$

以極點和零點之標準模式來表示即爲

$$T(j\omega)=\frac{KZ_1(1+j\omega/Z_1)}{P_1(j\omega)(1+j\omega/P_1)}=\frac{K_o(1+j\omega/Z_1)}{(j\omega)(1+j\omega/P_1)} \tag{10}$$

若將上式以極座標之型式來表示，則其型式如(11)式所示

$$T(j\omega)=\frac{K_o|1+j\omega/Z_1|}{|\omega||1+j\omega/P_1|}\angle(\alpha_1-90^\circ-\beta_1) \tag{11}$$

其中 $\alpha_1=\tan^{-1}\omega/Z_1,\beta_1=\tan^{-1}\omega/P_1$ 。波德圖中之增益大小若以分貝(dB)之值來看，則可表示成

$$\begin{aligned}A_{dB}&=20\log_{10}\frac{K_o|1+j\omega/Z_1|}{\omega|1+j\omega/P_1|}\\&=20\log_{10}K_o+20\log_{10}|1+j\omega/Z_1|-20\log_{10}\omega-20\log_{10}|1+j\omega/P_1|\end{aligned} \tag{12}$$

以零點($s+Z_1$)爲例，其增益爲 $+20\log_{10}|1+j\omega/Z_1|$ ，當 $\omega\to 0$ 時其增益可趨近於 $20\log_{10}|1+0|=0$ ，而當 $\omega\to\infty$時其增益可趨近於 $20\log_{10}|\omega/Z_1|$ ，故其波德圖中的增益圖形如圖 13.2 所示。同理可得方程式(12)之近似增益圖形，如圖 13.3 所示。

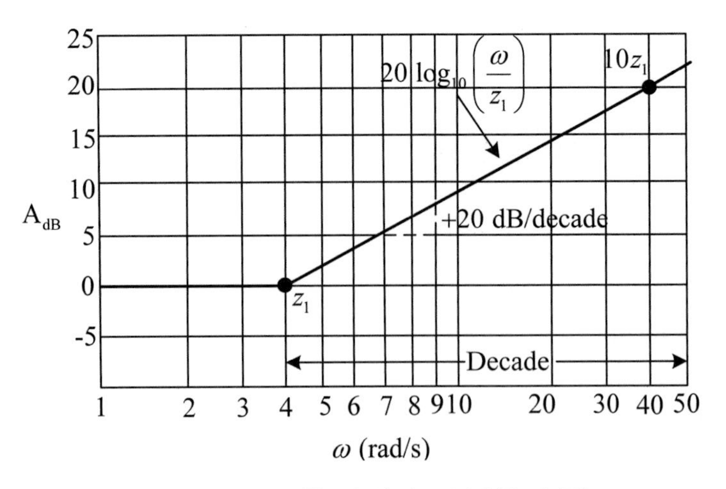

圖 13.2　一階零點之近似增益圖

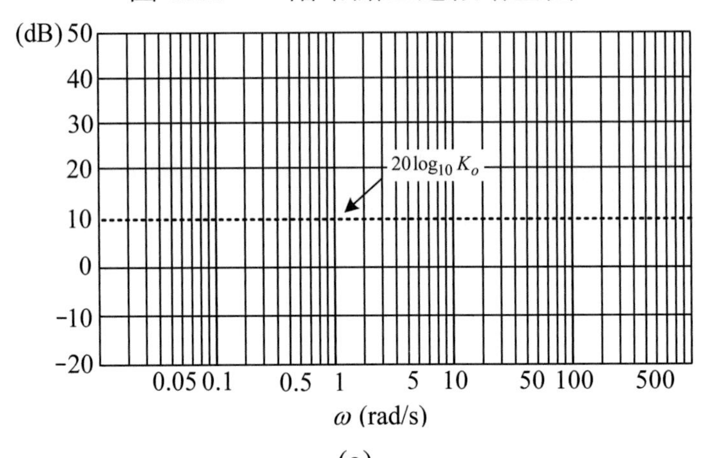

(a)

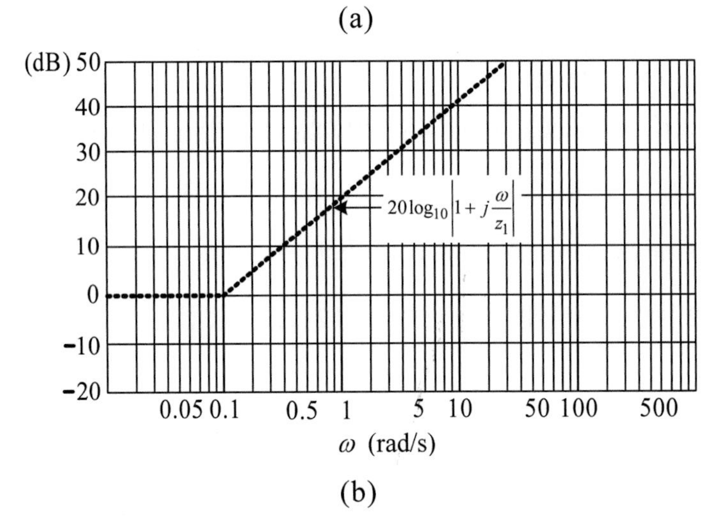

(b)

圖 13.3　方程式(12)之近似增益圖

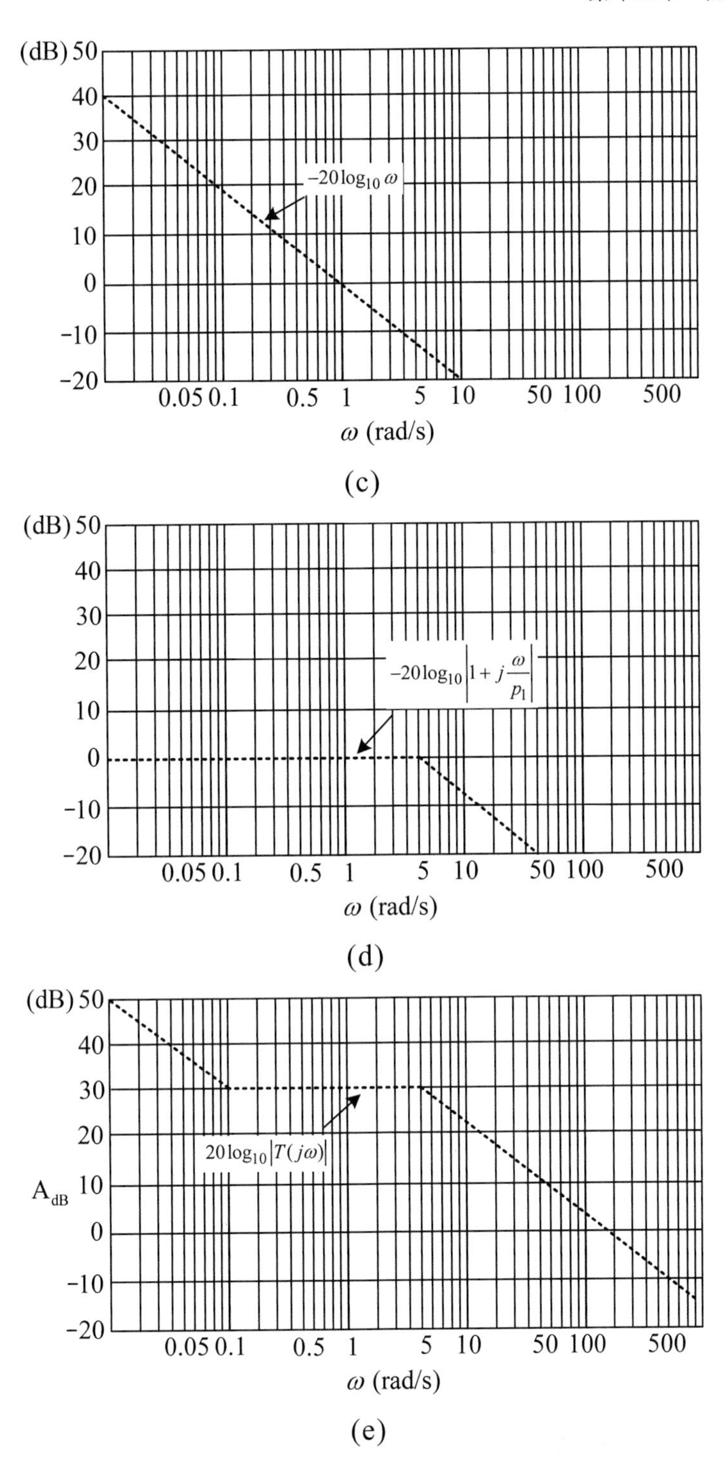
(dB) 50
40
30
20
10
0
−10
−20
0.05 0.1
0.5
1
5
10
50 100
500
ω (rad/s)
$-20\log_{10}\omega$
(c)
$-20\log_{10}\left|1+j\dfrac{\omega}{p_1}\right|$
(d)
$20\log_{10}|T(j\omega)|$
A_{dB}
(e)

圖 13.3　(續)

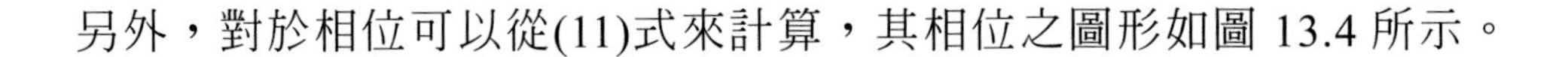

另外，對於相位可以從(11)式來計算，其相位之圖形如圖 13.4 所示。

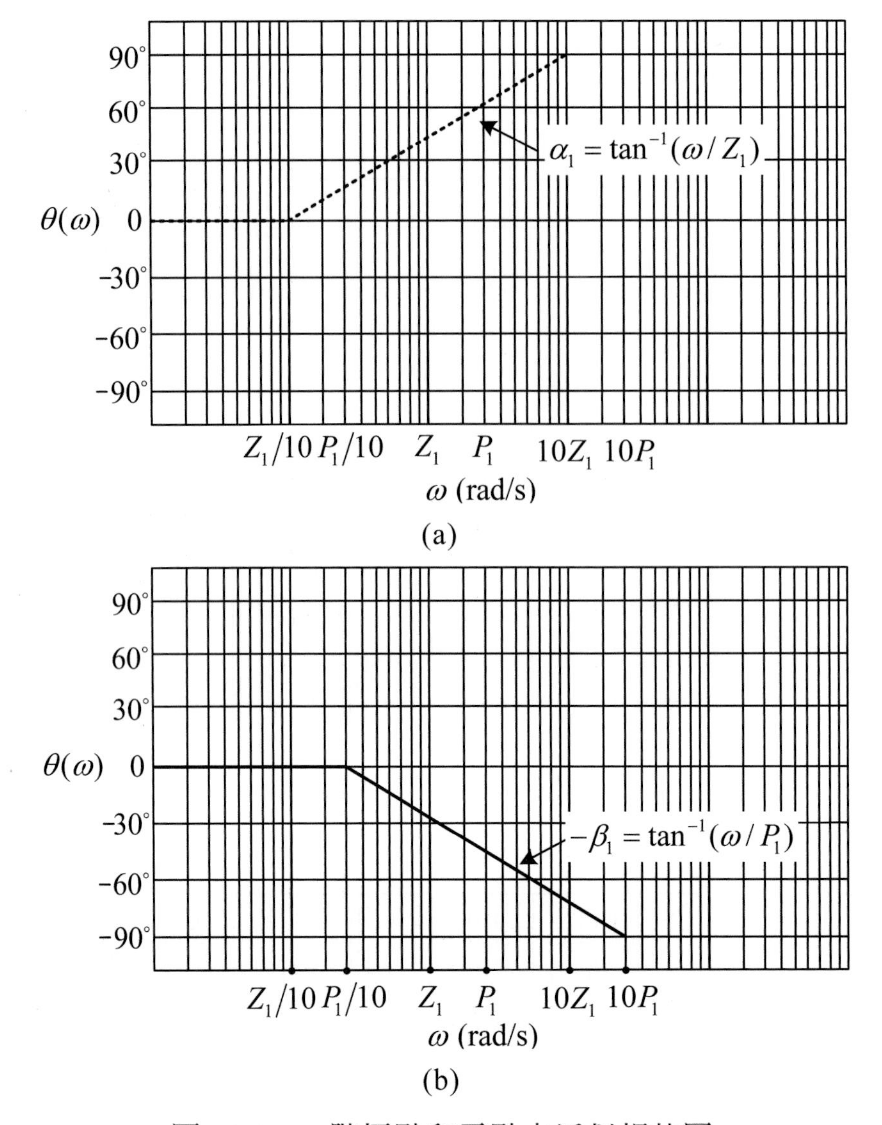

圖 13.4　一階極點和零點之近似相位圖

綜合以上所述，一階的零點和極點之波德圖畫法可歸納如下：

1. 零點：增益於轉折頻率 f_c(corner frequency)開始上升，每 10 倍頻上升 20dB (+20dB / decade)；相位於 f_c / 10 與 10 f_c 兩點間有 90 度的相位領先，而於 f_c 時恰有 45 度的相位領先。若其零點為原點則增益為 0，但其相位有 90 度的領先。

2. 極點：增益於轉折頻率 f_c 開始下降，每 10 倍頻下降 20dB(-20dB / decade)；相位於 f_c / 10 與 10 f_c 兩點間有 90 度的相位落後，而於 f_c 時恰有 45 度的相位落後。若其極點爲原點則增益爲 0，但其相位有 90 度的落後。

在實際之應用，一般均以被動元件：電阻、電容及電感或以主動元件：運算放大器等二種型式來實現電路，故若以不同電路之型式來畫出其增益和相位，其電路圖及相對應之波德圖如圖 13.5 所示。

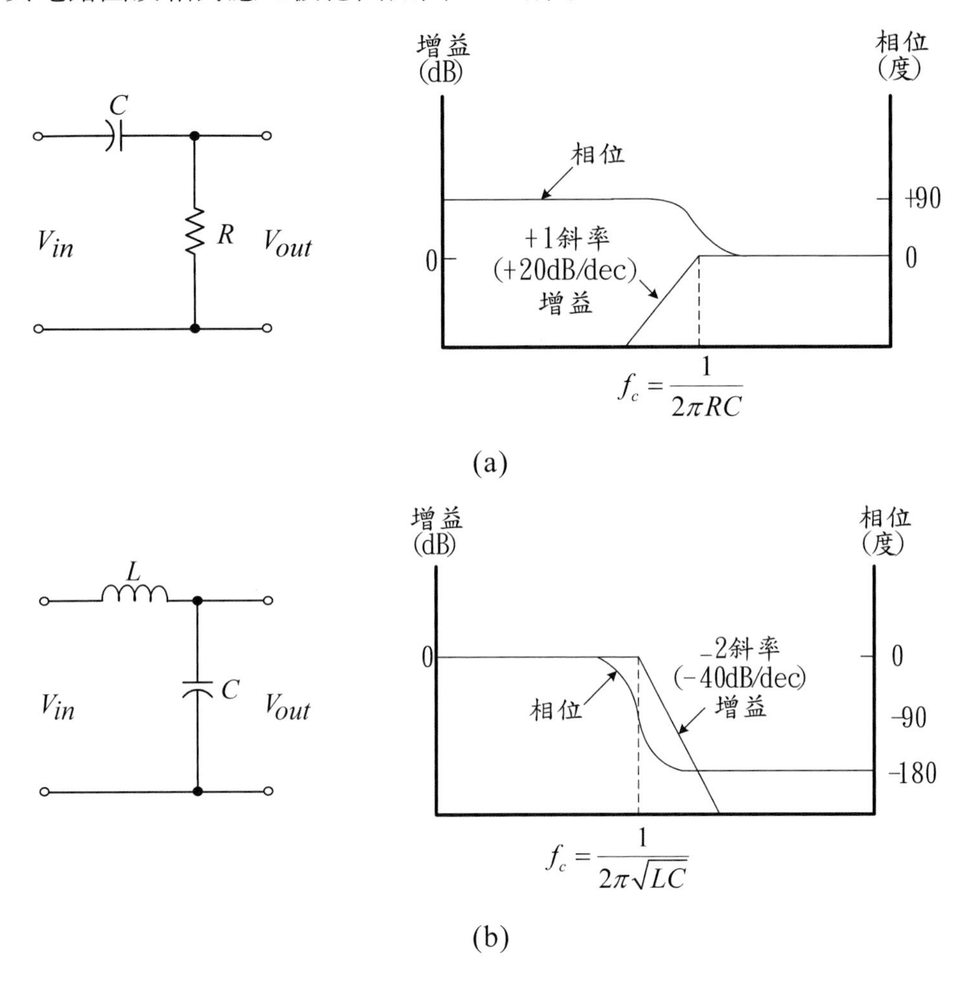

圖 13.5　不同之電路型式與其對應之波德圖

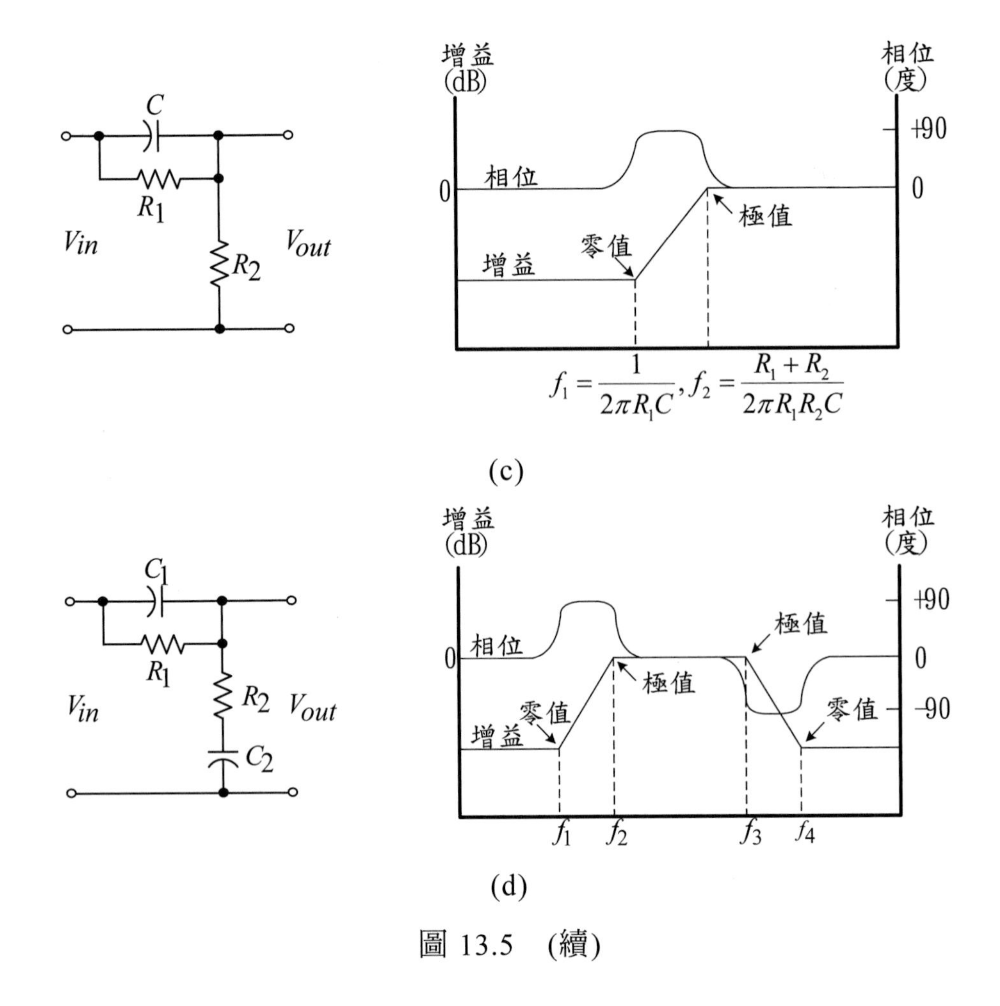

圖 13.5 (續)

此外，波德圖最重要的目的乃是用來判別系統的穩定性。當以波德圖來判別系統的穩定性，增益邊限(Gain Margin: GM)及相位邊限(Phase Margin: PM)則爲判別的依據。圖 13.6 所示爲波德圖之增益及相位圖，由增益圖中可知當系統之增益爲 0 dB 時其對應之頻率稱爲增益交越頻率ω_g，而其對應之相位値θ加上 180°即爲其相位邊限。另外，由相位圖中可知當系統之相位爲-180°時其對應之頻率稱爲相位交越頻率ω_p，而其對應之增益值-α，亦即增益邊限爲α。若系統爲穩定之情形則需使增益邊限 GM > 0 和相位邊限 PM > 0，由圖 13.6 可知若系統 GM 或 PM 落於陰影之部分則系統爲不穩定。在此必須特別強調的是，由於判別系統穩定性的爲 GM 及 PM，因此需根據-180°和 0 dB 來作圖。由上可知系統的穩定性乃根據特徵方程式 $1+G_c(s)G_p(s)H(s) = 0$ 亦即 $G_c(s)G_p(s)H(s) = -1$ 所得到，

所以實際作圖爲 $G_c(s)G_p(s)H(s)$的波德圖與-180°和 0 dB 之關係。

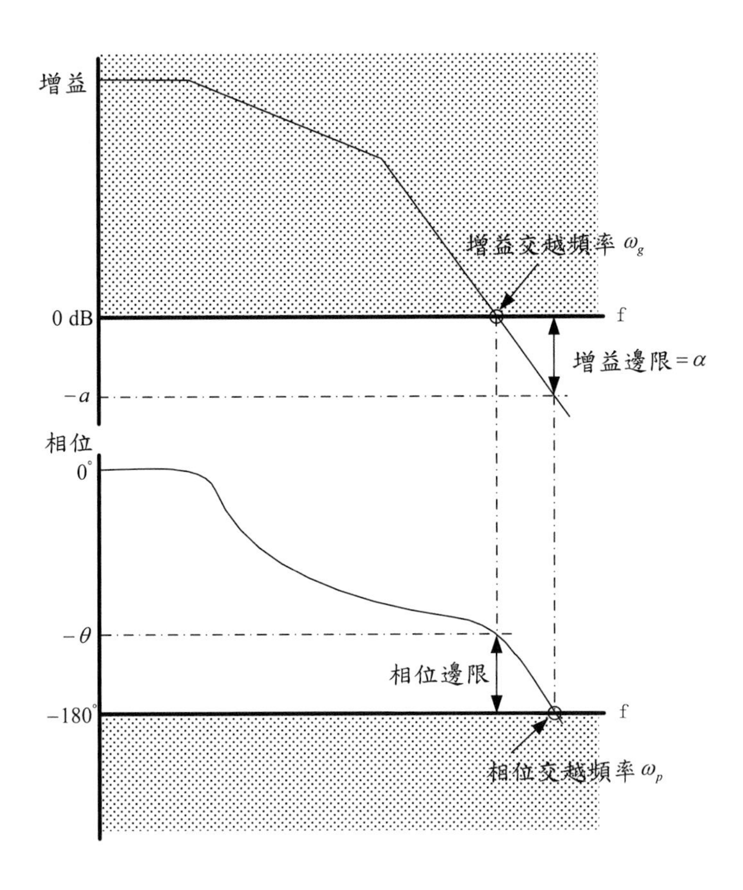

圖 13.6　增益邊限及相位邊限之示意圖

13.2 時域分析

在設計控制器之後需考慮系統的實際負載變動，藉以判定其控制器之效果。此節將針對時域中之各種定義及步階響應的波形作說明，這些參數於實際的切換式電源供應器產品也會被列爲產品規範。典型的單位步階響應波形如圖 13.7 所示。

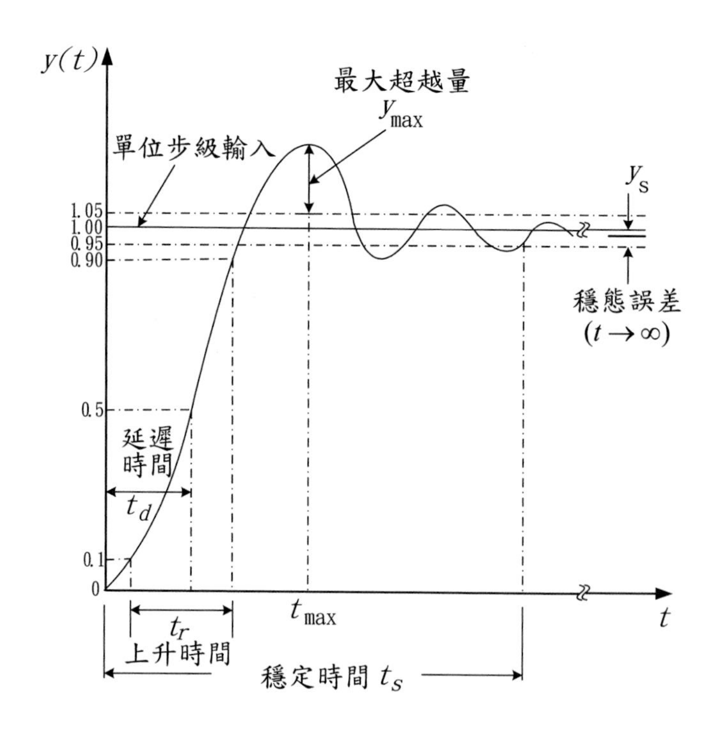

圖 13.7　單位步階響應波形圖

於圖 13.7 中有以下四個重要參數，其參數可決定系統之控制效果。

1. 最大超越量(maximum overshoot)：系統輸出 y(t)之最大値爲 y_{max}，而其穩態輸出亦即輸出之最終値爲 y_s 且 $y_{max} > y_s$，則可定義其最大超越量爲 $y_{max}-y_s$，而通常以最大超越量之百分比來表示，此參數之最大超越量百分比 $= \dfrac{y_{\max} - y_s}{y_s} \times 100\%$

2. 延遲時間(delay time)：延遲時間 t_d 定義爲從初始值到 50 %之輸出最終値所需之時間。

3. 上昇時間(rise time)：上昇時間 t_r 定義爲從 10 %之輸出最終値到 90 %之輸出最終値所需之時間。

4. 穩定時間(settling time)：穩定時間 t_s 定義爲輸出 $y(t)$與最終輸出值一直保持在 5 %誤差範圍內所需的最短時間。

若以閉迴路之單一迴授標準二階型式來表示，如圖 13.8 所示，則可以將輸

入對輸出之轉移函數表示成

$$\frac{Y(s)}{R(s)}=\frac{\omega_n^2}{s^2+2\zeta\omega_n s+\omega_n^2} \tag{13}$$

其特徵方程式為

$$s^2+2\zeta\omega_n s+\omega_n^2=0 \tag{14}$$

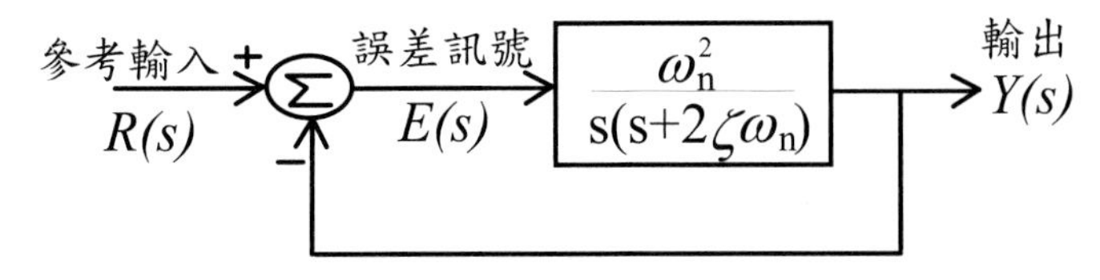

圖 13.8　標準二階型式之閉迴路系統

若輸入為單位步階輸入 $r(t)=u(t)$，則其 Laplace 轉換為 $R(s)=\frac{1}{s}$，故其輸出可表示為

$$Y(s)=\frac{\omega_n^2}{s(s^2+2\zeta\omega_{ns}+\omega_n^2)} \tag{15}$$

經 Inverse Laplace 轉換可得

$$y(t)=1-\frac{e^{-\zeta\omega_n t}}{\sqrt{1-\zeta^2}}\sin(\omega_n\sqrt{1-\zeta^2}t+10_s^{-1}\zeta)\quad，t\geq 0 \tag{16}$$

由(14)式之特徵方程式可求得其特性根 S_1, S_2 為

$$\begin{aligned} \mathrm{S}_1,S_2 &= -\zeta\omega_n \pm j\omega_n\sqrt{1-\zeta^2} \\ &= -\alpha \pm j\omega \end{aligned} \tag{17}$$

其中 $\alpha=\zeta\omega_n$，$\omega=\omega_n\sqrt{1-\zeta^2}$，在(17)式中之 ζ 表示系統之阻尼，其與系統之動態特性有相當密切的關係。$\zeta=1$ 稱為臨界阻尼，$\zeta<1$ 則為欠阻尼，系統會呈現振盪之波形，而 $\zeta>1$ 則稱為過阻尼，系統會呈現緩慢上昇之波形。若以 ζ 為參數，其標準二階系統之步階響應如圖 13.9 所示。

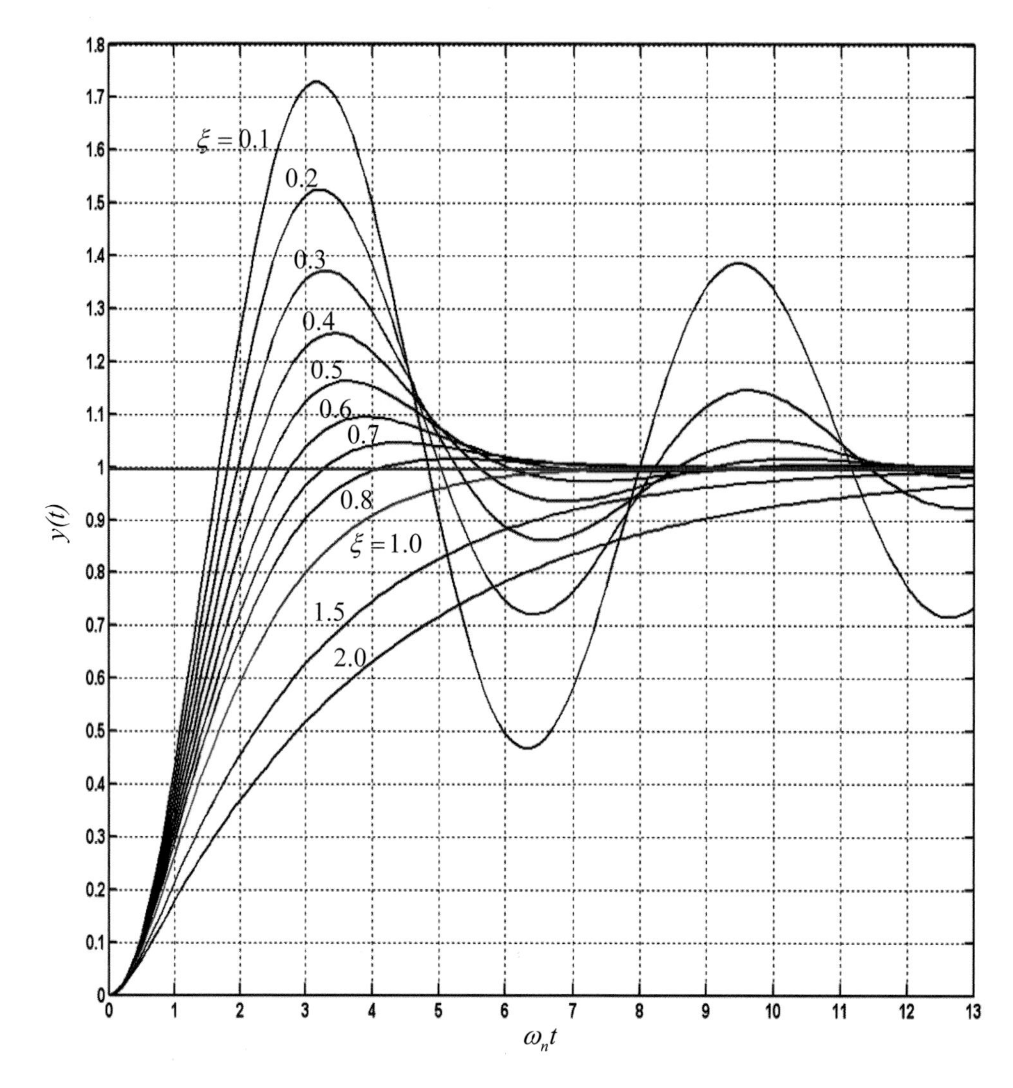

圖 13.9　標準二階系統於不同阻尼之步階響應

若以特徵方程式的根 S_1 和 S_2 和其對應之輸出波形來畫圖，如圖 13.10 所示，由圖 13.10(a)、(b)及(c)可知其根位於左半平面，故其系統為穩定；圖 13.10(d)之特徵方程式的根位於虛軸上，故其為臨界穩定；而圖 13.10(e)和 13.10(f)之根落於右半平面，故其系統為不穩定。

於控制理論中最常用來分析動態特性與穩定性的方法有奈氏圖(Nyquist plot)、單位步階響應及波德圖等三種，在此特別將此三種波形列於圖 13.11 以供讀者參考。

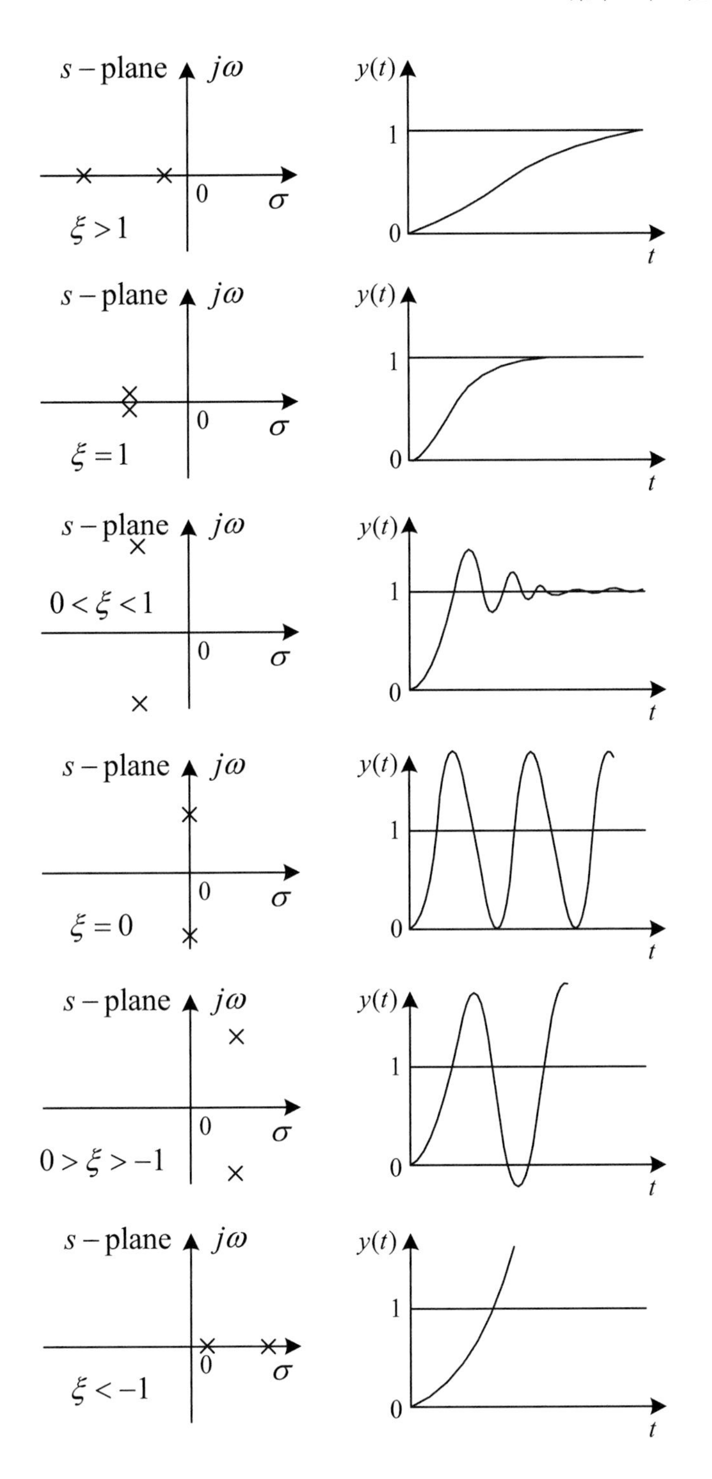

圖 13.10　特徵方程式之根與單位步階輸出之關係圖

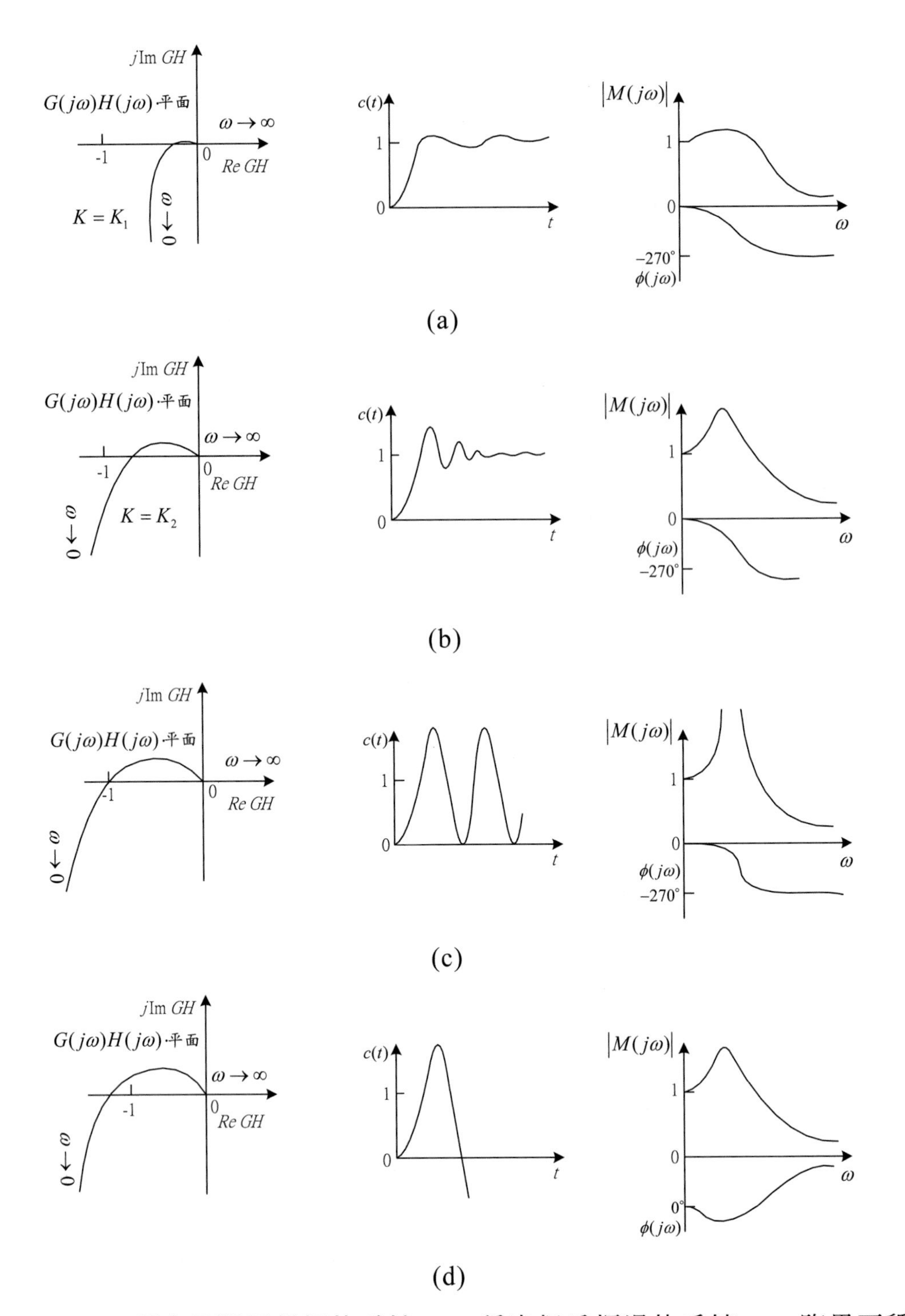

圖 13.11 (a) 穩定且阻尼很好的系統 (b) 穩定但為振盪的系統 (c) 臨界不穩定系統 (d) 不穩定系統

13.3 重點整理

一階的零點和極點之波德圖畫法可歸納如下：

1. 零點：增益於轉折頻率 f_c 開始上升，每 10 倍頻上升 20dB(+20dB / decade)；相位於 f_c / 10 與 10 f_c 兩點間有 90 度的相位領先，而於 f_c 時恰有 45 度的相位領先。若其零點爲原點則增益爲 0，但其相位有 90 度的領先。
2. 極點：增益於轉折頻率 f_c 開始下降，每 10 倍頻下降 20dB(-20dB / decade)；相位於 f_c / 10 與 10 f_c 兩點間有 90 度的相位落後，而於 f_c 時恰有 45 度的相位落後。若其極點爲原點則增益爲 0，但其相位有 90 度的落後。

當以波德圖來判別系統的穩定性，增益邊限(Gain Margin：GM)及相位邊限(Phase Margin：PM)則爲判別的依據。由增益圖中可知當系統之增益爲 0 dB 時其對應之頻率稱爲增益交越頻率 ω_g，而其對應之相位值 θ 加上 180°即爲其相位邊限。若系統爲穩定之情形則需使增益邊限 GM > 0 和相位邊限 PM > 0

典型的單位步階響應有以下四個重要參數：

1. 最大超越量(maximum overshoot)：系統輸出 y(t)之最大值爲 y_{max}，而其穩態輸出亦即輸出之最終值爲 y_s 且 $y_{max} > y_s$，則可定義其最大超越量爲 $y_{max}-y_s$，而通常以最大超越量之百分比來表示，此參數之最大超越量百分比 = $\frac{y_{\max}-y_s}{y_s}\times 100\%$
2. 延遲時間(delay time)：延遲時間 t_d 定義爲從初始值到 50 %之輸出最終值所需之時間。
3. 上昇時間(rise time)：上昇時間 t_r 定義爲從 10 %之輸出最終值到 90 %之輸出最終值所需之時間。
4. 穩定時間(settling time)：穩定時間 t_s 定義爲輸出 $y(t)$ 與最終輸出值一直保持在 5 %誤差範圍內所需的最短時間。

13.4 習題

1. 推導出如圖 13.1 之系統閉迴路轉移函數。
2. 推導出如圖 13.5(a)左圖中電路之轉移函數，並列出其轉移函數之極點與零點，依其極點與零點畫出其相對應之波德圖。
3. 如上題 2，重作 13.5(d)。
4. 說明爲何增益邊限(GM)及相位邊限(PM)需大於 0，系統才會穩定。
5. 何謂上昇時間(rise time)，其值之大小對系統有何影響。
6. 何謂最大超越量(maximum overshoot)，其值之大小，對系統有何影響。
7. 以標準二階型式之閉迴路系統而言，其特徵方程式爲如(13)式所示，則其時域之輸出表示式如(16)式所示，詳列推導之過程。
8. 圖 13.10 中共列出六種不同特徵方程式之根與其單位步階響應的對應圖，請解釋其中第四圖及第五圖之動態行爲。

第十四章　電力轉換器建模

控制效果的優劣，取決於控制器的設計是否適當，如同前面章節所述之控制理論，為得到較佳的控制效果，首先必須要有受控制體的正確數學模型，才能應用控制理論來加以分析，接著才能設計出適當的控制器。在電力電子相關的應用系統中，控制器設計的步驟可簡略摘要如圖 14.1 所示，分為二個大部分，虛線以上為開迴路直流分析，虛線以下為閉迴路交流分析。

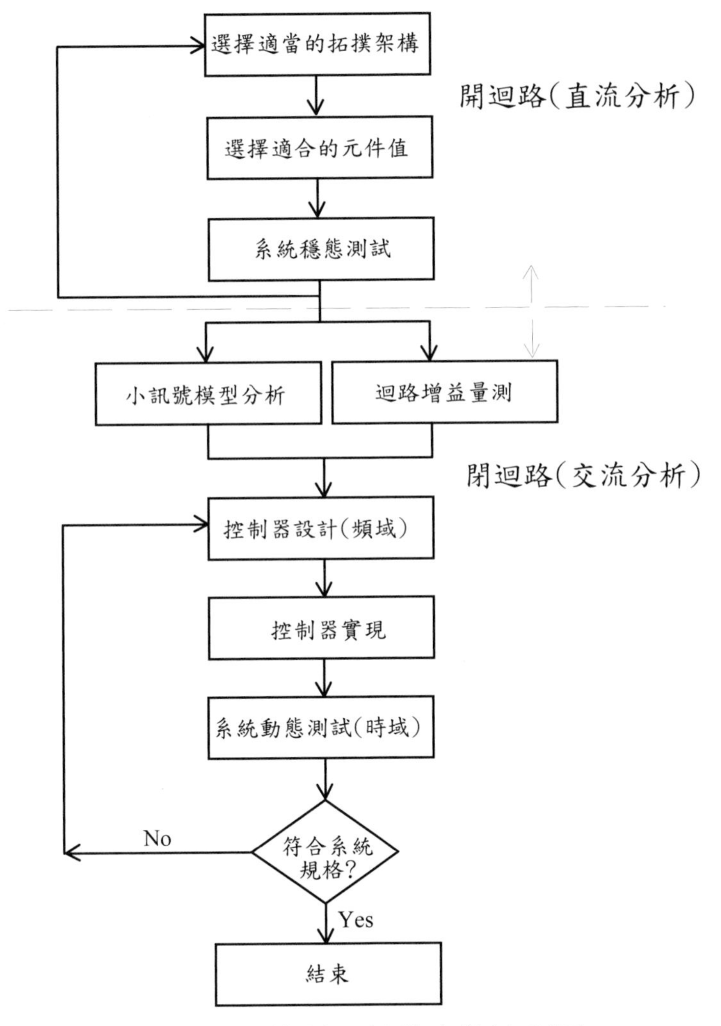

圖 14.1　控制器設計步驟流程圖

以切換式電源轉換器而言，一般有二種不同的控制模式來處理其閉迴路系統：一種爲電壓控制型(Voltage-Mode Control)，如圖 14.2 所示之降壓型轉換器，即爲電壓控制型控制器；另一種爲電流控制型(Current-Mode Control)，而電流控制型又分爲尖峰電流控制(Peak Current-Mode Control)，如圖 14.3 所示，以及平均電流控制(Average Current-mode Control)，如圖 14.4 所示二種不同控制架構。

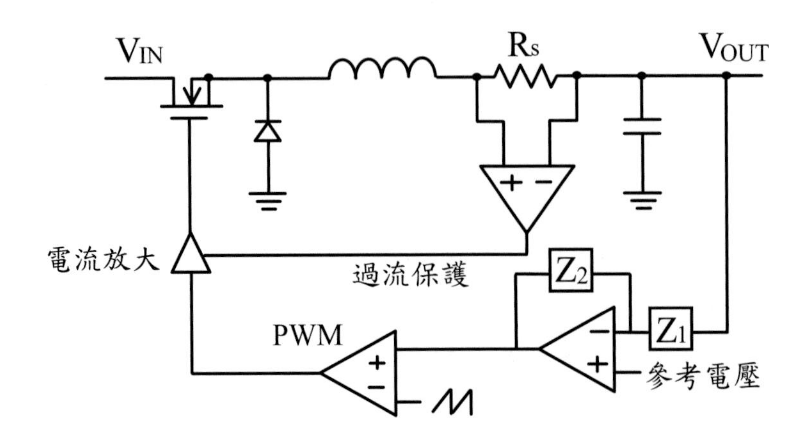

圖 14.2　電壓控制型架構圖

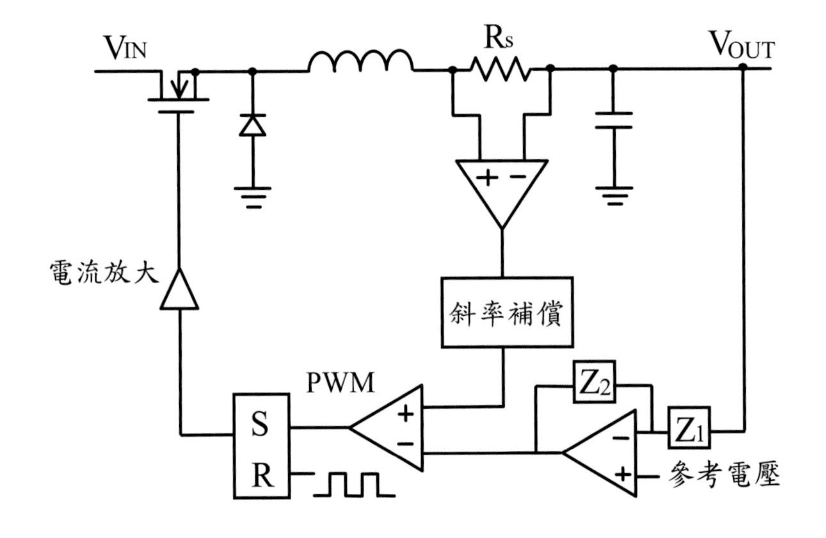

圖 14.3　尖峰電流控制架構圖

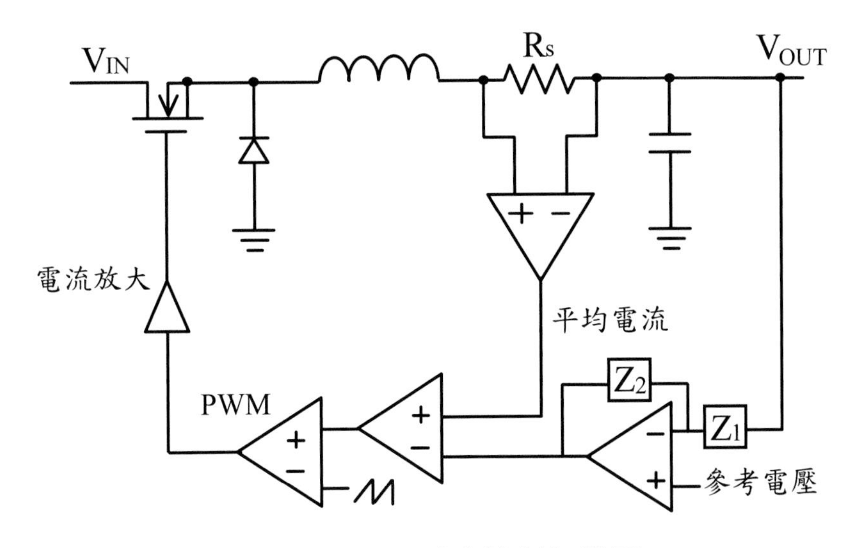

圖 14.4　平均電流控制架構圖

14.1 電力轉換器之建模

電力電子轉換器拓樸結構可分爲非隔離型及隔離型兩大類，以下僅針對非隔離型之降壓型轉換器及昇壓型轉換器的數學模式來作一分析與介紹。首先以降壓型轉換器(buck converter)爲例，逐步說明其動態方程式的推導。爲求方便解釋，將圖 4.3 重畫於下圖：

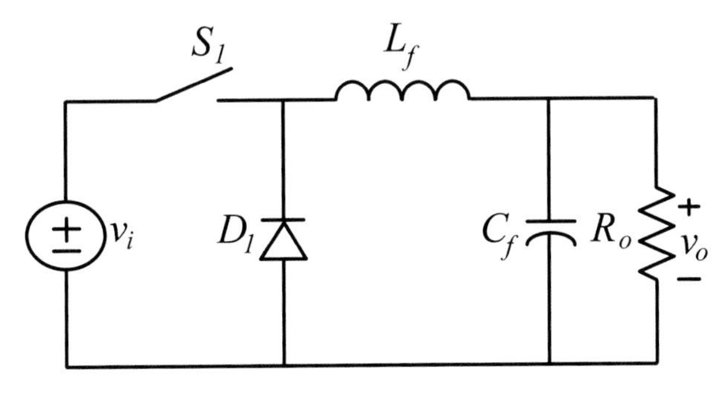

圖 14.5　Buck 轉換器

A. 狀態方程式

如同前面章節所提，轉換器可根據電感之電流在每一週期內是否降爲 0，分爲操作於連續導通模式及非連續導通模式兩種操作模式。在連續導通模式(CCM)下，圖 14.5 之 Buck 轉換器有二種不同之操作模式，其等效電路如圖 14.6(a)及 14.6(b)所示，爲求系統建模之正確性，在此同時將電感 L_f及電容 C_f之等效阻抗 R_L 及 R_c 列入考量，並將圖 14.6(a)之等效電路圖的等效狀態方程式寫出，如(1)式~(4)式所示：

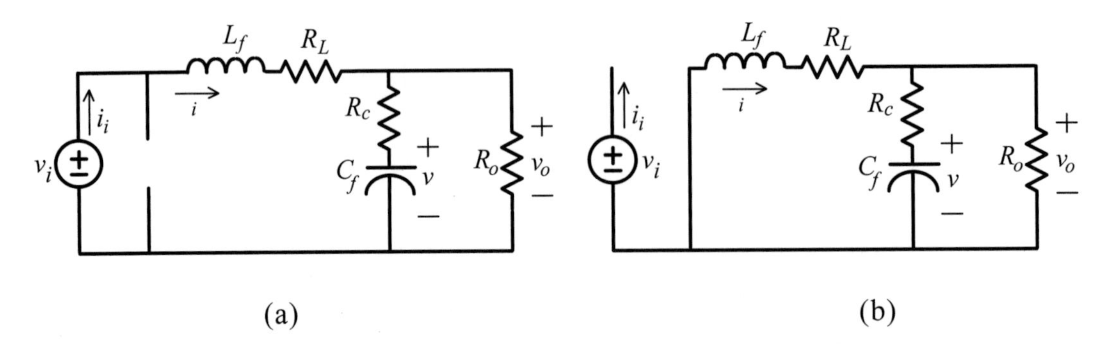

圖 14.6 (a) 主動開關導通時之等效電路圖

(b) 主動開關截止時之等效電路圖

$$\frac{di}{dt}=-\frac{1}{L_f}(\frac{R_O R_L+R_O R_C+R_C R_L}{R_O+R_C})i-\frac{1}{L_f}(\frac{R_O}{R_O+R_C})v+\frac{v_i}{L} \tag{1}$$

$$\frac{dv}{dt}=\frac{1}{C_f}(\frac{R_O}{R_O+R_C})i-\frac{1}{C_f}(\frac{1}{R_O+R_C})v \tag{2}$$

$$v_o=(R_O // R_C)i+(\frac{R_O}{R_O+R_C})v \tag{3}$$

$$i_i=i \tag{4}$$

同理亦可將圖 14.6(b)之電路表示成(5)式~(8)式

$$\frac{di}{dt}=-\frac{1}{L_f}(\frac{R_O R_L+R_O R_C+R_C R_L}{R_O+R_C})i-\frac{1}{L_f}(\frac{R_O}{R_O+R_C})v \tag{5}$$

$$\frac{dv}{dt}=\frac{1}{C_f}(\frac{R_O}{R_O+R_C})i-\frac{1}{C_f}(\frac{1}{R_O+R_C})v \tag{6}$$

$$v_o = (R_O // R_C)i + (\frac{R_O}{R_O + R_C})v \tag{7}$$

$$i_i = 0 \tag{8}$$

因其電路是以高頻切換方式來動作，亦即有時主動開關導通，有時主動開關截止，但爲便於利用線性控制理論來設計控制器，系統僅能有一個受控體模型，故將(1)式~(8)式做平均，亦即以「狀態空間平均法」來求得其等效狀態方程式。平均的方法爲將(1)式~(4)式乘上其所佔整個週期之時間：dT_s，以及將(5)式~(8)式乘上其所佔整個週期之時間：(1-d)T_s，然後再相加予以平均。平均之方法以 di / dt 之方程式而言，亦即如(9)式所示。

$$\frac{(14.1) \times dT_s + (14.5) \times (1-d)T_s}{T_s} = (14.1) \times d + (14.5) \times (1-d) \tag{9}$$

其餘同理可推得如下之平均狀態方程式

$$\frac{di}{dt} = -(\frac{R_O R_L + R_O R_C + R_C R_L}{L_f (R_O + R_C)})i - \frac{1}{L_f}(\frac{R_O}{R_O + R_C})v + \frac{v_i d}{L_f} \tag{10}$$

$$\frac{dv}{dt} = \frac{1}{C_f}(\frac{R_O}{R_O + R_C})i - \frac{1}{C_f}(\frac{1}{R_O + R_C})v \tag{11}$$

$$v_o = (\frac{R_O R_C}{R_O + R_C})i + (\frac{R_O}{R_O + R_C})v \tag{12}$$

$$i = di \tag{13}$$

其中 d 稱爲責任比率，而 T_s 爲切換週期。

B. 大訊號及小訊號

爲求得系統之動態特性，所以系統之建模乃以小訊號來表示，亦即當系統在某個工作點下，經小訊號擾動以求得其動態模型。因此可將上述(10)式~(13)式之各項變數分成直流(大訊號)及交流(小訊號)二部分，並將下列變數代回(10)式~(13)式中，其中變數爲

$v_i = V_I + \hat{v}_i$， $v = V + \hat{v}$

$i = I + \hat{i}$ ， $d = D + \hat{d}$

$v_o = V_o + \hat{v}_o$ ， $i_i = I_I + \hat{i}_i$

以上之 V_I，V，I，D，V_o 及 I_I 均表示直流訊號，亦即所謂的大訊號；而 $\hat{v}_i$ ，$\hat{v}$ ，$\hat{i}$ ，$\hat{d}$ ，$\hat{v}_o$ 及 $\hat{i}_i$ 爲交流訊號或小訊號。所擾動之小訊號的振幅大小不能影響其系統之工作點，亦即不可影響大訊號之數值，否則將改變系統的工作點，故必須假設其小訊號之振幅遠小於其大訊號之振幅，即

$$\frac{\hat{v}_i}{V_i} << 1，\frac{\hat{v}}{V} << 1，\frac{\hat{i}}{I} << 1，\frac{\hat{i}}{I} << 1，\frac{\hat{d}}{D} << 1，\frac{\hat{v}_o}{V_o} << 1 \text{ 及 } \frac{\hat{i}_i}{I_i} << 1。$$

由於控制器的設計僅考量線性之數學動態模式，因此任何兩個小訊號相乘之非線性值將忽略不計。以下將直流大訊號及交流小訊號分開如下所示：

A. 直流大訊號：

$$-\left[R_L + \left(\frac{R_O R_C}{R_O + R_C}\right)\right]I - \left(\frac{R_O}{R_O + R_C}\right)V + V_i D = 0 \tag{14}$$

$$\left(\frac{R_O}{R_O + R_C}\right)I_i - \frac{V}{R_O + R_C} = 0 \tag{15}$$

$$\left(\frac{R_O R_C}{R_O + R_C}\right)I_i - \left(\frac{R_O}{R_O + R_C}\right)V = V_o \tag{16}$$

$$I_i = DI \tag{17}$$

B. 交流小訊號：

$$\frac{d\hat{i}}{dt} = -\left(\frac{R_L + \frac{R_O R_C}{R_O + R_C}}{L_f}\right)\hat{i} - \frac{1}{L_f}\left(\frac{R_O}{R_O + R_C}\right)\hat{v} + \left(\frac{D}{L_f}\right)\hat{v}_i + \left(\frac{V_i}{L}\right)\hat{d} \tag{18}$$

$$\frac{d\hat{v}}{dt} = \frac{1}{C_f}\left(\frac{R_O}{R_O + R_C}\right)\hat{i} - \frac{1}{L_f}\left(\frac{1}{R_O + R_C}\right)\hat{v} \tag{19}$$

$$\hat{v}_o = \frac{R_O R_C}{R_O + R_C}\hat{i} - \frac{R_O}{R_O + R_C}\hat{v} \tag{20}$$

$$\hat{i}_i = D\hat{i} + I_i\hat{d} \tag{21}$$

爲求在頻域(s-domain)可作控制器的分析與設計，故將動態數學模式即交流小訊號以 s-domain 來表示，故必須將(18)式~(21)式以 Laplace 來轉換，可表示成(22)式~(25)式

$$(SL_f + R_L + \frac{R_O R_C}{R_O + R_C})\hat{i}(s) + (\frac{R_O}{R_O + R_C})\hat{v}(s) = V_i\hat{d}(s) + D\hat{v}_i(s) \tag{22}$$

$$(\frac{R_O}{R_O + R_C})\hat{i}(s) - \left[sC_f + \frac{1}{R_O + R_C}\right]\hat{v}(s) = 0 \tag{23}$$

$$(\frac{R_O R_C}{R_O + R_C})\hat{i}(s) + (\frac{R_O}{R_O + R_C})\hat{v}(s) = \hat{v}_o(s) \tag{24}$$

$$D\hat{i}(s) + I_i\hat{d}(s) = \hat{i}_i(s) \tag{25}$$

由(14)式~(17)式及(22)式~(25)式之方程式可得出一狀態空間平均模型電路，如圖 14.7 所示。由圖 14.7 之平均電路且經由電路元件調整及引入一個直流變壓器，可得到一個標準的動態模型等效電路，其推演過程如圖 14.8 所示。

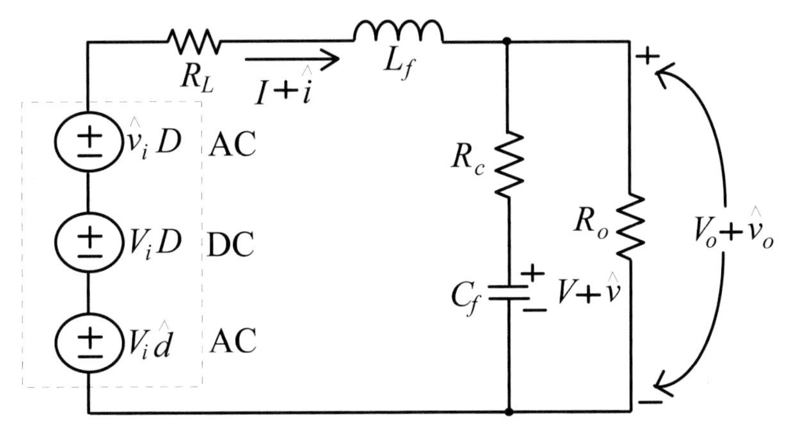

圖 14.7　Buck 轉換器之狀態空間平均模型電路

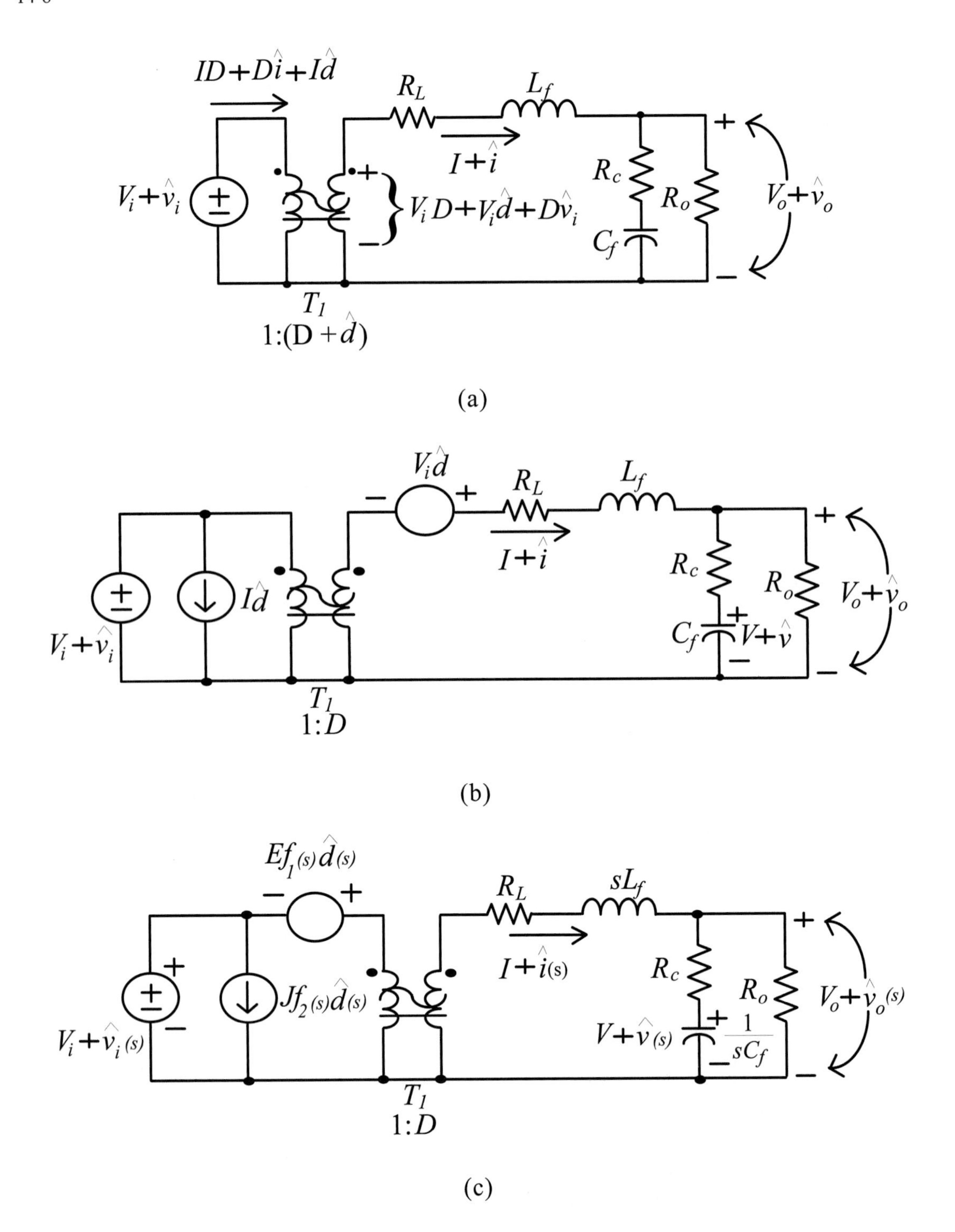

圖 14.8　Buck 轉換器之狀態空間平均電路的推演過程及最終電路

於圖中

$$Ef_1(s) = \frac{V_o}{D^2} = \frac{V_i}{D} \tag{26}$$

$$Jf_2(s) = \frac{V_o}{R} = I \tag{27}$$

由直流大訊號之方程式(14)式~(17)式或圖 14.8(c)可知，其輸入對輸出之直流轉移函數為

$$\frac{V_o}{V_i} = D \times (\frac{R_o}{R_o + R_L}) \tag{28}$$

一般而言，$R_o >> R_L$，R_L 可以忽略不計，因此可求得如前面章節所得之相同輸入對輸出轉移函數，亦即

$$\frac{V_o}{V_i} = D \tag{29}$$

此外，由(18)式~(21)式或圖 14.8(c)可求得動態方程式中四個重要的轉移函數，包括輸入對輸出轉移函數 $\frac{\hat{v}_o(s)}{\hat{v}_i(s)}$、控制對輸出轉移函數 $\frac{\hat{v}_o(s)}{\hat{d}(s)}$，輸入阻抗 Z_{io} 及輸出阻抗 Z_{oo}，分別如下所示：

$$\frac{\hat{v}_o(s)}{\hat{v}_i(s)} = (\frac{DR_O}{R_O + R_L})(\frac{1 + sR_c C_f}{\Delta_1(s)}) \tag{30}$$

$$\frac{\hat{v}_o(s)}{\hat{d}(s)} = (\frac{V_O}{D})(\frac{1 + sR_c C_f}{\Delta_1(s)}) \tag{31}$$

$$Z_{io} = (\frac{R_O + R_L}{D^2})(\frac{\Delta_1(s)}{1 + s(R_O + R_C)C_f}) \tag{32}$$

$$Z_{oo} = \frac{R_O R_C}{R_O + R_C}\left[\frac{(s + \frac{R_L}{L_f})(s + \frac{1}{R_c C_f})}{\Delta_1(s)}\right] \tag{33}$$

其中$\Delta_1(s)=1+s\left[R_cC_f+(R_o//R_L)C_f+\dfrac{L_f}{R_o+R_L}\right]+s^2L_fC_f(\dfrac{R_o+R_c}{R_o+R_L})$

14.2 昇壓型轉換器(Boost Converter)

如同上一節 14.1 所示之降壓型轉換器建模步驟，以相同的狀態空間平均方法可求得 Boost 轉換器的正確動態數學模型。Boost 轉換器操作在連續導通模式，共包含兩狀態等效電路，圖 14.9(a)爲主動開關導通時之等效電路，圖 14.9(b)所示爲主動開關截止時之等效電路。

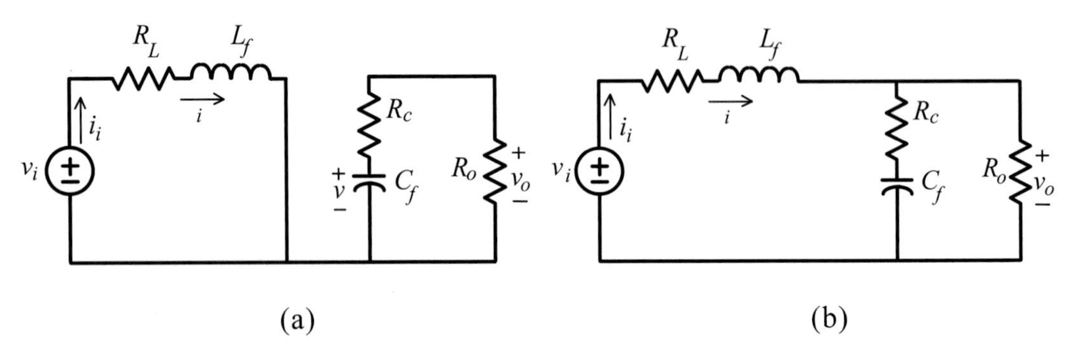

圖 14.9　昇壓型轉換器操作於連續導通模式之等效電路圖

分別由圖 14.9(a)及(b)之電路圖可寫出其對應之狀態方程式如下(34)式~(41)式所示。

A. 主動開關導通：

$$\frac{di}{dt}=-(\frac{R_L}{L_f})i+\frac{v_i}{L} \tag{34}$$

$$\frac{dv}{dt}=-\frac{v}{(R_O+R_C)C_f} \tag{35}$$

$$v_o=(\frac{R_O}{R_O+R_C})v \tag{36}$$

$$i_i=i \tag{37}$$

B. 主動開關截止：

$$\frac{di}{dt}=-(\frac{R_L+\dfrac{R_O R_C}{R_O+R_C}}{L_f})i-\frac{1}{L_f}(\frac{R_O}{R_O+R_C})v+\frac{v_i}{L_f} \tag{38}$$

$$\frac{dv}{dt}=\left[\frac{R_O}{(R_O+R_C)C_f}\right]-\frac{v}{(R_O+R_C)C_f} \tag{39}$$

$$v_o=(\frac{R_O R_C}{R_O+R_C})i+(\frac{R_O}{R_O+R_C})v \tag{40}$$

$$i_i=i \tag{41}$$

將方程式(34)式 ~(41)式以狀態空間平均法來作平均，可得出

$$\frac{di}{dt}=-\left[\frac{R_L+(1-d)\dfrac{R_O R_C}{R_O+R_C}}{L_f}\right]i-\left[\frac{(1-d)R_O}{L_f(R_O+R_C)}\right]v+\frac{v_i}{L_f} \tag{42}$$

$$\frac{dv}{dt}=\left[\frac{(1-d)R_O}{(R_O+R_C)C_f}\right]i-\frac{v}{(R_O+R_C)C_f} \tag{43}$$

$$V_o=(1-d)(\frac{R_o R_c}{R_o+R_c})i+(\frac{R_o}{R_o+R_c})V \tag{44}$$

$$i_i=i \tag{45}$$

上述方程式亦可以圖 14.10 之狀態平均等效電路來表示。

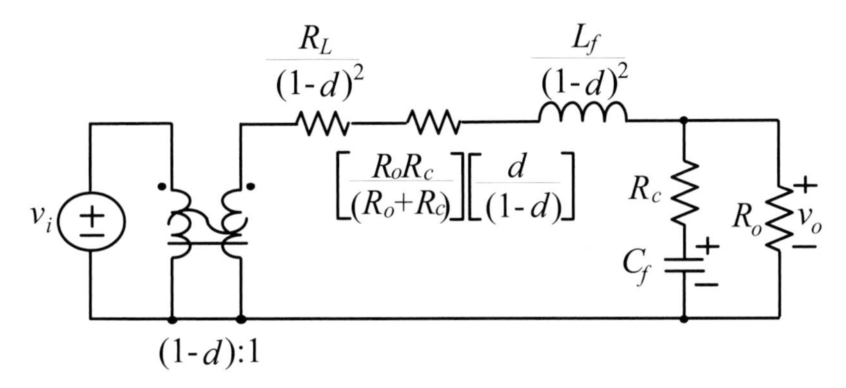

圖 14.10　Boost 轉換器之狀態平均等效電路圖

將上述之方程式的變數以交流小訊號擾動，並將交流小訊號相乘之非線性項予以忽略，接著將直流大訊號及交流小訊號分離，可得兩組方程式如下：

C. 直流大訊號：

$$-\left[R_L+(\frac{R_O R_C}{R_O+R_C})(1-D)\right]I-\left[(\frac{R(1-D)}{R_O+R_C})\right]V+V_i=0 \tag{46}$$

$$R(1-D)I-V=0 \tag{47}$$

$$(\frac{R_O R_C}{R_O+R_C})(1-D)I-(\frac{R_O}{R_O+R_C})V=V_o \tag{48}$$

$$I_i=I \tag{49}$$

D. 交流小訊號：

$$\begin{aligned}\frac{d\hat{i}}{dt}&=-\left[\frac{R_L+(\frac{R_O R_C}{R_O+R_C})(1-D)}{L_f}\right]\hat{i}-\left[\frac{R_O(1-D)}{(R_O+R_C)L_f}\right]\hat{v}\\&\quad+\left[\frac{V_o}{(1-D)L_f}\right]\left[\frac{(1-D)R_O+R_C}{R_O+R_C}\right]\hat{d}+\frac{\hat{v}_i}{L_f}\end{aligned} \tag{50}$$

$$\frac{d\hat{v}}{dt}=\left[\frac{R_O(1-D)}{(R_O+R_C)C_f}\right]\hat{i}-\left[\frac{I}{(R_O+R_C)C_f}\right]\hat{v}-\left[\frac{V_o}{(1-D)(R_O+R_C)C_f}\right]\hat{d} \tag{51}$$

$$\hat{i}_i=\hat{i} \tag{52}$$

$$\hat{v}_o=(\frac{R_O R_C}{R_O+R_C})(1-D)\hat{i}+(\frac{R_O}{R_O+R_C})\hat{v}-\left[\frac{V_o R_C}{(1-D)(R_O+R_C)}\right]\hat{d} \tag{53}$$

對交流小訊號作 Laplace 轉換，可得如下方程式：

$$\begin{aligned}&\left[sL_f+R_L+(1-D)(\frac{R_O R_C}{R_O+R_C})\right]\hat{i}(s)+\left[\frac{R_O(1-D)}{R_O+R_C}\right]\hat{v}(s)\\&=\frac{v_o}{1-D}\left[\frac{(1-D)R_O+R_C}{R_O+R_C}\right]\hat{d}(s)+\hat{v}_i(s)\end{aligned} \tag{54}$$

$$(1-D)R_O\hat{i}(s)-\left[1+s(R_O+R_C)C_f\right]\hat{v}(s)=\frac{V_o}{1-D}\hat{d}(s) \tag{55}$$

$$(1-D)\left(\frac{R_O R_C}{R_O+R_C}\right)\hat{i}(s)+\left(\frac{R_O}{R_O+R_C}\right)\hat{v}(s)-\left[\frac{V_o R_C}{(1-D)(R_O+R_C)}\right]\hat{d}(s)=\hat{v}_o(s) \tag{56}$$

$$\hat{i}(s)=\hat{i}_i(s) \tag{57}$$

如同上一節 Buck 轉換器，此亦可以狀態空間平均電路模型來表示，如圖 14.11 所示。

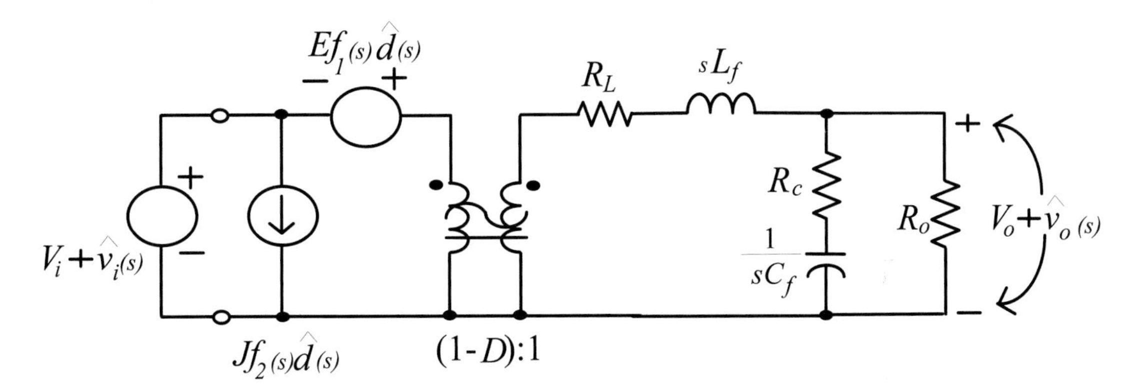

圖 14.11　Boost 轉換器之狀態空間平均電路模型

於圖中，

$$E=V_o\left[\frac{R_o}{R_o+R_c}-\frac{R_L}{(D')^2R_o}\right]，\ R_e=\frac{R_L+(R_o\,//\,R_c)DD'}{(D')^2}$$

$$f_1(s)=1-s\left[\frac{L}{\dfrac{(D'R_o)^2}{R_o+R_c}-R_L}\right]，D'=1-D$$

$$J=\frac{V_o}{(D')^2R_o}，f_2(s)=1$$

$$L_e=\frac{L}{(D')^2}，$$

同理可得輸入對輸出轉移函數及控制對輸出轉移函數如下：

$$\frac{\hat{v}_o(s)}{\hat{v}_i(s)}=\left[\frac{(1-D)R_O}{R'}\right]\left[\frac{1+sR_CC_f}{\Delta_2(s)}\right] \tag{58}$$

$$\frac{\hat{v}_o(s)}{\hat{d}(s)}=\left[\frac{V_O}{(1-D)R'}\right]\left[\frac{(1-D)^2R_O{}^2}{R_O+R_C}-R_L\right]\left[\frac{(1+sR_CC_f)\left[\dfrac{1-\dfrac{sL}{(1-D)^2R_O{}^2}}{R_O+R_C}-R_L\right]}{\Delta_2(s)}\right]$$

其中 $\Delta_2(s)=1+\left[\frac{L}{R'}+\frac{R_OR_L+R_CR_L+(1-D)R_OR_C}{R'}C_f\right]s+L_fC_f(\frac{R_O+R_C}{R'})s^2$

$$R'=R_L+\left[\frac{R_OR_C}{R_O+R_C}\right](1-D)+\frac{R_O{}^2(1-D)^2}{R_O+R_C}$$

14.3 閉迴路控制之建模

以切換式電源轉換器爲例，爲了能在不同操作環境下，均可得到一穩定的輸出電壓或電流，因此需要閉迴路控制。而如同之前所提的三種不同控制架構：1.電壓控制型，2.尖峰電流控制型，3.平均電流控制型，因平均電流控制於業界實際應用較少，故於此暫不討論。以下將針對電壓控制型及尖鋒電流控制型二種控制法則來作一完整的說明並詳列其建模方法。

A. 電壓控制

以降壓型轉換器之電壓型閉迴路控制器爲例，其電路示意圖如圖 14.12(a)所示，若以控制方塊圖來表示則如圖 14.12(b)所示。

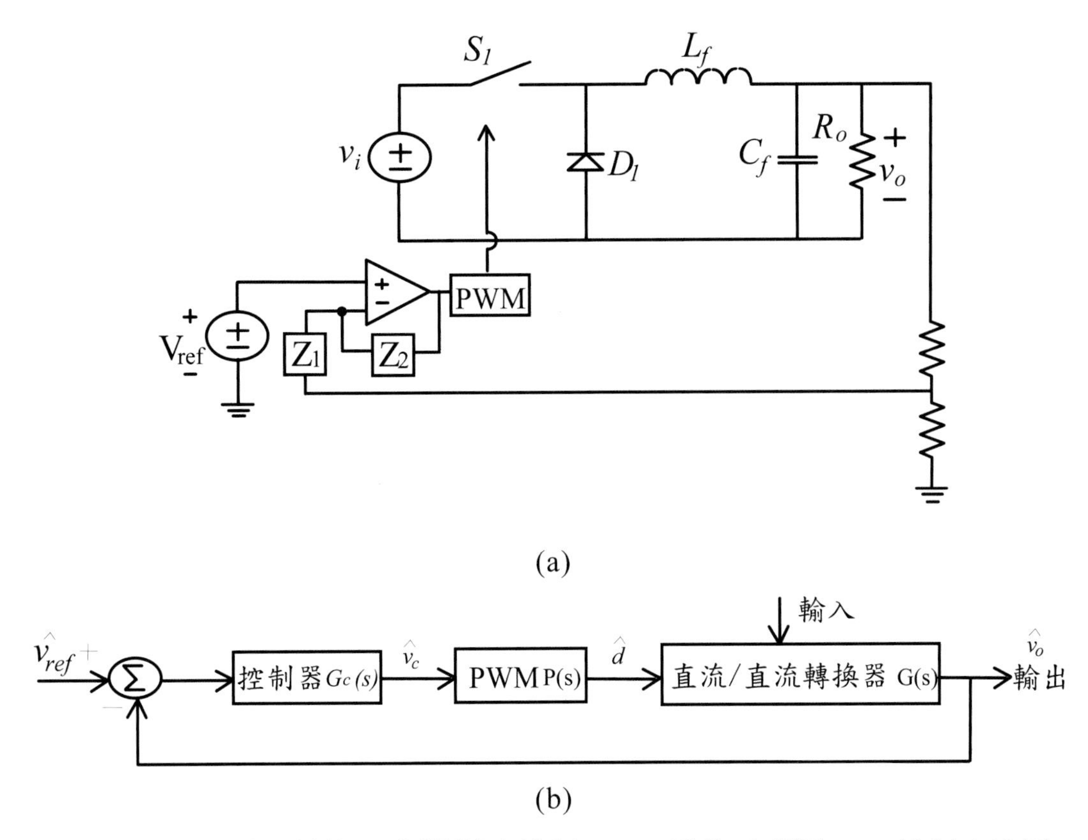

圖 14.12　降壓型轉換器之閉迴路控制：(a) 電路示意圖 (b) 控制方塊圖

由圖 14.12(b)可知，其控制器 $G_c(s)$為符合系統規格所設計的控制器，而受控體 $G(s)$為直流 / 直流轉換器之控制對輸出轉移函數，如(31)式所示。接著將脈波寬度調變(PWM)予以建模，其 PWM 示意圖如圖 14.13 所示，其乃為一輸出誤差電壓 v_c，與一斜波波形 V_{ramp} 比較，故可得一方波輸出，實際的波形如圖 14.14 所示。

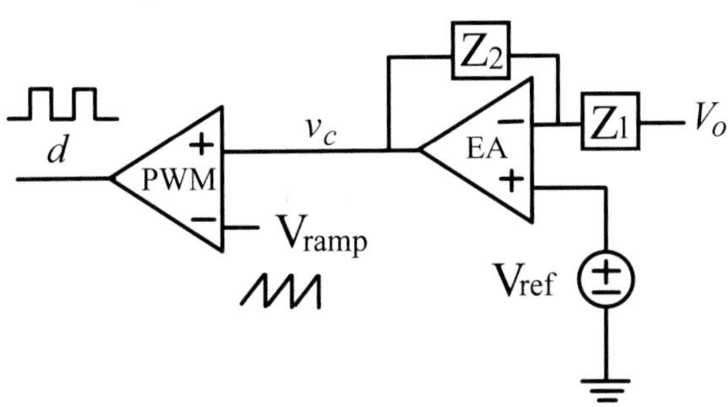

圖 14.13　脈波寬度調變電路示意圖

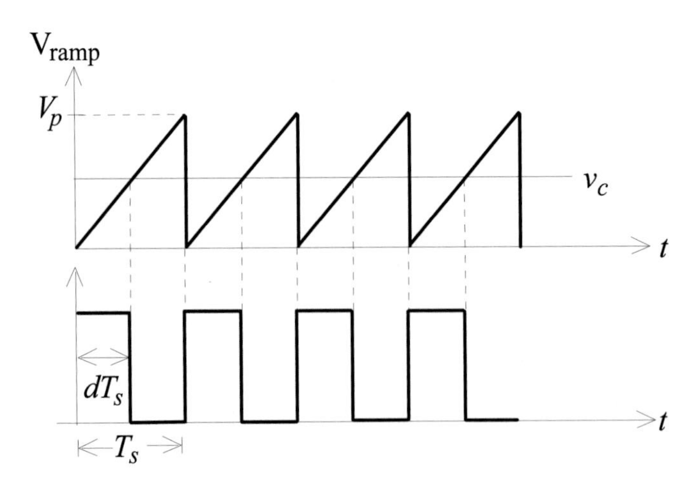

圖 14.14 脈波寬度調變波形示意圖

由 V_{ramp} 波形及相似三角形之相似定理可求得

$$\frac{V_p}{T_s} = \frac{v_c}{dT_s} \tag{59}$$

即可求得其責任比率 d 如下所示，

$$d = \frac{v_c}{V_p} \tag{60}$$

故其 PWM 轉移函數

$$P(s) = \frac{d}{v_c} = \frac{1}{V_p} \tag{61}$$

若 $P(s)$及 $G(s)$依上述之方法求得，接著即可求得其開迴路增益為 $P(s)G(s)$，依此將可以進一步利用控制理論來設計轉換系統之控制器 G_c(s)。

B. 尖峰電流控制

尖峰電流控制之應用相當廣泛且久遠，舉凡各式電源供應器和直流 / 直流轉換器，皆廣為使用尖峰電流控制。首先讓我們檢視以尖峰電流控制之降壓型轉換系統的整體電路，如圖 14.15(a)所示，圖中 v_c 設定一電流指令給內迴路之電流感測電壓 v_{iL} 追蹤，達到電流控制的目的，改善輸出穩壓之動態響應及即時的限流作用，如圖 14.15(b)所示。在圖 14.15(a)中，S_e為斜率補償斜坡，用以穩定可能之電流迴路的不穩定現象。

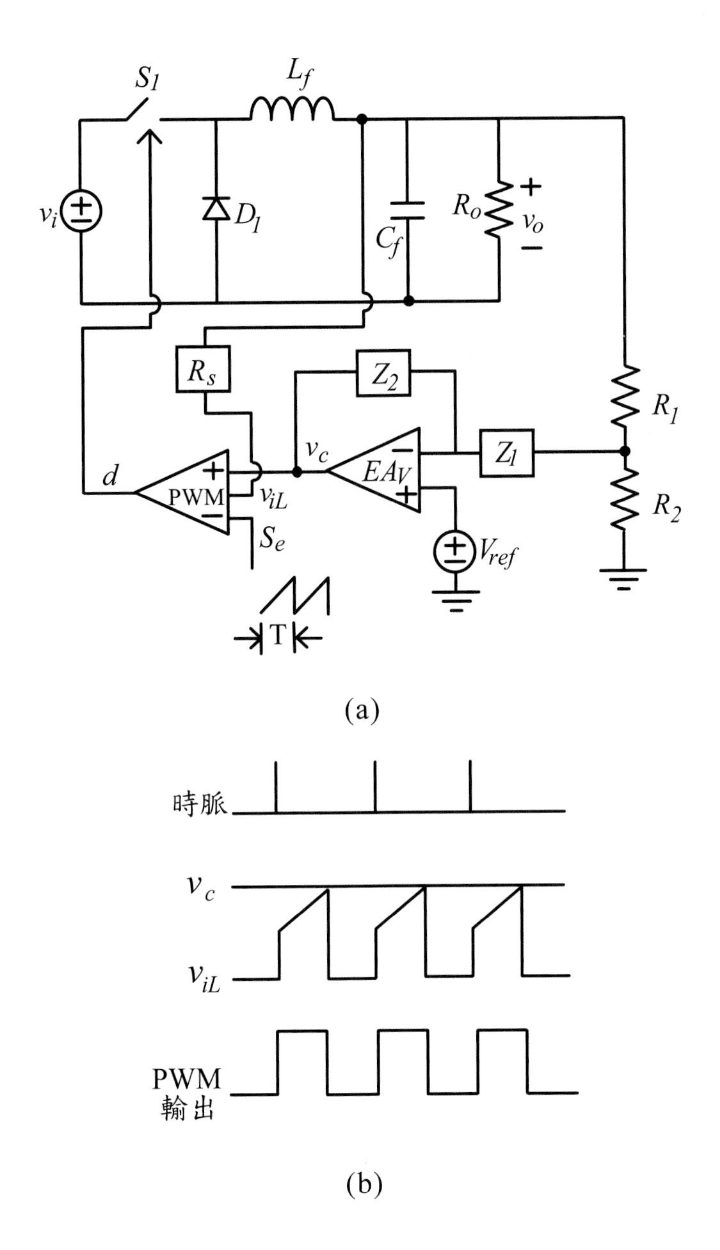

圖 14.15　以尖峰電流控制之降壓轉換系統：(a)系統電路 (b)PWM 波形圖

尖峰電流之建模，從電壓穩壓的角度來看，以平均電感電流的動態來探討是較合理的，因為輸出電流與平均電感電流$< i_L >$較接近，而不是與即時電感電

流値 i_L 接近。以尖峰電流建模，有二位學者所提出的方法相當受到重視，本章亦利用此二位學者 Middlebrook 及 Ridley 所提出之方法作一介紹。Middlebrook 所提出之建模方法將 i_L 作平均，因而失去了以尖峰電流控制責任比率的眞意，也因此無法預測可能會產生的電流不穩定現象。另外，要特別指出來的是，用平均的方式所求得之調變函數 F_m 並不具設計意義，此點將於隨後先做說明。由於以上的種種缺失，Ridley 乃提出一種新的建模方式。

Ridley 的建模方式可以簡短描述如下:首先將 $\hat{v}_c$ 對 $\hat{v}_{iL}$ 和 $\hat{v}_{iL}$ 對 $\hat{v}_{iL}$ 本身的動態變化以差分方程式表示出來，然後求得 $\hat{v}_{iL}(z)/\hat{v}_c(z)$的 z-domain 轉移函數並將它轉爲 s-domain 的等效轉移函數，接著從等效小訊號控制方塊圖求得 $\hat{v}_{iL}(s)/\hat{v}_c(s)$的轉移函數，兩者比較係數，求出一取樣等效函數。在求得此函數後，再求出在平均模式下 $\hat{v}_i$和 $\hat{v}_0$ 對 $\hat{v}_{iL}$ 的動態變化轉移函數，最後即可得到如圖 14.16 所示之等效小訊號控制方塊圖。

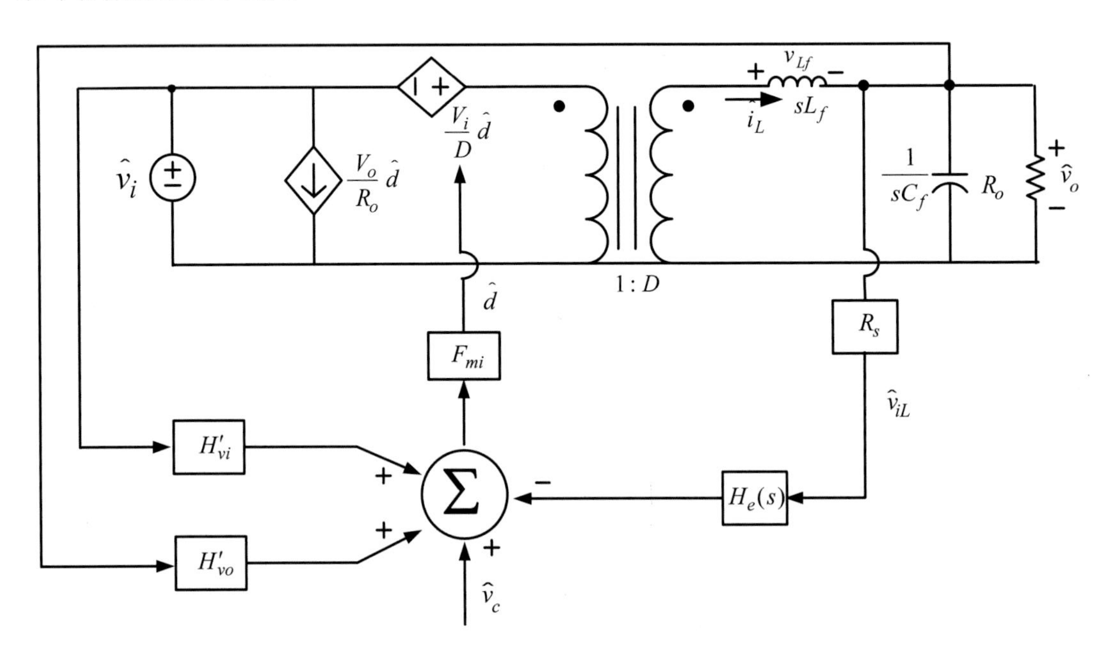

圖 14.16　Ridley 所推導之等效小訊號控制方塊圖

在圖 14.16 中之 *He(s)*的推導可藉由圖 14.17 和圖 14.18 的輔助。

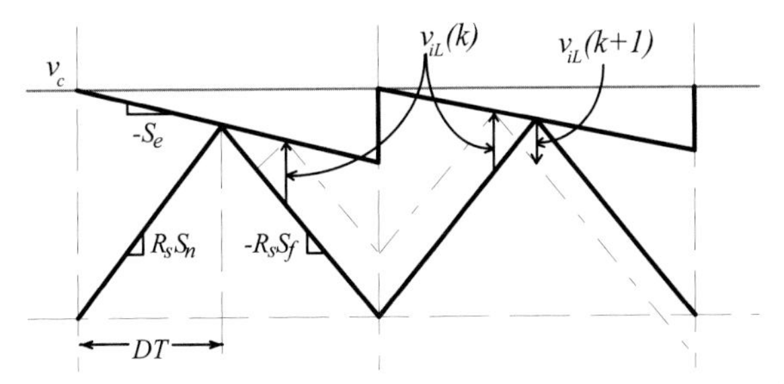

圖 14.17　尖峰電流控制時序(由 $\hat{i}_L$ 擾動所引起)

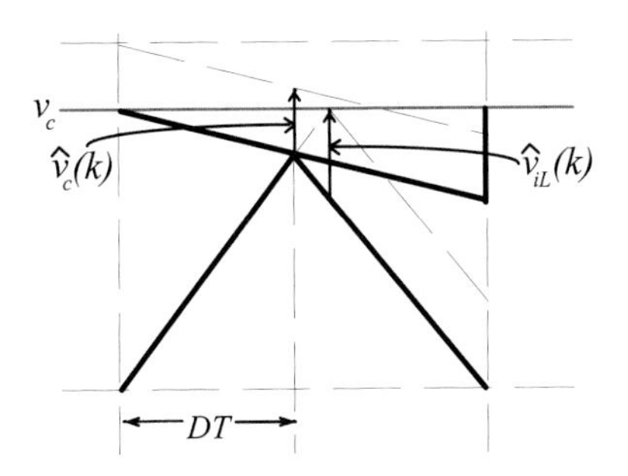

圖 14.18　尖峰電流控制時序(由 $\hat{v}_c$ 擾動所引起)

利用重疊原理再配合圖 14.17 和圖 14.18 之幾何圖解可求出以下的關係式：

$$\hat{v}_{iL}(k+1) = -\frac{R_sS_f - S_e}{R_sS_n + S_e}\hat{v}_{iL}(k) + \frac{R_s(S_n + S_f)}{R_sS_n + S_e}\hat{v}_c(k+1) \tag{62}$$

令 $\alpha = \dfrac{R_sS_f - S_e}{R_sS_n + S_e}$，則(62)式可改寫如下：

$$\hat{v}_{iL}(k+1) = -\alpha\hat{v}_{iL}(k) + (1+\alpha)\hat{v}_c(k+1) \tag{63}$$

將上式作 z-transform 得到

$$H(z) = \frac{\hat{v}_{iL}(z)}{\hat{v}_c(z)} = \frac{z(1+\alpha)}{z+\alpha} \tag{64}$$

上式中之極點為 $Z = -\alpha$，因此由此極點再結合 α 之定義可看出，當沒有 stabilization ramp 時(即 $S_e = 0$)且 $D > 50$ %時(即 $S_f > S_n$)，也就是 $\alpha > 1$，那麼會造成電流迴路的不穩定，這是 Ridley 建模方式的一大特點，此點 Middlebrook 沒有預測到。將(64)式中之 z 以 z = e^{sT} 代入並全式乘上(1-e^{-sT}) / sT 則可求得其 s-domain 之等效轉移函數：

$$H(s)=\frac{\hat{v}_{iL}(s)}{\hat{v}_c(s)}=\frac{(1+\alpha)}{sT}(\frac{e^{sT}-1}{e^{sT}+\alpha}) \tag{65}$$

另外從圖 14.16 可求得

$$H(s)=\frac{\hat{v}_{iL}(s)}{\hat{v}_c(s)}=\frac{F_{mi}F_iR_s}{1+F_{mi}F_iR_sH_e} \tag{66}$$

其中

$$F_i=\frac{V_i}{sL}$$

比較(65)式和(66)式並將 $F_{mi} = 1 / (R_sS_n + S_e)T$ 代入，可求得

$$H_e(s)=\frac{sT}{e^{sT}-1} \tag{67}$$

在 Ridley 的建模中，是以二階的方式(即 $e^{sT}=(1+\frac{sT}{2}+\frac{(\frac{sT}{2})^2}{2!})/(1-\frac{sT}{2}+\frac{(-\frac{sT}{2})^2}{2!})$)來近似(67)式並得到

$$H_e(s)\approx 1-\frac{sT}{2}+\frac{s^2T^2}{8} \tag{68}$$

接著將所感測電流之等效電壓 v_{iL} 作平均(即爲 $<v_{iL}>$)並分別求出 $\hat{v}_i$ 對 $\hat{v}_{iL}$ 和 $\hat{v}_o$ 對 $\hat{v}_{iL}$ 的轉移函數，以下爲所求得之式子：

$$<v_{iL}>=v_c-\frac{v_o}{v_i}TS_e-\frac{R_S\frac{v_o}{L}(1-\frac{v_o}{v_i})T}{2} \tag{69}$$

$$\frac{\partial <v_{iL}>}{\partial v_i}=\frac{<\hat{v}_{iL}>}{\hat{v}_i}=\frac{DTS_e}{V_i}-\frac{R_sD^2T}{2L} \tag{70}$$

和

$$\frac{\partial <v_{iL}>}{\partial v_o}=\frac{<\hat{v}_{iL}>}{\hat{v}_o}=\frac{-TS_e}{V_i}-\frac{R_s(1-2D)T}{2L} \tag{71}$$

結合(70)式和圖 14.16 且令 $\hat{v}_o=0$，$\hat{v}_c=0$，$v_{Lf}=0$ ，可求得

$$H'_{vi}=\frac{-R_sDT}{L}(1-\frac{D}{2}) \tag{72}$$

結合(71)式和圖 14.16 且令 $\hat{v}_i = 0$，$\hat{v}_c = 0$，$v_{Lf} = 0$，可求得

$$H_{vo}^{'} = \frac{R_s T}{2L} \tag{73}$$

在此特別需要強調的部分爲其斜率補償的部分，因其責任比率 d 若超過 50 %則會發生次諧波振盪，造成系統不穩定，其發生的原因若以數學理論方式來解釋，即如方程式(64)所示。爲求方便解釋，將以實際波形來解釋，藉以了解其特性，使讀者能充分了解及避免此種情形的發生。詳細的波形如圖 14.19 所示，由圖 14.19(a)可知若無斜率補償時，在誤差變動之後，其誤差量會隨時間增加而增大；而若加入負斜率補償，則其誤差量會隨時間增加而減少，其波形如圖 14.19(b)所示。

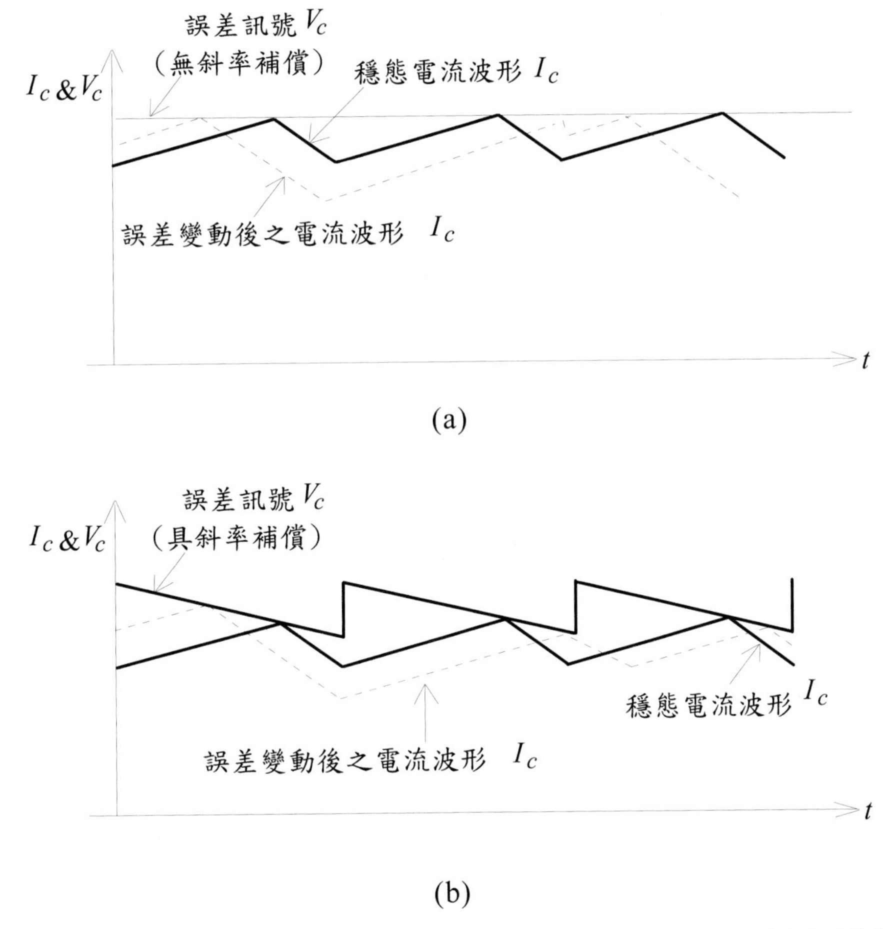

圖 14.19　(a)無斜率補償 (b)具斜率補償之尖峰電流控制波形圖

從前面的章節可以得知，當系統的電路拓樸架構確定後，即依該拓樸架構予以建模，然後依據其波德圖來設計控制器，藉以達到系統規格之要求。但因爲實際電路常常需要電氣隔離，故需加入穩壓器 TL431 及光耦合器 PC817 等元件；然而這些元件的建模相當複雜，難以數學方法來分析其等效數學模式。所以爲了節省設計的時間及仍保持正確性，可考慮以實際的系統配合增益-相位儀器來量測，本書將此方法稱爲工程量測法，其所量測之頻率響應可以用來決定系統的穩定性及瞭解其對雜訊的抑制能力。此外，目前在業界有很多客戶亦會要求系統的控制對輸出轉移函數之頻率響應。以下將針對工程量測法來做介紹：

一般而言，系統之特性與系統之迴路增益、輸入阻抗、輸出阻抗、輸入對輸出轉移函數及控制對輸出轉移函數等參數有關。迴路增益之量測方法一般均以交流弦波小訊號來注入系統之某一串聯路徑，並保持在某一個工作點以閉迴路來實現。工程量測法主要爲量測控制迴路中兩個不同點，並經運算後以得到其轉換器之迴路增益與相位。工程量測法之量測等效電路如圖 14.20 所示，於回授路徑注入信號 S。

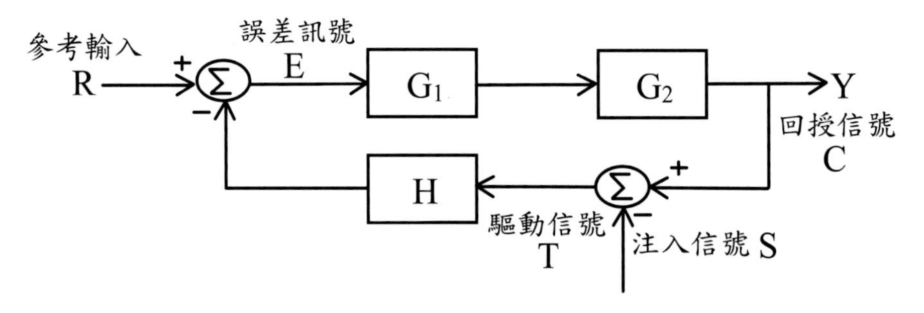

圖 14.20　系統迴路增益之量測等效電路圖

由圖 14.20 可知

$$
\begin{aligned}
C &= G_1G_2E \\
&= G_1G_2(R - HT) \\
&= G_1G_2[R - H(C-S)] \\
&= G_1G_2R - G_1G_2HC + G_1G_2HS \qquad (74)
\end{aligned}
$$

經簡化可得

$$C=\frac{G_1G_2R}{1+G_1G_2H}+\frac{G_1G_2HS}{1+G_1G_2H} \tag{75}$$

同理可求得驅動信號 T 如下：

$$\begin{aligned}T&=C-S\\&=\frac{G_1G_2R}{1+G_1G_2H}+\frac{G_1G_2HS}{1+G_1G_2H}-S\\&=\frac{G_1G_2R}{1+G_1G_2H}-\frac{S}{1+G_1G_2H}\end{aligned} \tag{76}$$

若參考輸入 R 設定爲 0，則由(75)式和(76)式可求得

$$-\frac{C}{T}=\frac{\dfrac{G_1G_2HS}{1+G_1G_2H}}{\dfrac{S}{1+G_1G_2H}}=G_1G_2H \tag{77}$$

故若量測回授信號 C 和驅動信號 T 並將兩信號相除，即可得到系統之迴路增益 G_1G_2H。實際系統之量測如圖 14.21 所示。

由於數學建模之方式受限於元件之非理想特性，因此仍然存在建模誤差。目前大部分產業界工程師均以工程量測法來取得系統之動態模型。

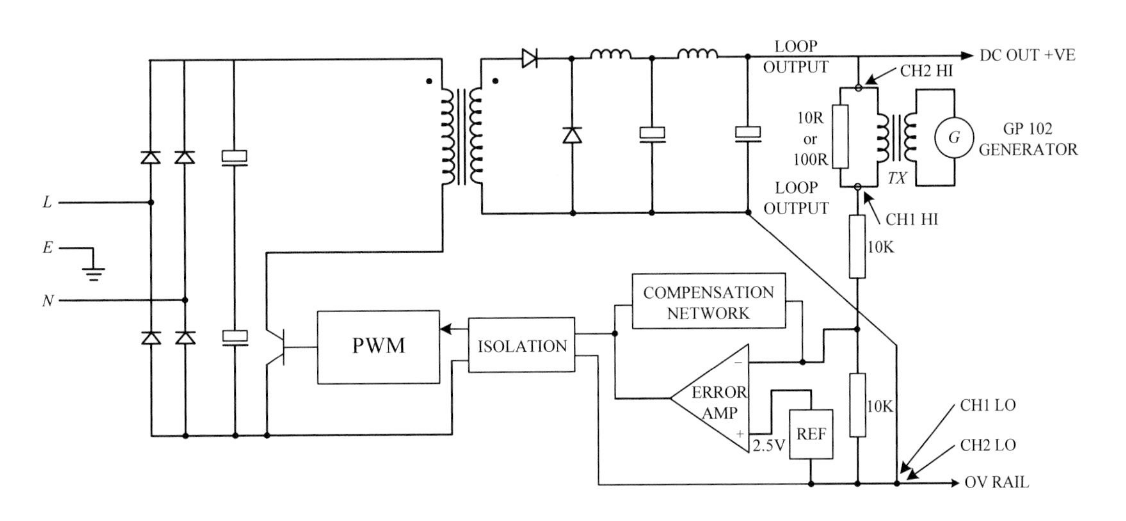

圖 14.21　切換式電源供應器之迴路增益量測示意圖

14.4 重點整理

以切換式電源轉換器而言，一般有二種不同的控制模式來處理其閉迴路系統：一種爲電壓控制型(Voltage-Mode Control)，如圖 14.2 所示，另一種爲電流控制型(Current-Mode Control)，而電流控制型又分爲尖峰電流控制(Peak Current-Mode Control)，如圖 14.3 所示，和平均電流控制(Average Current-mode Control)，如圖 14.4 所示二種不同控制架構。

尖峰電流控制之應用相當廣泛且久遠，舉凡各式電源供應器和直流 / 直流轉換器，皆廣爲使用尖峰電流控制。首先讓我們檢視以尖峰電流控制之降壓型轉換系統的整體電路，如圖 14.15(a)所示，圖中 v_c 設定一電流指令給內迴路之電流感測電壓 v_{iL} 追蹤，達到電流控制的目的，改善輸出穩壓之動態響應及即時的限流作用，如圖 14.15(b)和圖 14.15(c)所示，其中 S_e 爲補償斜坡，用以穩定可能之電流迴路的不穩定現象。當責任比率 d 超過 50 %則會發生次諧波振盪，造成系統不穩定。若無斜率補償時，在誤差變動之後，其誤差量會隨時間增加而增大；而若加入負斜率補償，則其誤差量會隨時間增加而減少。

一般而言，系統之特性與系統之迴路增益、輸入阻抗、輸出阻抗、輸入對輸出轉移函數及控制對輸出轉移函數等參數有關。迴路增益之量測方法一般均以交流弦波小訊號來注入系統之某一串聯路徑，並保持在某一個工作點以閉迴路來實現。工程量測法主要爲量測控制迴路中兩個不同點，並經運算後以得到其轉換器之迴路增益與相位。

14.5 習題

1. 以電力電子之應用領域而言，控制器之架構可分爲那幾類，列出所有控制架構種類，並說明其優缺點。
2. 說明圖 14.2 之電壓控制型架構圖。
3. 說明圖 14.3 之尖峰電流控制架構圖。
4. 如圖 14.5 之 Buck 轉換器爲例，若 $V_i = 12$ V，$V_o = 5$ V，$f_s = 50$ kHz，$L_f = 0.2$ mH，$C_f = 220$ μF，$R_L = 0$ Ω，$R_c = 0$ Ω，則控制 / 輸出之轉移函數爲何？
5. 同上題，若 $R_L = 0.1$ Ω，$R_c = 0.1$ Ω，重作上題。
6. 同第 4 題及第 5 題，畫出其對應之波德圖，並分析其差異性。
7. 如圖 14.9 之昇壓型轉換器(boost converter)爲例，若 $V_i = 20$ V，$V_o = 48$ V，$R_L = 0$ Ω，$R_c = 0$ Ω，$L_f = 0.2$ mH，$C_f = 220$ μF，則控制 / 輸出之轉移函數爲何？
8. 同第 7 題，若 $R_L = 0.1$ Ω，$R_c = 0.1$ Ω，重作上題。
9. 畫出第 7 題及第 8 題之對應波德圖，並分析其差異性。
10. 說明尖峰電流控制何時需要負斜率補償，原因爲何？
11. 畫出以儀器來量測返馳式轉換器(flyback converter)控制 / 輸出之迴路增益所注入之小訊號位置爲何並說明其原因？

第十五章　控制器設計

15.1 前言

本章將利用上一章所推導出的小信號模型，分別使用 K 因子控制、PID 控制及模糊控制等三種不同的控制方法，來分析與設計所需之控制器。本章將會詳細列出這三種控制策略的設計步驟與考慮事項，使控制器之設計能夠系統化，並使讀者能更加了解這三種控制法則之差異性及優缺點。需注意的是，以類比控制方式所補償之系統，都會使用運算放大器來實現其控制器，並以負迴授的補償方式來設計，其電路圖如圖 15.1 所示。一般常用之控制器不外乎比例-積分-微分控制器(PID)、相位領先(phase-lead)及相位落後(phase-lag)等電路架構，雖然有這些電路架構可提供補償功能，其主要的不同只在於 Z_i 與 Z_f 以不同元件做組合。

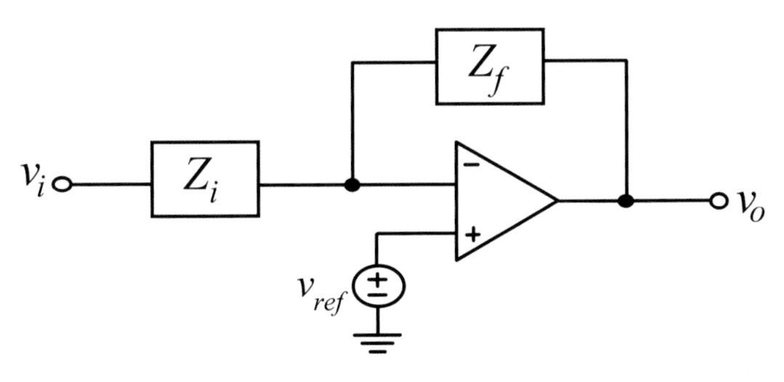

圖 15.1　迴授補償器之示意圖

15.2 K-因子控制器設計法則

K 因子設計法則是於 1983 年由 H. Dane Venable 所提出，可以用來設計補償任何形式誤差訊號的一種數學分析方法。K 因子設計之法則主要是與系統波德圖上零點和極點的位置，以及所要求交越頻率及相位邊限的大小有關。

以下將討論以 K 因子法則所設計之三種常用的補償電路：

A. 型式 I 補償電路

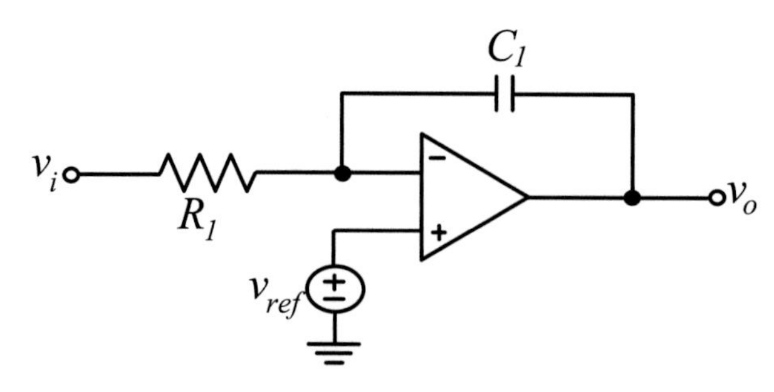

圖 15.2　以 K 因子法則設計之型式 I 補償電路圖

圖 15.2 所示為最簡單形式的控制器或補償器電路，其轉移函數如(1)式所示，由此式可知實際上它是轉折頻率為 $f_c = 1/(2\pi\ R_1 C_1)$ 之積分補償器，其動作原理主要是增加一在原點的極點，以改善系統之穩態誤差，然而卻也會減緩系統之響應。此補償器或控制器之輸入對輸出轉移函數的波德圖如圖 15.3 所示。

$$\frac{v_o(s)}{v_i(s)} = \frac{1}{R_1 C_1 s} \tag{1}$$

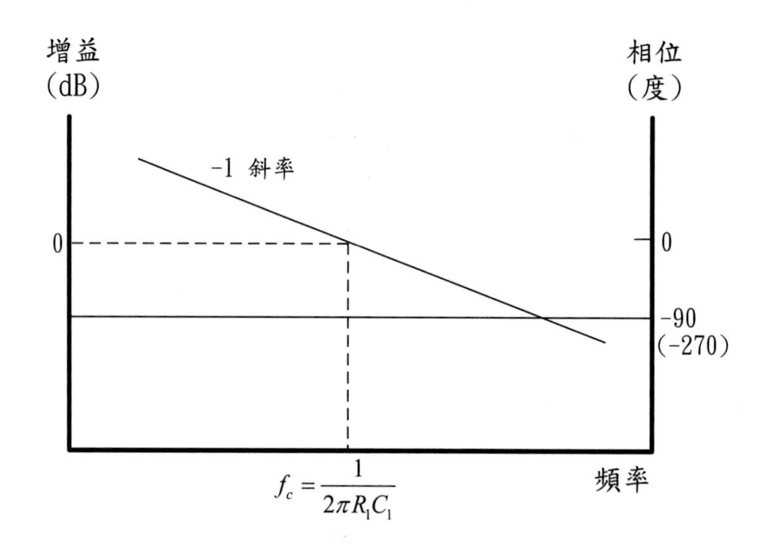

圖 15.3　型式 I 補償器之 $v_o(s)$ / $v_i(s)$轉移函數的波德圖

B. 型式 II 補償電路

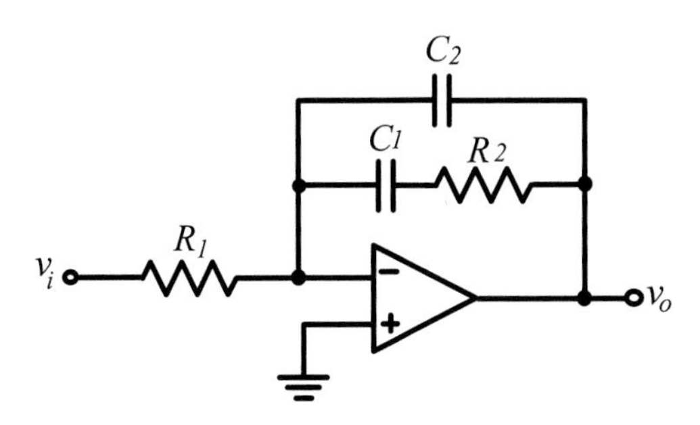

圖 15.4　以 K 因子法則設計之型式 II 補償器電路圖

此類型之補償器與領先補償器類似，但它卻多了一個位於原點的極點，圖 15.4 為其電路架構，而其 v_i 對 v_o 之轉移函數如(2)式所示，其零點與極點之轉折頻率為 f_{po} 與 f_{zo}。在這兩個頻率中有最大之增益，且最大可提供 90 度的相位超前。當系統需提升迴路增益之相位與增益時，我們可選擇適當的元件值，使迴路交越頻率的位置落於所設計之位置，進而可以改善系統之穩定度與暫態響應。型式 II 補償器之輸入對輸出的轉移函數之波德圖如圖 15.5 所示，其中 Av 為頻率介於 $f_{zo} \sim f_{po}$ 之間所對應之增益值。

$$\frac{v_o(s)}{v_i(s)} = \frac{1+sR_2C_1}{sR_1\left(C_1+C_2\right)\left[1+\dfrac{R_2C_1C_2}{\left(C_1+C_2\right)}s\right]} \approx \frac{1+sR_2C_1}{sR_1C_1\left[1+sR_2C_2\right]} \tag{2}$$

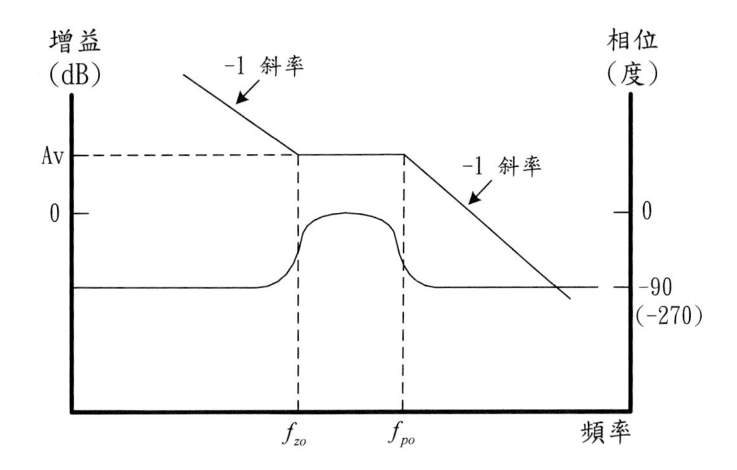

圖 15.5　型式 II 補償器之 $v_o(s)$ / $v_i(s)$轉移函數的波德圖

C. 型式 III 補償電路

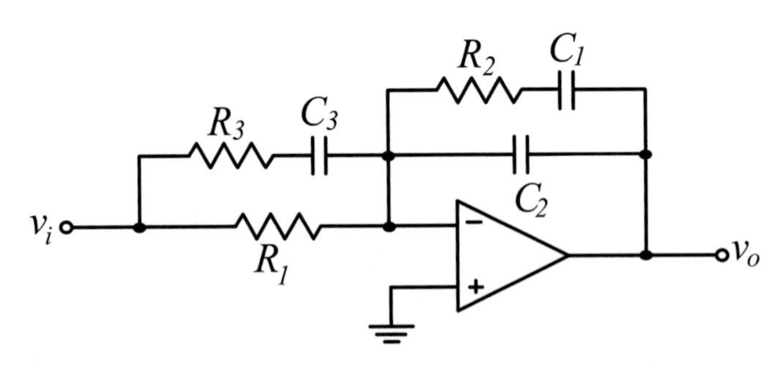

圖 15.6　以 K 因子法則設計之型式 III 補償器電路圖

圖 15.6 所示為型式 III 補償電路，由圖中可分析此電路之轉移函數如(3)式所示，除了位於原點的極點外，電路中另外具有兩對零點與極點。雖然其架構較為複雜，但它卻有較好的暫態響應。此外，其電路特性與型式 II 補償器最大的不同是此類補償器最大可提供 180 度的相位超前。(3)式之轉移函數波德圖如圖 15.7 所示，虛線部分即為使二個極點 f_{po1}、f_{po2} 相等及二個零點 f_{zo1}、f_{zo2} 位置相同，其中 Av_1 與 Av_2 為當其相等時所對應之增益值。

$$\frac{v_o(s)}{v_i(s)} = \frac{(1+sR_2C_1)[1+s(R_1+R_3)C_3]}{sR_1(C_1+C_2)(1+sR_3C_3)\left[1+\dfrac{R_2C_1C_2}{(C_1+C_2)}s\right]} \approx \frac{(1+sR_2C_1)(1+sR_1C_3)}{sR_1C_1(1+sR_2C_2)(1+sR_3C_3)} \tag{3}$$

由於補償器之轉移函數的零點與極點所造成的相位提升與落後，會與迴路增益之交越頻率 f_c 及零點 f_{zo} 或極點 f_{po} 之頻率比值成正切關係，因此即定義 K 因子為：

$$K = f_c / f_{zo} = f_{po} / f_c \tag{4}$$

最後可以歸納出 K 因子控制器各型式之元件表，如表 15.1 所示，其中 P 為所設計之系統迴路增益(loop gain)於交越頻率所需提升之相位，G 為補償器於交越頻率所需提升之增益。

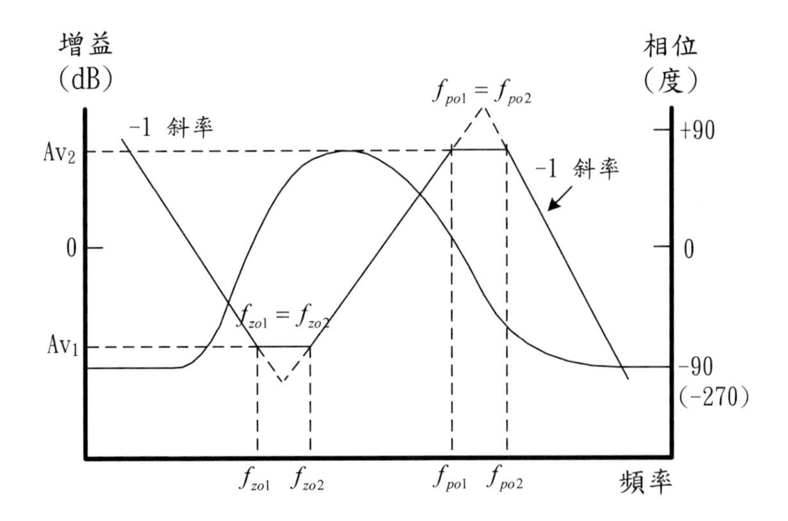

圖 15.7　型式 III 補償器之 $v_o(s) / v_i(s)$轉移函數的波德圖

表 15.1　以 K 因子法則設計之各型式補償器的元件表

控制器型式 / 項目	型式 I	型式 II	型式 III
可提昇之相位	0°	0° < P < 90°	90° < P < 180°
K	1	$\tan\left[\left(\frac{P}{2}\right)+45\right]$	$\tan\left[\left(\frac{P}{4}\right)+45\right]$
補償器之元件值	$C=\frac{1}{2\pi f_c G}$	$R_2=\frac{K}{2\pi f_c C_1}$ $C_1=C_2(K^2-1)$ $C_2=\frac{1}{2\pi f_c GKR_1}$	$R_2=\frac{K}{2\pi f_c C_1}$ $C_1=C_2(K^2-1)$ $C_2=\frac{1}{2\pi f_c GR_1}$ $R_3=\frac{R_1}{K^2-1}$ $C_3=\frac{1}{2\pi f_c KR_3}$
備註	R_1 依實際需要可自行選定		

以 K 因子法則所設計之控制器也是根據系統之頻域響應特性來設計，因此與波德圖有密切的關係。以下將詳述 K-因子法則之設計步驟：

1. 繪製受控體開迴路之迴路增益波德圖

   以 Matlab 軟體或以工程量測法繪製出受控體之開迴路迴路增益波德圖。

2. 決定系統之頻寬並訂定頻域規格

   在設計控制器時，爲了提昇動態響應，頻寬應越寬愈好，然而爲了減少開關元件在切換時的干擾，迴路增益的頻寬一般選在切換頻率的 1 / 5 至 1 / 10 之間。而系統相位邊限(PM)通常選在 30°和 60°之間。

3. 計算系統所需提升之相位 P 與增益 G 以決定控制器之型式

   從波德圖上求得其交越頻率上之相位 P_c，並由公式(5)求得所需提升之相位，公式如下所示：

   $$P = PM - P_c - 90° \tag{5}$$

   由表 15.1 中可提昇之相位即可知，所需採用之 K 因子型式。

4. 計算 K 因子值並決定控制器之各元件值

   利用表 15.1 中之公式求得 K 之數值，爲了方便計算，首先假設 R_1 爲某定值，接著計算出其對應型式之控制器的其它元件數值，C_1、C_2、C_3、R_2、R_3。而實際上廠商之元件值並非與設計值完全相同，故需適當修正控制器之元件值。

15.3 比例-積分-微分(PID)控制器與相位領先(phase-lead)、相位落後(phase-lag)控制器

比例-積分-微分控制器各有其特殊的功能與特性，以下將針對最常用的 PD、PI、PID 三種不同型式控制器來作說明。

A. 比例-微分(PD)控制器：

PD 控制器之輸入對輸出的轉移函數如(6)式所示

$$G_c(s) = \frac{v_o(s)}{v_i(s)} = K_p + K_D s \tag{6}$$

若以實際類比電路來實現則可以圖 15.8(a)及 15.8(b)之電路來表示，其中圖 15.8(a)雖只以二個運算放大器即可實現，但其 K_p 及 K_D 之參數均受 R_2 所影響，於實際應用上較難調整。故建議讀者先以圖 15.8(b)來實現及調整 K_p 及 K_D 之參數，以符合系統之動態要求，調整完後確定參數，再以二個運算放大器來實現該控制器，以降低控制器之成本。

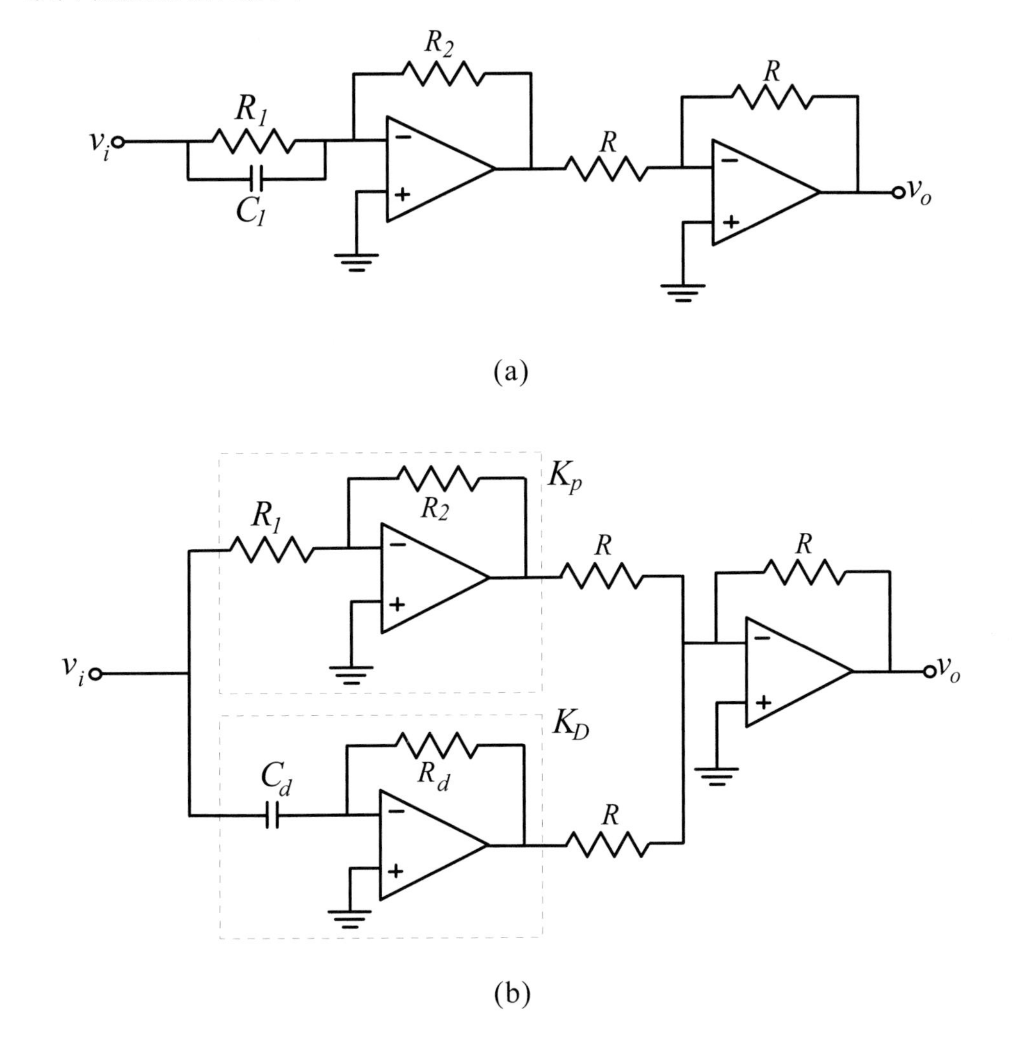

圖 15.8　PD 控制器之電路實現：(a) 採用二個運算放大器 (b) 採用三個運算放大器

圖 15.8(a)之 v_i(s)對 v_o(s)的轉移函數 $G_c(s)$為

$$G_c(s)=\frac{v_o(s)}{v_i(s)}=\frac{R_2}{R_1}+R_2C_1s \tag{7}$$

比較(6)式及(7)式之係數，即可得

$$K_p=\frac{R_2}{R_1}\text{，}K_D=R_2C_1$$

若以圖 15.8(b)三個運算放大器之電路來實現，則其 $G_c(s)$可表示為

$$G_c(s)=\frac{v_o(s)}{v_i(s)}=\frac{R_2}{R_1}+R_dC_ds \tag{8}$$

同理可得

$$K_p=\frac{R_2}{R_1}\text{，}K_D=R_dC_d$$

一般而言，若系統採用 PD 控制器，因其有微分之動作，故其系統響應將會增快，其所影響之系統動態特性如下所列：

(a) 系統之響應速度變快，亦即可降低上昇時間、安定時間，而頻帶寬度和相位邊限也會增加。

(b) 於電力電子之相關應用中，其微分動作容易使切換頻率之雜訊變大，故於切換式轉換器中較少使用。

B. 比例-積分(PI)控制器

如同上述 A 項之 PD 控制器所表示，PI 控制器之輸入對輸出的轉移函數表示如(9)式所示。同樣地，PI 控制器亦可以二個運算放大器或三個運算放大器來實現，如圖 15.9(a)及 15.9(b)所表示。

$$G_c(s)=\frac{v_o(s)}{v_i(s)}=K_p+\frac{K_I}{s} \tag{9}$$

由這兩種電路可分別求得

$$K_p = \frac{R_2}{R_1}, K_I = \frac{R_2}{R_1 C_2}$$

和

$$K_p = \frac{R_2}{R_1}, K_I = \frac{1}{R_i C_i}$$

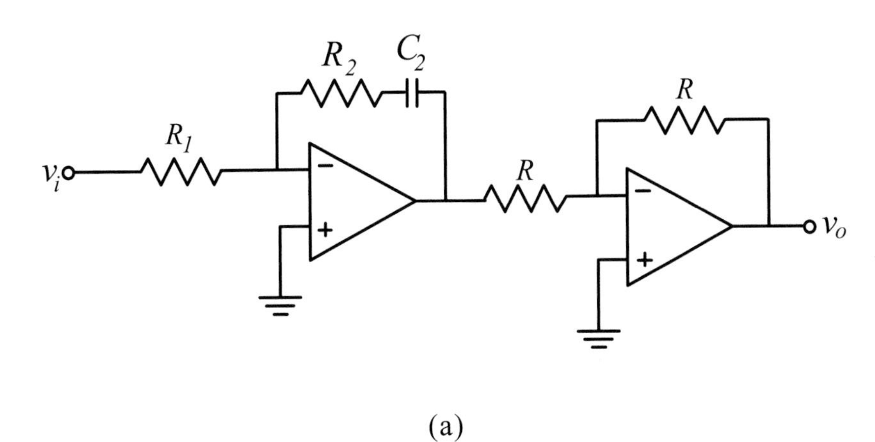

(a)

(b)

圖 15.9　PI 控制器之電路實現：(a) 採用二個運算放大器 (b) 採用三個運算放大器

一般而言，PI 控制器於工業界及電力電子相關系統上經常使用，其主要原因有以下幾點：

(a) 系統之阻尼會增加並可降低系統之最大超越量。

(b) 系統之響應時間會變慢，亦即會增加上昇時間及減少頻帶寬度，但會降低系統之穩態誤差。

(c) 於電力電子之相關系統中可濾除高頻切換雜訊。

C. 比例-積分-微分(PID)控制器

PID 控制器乃結合 PD 和 PI 之優點，來達到更佳之控制效果，其 PID 控制器之輸入對輸出轉移函數為

$$G_c(s) = \frac{v_o(s)}{v_i(s)} = K_p + K_D s + \frac{K_I}{s} \tag{10}$$

此控制器之電路實現如圖 15.10 所示。同理依圖 15.10(a)及 15.10(b)之電路圖可推導出 PID 參數為

$$K_P = \frac{R_2}{R_1}, K_I = \frac{R_2}{R_1 C_2}, K_D = R_2 C_1$$

和

$$K_P = \frac{R_2}{R_1}, K_I = \frac{1}{R_i C_i}, K_D = R_d C_d$$

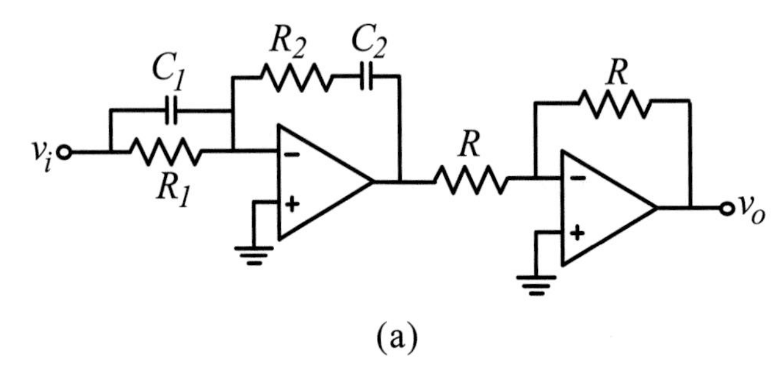

(a)

圖 15.10　PID 控制器之電路實現：(a) 採用二個運算放大器 (b) 採用四個運算放大器

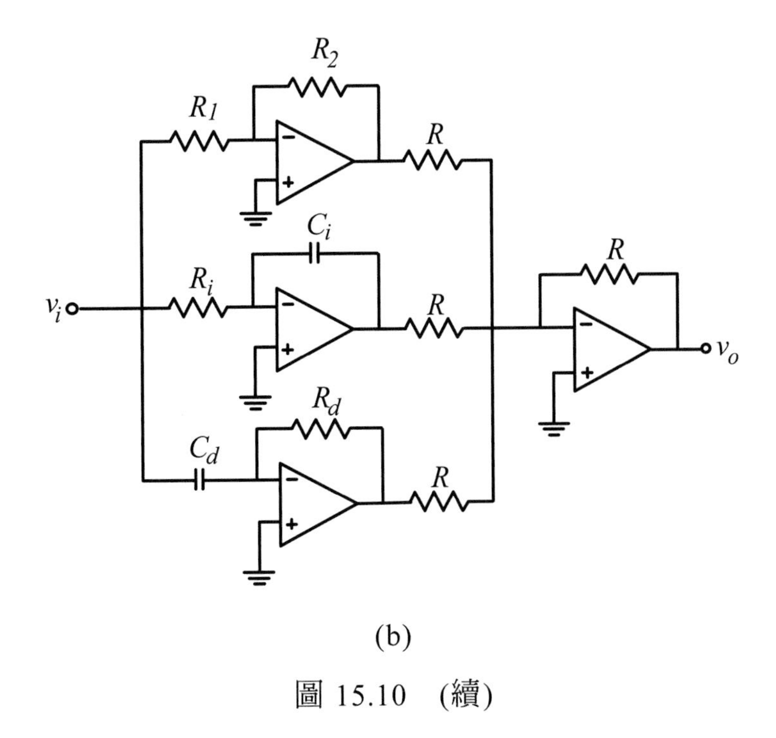

(b)

圖 15.10　(續)

15.4 相位超前(phase-lead)或相位落後(phase-lag)控制器

簡單的一階極點及零點超前或落後控制器的輸入對輸出轉移函數可表示爲：

$$G_c(s) = \frac{v_o(s)}{v_i(s)} = K_c\left(\frac{s+z_1}{s+p_1}\right) \tag{11}$$

其中控制器在 $p_1 > z_1$ 時爲高通或相位超前；而在 $p_1 < z_1$ 時則爲低通或相位落後。

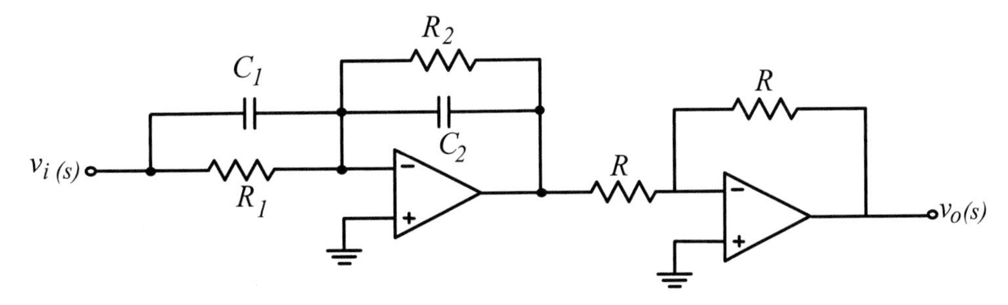

圖 15.11　相位超前或落後控制器之電路

根據圖 15.11 可求得輸入對輸出之轉移函數如下：

$$G_c(s) = \frac{v_o(s)}{v_i(s)} = \frac{C_1}{C_2} \frac{s + \dfrac{1}{R_1 C_1}}{s + \dfrac{1}{R_2 C_2}} \tag{12}$$

比較(11)式與(12)式，即可得

$$K_c = \frac{C_1}{C_2}$$

$$z_1 = \frac{1}{R_1 C_1}$$

$$P_1 = \frac{1}{R_2 C_2}$$

令 $C = C_1 = C_2$，如此可以把設計參數由 4 減爲 3 個以方便設計，則(11)式可以改寫成

$$G_c(s) = \frac{v_o(s)}{v_i(s)} = \frac{R_2}{R_1} (\frac{1 + R_1 Cs}{1 + R_2 Cs}) = \frac{1}{a} (\frac{1 + aTs}{1 + Ts}) \tag{13}$$

其中

$$a = \frac{R_1}{R_2} \qquad T = R_2 C \tag{14}$$

若不考慮 1 / a 之增益且當控制器爲相位落後時(a < 1)，則方程式(13)之波德圖如圖 15.12 所示。故圖 15.12 相位落後(a < 1)之控制器 $G_c(s)$之波德圖的最大相位角 Φm 及利用(15)式，可以決定 a 如下：

$$a = \frac{1 + \sin \Phi_m}{1 - \sin \Phi_m} \tag{15}$$

相角 Φm、a 和相位超前控制器的波德圖提供了頻域設計的依據。以下將說明在頻域中設計相位超前控制器的方法，在此假設設計規格只包含穩態誤差和相位邊限之需求。

1. 先利用穩態誤差規格求出未補償系統之受控體 $G_p(j\omega)$之增益 $K_Q = K_c \dfrac{z_1}{p_1}$值，再繪出 $G_p(j\omega)$之波德圖。
2. 求出未補償系統的相位邊限和增益邊限，並決定要達成相位邊限規格所需要增加的相位領先量。由所增加的相位領先量可預估相位角 Φm，並計算出 a 值。
3. 一但決定了 a 值，可再求出 T 值，至此基本上設計即已完成。T 值的決定方法便是將相位領先控制器的轉折頻率配置在 $1/aT$ 和 $1/T$，使最大相位角 Φm 發生在新的交越頻率上。
4. 以補償系統的迴路增益轉移函數的波德圖來驗證是否所有的性能規格均能滿足，若無法滿足，則必須再修正 Φm 值，並重複以上步驟。
5. 若設計規格均能滿足，則相位超前的轉移函數可由 a 和 T 值來決定。

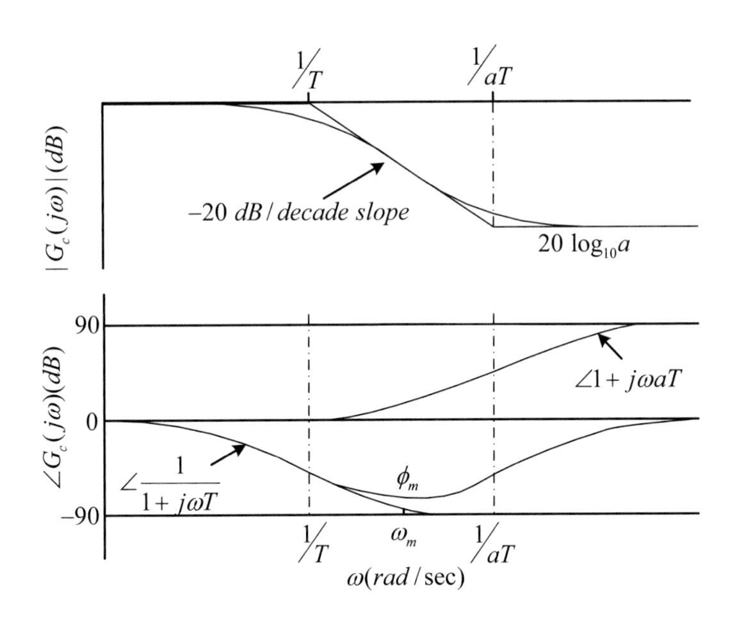

圖 15.12　相位落後(a < 1)之控制器 $G_c(s)$之波德圖

15.5 模糊控制法則

模糊控制提供一個有系統的方法來將專家以口語描述的控制策略轉換成一般的控制演算法，模糊控制器的控制方式是由模糊控制規則來構造模糊關係，並將此模糊關係作爲模糊轉換器，把輸入和輸出的模糊向量(參數)，按模糊推理的方法來處理，進而確定控制量。

模糊控制器具有下列的各項特點：

1. 不用數值而用語言式的模糊變數來描述系統。
2. 利用控制法則來描述系統變數間的關係。
3. 模糊控制器是一種語言控制器，使得操作人員易於使用自然語言進行人機對話。
4. 簡化系統的複雜度，在非線性、時變、數學模式不明的系統上仍適用。
5. 模糊控制器具有較佳的適應性和強健性。

一般而言，實現模糊控制的過程有以下四個步驟：選擇模糊變數、精確量模糊化、建立模糊規則及解模糊化，其模糊控制系統方塊如圖 15.13 所示。

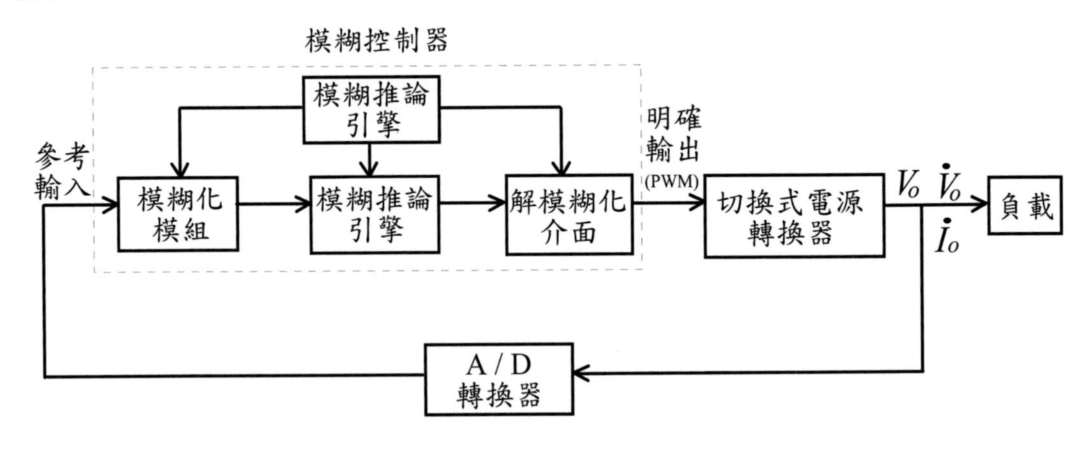

圖 15.13　模糊控制型切換式電源轉換器系統方塊圖

1. 選擇模糊變數

在設計模糊控制器時，要先決定出適當的輸入、輸出變數及各個變數的範圍。本章中之輸入變數(前件部)是輸出電壓誤差(e_{vo})及輸出電壓誤差變化量(Δe_{vo})。因為脈波寬度調變控制訊號是用來調整輸出電壓，故控制器的輸出變數(後件部)為切換元件之責任比率補償量 $u(k)$，其控制訊號可表示成：$u(k) = u(k) + \Delta u(k)$；因此控制器可視為比例微分模糊控制器(PDFC)。

2. 精確量模糊化

控制器的輸入變數首先由歸屬函數模糊化，模糊控制器一般採用對稱三角形的歸屬函數，共分為五個模糊標記(label)，分別為 NB(大程度的負)、NS(小程度的負)、ZO(零)、PS(小程度的正)、PB(大程度的正)，如圖 15.14 所示。將輸入的精確量經由歸屬函數之轉換，便可得到已模糊化的輸入變數，並經由歸屬函數之對應即可求得其對應之歸屬感。

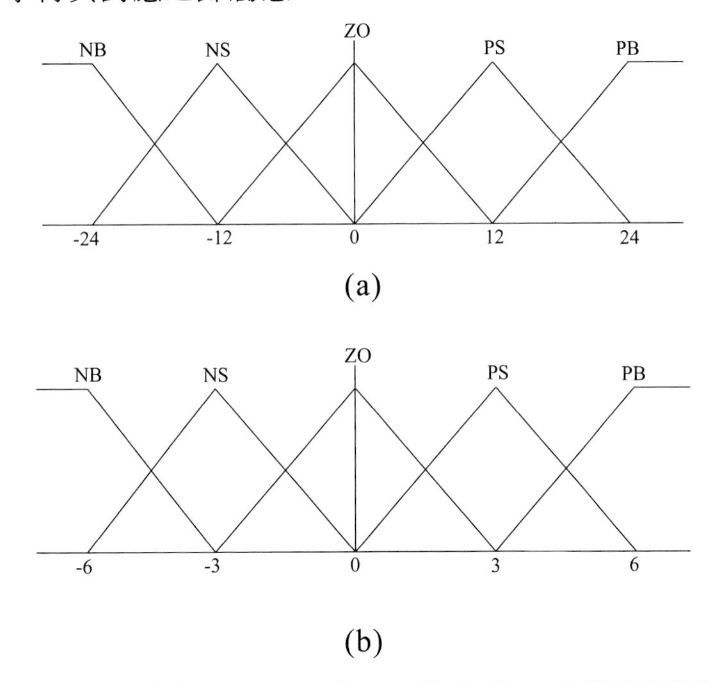

圖 15.14　(a)前件部(e、Δe)與 (b)後件部(u)之模糊歸屬函數

3. 建立模糊規則

模糊規則的形式通常以 if-then 方式來表示人類模糊性判斷的控制演算法，

基本上操作者必須對於系統之特性十分熟悉且將控制過程的經驗加以總結，進而寫成控制法則之模糊規則如表 15.2 所示，由表中可知其模糊規則採用對稱的模糊規則。模糊推論之方式已有許多相關的研究理論，在此則採取最常見的 Mamdani 理論。

表 15.2　模糊控制規則表

ΔU		e_{Vo}				
		NB	NM	ZO	PS	PB
Δe_{Vo}	NB	NB	NB	NS	NS	ZO
	NS	NB	NS	NS	ZO	PS
	ZO	NS	NS	ZO	PS	PS
	PS	NS	ZO	PS	PS	PB
	PB	ZO	PS	PS	PB	PB

4. 解模糊化

將模糊集合推導至普通集合的處理過程稱爲解模糊化，轉換器所需的控制訊號將在解模糊化之後得到。一般有以下的三種方法：最大歸屬度方法、加權平均法以及中間數方法。在此採用加權平均法(COA)來決定輸出補償量 U，由下式可得到：

$$U = \frac{\sum_{i=1}^{n} W_i Y_i}{\sum_{i=1}^{n} W_i} \tag{16}$$

其中 W_i 是歸屬度，而 Y_i 爲後件部 u 所對應之値。

15.6 線性控制與模糊控制器之比較

一般而言，以線性控制器設計切換式電源轉換器之閉迴路系統的迴路增益波德圖，大致如圖 15.15 所示，其主要原因有二點，其中一點爲低頻之增益要大，才可減少系統之穩態誤差及增快系統之暫態響應。

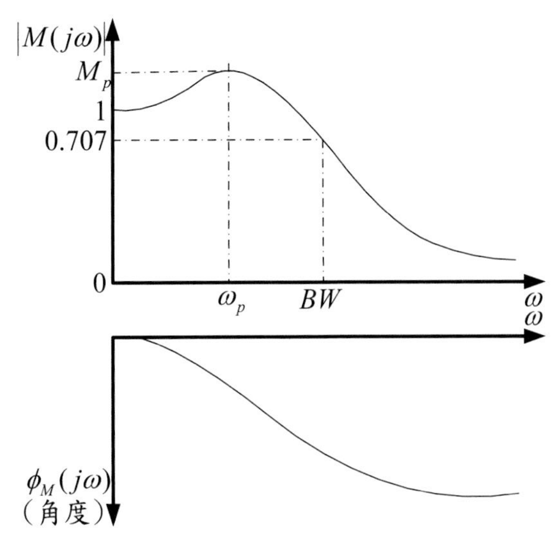

圖 15.15　迴授控制系統之典型迴路增益的波德圖

另一點則爲於切換頻率之增益要小，以降低切換時之雜訊干擾。線性控制器一般均以類比硬體電路方式實現，而模糊控制器則以數位軟體程式方式實現，兩者之差異性可由表 15.3 比較得知。

表 15.3　線性控制器與模糊控制器之比較表

控制方法 / 項目	線性控制	模糊控制
執行速度	Real-time	~ μsec
電路偵錯	困難	簡單
變化性 / 可調性	架構固定	架構多樣化
硬體	運算放大器	RAM
軟體程式撰寫	容易 / 簡單	困難 / 複雜
成本	低廉	昂貴

15.7 控制器設計實例

範例 1：K 因子與模糊控制器於順向式轉換器之分析與設計

本例題爲一順向式轉換器之範例，其電路圖如同第十四章所提之建模步驟，以狀態空間平均法(state-space averaging method)將轉換器之功率級及 PWM

控制器對其穩態操作點作線性化，以求得線性之小信號模型。在本章節中首先將針對操作於連續導通模式之隔離型順向式轉換器來建模，並利用二種不同之控制方法來設計控制器。

A. 轉換器之控制對輸出轉移函數

在圖 15.16 所示之順向式轉換器中，r_L 爲電感之等效電阻、r_C 爲電容之等效串聯電阻(ESR)，R 爲負載電阻，而 x_1 及 x_2 之定義如圖 15.4 所示，分別爲電感上之電流及電容上之電壓。

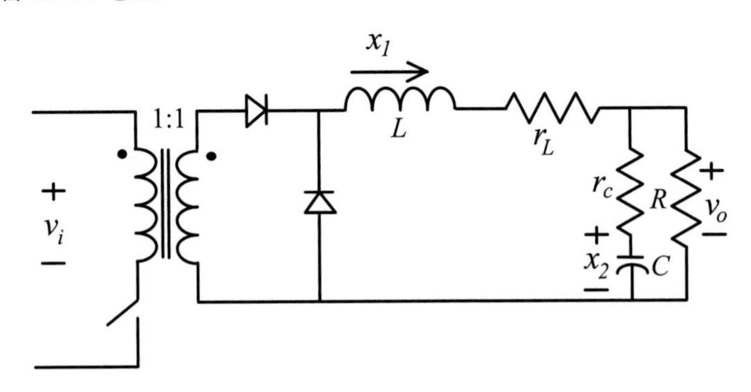

圖 15.16　順向式轉換器電路圖(忽略 core-reset 繞組)

在開關導通時，可求得電路之狀態方程式如下：

$$-v_i + L\dot{x}_1 + r_L x_1 + R(x_1 - C\dot{x}_2) = 0 \tag{17}$$

$$-x_2 - Cr_c\dot{x}_2 + R(x_1 - C\dot{x}_2) = 0 \tag{18}$$

將以上二式表示成矩陣型

$$\begin{bmatrix} \dot{x}_1 \\ \dot{x}_2 \end{bmatrix} = A_1 \begin{bmatrix} x_1 \\ x_2 \end{bmatrix} + B_1 v_i \tag{19}$$

其中

$$A_1 = \begin{bmatrix} -\dfrac{Rr_c + Rr_L + r_c r_L}{L(R+r_c)} & -\dfrac{R}{L(R+r_c)} \\ \dfrac{R}{C(R+r_c)} & -\dfrac{1}{C(R+r_c)} \end{bmatrix} \tag{20}$$

$$B_1 = \begin{bmatrix} \frac{1}{L} \\ 0 \end{bmatrix} \tag{21}$$

在開關截止時，電路之狀態方程式則為

$$A_2 = A_1 \tag{22}$$

$$B_2 = 0 \tag{23}$$

以上二電路狀態之輸出電壓均為

$$\begin{aligned} v_o &= R(x_1 - C\dot{x}_2) \\ &= \frac{Rr_c}{R+r_c}x_1 + \frac{R}{R+r_c}x_2 \\ &= \begin{bmatrix} \frac{Rr_c}{R+r_c} & \frac{R}{R+r_c} \end{bmatrix} \begin{bmatrix} x_1 \\ x_2 \end{bmatrix} \end{aligned} \tag{24}$$

且

$$C_1 = C_2 = \begin{bmatrix} \frac{Rr_c}{R+r_c} & \frac{R}{R+r_c} \end{bmatrix} \tag{25}$$

經狀態空間平均後之矩陣與向量可表示如下：

$$A = A_1 \tag{26}$$

$$B = B_1 D \tag{27}$$

$$C = C_1 \tag{28}$$

若考慮實際電路，則

$$R >> (r_C + r_L) \tag{29}$$

因此，A 及 C 可以簡化為

$$A = A_1 = A_2 = \begin{bmatrix} -\frac{r_c + r_L}{L} & -\frac{1}{L} \\ \frac{1}{C} & -\frac{1}{CR} \end{bmatrix} \tag{30}$$

$$C = C_1 = C_2 \approx \begin{bmatrix} r_c & 1 \end{bmatrix} \tag{31}$$

但 B 維持不變，仍為

$$B = B_1 D = \begin{bmatrix} \frac{1}{L} \\ 0 \end{bmatrix} D \tag{32}$$

由(30)式可知

$$A^{-1} = \frac{LC}{1 + (r_c + r_L)/R} \begin{bmatrix} -\frac{1}{CR} & \frac{1}{L} \\ -\frac{1}{C} & -\frac{r_c + r_L}{L} \end{bmatrix} \tag{33}$$

由(30)式至(33)式可求得輸入對輸出電壓之直流轉移函數

$$\frac{v_o}{v_i} = D \frac{R + r_c}{R + (r_c + r_L)} \cong D \tag{34}$$

同樣地，由(30)式至(33)式可求得控制$(\hat{d})$對輸出$(\hat{v}_o)$之小信號轉移函數：

$$T_p(s) = \frac{\hat{v}_o(s)}{\hat{d}(s)} \cong \frac{(1 + s r_c C) v_i}{LC\{s^2 + s[1/CR + (r_c + r_L)/L] + 1/LC\}} \tag{35}$$

(35)式之分母具有 $s^2 + 2\zeta\omega_O + \omega_O{}^2$ 之標準二階形式，其中

$$\omega_o = \frac{1}{\sqrt{LC}} \tag{36}$$

$$\zeta = \frac{1/CR + (r_c + r_L)/L}{2\omega_o} \tag{37}$$

因此(35)式可改寫成

$$T_p(s) = \frac{\hat{v}_o(s)}{\hat{d}(s)} = v_i \frac{\omega_o{}^2}{\omega_z} \left(\frac{s + \omega_z}{s^2 + 2\zeta\omega_o s + \omega_o{}^2} \right) \tag{38}$$

(38)式所包含之零點ω_z乃由輸出電容之 ESR 所造成：

$$\omega_z = \frac{1}{r_c C} \tag{39}$$

B. PWM 控制器轉移函數

如同第十四章所討論，PWM 乃由控制電壓 $v_c(t)$與一頻率為切換頻率 f_s 之鋸齒波 $v_r(t)$作比較以調整責任比率 d。控制電壓 $v_c(t)$包括一直流成份及交流小擾動成份：

$$T_m(s) = \frac{\hat{d}(s)}{\hat{v}_c(s)} = \frac{1}{v_p} \tag{40}$$

其中 v_p 為鋸齒波之尖峰電壓。因此 v_o 與 v_c 之間的轉移函數可求得為

$$T_1(s) = \frac{\hat{v}_o(s)}{\hat{v}_c(s)} = \frac{\hat{d}(s)}{\hat{v}_c(s)}\frac{\hat{v}_o(s)}{\hat{d}(s)} = T_p(s)T_m(s) \tag{41}$$

C. K 因子法則設計

圖 15.17 所示為 $\hat{v}_c$ 對 $\hat{v}_o$ 轉移函數的波德圖，其電路參數為 v_i = 8 V，v_o = 5 V，f_s = 200 kHz，r_L = 20 mΩ，L = 5 μH，r_C = 10 mΩ，C = 2000 uF，R = 200 mΩ，選擇在切換頻率的 1 / 5 倍亦即為 40 kHz(251 *k rad* / s)當作交越頻率，放大器的增益為-33 dB。

由圖 15.17 可得知，調變相移為 99.3°，利用公式計算所需提昇之相位：

$$\phi_b = 60-(-99.3)-90 = 69.3° \tag{42}$$

在此設計選用型式 II 誤差放大器，為了要達到 69.3°的相位提升，可以求得 K = 5.4，最後求出各元件值：R_1 = 10 kΩ(自由選定)，R_2 = 465 kΩ，C_1 = 46 pF，C_2 = 1.6 pF。

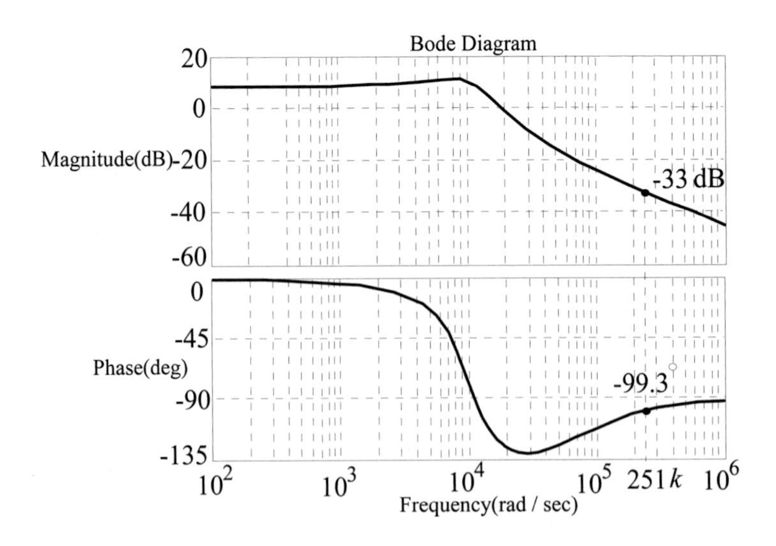

圖 15.17　$\hat{v}_o$對$\hat{v}_c$轉移函數的波德圖

圖 15.18 爲所設計之放大器的輸入對輸出轉移函數波德圖。至此已完成迴授誤差放大器的設計，並獲得所期望之系統迴路增益與相位，如圖 15.19 所示爲加入補償器之波德圖。從圖中可看出在單位增益交越頻率之處，其相位邊限爲 60°，因此，系統會達到穩定之操作。

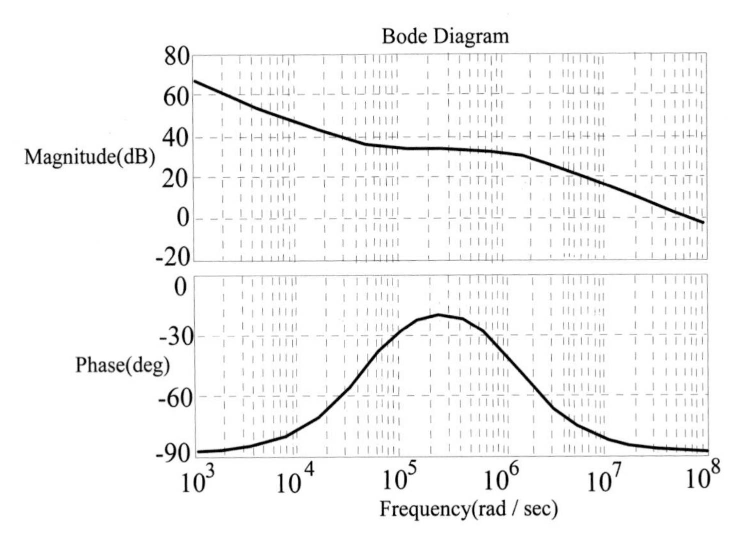

圖 15.18　型式 II 的誤差放大器波德圖

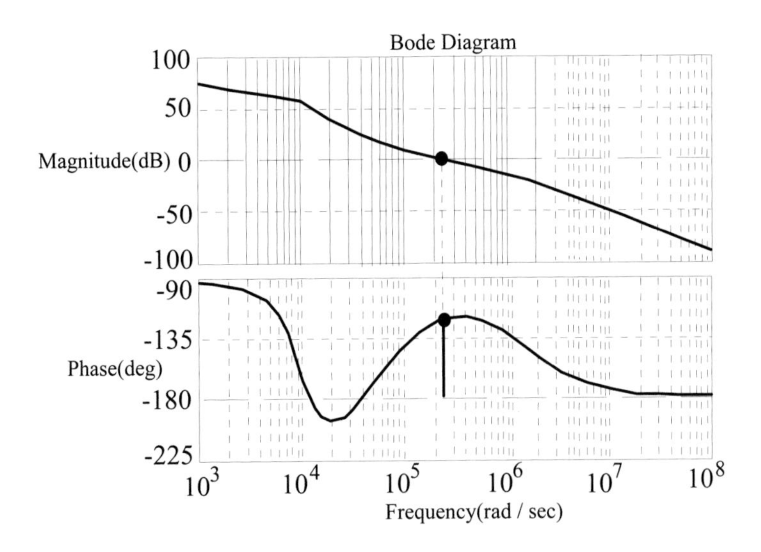

圖 15.19　加入補償控制器之波德圖

B. 模糊控制器設計

首先決定模糊規則庫中之規則的前件部及後件部之變數，前件部爲誤差量 e 及誤差變化量Δe，後件部 u 爲 PWM 的責任比率。三個變數均有七種標記，即負的最大 NB、負的中等 NM、負的最小 NS、零 ZO、正的最小 PS、正的中等 PM 及正的最大 PB，其歸屬函數形狀定義如圖 15.20 所示。模糊控制規則表如表 15.4 所示，以上即完成模糊控制器設計。電路實現可使用微控制器(Microcontroller)或數位訊號處理器(DSP)來完成。

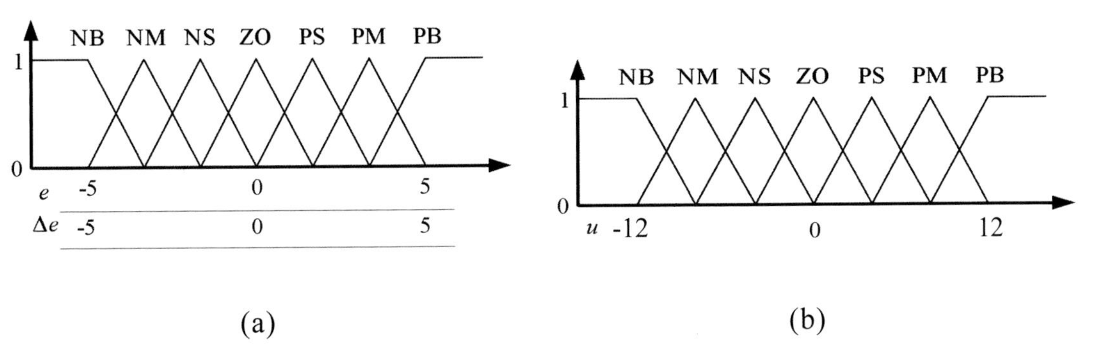

圖 15.20　(a) 輸入歸屬函數、(b) 輸出歸屬函數

表 15.4　模糊控制規則表

e \ Δe	NB	NM	NS	ZO	PS	PM	PB
NB	NB	NB	NB	NM	NM	NS	ZO
NM	NB	NB	NM	NM	NS	PO	PS
NS	NB	NM	NM	NS	ZO	PS	PM
ZO	NM	NM	NS	ZO	PS	PM	PM
PS	NM	NS	ZO	PS	PM	PM	PB
PM	NS	ZO	PS	PM	PM	PB	PB
PB	ZO	PS	PM	PM	PB	PB	PB

3. 比較與分析

圖 15.21 及圖 15.22 爲以 K 因子及模糊控制器所控制系統的輸出暫態響應圖，由圖 15.21 及圖 15.22 可知以 K 因子所設計之控制器，在上昇時間，穩定時間，穩態誤差都較模糊控制器佳。模糊控制主要的優點爲設計容易，不需要正確的數學模式並可用於非線性系統。

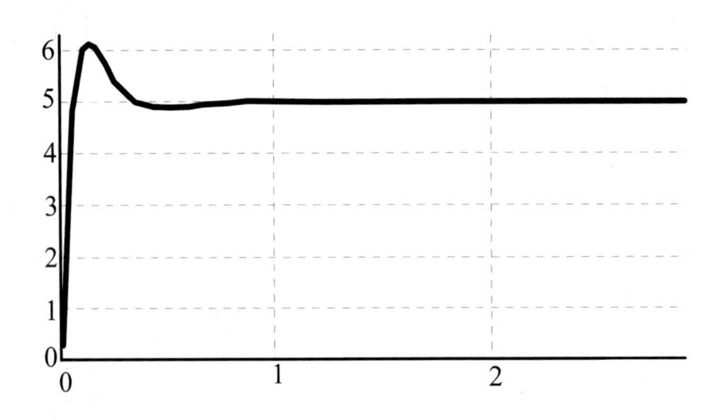

圖 15.21　以 K 因子法則所設計控制器來控制系統之輸出電壓暫態響應圖

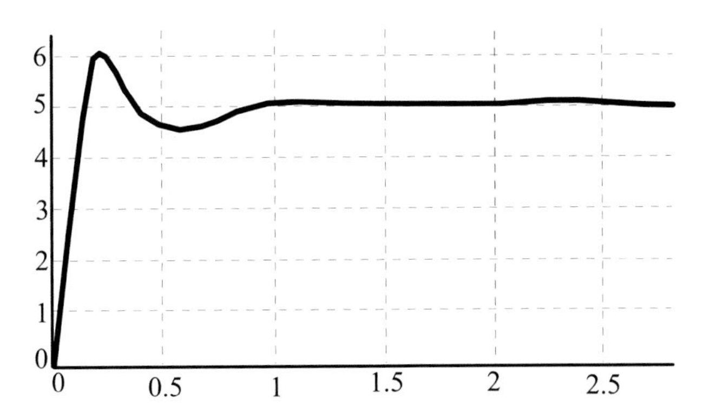

圖 15.22　以模糊控制器所控制之系統的輸出電壓暫態響應圖

4. 電路實現

圖 15.23 爲順向式轉換器加入型式 II 補償器及 PWM 比較器之閉迴路電路圖；圖 15.24 爲順向式轉換器加入模糊控制器的電路圖，PWM 比較器也包含在微控制器或 DSP 之中。

以 K 因子法則做控制器設計，其數學關係式較其它控制方法簡單，且電路容易實現，設計較爲容易。本書以 K 因子做順向式轉換器的控制器設計，來達到所需的動態效果。

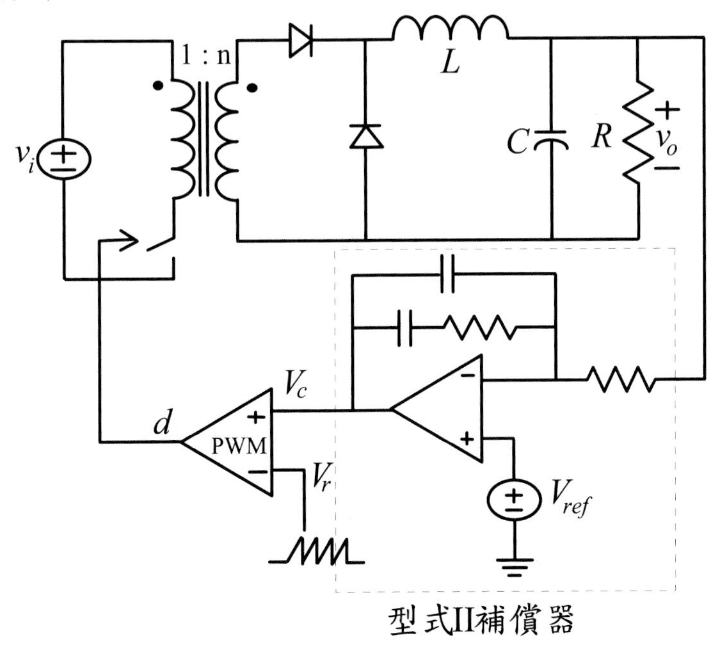

圖 15.23　順向式轉換器加入型式 II 的控制器及 PWM 電路示意圖

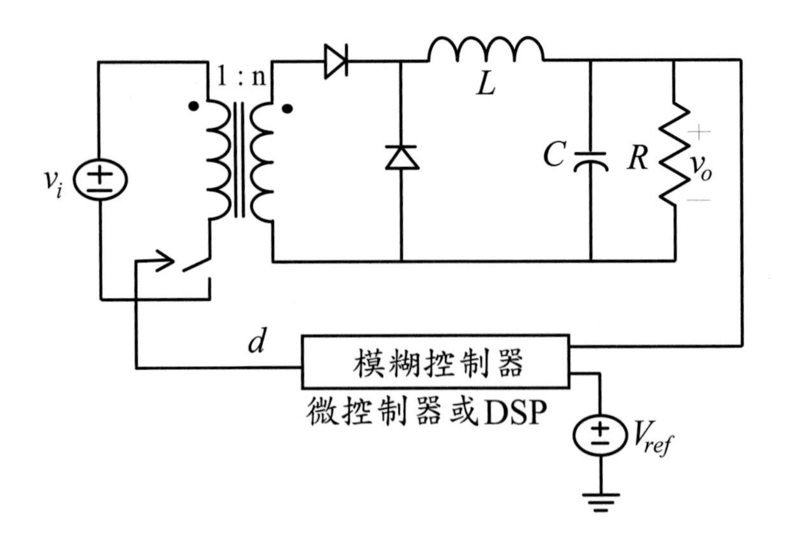

圖 15.24　順向式轉換器加入模糊控制器的電路示意圖

範例 2：相位領先及 K 因子控制器於降壓轉換器之分析與設計

A.　轉換器轉移函數之建立

降壓型轉換器之數學模式如同第十四章 14.1 節中所示，在此將其轉換器之控制對輸出轉移函數重新列於(43)式，如下所示：

$$\frac{\hat{v}_o(s)}{\hat{d}(s)} = (\frac{V_O}{D})(\frac{1+sR_cC_f}{\Delta_1(s)}) \tag{43}$$

其中 $\Delta_1(s) = 1 + s\left[R_cC_f + (R_o // R_L)C_f + \frac{L_f}{R_o + R_L}\right] + s^2 L_f C_f (\frac{R_o + R_c}{R_o + R_L})$

B.　相位領先控制器

還未加入控制器的降壓型轉換器之控制對輸出轉移函數的波德圖如圖 15.25 所示，此時系統的增益交越頻率爲 $\omega_c = 26.2\ k\ rad\ /\ \mathrm{s}$，而相位邊限爲 4.1° 由於所欲設計的最小相位邊限爲 60°，因此在增益交越頻率上最少要增加 56°的超前相位到系統中。不過，由於利用相位領先控制器，波德圖的幅度曲線也會因爲增益交越頻率往高頻偏移而受影響，雖然可以很容易調整控制器的轉折頻率，使控制器的的最大相角ϕ_m 正好落於新的增益交越頻率上，但是在此點的相位曲線已經不再是原來的 4.1°，而且可能更少。由於要正確預估添加多少相位超前到系統有困難，所以在設計時通常給他一些相角誤差，確保相位邊限的規格能滿足。另外，在設計時所採用的相角為 60°而不是 56°，利用(15)式決定 a 值的大小

$$a = \frac{1+\sin 60°}{1-\sin 60°} = \frac{1+\frac{\sqrt{3}}{2}}{1-\frac{\sqrt{3}}{2}} = 13.93 \tag{44}$$

由此可決定控制器兩個轉折頻率，分別為 1 / aT 和 1 / T，而最大相位則發生在兩轉折頻率的幾何平均值。為了達到所決定的 a 值最大相位邊限，ϕ_m 應發生在新的增益交越頻率 ω_g。相位領先控制器的高頻增益為 20 $\log_{10}a$ = 20 $\log_{10}13.93$ = 22.88 dB，兩轉折頻率 1 / aT 和 1 / T 的幾何平均值ω_m應取在領先控制器高頻增益(以 dB 表示)負值的一半，即-11.44 dB 時的頻率，此時的頻率為 30.4 k rad/s，即ω_m = 30.4 k rad/s，再利用公式可以求出$1/T = \sqrt{a}\omega_m = 18.07\ k$，$1/aT = 1.297\ k$，將此帶回(13)式即可求出控制器的轉移函數為

$$G_c(s) = 13.93\frac{s+1.297\ k}{s+18.07\ k} \tag{45}$$

利用(12)式可以求出 C = 100 nF、R_1 = 7.7 kΩ、R_2 = 552.8 Ω，圖 15.26(a)為相位領先控制器之實際電路圖，圖 15.26(b)為其控制器對應之波德圖，圖 15.27 為利用 Matlab 模擬具相位領先控制器的系統迴路增益波德圖，由圖可知新的交越頻率為ω_m = 30.4 k rad/s 與 PM = 61.87°均與設計值相符，圖 15.28 為此系統的輸出電壓步階響應。

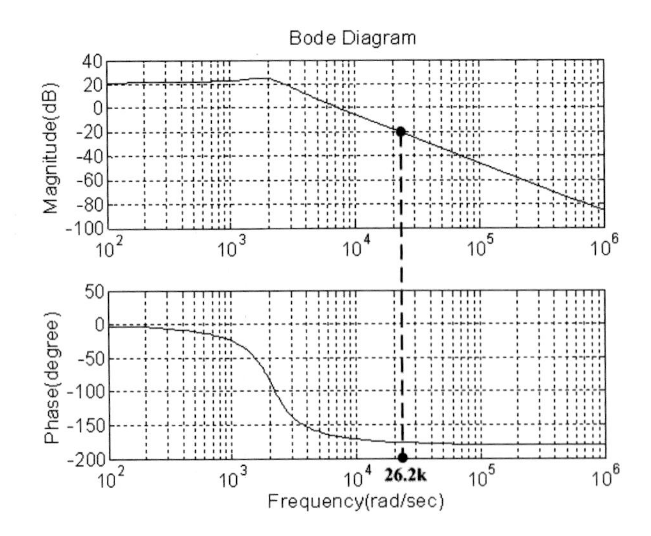

圖 15.25　系統未加補償器之迴路增益波德圖(1 / 10 切換頻率爲交越頻率)

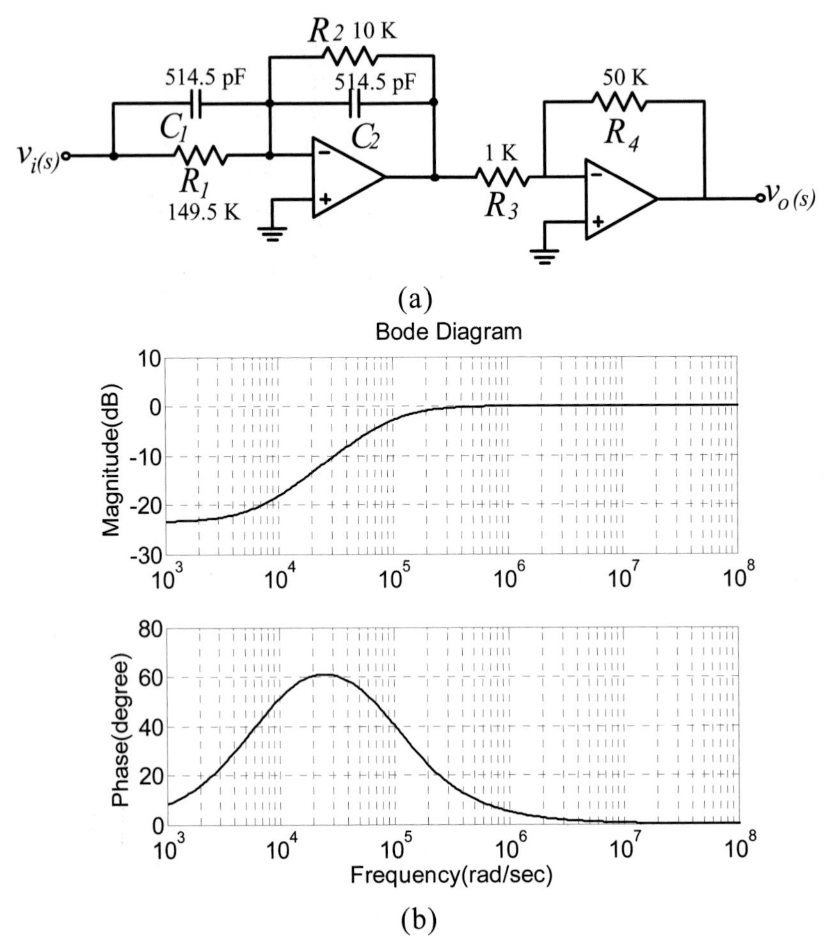

圖 15.26　(a) 相位領先控制器電路圖 (b) 控制器對應之波德圖

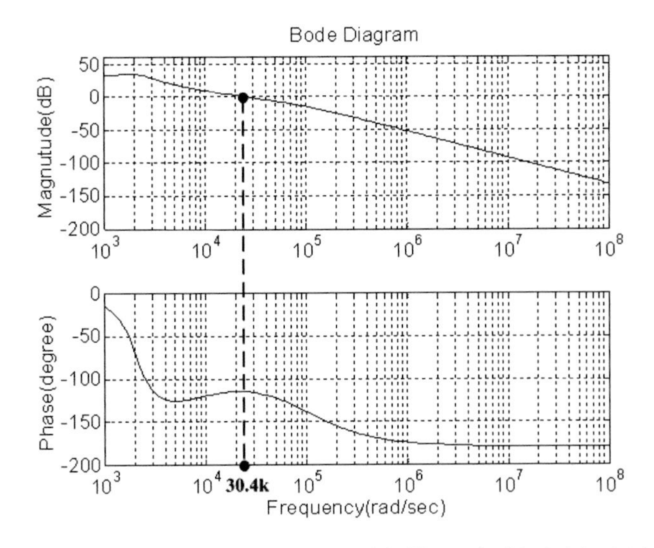

圖 15.27　系統加入相位領先補償器之迴路增益波德圖

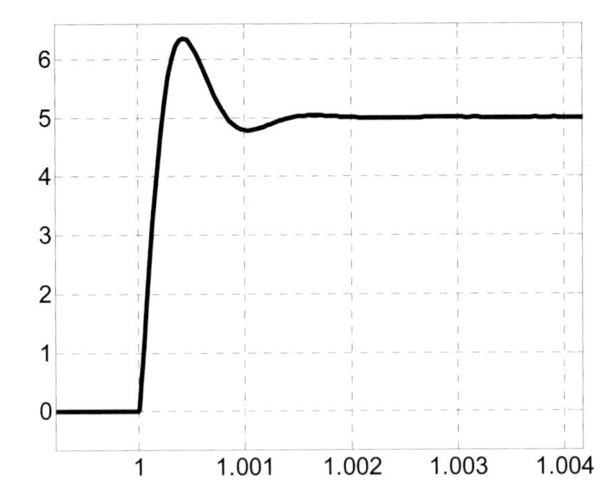

圖 15.28　以相位領先控制器之輸出電壓步階響應圖

C. K 因子控制器

在本設計中，我們選擇 1 / 5 切換頻率為交越頻率，由圖 15.29 得知系統如要達到 PM = 60 度需提升 146 度，所以選擇型式 III 控制器。依據前面章節及範例 1 之設計流程設計出補償器元件值如圖 15.30(a)所示，其對應之波德圖如 15.30(b)。將此補償器加於系統中畫出迴路增益波德圖如圖 15.31 所示，由圖中得知此補償器可將交越頻率點補償至我們所要的 PM 為 60 度。另外，輸出電壓之步階響應圖如圖 15.32 所示。

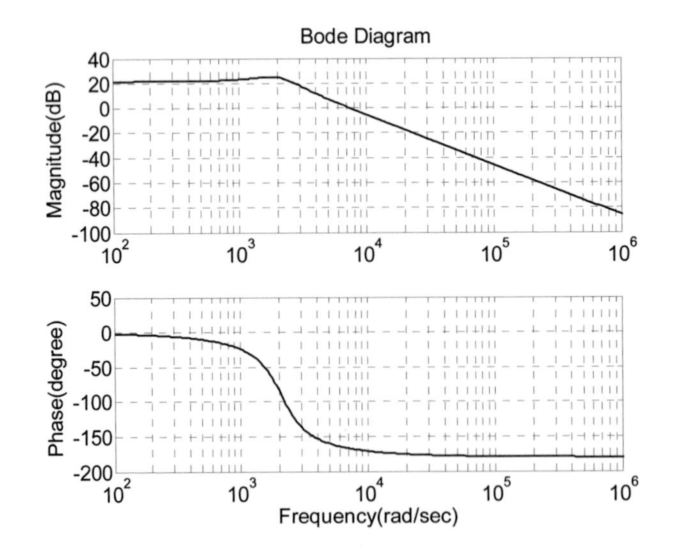

圖 15.29 系統未加補償器之迴路增益波德圖(1 / 5 切換頻率爲交越頻率)

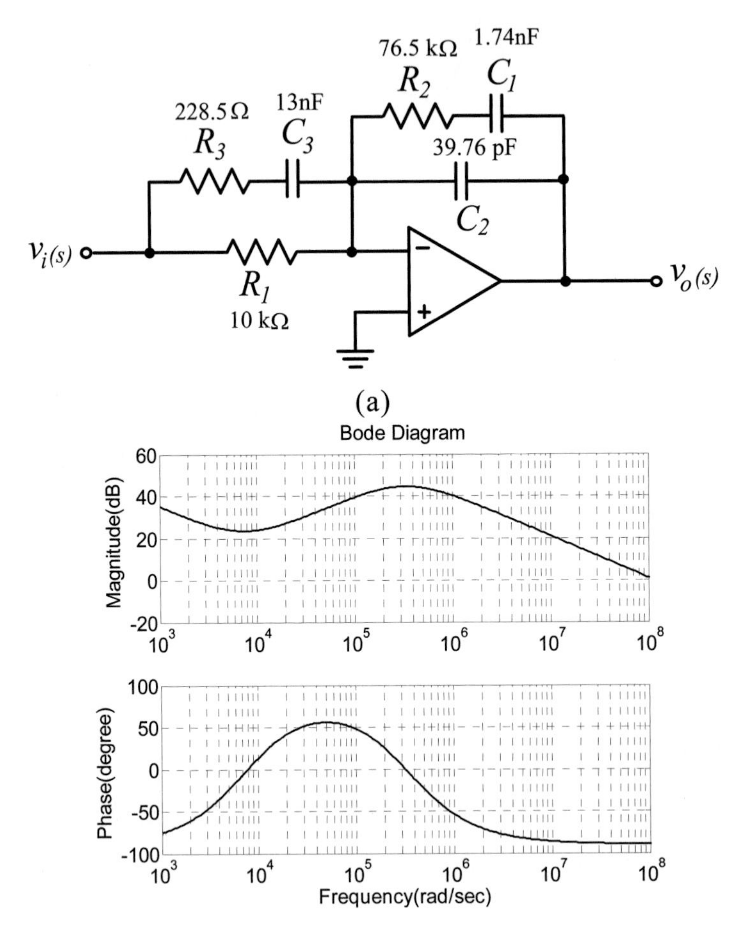

圖 15.30 (a) K 因子控制器電路圖 (b) 對應之波德圖

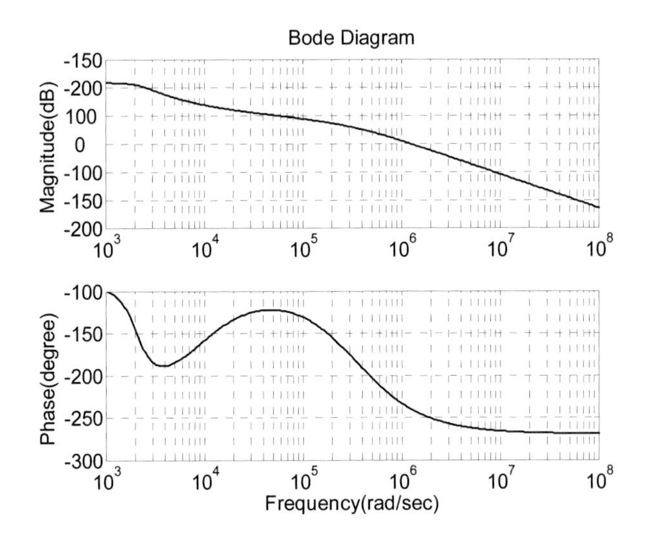

圖 15.31　系統加入 K 因子補償器之迴路增益波德圖

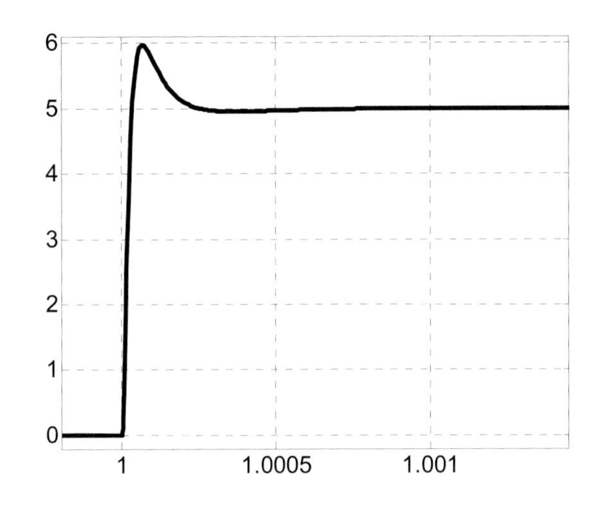

圖 15.32　加入 K 因子補償器輸出電壓步階響應圖

15.8 重點整理

下表所列為以 K 因子法則來設計補償器的相關參數，其中 P 為系統迴路轉移函數於交越頻率所需提升之相位，G 為補償器於交越頻率所需提升之增益。

K 因子補償器之設計步驟：

控制器型式 / 特性	型式 I	型式 II	型式 III
可提昇之相位	0°	0° < P < 90°	90° < P < 180°
K	1	$\tan\left[\left(\frac{P}{2}\right)+45\right]$	$\tan\left[\left(\frac{P}{4}\right)+45\right]$
補償器之元件值	$C=\frac{1}{2\pi f_c G}$	$R_2=\frac{K}{2\pi f_c C_1}$ $C_1=C_2(K^2-1)$ $C_2=\frac{1}{2\pi f_c GKR_1}$	$R_2=\frac{K}{2\pi f_c C_1}$ $C_1=C_2(K^2-1)$ $C_2=\frac{1}{2\pi f_c GR_1}$ $R_3=\frac{R_1}{K^2-1}$ $C_3=\frac{1}{2\pi f_c KR_3}$
備註	R_1 依實際需要可自行選定		

步驟 1. 繪製轉換器之開迴路增益波德圖

步驟 2. 決定轉換器之頻寬並訂定頻域規格

步驟 3. 計算轉換器所需提升之相位 P 與增益 G 以決定補償器之型式

步驟 4. 計算 K 因子值並決定補償器之各元件值

若系統採用 PD 控制器，系統之阻尼增加並可降低系統最大超越量；系統之響應速度變快，亦即可降低上昇時間、安定時間，而頻帶寬度和相位邊限也會增加；於電力電子之相關應用中，其微分動作容易使切換頻率之雜訊變大，故於切換式轉換器中較少使用。

PI 控制器於工業界及電力電子相關系統中經常使用，其主要原因有以下幾點：

a. 系統之阻尼會增加並可降低系統之最大超越量。

b. 系統之響應時間會變慢，亦即會增加上昇時間及減少頻帶寬度，但會降低系統之穩態誤差。

c. 於電力電子之相關系統中可濾除高頻之切換雜訊。

相位領先控制器設計步驟：

1. 先利用穩態誤差規格求出未補償系統 $G_p(j\omega)$之增益 K 值，再繪出 $G_p(j\omega)$之波德圖。
2. 先求出未補償系統的相位邊限和增益邊限，並決定要達成相位邊限規格所需要增加的相位領先量。由所增加的相位領先量可預估相位角 Φm，並計算出 a 值。
3. 一但決定了 a 值，則再求出 T 值，至此基本上設計即已完成。T 值的決定方法便是將相位領先控制器的轉折頻率配置在 $1 / aT$ 和 $1 / T$，使 Φm 發生在新的交越頻率上。
4. 以受補償系統的順向路徑轉移函數的波德圖來驗證是否所有的性能規格均能滿足，若無法滿足，則必須再選一 Φm 值，並重複以上步驟。
5. 若設計規格均能滿足，則相位領先控制器的輸入對輸出轉移函數可由 a 和 T 值來決定。

實現模糊控制的過程有以下四個步驟：選擇模糊變數、精確量模糊化、建立模糊規則及解模糊化。

15.9 習題

1. 畫出 K-因子控制器之型式 I 至型式 III 電路圖，並分別說明其使用之時機。
2. 推導圖 15.4 型式 II 之 K 因子控制器之輸入對輸出轉移函數，並以 Matlab 畫出其波德圖。
3. 如上題 2，重作圖 15.6。
4. 以第 14 章習題 4 之波德圖為例，設計一控制器其交越頻率為 5 kHz、PM =

45°，並畫出控制器電路圖。

5. 同上題 4，以 Matlab 來畫出控制器及系統之波德圖，並驗證符合其設計之規格。
6. 同上題 4，設計一 PID 控制器來控制其系統之單位步階響應，使其最大超越量不超過 50 %，並說明設計之準則。
7. 同上題 4，以相位領先方法來設計相同之規格，並畫出控制器之電路圖。
8. 同上題 4，以 Matlab 來設計模糊控制器時，其時域中之四個重要參數爲何？
9. 試將第 4 題所設計之控制器結合 TL494 之電壓控制 PWM IC，畫出完整之降壓型直流 / 直流轉換器電路圖。
10. 同上題 9，但以尖峰電流控制之 UC3843 IC 來實現其電路，畫出完整之電路圖。

第四單元　參考文獻

[1] 交換式電源供給器之理論與實務設計，梁適安，全華圖書，1994。

[2] Modern Control System Theory and Design, Stanley M. Shinners, John Wiley & Sons, 2nd, 1998.

[3] Modern Control Engineering, Katsuhiko OGATA, Prentice Hall, 2nd, 1990.

[4] Feedback Control Theory, John C. Doyle, Bruce A Francis, and Allen R. Tannenbaum, Maxwell Macmillan, 1st, 1992.

[5] Nonlinear systems, Hassan K. Khalil, Prentice Hall, 2nd, 1996.

[6] Automatic Control Systems, B. C. Kuo, John Weley & Sons, 7th edition, 1995.

[7] Linear Robust Control, M. Green and D. J. N. Limebeer, Prentice Hall, 1st, 1995.

[8] Modern Control Engineering, K. Ogata, Prentice Hall, 3rd, 1997.

[9] Digital Control of Dynamic Systems, G. F. Franklin, J. D. Powell, and M. Workman, Addison Wesley, 3rd, 1997.

[10] Fuzzy Logic-Intelligence, Control, and Information, J. Yen and R. Langari, Prentice Hall, 1st, 1999.

[11] High-Frequency Switching Power Supplies: Theory & Design, G. C. Chryssis, McGraw-Hill, New York, 1989.

[12] Andre S. Kislovski, Richard Redl and Nathan O. Sokal, Dynamic Analysis of Switching-Mode DC/DC Converters, Van Nostrand Reinhold, New York, 1991.

[13] R. D. Middlebrook and S. Cuk, "Modeling and Analysis Methods for DC-to-DC Switching Converters," *International Semiconductor Power Conf.*, 1977 Record, pp. 90-111.

[14] Rudolf P. Severns and Gordon Bloom, Modern DC-to-DC Switchmode Power Converter Circuits, Van Nostrand Reinhold, New York, 1985.

[15] S. Cuk and Slobodan, "General Topological Properties of Switching Structures," *Proceedings of the IEEE Power Electronics Specialists Conf.*, 1979, pp. 109-130.

[16] Power Electronics: Converters, Applications, and Design, Ned Mohan, Tore M. Undeland and William P. Robbins, John Wiley & Sons, New York, 1995.

[17] R. D. Middlebrook and S. Cuk, "A General Unified Approach to Modeling Switching Converter Power Stages," *Proceedings of the IEEE Power Electronics Specialists Conf.*, 1976, pp. 18-34.

[18] R. D. Middlebrook and S. Cuk, "A General Unified Approach to Modeling DC-to-DC Converters in Discontinuous Conduction," *Proceedings of the IEEE Power Electronics Specialists Conf.*, 1997, pp. 36-57.

[19] Y. S. Lee, "A Systematic and Unified Approach to Modeling Switches in Switch-Mode Power Supplies," *IEEE Trans. on Industrial Electronics*, Vol. IE-32, Nov. 1985, pp. 445-448.

[20] V. Vorperian, "Simplified Analysis of PWM Converters Using the PWM Switch, Part I: Continuous Conduction mode," *IEEE Trans. on Aerospace and Electronic Systems*, Vol. AES-26, May 1990, pp. 490-496.

[21] V. Vorperian, "Simplified Analysis of PWM Converters Using the PWM Switch, Part II: Discontinuous Conduction Mode," *IEEE Trans. on Aerospace and Electronic Systems*, Vol. AES-26, May 1990, pp.497-505.

[22] K. Smedley and S. Cuk, "Switching Flow-Graph Nonlinear Modeling Technique," *IEEE Trans. on Power Electronics*, Vol. 9, No. 4, July 1994, pp. 405-413.

[23] K. H. Lin, R. Oruganti and F. C. Lee, "Resonant Switches-Topologies and

Characteristics," *Proceedings of the Power Electronics Specialists Conf.*, 1985, pp. 62-67.

[24] F. Witulski and R. W. Erickson, "Extension of State-Space Averaging to Resonant Switches and Beyond," *IEEE Trans. on Power Electronics*. Vol. 5, No. 1, Jan. 1990, pp. 98-109.

[25] K. H. Liu and F. C. Lee, "Resonant Switches - a Unified Approach to Improved Performances of Switching Converters," *Proceedings of the Telecommunications Energy Conf.*, 1984, pp. 344-351.

[26] K.-H. Liu and F. C. Lee, "Zero-Voltage Switching Technique in DC/DC Converter," *IEEE Trans. on Power Electronics*. Vol. 5, No. 1, July 1990, pp. 293-304.

[27] J. Xu and C. Q. Lee, "Generalized State-Space Averaging Approach for a Class of Periodically Switched Network," *IEEE Trans. on Circuits and Systems-I: Fundamental Theory and Applications*. Vol. 44, No. 11, Nov. 1997, pp. 1078-1081.

[28] V. Vorperian, R. Tymerski and F. C. Lee, "Equivalent Circuit Models for Resonant and PWM Switches," *IEEE Trans. on Power Electronics*. Vol. 4, No. 2, April 1989, pp. 205-214.

[29] B.-T. Lin and Y.-S. Lee, "A Unified Approach to Modeling, Synthesizing, and Analyzing Quasi-Resonant Converters," *IEEE Trans. on Power Electronics*. Vol. 12, No. 6, Nov. 1997, pp. 983-992.

[30] V. Vorperian, R. Tymerski, K. H. Liu and F. C. Lee, "Generalized Resonant Switches Part I: Topologies, High-Frequency Resonant, Quasi-Resonant and Multi-Resonant Converters, edited by VPEC, 1989, pp. 139-145.

[31] M. M. Jovanovic, D. M. C. Tsang and F. C. Lee, "Reduction of Voltage Stress in Integrated High-Quality Rectifier-Regulators by Variable-Frequency Con-

trol," *Proceedings of the Applied Power Electronics Conf.*, pp. 569-575, Feb. 1994.

[32] R. Redl and N. O. Sokal, "Control, Five Different Types, Used with the Three Basic Classes of Power Converters: Small-Signal Ac and Large-Signal Dc Characterization, Stability Requirements, and Implementation of Practical Circuits," *Proceedings of the Power Electronics Specialists Conf.*, 1985, pp. 771-785.

[33] R. D. Middlebrook, "Topics in Multiple-Loop Regulators and Current-Mode Programming," *Proceedings of the Power Electronics Specialists Conf.*, 1985, pp. 716-732.

[34] Pietkiewicz and D. Tollik, "Unified Topological Modeling Method of Switching DC-DC Converters in Duty-Ratio Programmed Mode," *IEEE Trans. on Power Electronics*, Vol. PE-2, No. 3, July 1987, pp. 218-226.

[35] D. Czarkowski and M. K. Kazimierczuk, "Circuit Models of PWM DC-DC Converters," *Proceedings of the IEEE Natl. Aerospace and Electronics Conf. (NAECON'92)*, Dayton, OH, May 18-22, 1992, pp. 407-413.

[36] B. Lehman and R. M. Bass, "Switching Frequency Dependent Averaged Models for PWM DC-DC Converters," *IEEE Trans. on Power Electronics*, Vol. 11, No. 1, Jan. 1996, pp. 89-98.

[37] S. Cuk, "General Topological Properties of Switching Structures," *Proceedings of the IEEE Power Electronics Specialists Conf.*, 1979, pp. 463-483.

[38] Wing, Circuit Theory with Computer Methods, Holt, Rinehart, and Winston Inc., New York, 1972.

[39] Linear Networks and Systems, Monterey, W.-K. Chen, Wadsworth Inc., California, 1983.

[40] Electronic Circuits, J. W. Nilsson, Addison Wesley, 4th , Ch. 20, 1993.

[41] W. A. Tabisz and F. C. Lee, "Zero-Voltage-Switching Multi-Resonant Technique-a Novel Approach to Improve Performance of High-Frequency Quasi-Resonant Converters," edited by VPEC, 1989, pp. 209-217.

[42] T. Zheng, D. Y. Chen and F. C. Lee, "Variations of Quasi-Resonant DC-DC Converter Topologies," *Proceedings of the Power Electronics Specialists Conf.*, 1986, pp. 381-392.

[43] D. C. Hopkins, M. M. Jovanovic, F. C. Lee and F. W. Stephenson, "Hybridized Off-Line 2-MHz Zero-Current-Switched Quasi-Resonant Converter," *IEEE Trans. on Power Electronics*. Vol. 4, No. 1, Jan. 1989, pp. 147-154.

[44] F. Witulski, "Buck Converter Small-Signal Models and Dynamics: Comparison of Quasi-Resonant and Pulse Width Modulated Switches," *IEEE Trans. on Power Electronics*. Vol. 6, No. 4, October 1991, pp. 727-738.

[45] D. Maksimovic and S. Cuk, "A General Approach to Synthesis and Analysis of Quasi-Resonant Converters," *IEEE Trans. on Power Electronics*. Vol. 6, No. 1, Jan. 1991, pp. 127-140.

[46] K.-T. Chau, Y.-S. Lee and A. Ioinovici, "Computer-Aided Modeling of Quasi-Resonant Converters in the Presence of Parasitic Losses by Using the MISSCO Concept," *IEEE Trans. on Industrial Electronics*. Vol. 38, No. 6, December 1991, pp. 454-461.

[47] T.-F. Wu and Y.-K. Chen, "A Systematic and Unified Approach to Modeling PWM DC/DC Converters Using the Layer Scheme," *Proceedings of the Power Electronics Specialists Conf.*, 1996, pp. 575-580.

[48] D. Czarkowski and M. K. Kazimierczuk, "Circuit Models of PWM DC-DC Converters," *Proc. of the IEEE Natl. Aerospace and Electronics Conference (NAECON'92)*, Dayton, OH, May 18-22, 1992, pp. 407-413.

[49] T.-F. Wu, T.-H. Yu, and Y.-H. Chang, "Generation of Power Converters with Graft Technique," *Proceedings of the 15th Symposium on Electrical Power Engineering,* Nov. 1995, pp. 370-376.

[50] J. J. Jozwik and M. K. Kazimierczuk, "Dual Sepic PWM Switching-Mode DC / DC Power Converter," *IEEE Trans. on Industrial Electronics*, Vol. 36, No. 1, February 1989, pp. 64-70.

[51] Microelectronic Circuit, Saunders College: Holt, Rinehart, S. Sedra and K. C. Smith, Winston Inc., 1991.

[52] K. H. Liu and F. C. Lee, "Topological Constraints on Basic PWM Converters," *Proceedings of the IEEE Power Electronics Specialists Conf.,* April 1988, Vol. 1, pp. 164-172.

[53] S. D. Freeland, "Techniques for the Practical Application of Duality to Power Circuits," *IEEE Trans. On Power Electronics.* Vol. 7, No. 2, April 1993, pp. 374-384.

[54] S. Cuk and R. D. Middlebrook, "A new Optimal Topology Switching DC-to-DC Converter," *IEEE Power Electronics Specialists Conf.,* CA, June 1977, pp. 14-16.

[55] D. Maksimovic and S. Cuk, "Switching Converters with Wide Dc Conversion Range," *IEEE Trans. on Power Electronics,* Vol. 6, No. 1, Jan. 1991, pp. 151-157.

[56] J. Sebastian and J. Uceda, "The Double Converter: A Fully Regulated Two-output Dc-Dc Converter," *IEEE Trans. on Power Electronics,* Vol. PE-2, No. 3, July. 1987, pp. 239-246.

[57] R. Redl, L. Balogh and N. O. Sokal, "A New Family of Single-Stage Isolated Power-Factor Correctors with Fast Regulation of the Output Voltage," *Proceeding of the Power Electronics Specialists Conf.*, pp. 1137-1144, June

1994.

[58] Y.-S. Lee and K.-W. Siu, "Single-Switch Fast-Response Switching Regulators with Unity Power Factor," *Proceeding of the Applied Power Electronics Conf.*, pp. 791-796, March 1996.

[59] Michael Madigun, Robert Erickson and Esam Ismail, "Integrated High Quality Rectifier-Regulators," *Proceeding of the Power Electronics Specialists Conf.*, pp. 1043-1051, June 1992.

[60] R. Redl and L. Balogn, "Design Considerations for Single-Stage Isolated Power Supplies with Fast Regulation of the Output Voltage," *Proceeding of the Power Electronics Specialists Conf.,* pp.454-458, June 1995.

[61] E.-X. Yang, Yimin Jiang, Guichao Hua, and Fred C. Lee, "Isolated Boost Circuit for Power Factor Correction," *Proceeding of the Applied Power Electronics Conf.*, pp. 196-203, Feb. 1993.

[62] K.-H. Liu and Y.-L. Lin, "Current Waveform Distortion in Power Factor Correction Circuits employing Discontinuous-Mode Boost Converter," *Proceeding of the Power Electronics Specialists Conf.*, pp. 825-829, June 1989.

[63] S. Cuk and R. D. Middlebrook, "A General Unified Approach to Modeling Switching DC-to-DC Converters in Discontinuous Conduction Mode," *Proceedings of the Power Electronics Specialists Conf.*, pp. 36-57, June 1977.

[64] V. Vorperian, "Simplified analysis of PWM converters using the PWM switch, Part II: Discontinuous Conduction Mode," *IEEE Trans. on Aerospace and Electronic Systems*, Vol. AES-26, May 1990, pp.497-505.

[65] S. Cuk, "Discontinuous Inductor Current Mode in the Optimum Topology Switching DC-to-DC Converter," *Proceedings of the Power Electronics Specialists Conf.*, pp. 105-123, June 1977.

[66] T.-F. Wu and Y.-K. Chen, "A Systematic and Unified Approach to Modeling

PWM Dc/Dc Converters Based on the Grafted Scheme," *Proceedings of the Industrial Electronics, Control, and Instrumentation Conf.,* pp.1041-1046, August 1996.

[67] L. Huber and M. M. Jovanovic, "Single-Stage, Single-Switch, Isolated Power Supply Technique with Input-Current Shaping and Fast Output-Voltage Regulation for Universal Input-Voltage-Range Applications," *Proceedings of the Applied Power Electronics Conf.*, 1997, pp. 272-280.

[68] P. Kornetzky, H. Wei, G. Zhu and I. Batarseh, "A Single-Switch Ac/Dc Converter with Power Factor Correction," *Proceedings of the Power Electronics Specialists Conf.*, 1997, pp. 527-535.

[69] J. Qian, Q. Zhao and F. C. Lee, "Single-Stage Single-Switch Power Factor Correction (S^4-PFC) AC/DC Converters with DC Bus Voltage Feedback for Universal Line Applications," *Proceedings of the Applied Power Electronics Conf.*, 1998, pp. 223-229.

[70] Y. S. Lee, K. W. Siu and B. T. Lin, "Novel Single-Stage Isolated Power-Factor-Corrected Power Supplies with Regenerative Clamping," *Proceedings of the Applied Power Electronics Conf*, 1997, pp. 259-265.

[71] P. Kornetzky, H. Wei and I. Batarseh, "A Novel One-Stage Power Factor Correction Converter," *Proceedings of the Applied Power Electronics Conf.*, 1997, pp. 251-258.

[72] E.-X. Yang, Y. Jiang, G. Hua, and F. C. Lee, "Isolated Boost Circuit for Power Factor Correction," *Proceedings of the Applied Power Electronics Conf.*, 1993, pp. 196-203.

[73] K.-H. Liu and Y.-L. Lin, "Current Waveform Distortion in Power Factor Correction Circuits employing Discontinuous-Mode Boost Converter," *Proceedings of the Power Electronics Specialists Conf.*, 1989, pp. 825-829.

[74] J. G. Ziegler and N. B. Nichols, "Optimal Setting for Automatic Controllers," *Trans. ASME*, 1942, No. 65, pp. 433-444.

[75] P. B. Deshpande and R. H. Ash, "Computer Process Control," ISA Publication, USA, 1981.

[76] E. Deng and S. Cuk, "Single Stage, High Power Factor, Lamp Ballast," *Proceedings of the Applied Power Electronics Conf.*, 1994, pp. 441-449.

[77] J. J. Spangler, "A Power Factor Corrected, MOSFET, Multiple Output, Flyback Switching Supply," *Proceedings of the Power Converter Integration*, 1985, pp.19-32.

[78] R. Erickson, M. Madigan and S. Singer, "Design of a Simple High-Power-Factor Rectifier Based on the Flyback Converter," *Proceedings of the Applied Power Electronics Conf.*, 1990, pp.792-801.

[79] G. C. Verghese, C. A. Bruzos, and K. N. Mahabir, "Averaged and Sampled-Data Models for Current Mode Control: A Reexamination," *Proceedings of the Power Electronics Specialists Conf.*, 1989, pp. 484-491.

[80] G. K. Schoneman and D. M. Mitchell, "Closed-loop Performance Comparisons of Switching Regulators with Current-Injected Control," *Proceedings of the Power Electronics Specialists Conf.*, 1985, pp. 3-12.

[81] R. B. Ridley, "A New Continuous-Time Model for Current-Mode Control," *IEEE Trans. on Power Electronics*, vol. 6, No. 2, 1991, pp. 271-280.

[82] R. B. Ridley, "A New Continuous-Time Model for Current-Mode Control with Constant Frequency, Constant On-time, and Constant Off-time, in CCM and DCM," *Proceedings of the Power Electronics Specialists Conf.*, 1990, pp. 382-389.

[83] T.-F. Wu and T.-H. Yu, "Off-Line Applications with Single-Stage Converters," *IEEE Trans. on Industrial Electronics*, Vol. 44, No. 5, pp. 638-647,

October, 1997.

[84] R. Redl and L. Balogh, "Design Considerations for Single-Stage Isolated Power Supplies with Fast Regulation of the Output Voltage," *Proceedings of the Applied Power Electronics Conf.*, pp. 454-458, Feb. 1995.

[85] R. Redl, L. Balogh and N. O. Sokal, "A New Family of Single-Stage Isolated Power-Factor Correctors with Fast Regulation of the Output Voltage," *Proceedings of the IEEE Power Electronics Specialists Conf.*, pp. 1137-1144, June 1994.

[86] Y.-S. Lee and K.-W. Siu, "Single-Switch Fast-Response Switching Regulators with Unity Power Factor," *Proceedings of the Applied Power Electronics Conf.*, pp.791-796, March 1996.

[87] P. Kornetzky, H. Wei and I. Batarseh, "A Novel One-Stage Power Factor Correction Converter," *Proceedings of the Applied Power Electronics Conf.*, pp. 251-258, Feb. 1997.

[88] Y.-S. Lee, K.-W. Siu and B.-T. Lin, "Novel Single-Stage Isolated Power-Factor-Corrected Power Supplies with Regenerative Clamping," *Proceedings of the Applied Power Electronics Conf.*, pp. 259-265, Feb. 1997.

[89] L. Huber and M. M. Jovanovic, "Single-Stage, Single-Switch, Isolated Power Supply Technique with Input-Current Shaping and Fast Output-Voltage Regulation for Universal Input-Voltage-Range Application," *Proceedings of the Applied Power Electronics Conf.*, pp. 272-280, Feb. 1997.

[90] T.-F. Wu and Y.-K. Chen, "An alternative Approach to Systematically Modeling PWM DC/DC Converters in DCM Based on the Graft Scheme," *Proceedings of the Power Electronics Specialists Conf.*, pp. 453-459, June 1997.

[91] Switching Power Supply Design, Pressman, New York: McGraw-Hill, 1991.

[92] R. Naim, G. Weiss, and S. Ben-Yaakov, "H^{∞} Control Applied to Boost Power

Converters," *IEEE Trans. on Power Electronics*, vol. 12, No. 4, pp. 677-683, July, 1997.

[93] S. Hiti and D. Borojevic, "Robust Nonlinear Control for Boost Converter," *IEEE Trans. on Power Electronics*, vol. 10, No. 6, pp. 651-658, Nov., 1995.

[94] J.-L. Liu and S.-J. Chen, "μ-based Controller Design for a DC-DC Switching Power Converter with Line and Load Variations," *Proceedings of the Industrial Electronics, Control, and Instrumentation Conf.*, pp. 1029-1034, 1996.

[95] B. A. Francis, A course in H^{∞} Control Theory. New York: Springer Verlag, 1987.

[96] J. C. Doyle, K. Glover, P. P. Khargonekar, and B. A. Francis, "State Space Solutions to Standard H^2 and H^{∞} control problems," *IEEE Trans. Automat. Cont.*, vol. 34, no. 8, pp.831-847, 1989.

[97] C.-D. Yang and H.-C. Tai, "Systematic Approach to Selecting H^{∞} Weighting Functions for DC Servos," *Proceeding of the Conf. on Decision and Control*, pp. 1080-1085, 1994.

[98] Simulink User's Guide, The Mathworks, Inc., March 1992.

[99] R. D. Middlebrook, "Topics in Multiple-Loop Regulators and Current-Mode Programming," *IEEE Power Electronics Specialists Conf.*, June 24-28, 1985.

[100] G. C. Verghese, C. A. Bruzos and K. N. Mahabir, "Averaged and Sampled-Data Models for Current Mode Control：A Reexamination," *IEEE Power Electronics Specialists Conf.,* June 26-29, 1989.

[101] A. R. Brown and R. D. Middlebrook, "Sampled-Data Modeling of Switching Regulators," *Power Electronics Specialists Conf.*, pp. 349-369, June 29-July 3, 1981.

[102] R. B. Ridley, "A New, Continuous-Time Model for Current-Mode Control,"

PCIM'89, Oct. 1989, pp. 1-11.

[103] R. D. Middlebrook, "Power Electronics：Topologies, Modeling and Measurement," *Proceedings of the IEEE Int. Symposium on Circuits and Systems*, 1981, pp. 17-25.

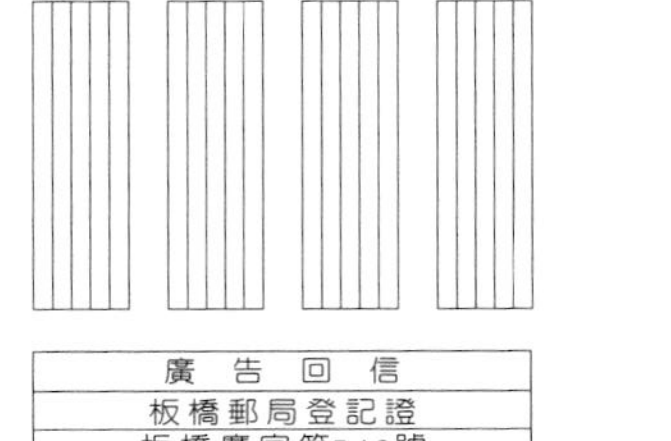

廣告回信
板橋郵局登記證
板橋廣字第540號

行銷企劃部　收

23671 新北市土城區忠義路21號
全華圖書股份有限公司

讀者回函卡

填寫日期：　/　/

姓名：＿＿＿＿ 生日：西元＿＿年＿＿月＿＿日 性別：□男 □女

電話：（ ）＿＿＿＿ 傳真：（ ）＿＿＿＿ 手機：＿＿＿＿

e-mail：（必填）＿＿＿＿

註：數字零，請用 Φ 表示，數字 1 與英文 L 請另註明並書寫端正，謝謝。

通訊處：□□□□□

學歷：□博士 □碩士 □大學 □專科 □高中・職

職業：□工程師 □教師 □學生 □軍・公 □其他

學校／公司：＿＿＿＿ 科系／部門：＿＿＿＿

・需求書類：

□ A. 電子 □ B. 電機 □ C. 計算機工程 □ D. 資訊 □ E. 機械 □ F. 汽車 □ I. 工管 □ J. 土木

□ K. 化工 □ L. 設計 □ M. 商管 □ N. 日文 □ O. 美容 □ P. 休閒 □ Q. 餐飲 □ B. 其他

・本次購買圖書為：＿＿＿＿ 書號：＿＿＿＿

・您對本書的評價：

封面設計：□非常滿意 □滿意 □尚可 □需改善，請說明＿＿＿＿

內容表達：□非常滿意 □滿意 □尚可 □需改善，請說明＿＿＿＿

版面編排：□非常滿意 □滿意 □尚可 □需改善，請說明＿＿＿＿

印刷品質：□非常滿意 □滿意 □尚可 □需改善，請說明＿＿＿＿

書籍定價：□非常滿意 □滿意 □尚可 □需改善，請說明＿＿＿＿

整體評價：請說明＿＿＿＿

・您在何處購買本書？

□書局 □網路書店 □書展 □團購 □其他＿＿＿＿

・您購買本書的原因？（可複選）

□個人需要 □幫公司採購 □親友推薦 □老師指定之課本 □其他＿＿＿＿

・您希望全華以何種方式提供出版訊息及特惠活動？

□電子報 □ DM □廣告（媒體名稱＿＿＿＿）

・您是否上過全華網路書店？（www.opentech.com.tw）

□是 □否 您的建議＿＿＿＿

・您希望全華出版那方面書籍？＿＿＿＿

・您希望全華加強那些服務？＿＿＿＿

～感謝您提供寶貴意見，全華將秉持服務的熱忱，出版更多好書，以饗讀者。

全華網路書店 http://www.opentech.com.tw 客服信箱 service@chwa.com.tw

2011.03 修訂

親愛的讀者：

感謝您對全華圖書的支持與愛護，雖然我們很慎重的處理每一本書，但恐仍有疏漏之處，若您發現本書有任何錯誤，請填寫於勘誤表內寄回，我們將於再版時修正，您的批評與指教是我們進步的原動力，謝謝！

全華圖書　敬上

勘誤表

書號		書名		作者	
頁數	行數	錯誤或不當之詞句		建議修改之詞句	

我有話要說：（其它之批評與建議，如封面、編排、內容、印刷品質等・・・）

國家圖書館出版品預行編目資料

電力電子學綜論 / EPARC 著. -- 二版. -- 新北市：全華圖書，2011. 06
面； 公分
ISBN 978-957-21-8158-4(平裝)
1.CST: 電子工程
448.6 100010279

電力電子學綜論

作者 / EPARC
發行人 / 陳本源
執行編輯 / 李孟霞
出版者 / 全華圖書股份有限公司
郵政帳號 / 0100836-1 號
印刷者 / 宏懋打字印刷股份有限公司
圖書編號 / 0596601
二版七刷 / 2023 年 05 月
定價 / 新台幣 480 元
ISBN / 978-957-21-8158-4
全華圖書 / www.chwa.com.tw
全華網路書店 Open Tech / www.opentech.com.tw
若您對書籍內容、排版印刷有任何問題，歡迎來信指導 book@chwa.com.tw

臺北總公司(北區營業處)
地址：23671 新北市土城區忠義路 21 號
電話：(02) 2262-5666
傳真：(02) 6637-3695、6637-3696

南區營業處
地址：80769 高雄市三民區應安街 12 號
電話：(07) 381-1377
傳真：(07) 862-5562

中區營業處
地址：40256 臺中市南區樹義一巷 26 號
電話：(04) 2261-8485
傳真：(04) 3600-9806(高中職)
(04) 3601-8600(大專)